土壤分离过程对植被恢复的响应与机理

张光辉 等 著

科学出版社
北京

内 容 简 介

本书以重大生态建设工程驱动的植被恢复为背景，以土壤分离过程对植被恢复的响应为核心，在大量野外调查、定位监测和室内控制试验的基础上，总结、凝练了土壤分离过程对植被恢复的响应与机理的最新研究成果。内容涵盖了土壤侵蚀过程及其耦合关系、植被恢复驱动的近地表特性变化对坡面径流水动力学特性的影响、生物结皮对土壤分离过程的影响与机制、土壤侵蚀阻力对枯落物混入表土的响应、根系系统对土壤分离过程的影响、近地表特性对土壤分离过程影响的相对贡献。具体分析了土壤分离与泥沙输移的耦合关系、明确近地表特性对坡面径流水动力学特性影响的程度与机理、量化生物结皮类型与盖度对土壤侵蚀阻力的影响、明晰枯落物与表土混合及其季节变化影响土壤分离过程的机理、建立植被根系特性与土壤侵蚀阻力间的函数关系、确定植物群落近地表特性影响土壤侵蚀阻力的相对大小。

本书可作为高等学校、研究院所水土保持与荒漠化防治专业学生的学习和科研参考书，也可供地理学、水文学、土壤学、生态学、环境科学、水土保持学等学科的科研和教学工作者参考。

图书在版编目（CIP）数据

土壤分离过程对植被恢复的响应与机理 / 张光辉等著. —北京：科学出版社，2020.2

ISBN 978-7-03-063972-1

Ⅰ. ①土… Ⅱ. ①张… Ⅲ. ①土壤侵蚀-植被-生态恢复-研究 Ⅳ. ① S157

中国版本图书馆 CIP 数据核字（2019）第 288528 号

责任编辑：丁传标 李 静 / 责任校对：何艳萍

责任印制：吴兆东 / 封面设计：图阅盛世

科学出版社出版

北京东黄城根北街 16 号

邮政编码：100717

http://www.sciencep.com

北京中石油彩色印刷有限责任公司 印刷

科学出版社发行 各地新华书店经销

*

2020 年 2 月第 一 版 开本：787×1092 1/16

2020 年 2 月第一次印刷 印张：18 3/4

字数：450 000

定价：168.00 元

（如有印装质量问题，我社负责调换）

前　言

依据侵蚀动力和物理机制，可将土壤侵蚀过程划分为土壤分离、泥沙输移和泥沙沉积三个子过程，土壤分离是将土壤转变为泥沙的过程，为泥沙输移和泥沙沉积过程提供了松散的物质准备。由坡面径流驱动的土壤分离过程，受控于坡面径流水动力学特性和土壤抗蚀性能。退耕还林还草工程大面积的有效实施，导致区域侵蚀环境发生了重大转变，植物群落的近地表特性，无论是植被生长特征、生物结皮的生长发育、枯落物地表覆盖或与表土混合，以及根系系统的结构与空间分布，还是表层土壤的理化性质，都会随着植被恢复年限及恢复模式发生显著变化，进而引起坡面径流侵蚀动力下降和土壤抗蚀性能提升，因此，区域土壤流失量大幅度下降是必然结果。在黄土高原降水量没有显著减少的条件下，入黄泥沙锐减是黄土高原植被恢复阻控土壤侵蚀最有力的佐证。系统研究植被恢复驱动的植物群落近地表特性变化，对土壤分离过程的影响与机制，明确近地表特性对坡面径流水动力学特性的影响、建立近地表特性与土壤分离过程及土壤侵蚀阻力的定量关系，是揭示植被恢复条件下土壤侵蚀动力过程的物理机制，以及评价植被恢复的生态、水文、水土保持效应的前提与基础。

本书是作者对土壤侵蚀过程与机理 20 年潜心研究成果的凝练与总结，可为土壤侵蚀机理研究提供基础和借鉴，推动土壤侵蚀动力学过程相关研究的深入开展。全书共包括 6 章，分别为：土壤侵蚀过程及其耦合关系、近地表特性对坡面径流水动力学特性的影响、生物结皮对土壤分离过程的影响、枯落物对土壤分离过程的影响与机理、根系系统对土壤分离过程的影响与机制及近地表特性影响土壤分离过程的相对贡献。前 5 章由张光辉撰写，第 6 章由中国科学院水利部水土保持研究所王兵副研究员撰写。全书由张光辉校对、修改成稿。

本书是作者与多名博士后、研究生研究成果的集成，特别感谢王兵博士后、张宝军博士后、曹颖博士、唐科明博士、刘法博士、李振炜博士、孙龙博士、王浩博士、王伦江博士、耿韧博士、任宗萍博士、栾莉莉硕士、柳玉梅硕士、王莉莉硕士、韩艳峰硕士、罗榕婷硕士、马芊红硕士、朱良君硕士、谢哲芳硕士、孙振玲硕士、杨寒月硕士、沈瑞昌硕士。感谢刘宝元教授、刘国彬研究员、雷廷武教授、余新晓教授、蔡强国研究员、蔡崇法教授、张勋昌研究员、Mark Nearing 研究员长期以来的关心、鼓励和鞭策。研究工作得到了国家自然科学基金重点项目“退耕驱动近地表特性变化对侵蚀过程的影响及其动力机制”（41530858）、“十三五”国家重点研发计划“黄土丘陵沟壑区坡体-植被系统稳定性及生态灾害阻控技术”（2017YFC0504702）、国家自然科学基金“输沙对坡面侵蚀的影响及其水动力学机理研究”（41271287）、中国科学院“百人计划”择优支持项目“土壤侵蚀水动力学机制研究”、国家重点基础研究发展计划项目 04 课题“多尺度土壤侵蚀预报模型”（2007CB407204）和国家自然科学基金青年基金“土壤侵蚀水力学机理实验研究”

（40001014）等项目的资助，在此一并表示感谢。

为了便于理解，本书简要地描述了各个试验的过程与设计思想，以供读者参考。本书可供水土保持学、地理学、生态学、土壤学、自然资源等相关专业高等院校和研究院所的师生与科研人员参考。

土壤侵蚀动力过程与机理研究尚处于不断发展完善阶段，加之作者知识和能力有限，书中难免有不妥之处，敬请读者批评指正，促进和完善土壤侵蚀动力过程研究。

张光辉

2019 年 8 月

目　　录

第1章　土壤侵蚀过程及其耦合关系

1.1　土壤侵蚀过程

土壤侵蚀分为土壤分离、泥沙输移及泥沙沉积过程，各过程的控制因素及其驱动机制差异明显，深入认识土壤侵蚀过程发生、发展的动力条件及各个过程间相互影响的物理机制，对于认识土壤侵蚀过程的物理本质、揭示其动力机制、模拟与预报等诸多方面，具有重要的意义。

1.1.1　土壤侵蚀

土壤侵蚀（soil erosion）是指在风力、水力、冻融、重力等外营力作用下，发生的土壤分离（soil detachment）、泥沙输移（sediment transport）和泥沙沉积（sediment deposition）过程。根据外营力不同，可以将土壤侵蚀划分为风力侵蚀、水力侵蚀、冻融侵蚀和重力侵蚀。风力侵蚀主要分布于我国东北、华北和西北等干旱和半干旱地区；水力侵蚀主要发生在我国东南部降水相对丰沛的地区；冻融侵蚀集中在我国东北地区和青藏高原地区；重力侵蚀包括泄流、崩塌、滑坡和泥石流，与风化过程和暴雨过程密切相关。不同的外营力可能在空间上相互叠加、时间上相互交替或交错，从而出现了风水复合侵蚀等动力过程更为复杂的侵蚀类型。在空间分布上，复合侵蚀多处在一些自然要素或社会活动的过渡带，如风水复合侵蚀多分布于我国北方的农牧交错带。

土壤侵蚀是我国最严重的环境问题，也是典型的生态灾害，其危害的大小取决于土壤侵蚀强度。通常用土壤侵蚀模数定量表征土壤侵蚀强度，即单位时间单位面积的土壤侵蚀量，一般采用年作为时间步长，则土壤侵蚀模数即为单位面积的年土壤侵蚀量［t/（km^2・a)］。土壤侵蚀的发生具有一定的隐蔽性，特别是面积分布极广的溅蚀（splash）更是如此，每年侵蚀的土壤厚度在几个毫米以内，短期内无法察觉，导致土壤侵蚀的精准测定非常困难，从生产需求而言，可以用土壤流失量（soil loss）替换土壤侵蚀量。

水土流失（soil and water loss）是指在土壤侵蚀作用下，水与土从原地被径流等外营力输移和流失的过程，强调侵蚀的后果，并不能涵盖侵蚀类型、侵蚀过程、侵蚀与资源环境演变的关系等。国际上土壤流失量比较通用，而在我国，由于干旱、洪涝等灾害的频繁发生，水的保持具有极其重要的意义，尤其在北方的干旱和半干旱地区更为重要，因而在我国通常叫水土流失，但和国际上的土壤流失具有同等的物理涵义。

土壤流失量是指单位时间内从某个地块、坡面、小流域、流域等地貌单元流失掉的泥沙量，和土壤侵蚀量有所不同，土壤流失量总是对应有一定的空间单元。如果在某个地块内发生了溅蚀，但被分离的松散泥沙并没有被径流输移出地块，则对于这个地块而言，并没有发生土壤流失，也没有引起土壤营养元素的流失，因此并不算土壤流失量，对于坡面、小流域和流域也是一样。随着流域面积的增大，水文连通性减小，侵蚀泥沙在流域内沉积的可能性越大，也就是流失出流域的泥沙会越少，这也是泥沙输移比（sediment delivery ratio）随流域面积增大而减小的根本原因（高燕等，2016）。虽然土壤流失量和土壤侵蚀量间存在着明显的差异，但从生产角度而言，可以相互替代，通常所说的土壤侵蚀就是指土壤流失。

允许土壤流失量（soil loss tolerance）是指土壤侵蚀速率与成土速率相平衡，或长期内保持土壤肥力和生产力不下降的最大土壤流失量，它是判断土壤侵蚀是否造成危害的标准，也是统计水土流失面积的基础，只有当土壤侵蚀强度大于允许土壤流失量时，才可以统计为水土流失面积，才需要进行水土流失治理。允许土壤流失量随着区域侵蚀环境的不同而有所差异，比如水利部颁布的黄土区允许土壤流失量为 1000 t/（km^2・a），南方红壤丘陵区为 500 t/（km^2・a），而东北黑土区和西南喀斯特地区为 200 t/（km^2・a）。上述标准是水利部参考美国的相关经验，结合我国水土流失实际情况确定的经验值，其合理性、科学性有待进一步完善。近年来对于修订允许土壤流失量的呼声很高，部分大流域也初步制定了适合本地区的允许流失量标准，虽然难度很大，但该领域的研究亟待加强。

在外营力作用下，发生了土壤侵蚀、产生了严重的本地效应（on-site effect）和异地效应（off-site effect），因此，需要开展水土保持（soil and water conservation）。水土保持的核心思想是削弱侵蚀动力、提升土壤抗蚀性能，减少土壤流失量。在我国将减水减沙效益作为水土保持的基础效益进行评价，这一思想在我国北方地区，特别是干旱和半干旱地区非常适用，但在降水量大、径流多的南方湿润地区，水土保持的核心理念应该是疏导径流、保持土壤，减水已经不再是评价该地区水土保持效益的指标之一，这一理念应该在水土保持工作中高度重视。

1.1.2 土壤侵蚀过程

从动力机制而言，可以将土壤侵蚀分解为土壤分离、泥沙输移和泥沙沉积三个子过程。研究、分析、确定这些过程发生、发展的气候、地形、水力、土壤、植被、土地利用条件及各过程间相互影响、相互耦合的动力机制，是建立土壤侵蚀物理或过程模型的基础（张光辉，2001）。

土壤分离是指在降雨雨滴击溅（raindrop impact）或/和径流冲刷（runoff scouring）作用下，土壤颗粒或团聚体脱离土体，离开原始位置的过程。从高空降落的雨滴，具有一定的大小（即质量）和速度，因而具有一定的动能。当雨滴直接打击地表时，部分土壤颗粒或团聚体会被雨滴溅起，离开原始位置，此过程即为溅蚀过程。溅蚀驱动的土壤分离过程，主要受控于气候特征、地形条件、土壤属性、植被覆盖、砾石覆盖及积水深度。气候特征尤其是降雨强度，与溅蚀过程密切相关，雨滴动能是溅蚀的动力来源，随着降雨强度的增大，雨滴直径增大，雨滴质量随着增大。自然条件下任何雨滴到达地表都可以达到其终点速度（terminal velocity），终点速度也是雨滴直径的函数。因此，随着降雨强度的增大，雨滴质量及速度同时增大，自然会引起雨滴动能的增大，促进土壤溅蚀引起的土壤分离。降雨过程中的风速及风向，也会影响雨滴动能，当风向有利于提高雨滴速度时，则会促进土壤分离，反之则会抑制土壤分离。雨滴与地面的夹角越小，则雨滴动能用于分离土壤的能量则越小，土壤分离越轻微（Cruse et al.，2000）。坡度是影响溅蚀的关键因素之一，随着坡度的增大，溅蚀引起的土壤分离过程越明显，当坡度为 0 时，溅蚀引起的土壤颗粒向四周均匀飞溅，并不会引起侵蚀泥沙的趋势性移动。溅蚀是雨滴动能与土壤抗蚀性能相互作用的结果，因而与土壤属性密切联系，特别是土壤质地。土壤颗粒或团聚体可以通过物理、化学、生物的胶结作用黏结在一起，形成较为稳定的结构，要使土壤颗粒或团聚体脱离土体，必须消耗能量。质地松散的沙土，黏结力小，则土壤分离消耗的雨滴动能较少，而质地黏重的黏土，则土壤分离消耗的能量较多，当雨滴动能相同时，沙土的分离速率远大于黏土。植被具有强大的水土保持功能，其效益与植物类型、群落结构、覆盖度有关，植被冠层及枯枝落叶层，均可拦截降雨，消减降雨动能，避免地表直接接受雨滴打击，可有效抑制雨滴击溅引起的土壤分离。砾石的强度较大，土壤可蚀性（soil erodibility）较低，因而砾石覆盖可有效抑制击溅驱动的土壤分离。降雨产流后，地表开始积水，径流深度随着降雨的持续而逐渐增大，特别是地势比较低的洼地，径流深度会迅速增大，当积水深度达到雨滴直径的 3 倍以上时，地表积水可有效削弱雨滴动能，抑制土壤分离（Toy et al.，2002）。在过去几十年内，国内外开展了大量的溅蚀引起的土壤分离研究，积累了大量的研究数据，建立了不同条件下的预测模型（Sharma et al.，1993），并用于不同的土壤侵蚀模型中（Morgan et al.，1998）。

地表径流是输移溅蚀分离的松散泥沙的载体，也是引起土壤分离的另一主要动力。随着径流深度的增大，水流剪切力（flow shear stress）随着增大，当水流剪切力大于土壤的临界剪切力（critical shear stress）时，土壤颗粒或团聚体会脱离土体，发生土壤分离。从形态特征来看，坡面土壤侵蚀可以划分为细沟间侵蚀（interrill erosion）和细沟侵蚀（rill erosion）两种类型。细沟是指发育在坡面上、具有明显的沟头和沟壁、宽度不超过 30 cm、深度不超过 20 cm、可被常规的耕作措施消除的侵蚀沟。而细沟间是指细沟之间区域。在细沟间坡面径流深度浅，属于典型的坡面薄层水流，分离土壤的能力较弱，主要起到输移溅蚀产生的松散泥沙的功能。而在细沟内，由于径流的横向汇集，深度增大，水流剪切力迅速增大，因而，细沟内的径流不仅能够输移泥沙，同时会冲刷土壤，导致土壤分离的发生。径流冲刷引起的土壤分离过程，主要受控于土壤属性和坡面径流的水动力学特性，与雨滴溅蚀引起的土壤分离过程相比，径流冲刷引起的土壤分离过程的研究起步晚、成果较少，需要加大研究。后文中所说的土壤分离，都是指由径流冲刷引起的土壤分离过程。

泥沙输移是指被雨滴击溅和径流冲刷分离的泥沙颗粒被径流从上坡向下坡、从上游向下游输送的过程，它是土壤侵蚀重要的过程之一，如果仅有土壤分离过程，没有泥沙的输移过程，那么土壤侵蚀就不会产生上述的本地和异地效应，也就不会产生相关的环境和生态灾害问题。泥沙输移过程的核心是坡面径流挟沙力（sediment transport capacity），它是指在特定的水动力和泥沙特性条件下，坡面径流可以输移泥沙的最大通量［kg/（m·s）］。当径流输沙率（sediment load，单位时间通过某个断面的泥沙通量）小于径流挟沙力时，径流在输移泥沙的同时，仍继续分离土壤，使得更多的泥沙颗粒进入径流，径流输沙率持续增大，直到达到径流挟沙力为止，从而达到一种临时性的动态平衡状态（Nearing et al.，1989）。

当坡面径流的水动力学条件发生变化，如坡面径流流量减小或地面坡度下降，或者由于土地利用变化（如浓密的草带、灌木丛等）引起的地表随机糙率（random roughness）增大，引起径流阻力增大，流速下降，进一步引起径流挟沙力减小，此时，径流中的泥沙无法全部被径流输移，部分多余的泥沙会发生沉积。泥沙沉积主要受泥沙特性影响，粒径大、密度大的泥沙先沉积，颗粒小、密度小的泥沙后沉积，此即为泥沙沉积的分选性（selectivity）。分选性是泥沙沉积的重要特征，是研究侵蚀环境演变的重要基础之一。

土壤分离、泥沙输移与泥沙沉积三个过程相互影响、相互制约，其过程可以用图 1-1 来表示（Toy et al.，2002）。

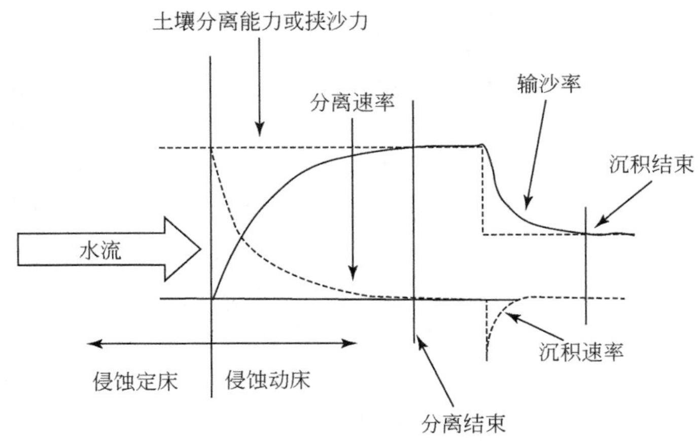

图 1-1　土壤分离、泥沙输移与泥沙沉积过程相互关系图

实际坡面监测到的侵蚀泥沙，可能受控于土壤分离也可能受控于泥沙输移，前者为分离控制（detach-limited），而后者为输移控制（transport-limited）。当降雨发生在坚硬的基岩上时，因岩石坚硬，无论是雨滴击溅或者径流冲刷都无法导致岩石颗粒脱离岩石，则径流没有可被输移的泥沙，含沙量为 0；而当降雨发生在沙漠上时，降雨击溅产生了大量的松散泥沙，但全部或大部分降水就地入渗，则地表径流无法有效输移被分离的松散泥沙，因而不会产生大量的侵蚀泥沙。前者属于典型的分离控制，而后者属于典型的输移控制。因此，不能用坡面径流小区、整个坡面，或集水区的泥沙监测资料，反推土壤分离速率或能力，也无法用上述数据直接估算坡面径流挟沙力。

1.1.3　退耕还林（草）工程及区域土壤侵蚀响应

强烈的水土流失，势必会引起土壤层厚度下降、土壤肥力降低、土地面积减少、土壤粗化或沙化，冲毁道路、破坏通信设施等本地效应，同时会引起河流、湖泊、水库泥沙淤积、降低航运能力、缩短水利工程使用年限、加剧防洪压力、污染水体等异地效应，因此，必须要因地制宜地大力开展水土保持综合治理。我国水土保持措施体系分为生物措施、农业措施和工程措施三大类（唐克丽，2004），各类措施的适用范围及其效益存在明显的差异。

退耕还林（草）工程（grain for green project）是 1999 年我国实施的全球最大的水土保持生态建设工程，采取“退耕还林（草）、封山绿化、以粮代赈、个体承包”的措施，保证工程的顺利实施。工程涉及北京、天津、河北、山西、内蒙古、辽宁、吉林、黑龙江、安徽、江西、河南、湖北、湖南、广西、四川、重庆、贵州、云南、西藏、陕西、甘肃、青海、宁夏、新疆及新疆生产建设兵团，共计 1887 个县，重点建设 865 个县。工程于 1999 年实施了试点，2001 年在全国 20 个省（市、区）和新疆生产建设兵团实施了试点，2002 年全面启动。

黄土高原是我国、甚至全球土壤侵蚀最严重的地区之一，也是退耕还林（草）工程实施的重点区域。据不完全统计，截至 2012 年黄土高原实施退耕还林（草）面积达 3000 万亩（1 亩≈666.7 m^2），占坡耕地的 38%。随着退耕还林（草）工程的大面积实施和退耕年限的增加，植被生态系统的结构和功能逐渐恢复，势必会引起区域水文过程及侵蚀过程发生相应的变化，黄河年侵蚀泥沙也从多年平均的 16 亿 t 锐减到 2.9 亿 t。

探索退耕驱动的黄土高原侵蚀响应，已成为近年来的研究热点（张光辉，2017）。Zheng（2006）研究了植被破坏和恢复对土壤侵蚀的影响，发现在子午岭次生林恢复以前（1866～1872 年），该区土壤侵蚀与黄土高原临近地区一样，侵蚀模数高达 8000～10000 t/（km^2·a）。植被恢复后，土壤侵蚀迅速减少，浅沟和切沟停止发育，并出现了明显的泥沙沉积。Wei 等（2007）研究了黄土丘陵区土地利用变化对土壤侵蚀的影响，发现土地利用方式显著影响土壤侵蚀，受植被演替阶段和降雨交互作用的影响，土壤侵蚀对土地利用的响应存在一定的复杂性和不确定性。Feng 等（2010）在率定 WATEM/SEDEM 模型的基础上，研究了黄土丘陵区土地利用变化、植被恢复对小流域土壤侵蚀的潜在影响，发现黄土高原退耕还林（草）工程的实施，显著减少了小流域水土流失。

Fu 等（2011）利用 USLE 模型评估了退耕还林（草）工程对黄土高原生态服务功能的影响，发现随着植被生态系统的逐渐恢复，黄土高原地区的生态服务功能得到了显著的改善。2000～2008 年，黄土高原土壤保持率达到 63.3%，34%的区域水土流失降低，48%的地区保持相对稳定，而 18%的地区轻微增大。侵蚀泥沙主要来源于 8°～35°的陡坡，其水土流量占到整个黄土高原的 82%。虽然不同坡度的土壤侵蚀模数均有显著下降，但大于 8°坡面的侵蚀模数仍高达 3600 t/（km^2·a），远大于黄土高原地区的允许流失量［1000 t/（km^2·a）］，因此，黄土高原地区的水土保持仍然任重道远。Sun 等（2014）采用 RUSLE 模型评价了退耕对黄土高原土壤侵蚀的影响，发现退耕后黄土高原土壤侵蚀显著下降，2000～2010 年，黄土高原平均侵蚀模数仅为 1520 t/（km^2·a），很多地区的土壤侵蚀强度属于微度和轻度。Deng 等（2012）研究了 1998～2008 年我国 11 条大江大河径流、泥沙的变化态势，发现受退耕还林（草）工程的影响，11 条河流的侵蚀泥沙均呈显著下降趋势，与 1998～2002 年相比，2003～2007 年的侵蚀泥沙减少了 45.4%，充分说明退耕还林（草）工程在改善生态环境的同时，具有强大的水土保持功能。

1.2　坡面径流水动力学特性

坡面径流是土壤侵蚀的主要驱动力，属于典型的薄层水流，其水动力学特性受诸多因素的综合影响，呈现明显的时空多变性，导致土壤侵蚀过程复杂多变。因而，研究、分析、认识坡面径流水动力学特性，是理解、揭示土壤侵蚀水动力学机理的基础与前提。

1.2.1 坡面径流特性

根据其物理机制，可以将坡面产流分为超渗产流和蓄满产流两种典型模式，降雨强度是前者的核心影响因素，而降水量和前期土壤含水量是后者的关键影响因素。超渗产流模式主要分布在土壤包气带比较厚、植被稀疏的北方地区，而蓄满产流模式主要分布在土壤包气带比较薄、植被生长较好的南方地区，东北的部分地区、北方石质山区及青藏高原地区也属于蓄满产流。在海滨地区，由于地下水的埋藏深度具有典型的季节变化特征，导致该区的产流机制属于超渗和蓄满的过渡地带。

无论是哪种产流模式，在满足了植被截留、土壤蓄水、地表填洼后，地表就开始产流，随着降雨时间的延长，坡面径流深度增大，从而沿着坡面从上坡向下坡流动。产流初期，由于坡面径流深度很小，径流呈片状（sheet flow）从上向下漫流。受地形凹凸不平或其他障碍物的综合影响，坡面径流总会横向汇集，径流深度随之增大。随着坡长的增大，汇水面积也随着增大，导致径流量和深度同时增大，径流剪切力增大，当径流剪切力大于土壤临界剪切力时，就会在坡面产生细沟，细沟间径流则通过细沟向坡面下部运动，与片流相比，此时径流深度较大，相对比较集中，呈典型的股流（concentrated flow）形态，其深度及流速都显著大于细沟间的片流，土壤分离能力及挟沙力均显著大于片流。

不管是片流还是股流，与河流水流相比其深度均比较浅，因此，坡面径流（overland flow）属于典型的薄层水流（shallow flow），流量和深度沿程多变，下垫面对径流动力学特性的影响显著。虽然国外已开展了很多相关实验，但大多是在小于 10°的坡面上进行，而我国的水土流失主要发生在大于 10°的陡坡上，因此，开展陡坡坡面径流水动力学特性研究，对于分析陡坡土壤侵蚀动力机制、泥沙输移过程及建立土壤侵蚀过程模型，具有重要意义。

1.2.2 水动力学特性定量表征

坡面径流的水动力学特性通常用以下参数定量表达。

（1）流态

流态是用于表达流体形态特征的参数，通常用雷诺数（*Re*）和弗劳德数（*Fr*）表征坡面径流的流态。

雷诺数是径流惯性力与黏滞力的比值，是一个无量纲数，其数学表达式为

$$Re = \frac{q}{\nu} = \frac{HV}{\nu} \tag{1-1}$$

式中，q 为单宽流量（m^2/s）；H 为径流深度（m）；V 为平均流速（m/s）；ν 为水流运动黏滞系数（m^2/s）。

当雷诺数较小时，黏滞力对径流的影响大于惯性力，对流速的扰动会因黏滞力的存在而减弱，径流流动趋于稳定，为层流；反之，当雷诺数较大时，惯性力对径流的影响大于黏滞力，径流流动不稳定，流速的微小变化均会被增强与放大，形成紊乱、不规则的紊流。对于坡面径流的临界雷诺数，一般直接借鉴明渠水流的标准，下临界值为 500 或 575（管流 2320 的 1/4），上临界雷诺数一般在 3000～10000 浮动，根据两个临界值把流态依次分为层流、过渡流和紊流 3 种。土壤类型、植被覆盖、土地利用类型、降水特征及其扰动、含

沙量、流路、细沟密度和几何特征的微小变化，均会引起水流的聚集、疏散，进而引起水流流态的变化，从而使得坡面薄层水流的流态十分复杂，迄今为止坡面薄层水流究竟属于何种流态尚无定论。

弗劳德数是径流惯性力和重力的比值，也是表征径流流态的无量纲数，其数学表达式为

$$Fr = \frac{V}{\sqrt{gH}} \tag{1-2}$$

式中，g 为重力加速度（9.8 m/s^2）。一般将 Fr 是否大于 1 作为判别明渠水流急缓的标准，当 $Fr<1$ 时，水流属于缓流；当 $Fr=1$ 时，水流属于临界流；而当 $Fr>1$ 时，径流属于急流。

（2）流量、坡度、深度

流量（flow discharge）是指单位时间通过某个断面的径流量，常用 Q 表示（m^3/s），它是野外条件下最容易测定的水动力学参数，是研究坡面径流水动力学特性、土壤分离过程及泥沙输移过程时最常用的控制参数，也是模拟土壤分离能力、挟沙力最基本的水动力学参数。在坡面上，流量沿程会发生变化，主要原因是降雨强度的时空变化、土壤属性特别是土壤入渗性能的时空变异、汇水面积沿坡长的增大。为了比较不同研究的成果，通常用单宽流量 q（m^2/s）表示流量，但它们间没有本质的差异，单宽流量乘以过水断面宽度即为流量。

坡度（slope gradient）是常用的坡面径流水动力学参数，表达了地形条件对坡面径流的影响。坡度越大则承接降雨的面积越小，土壤入渗性能下降，坡面径流流动越快，流域汇流越迅速。在国内通常用度表示坡度大小，而在国际上常用百分数表达坡度，从理论上讲百分数坡度应该是坡度正切函数值再乘以 100，但在实际应用中绝大多数研究都采用了坡度正弦函数值乘以 100，当坡度较小时，正切值和正弦值没有明显差异，用哪个都没有太大关系，但当坡度较大时，建议采用正切函数计算。坡度也是极易测定的参数之一，因此在相关研究及模型中广泛使用，也是很多实验的控制参数之一。

径流深度（runoff depth）是常用的坡面径流水动力学参数之一，在室内侵蚀定床（实验过程中下垫面性状保持稳定）实验条件下，它很容易测定，可以用数字型水位计、超声波水位计等设备直接测定。但在室内侵蚀动床（实验过程中下垫面性状会发生变化）或在野外条件下，径流深度的直接测量非常困难，主要的原因是坡面径流属于典型的薄层水流，深度很浅，下垫面不稳定，随着降雨的持续会不断发生变化。

（3）流速

水流流速（flow velocity）是坡面径流最重要的水动力学参数之一，与土壤分离过程、泥沙输移过程密切相关。它是径流流量、坡度、下垫面糙率等因素综合影响的结果，可以从整体上反映坡面径流的动力特征。根据坡面径流流态的不同，流速可以用不同的方程计算。

对于层流，流速的计算方程为

$$V = C\sqrt{RJ} \approx C\sqrt{HS} \tag{1-3}$$

式中，V 为流速（m/s）；C 为谢才系数（m$^{1/2}$/s）；R 为水力半径（m）；S 为坡度（m/m）；J 为波能比降（无量纲）。谢才系数是表征坡面径流阻力特征的参数之一，表示下垫面糙率对

径流流动的阻碍作用。水力半径是过水断面面积与湿周的比值，对于坡面径流而言可以用径流深度替换。波能比降表达了径流表面的能量变化情况，对于坡面径流而言可以用坡度直接代替。

对于紊流，流速计算方程为

$$V = \frac{1}{n} R^{2/3} J^{1/2} \approx \frac{1}{n} H^{2/3} S^{1/2} \tag{1-4}$$

式中，n 为曼宁粗糙度（无量纲）。与谢才系数比较类似，曼宁粗糙度反映了下垫面条件对径流流动的阻力状况。

（4）阻力系数

除谢才系数和曼宁粗糙度以外，坡面径流阻力特征还可以用达西-韦斯巴赫阻力系数（f）定量表达，其数学表达式为

$$f = \frac{8gRJ}{V^2} \approx \frac{8gHS}{V^2} \tag{1-5}$$

达西-韦斯巴赫（Darcy-Weisbach）阻力系数具有很好的物理含义，表明坡面径流的阻力随着径流深度和坡度的增大而增大，随着流速的增大而减小。同时计算方程符合量纲一致原则，因此在坡面径流阻力特征研究中得到了广泛的应用。其中阻力特征与流态间的关系是长期备受关注的研究议题，总体来看，阻力系数 f 与雷诺数 Re 和弗劳德数 Fr 间均呈负幂函数关系，但指数随着流态的变化而变化，如对于管道而言，其指数为-1（$f=24/Re$）。

（5）综合性水动力学参数

除上述单个水动力学参数外，土壤侵蚀研究中还经常采用水流剪切力、水流功率（stream power）和单位水流功率（unit stream power）三个综合性水动力学参数表达坡面径流的水动力学特性，同时也广泛用于土壤侵蚀过程的模拟和预报。

水流剪切力表征了径流作用于下垫面的力（Foster et al.，1984），其数学表达式为

$$\tau = \rho gRJ \approx \rho gHS \tag{1-6}$$

式中，τ 为水流剪切力（Pa）；ρ 为水流密度（kg/m^3）。

水流功率表征了单位长度水流势能的变化率（Bagnold，1966），其数学表达式为

$$\omega = \tau V \approx \rho gHS \tag{1-7}$$

式中，ω 为水流功率（kg/s^3）。

单位水流功率表征了单位面积水流势能的变化率（Yang，1972），其数学表达式为

$$P = VS \tag{1-8}$$

式中，P 为单位水流功率（m/s）。

1.2.3 流量和坡度对坡面径流水动力学特性的影响

（1）试验材料与方法

试验在北京师范大学房山实验基地人工模拟降雨大厅的变坡实验水槽内进行，水槽长 5 m、宽 0.4 m、深 0.4 m，水槽底部是厚度为 5 mm 的钢板，水槽升降端有一深度为 40 cm 的消能池，试验时水流通过消能池以溢流形式进入水槽。水槽上端高度可调，可使水槽坡度在 0°～30°变化。供水系统由 5 m^3 蓄水池、水泵、水管、阀门组、分水箱和沉沙池组成，

通过调整阀门组，水槽内流量可在 0～40 m^3/h 变化。

为了模拟土壤的糙率，同时为了试验过程中下垫面糙率维持稳定，在水槽底部粘 5 mm 厚度的土层，试验土样为取自北京密云的普通褐土，黏粒、粉粒、砂粒含量分别为 23.6%、56.9%和 16.8%。试验前将土样过 5 mm 的土壤筛。试验时调整水槽坡度至设计值，启动水泵，调节阀门组获得设计流量，待水流稳定后测定水流深度。

用精度为 0.02 mm 的数字水位计测定水深，测定范围为距水槽末端 0.3～0.6 m，每个流量和坡度条件下沿断面测定 12 次，去掉 1 个最大值和 1 个最小值，将剩余的 10 次水深平均，获得该流量和坡度下的平均水深。水流流速用染色法测定，测定区位于水槽末端 0.6～2 m（罗榕婷等，2010）。流速测定时将高锰酸钾溶液用塑料湾管注入水流，记录染色水流流过测定区域所用的时间，将测定区长度除以时间即得水流表面最大速度。与水深测定类似，流速测定也重复 12 次，去掉 1 个最大值和 1 个最小值，将剩余的 10 次流速平均，得到该流量和坡度下的水流表面最大速度。试验过程中测定水流温度。改变流量，重复试验，再改变坡度进行相应的试验。

试验设计包括 5 个坡度（5°、10°、15°、20°、25°）和 8 个单宽流量（$0.625\times10^{-3}m^2/s$、$1.25\times10^{-3}m^2/s$、$2.5\times10^{-3}m^2/s$、$3.75\times10^{-3}m^2/s$、$5.0\times10^{-3}m^2/s$、$7.5\times10^{-3}m^2/s$、$10.0\times10^{-3}m^2/s$、$12.5\times10^{-3}m^2/s$），共进行了 40 组试验。根据试验时的水流温度，计算水流运动黏滞系数，再用单宽流量和运动黏滞系数计算水流雷诺数，判断水流流态，根据不同流态对水流表面速度进行修正（Luk and Merz，1992），获得水流平均流速。

（2）流态

表 1-1 给出了试验条件下的流态变化情况。由表可知，雷诺数与水深密切相关，不管坡度如何，当水深小于 3.16 mm 时，水流均为过渡流，此时的水深基本上相当于细沟间片流的深度。随着流量的增大，水流速度增大，水流紊动性加强，当单宽流量为 $12.5\times10^{-3}m^2/s$ 时，水流雷诺数高达 19297，水流剧烈紊动。当水深大于 3.47 mm 时，水流完全呈紊流状态，此时的水深基本相当于细沟径流水深。从而说明当径流在细沟间呈片状漫流时，径流为过渡流，当细沟出现后，水深迅速增大，水流流态随之发生变化，呈紊流状态，水流分离土壤和输移泥沙的能力随着加强（张光辉，2002）。

表 1-1　坡面径流流态及流速

坡度/（°）	单宽流量/（$10^{-3}m^2/s$）	平均水深/mm	表面最大流速/（m/s）	雷诺数 *Re*	水流流态	平均流速/（m/s）
5	12.50	11.59	1.497	18067	紊　流	1.198
	10.00	11.06	1.091	12922	紊　流	0.873
	7.50	9.19	0.896	8777	紊　流	0.717
	5.00	7.39	0.807	6357	紊　流	0.646
	3.75	6.49	0.652	4829	紊　流	0.522
	2.50	5.67	0.574	3472	紊　流	0.459
	1.25	4.59	0.419	2200	紊　流	0.335
	0.625	3.47	0.320	1276	过渡流	0.214

续表

坡度/（°）	单宽流量/（$10^{-3}m^2/s$）	平均水深/mm	表面最大流速/（m/s）	雷诺数 *Re*	水流流态	平均流速/（m/s）
10	12.50	8.92	1.566	14890	紊 流	1.253
	10.00	8.77	1.409	12868	紊 流	1.127
	7.50	7.35	1.103	8843	紊 流	0.882
	5.00	5.85	0.929	5928	紊 流	0.743
	3.75	5.84	0.781	5205	紊 流	0.625
	2.50	4.56	0.703	3497	紊 流	0.562
	1.25	3.10	0.489	1730	过渡流	0.328
	0.625	2.65	0.388	1173	过渡流	0.260
15	12.50	9.26	1.955	19297	紊 流	1.564
	10.00	7.31	1.604	11924	紊 流	1.283
	7.50	7.12	1.271	9984	紊 流	1.017
	5.00	5.28	1.053	6078	紊 流	0.842
	3.75	4.57	0.909	4573	紊 流	0.727
	2.50	3.66	0.750	3015	紊 流	0.600
	1.25	3.16	0.567	2008	紊 流	0.454
	0.625	2.45	0.420	1148	过渡流	0.281
20	12.50	7.64	2.027	16507	紊 流	1.622
	10.00	6.90	1.456	11841	紊 流	1.165
	7.50	6.03	1.508	10262	紊 流	1.206
	5.00	4.83	1.255	6764	紊 流	1.004
	3.75	4.46	0.965	5022	紊 流	0.772
	2.50	3.21	0.815	2886	紊 流	0.652
	1.25	2.69	0.592	1842	过渡流	0.397
	0.625	2.30	0.458	1213	过渡流	0.307
25	12.50	7.47	2.158	17583	紊 流	1.726
	10.00	7.43	2.083	16881	紊 流	1.666
	7.50	5.20	1.613	9191	紊 流	1.290
	5.00	4.22	1.205	5687	紊 流	0.964
	3.75	4.35	0.974	4943	紊 流	0.779
	2.50	2.88	0.787	2529	紊 流	0.630
	1.25	2.70	0.568	1789	过渡流	0.381
	0.625	0.201	0.412	968	过渡流	0.276

坡度对水流流态的影响并不显著，坡面径流流态主要受下垫面状况和流量或水深控制。在 40 组实验中，没有出现层流流态，从而表明坡面薄层径流很少以层流形态出现，在下垫面和阻力特征十分复杂的自然坡面更是如此。上述结果是在理想的侵蚀定床条件下获得的，在实际坡面上情况会更加复杂，细沟间片流并不会呈现单一的过渡流流态，而会出现以过渡流为主、紊流为辅的交替状态。

（3）流速

根据传统水力学的观点，坡面径流的流速应为流量和坡度的幂函数，无论是层流的谢才公式，还是紊流的曼宁公式，流速均是水深和坡度的函数，但 Govers（1992）和 Nearing 等（1999）的研究结果表明，在侵蚀细沟内，径流速度与坡度无关，径流速度仅是流量的单一函数，造成这种结果的原因与侵蚀细沟的阻力构成有关。随着坡度增大，水流速度具有增大的趋势，径流能量也具有同样的趋势，侵蚀随之加剧，下垫面形态发生变化引起阻力增大，结果水流速度仅表现为流量的函数。图 1-2 和图 1-3 给出了平均流速随单宽流量和坡度变化的关系曲线。

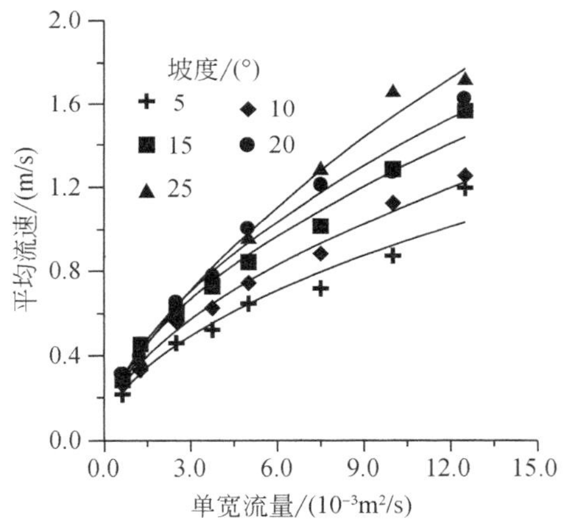

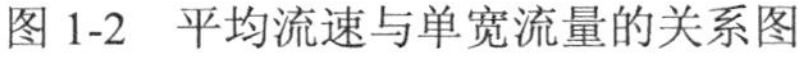
图 1-2　平均流速与单宽流量的关系图

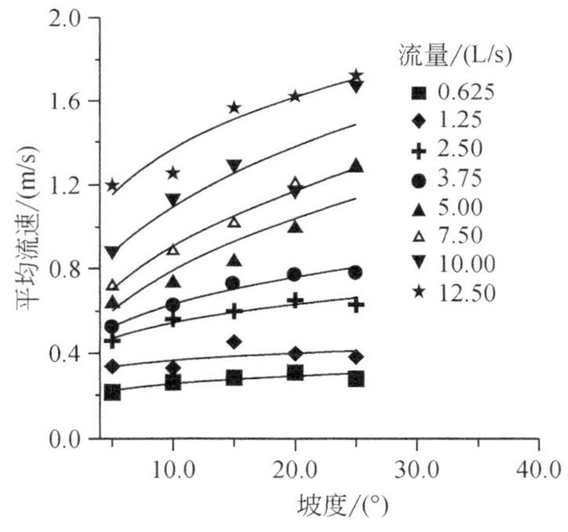

图 1-3　平均流速与坡度的关系图

从图 1-2 可以发现，随着流量的增大，坡面径流的平均流速呈增加趋势，流量较小时，不同坡度间的平均流速差异较小，随着流量的增大坡度对流量的影响逐渐增大，不同坡度间的平均流速差异加大。从图 1-3 可以看出，随着坡度的增大，不同流量条件下坡面径流的平均流速也呈增大趋势，但在不同流量条件下坡度对平均流速的影响并不相同，流量大时坡度的影响也大。对数据进行逐步多元回归分析发现，坡面径流平均流速与流量和坡度间呈幂函数关系：

$$V = 23.66q^{0.542}S^{0.246} \qquad R^2 = 0.98 \tag{1-9}$$

简单地从回归指数来看，流量的指数是坡度指数的 2 倍左右，因为流量和坡度属于同一个数量级，那么坡度对流速的影响应该小于流量，因此，将坡度从式（1-9）中删除，重新进行幂函数回归分析得：

$$V = 14.26q^{0.542} \qquad R^2 = 0.91 \tag{1-10}$$

与式（1-9）相比，式（1-10）的决定系数减小了 0.07，但整体仍然处于显著水平，说明在本试验条件下，用流量就可以较好地模拟坡面径流的平均流速，坡度对平均流速的影响相对较小。本试验是下垫面糙率相对稳定的条件下进行的，对于可侵蚀的下垫面，则侵蚀过程中形态阻力会不断增大，则坡度对流速的影响会趋于更小。

（4）径流深度

图 1-4 给出了不同坡度条件下径流深度随单宽流量的变化关系曲线。从图中可以看出，随着单宽流量的增大，径流深度呈明显的增加趋势。随着坡度的增大，径流流速加快，平均水深减小。坡度对径流深度的影响，与流量有一定关系，流量较小时径流深度差异较小，随着流量的增大坡度对径流深度的影响逐渐加大。同时随着坡度的增大，径流深度的差异逐渐减小。逐步多元回归分析表明，径流深度与流量和坡度间呈简单的幂函数关系：

$$H = 0.0348q^{0.428}S^{-0.307} \qquad R^2 = 0.97 \tag{1-11}$$

与平均流速类似，径流深度也主要受流量的影响，将式（1-11）中的坡度项删除得：

$$H = 0.0544q^{0.428} \qquad R^2 = 0.81 \tag{1-12}$$

与式（1-11）相比，式（1-12）的决定系数减小了 0.16，但仍然处于显著相关水平。与坡度对平均流速的影响相比，坡度对径流深度的影响略有增大，但其影响仍远小于流量。

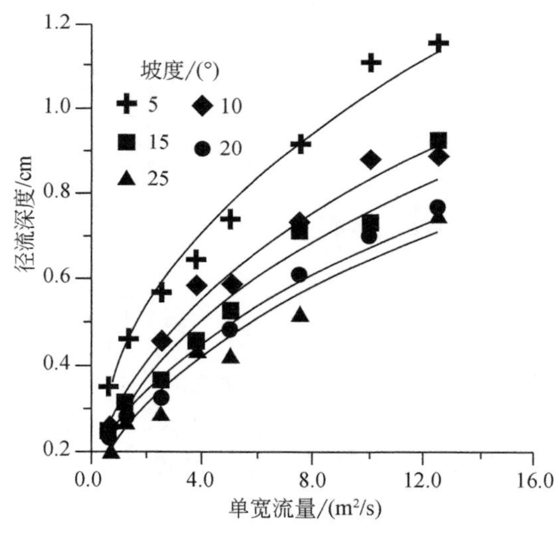

图 1-4 径流深度随单宽流量的变化关系曲线

（5）阻力系数

达西–韦斯巴赫阻力系数 f 反映了下垫面条件对流动水体的阻力大小，在流量、坡度等水动力条件相同的情况下，阻力系数越大，径流克服阻力消耗的能量越多，则径流用于土壤分离和泥沙输移的能量越小，土壤侵蚀就越微弱，反之则土壤侵蚀越剧烈。分析结果表明达西–韦斯巴赫阻力系数与径流流态密切相关，随着雷诺数的增大，阻力系数呈良好的幂函数形式减小（图 1-5），在不同坡度条件下，阻力系数均随着流量的增大呈幂函数减小（表

1-2)，其指数均值为-0.72，大体上是 Savat（-0.25）和 Nearing（-1.10）试验结果的平均值。

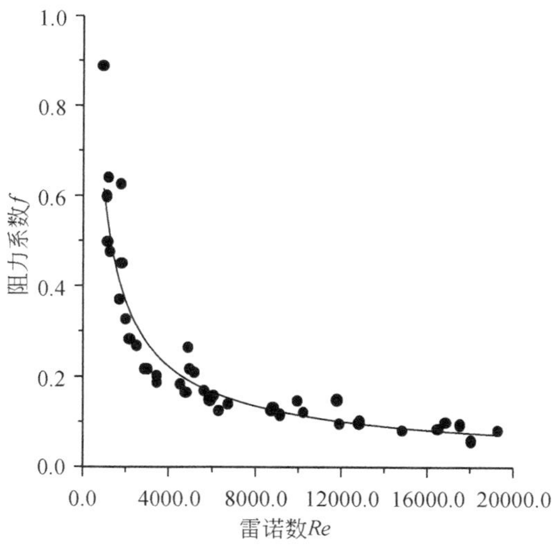

图 1-5　阻力系数与雷诺数的关系

表 1-2　阻力系数 f 与单宽流量 q 的相关关系

坡度/（°）	模拟关系式	决定系数 R^2	n
5	$f=0.0029q^{-0.6129}$	0.95	8
10	$f=0.0036q^{-0.6009}$	0.98	8
15	$f=0.0033q^{-0.6183}$	0.97	8
20	$f=0.0031q^{-0.6387}$	0.94	8
25	$f=0.0013q^{-0.8071}$	0.98	8

1.3　输沙率对坡面径流水动力学特性的影响

被降雨或径流分离的松散的泥沙，会被径流从上坡向下坡、从上游向下游输移。泥沙的启动、运动及其碰撞，均会消耗径流能量，同时随着含沙量的增大，径流黏滞性增强，径流阻力增大，运动受阻。坡面径流属于典型的高含沙水流，输沙率或含沙量对坡面径流水动力学特性的影响及其定量关系，亟待系统深入研究。

1.3.1　染色法修正系数

坡面径流流速是重要的水动力学参数，受流量、坡度、地形条件和下垫面糙率的综合影响，它是计算其他综合性水动力学参数的基础，也是模拟土壤侵蚀过程最常用的水动力学参数之一，因此，它的准确测定十分关键。在众多的流速测定方法中，染色法以其简单易行、适用范围广等优越性，被广泛应用于室内和野外坡面径流流速测量工作。该方法是

将染色水流滴到坡面径流表面，测定一定距离内染色水流流动的时间，将测流区长度除以时间，即得到径流表面最大流速，即

$$V_{max} = \frac{L}{t} \tag{1-13}$$

式中，V_{max}为径流表面最大流速（m/s）；L为流速测定区长度（m）；t为染色径流流过流速测定区所用时间（s）。虽然坡面径流很薄，但其流速剖面仍然具有明显的垂直梯度，在接近地表处流速近似为 0，而在径流表面流速最大。要获得径流平均流速必须要对表面最大流速进行修正：

$$V = \alpha V_{max} \tag{1-14}$$

式中，α为流速修正系数，它主要与径流流态相关，霍顿 1934 年在理论推导的基础上提出无限宽、光滑定床床面层流的流速修正系数为 0.67、过渡流为 0.70、紊流为 0.80。但随后的很多研究均表明流速修正系数变化幅度很大，受很多因素的影响，其中含沙量或输沙率是影响染色法流速修正系数的关键因子之一。Li 和 Abrahams（1997）的水槽实验发现流速修正系数是雷诺数和输沙率的函数，对于砂质床面、含沙量为 0 的清水而言，α小于 0.67，随着雷诺数的增大迅速增大，但当水流变为紊流时，其增长速率又迅速下降。对于含沙水流，流速修正系数随着输沙率的增大而减小。夏卫生等（2003）利用盐溶液示踪法评价了含沙量对染色法流速修正系数的影响，发现流速修正系数随着含沙量的增大而增大，这一结论与传统的观念相反，且相关研究的坡度没有超过 21%，亟待研究陡坡条件下含沙量或输沙率对流速修正系数的影响及其机制（Zhang et al.，2010a）。

试验在房山实验基地人工模拟降雨大厅的变坡实验水槽内进行，将收集的试验泥沙风干、过筛，小于 2 mm 的泥沙用于试验，其粒径为 0.02～2.0 mm，中值直径为 0.28 mm。试验时将水槽调整到设计坡度，将流量调整到设计流量，待径流稳定后用精度为 0.01 mm 的数字水位计测定径流深度，测定断面位于水槽末端以上 0.6 m 处，沿断面不同位置测定 6 个径流深度，将其平均值作为该流量和坡度条件下的径流深度（表 1-3）。流速用染色法测定，测定区域为径流深度测定断面以上 2 m，将几滴高锰酸钾溶液滴入流速测定区域的上断面，用数字秒表记录染色径流前锋流过流速测定区域的时间，每个断面测定 6 次，沿断面大致均匀分布，秒表的精度为 0.01 s，大致为人眼反应的时间。随着输沙率的增大，观测染色径流流动情况的难度增大，但仍然可以有效地测定其流过流速测定区域的时间。将 6 次测定的时间平均，然后用 2 除以染色径流流过流速测定区域的平均时间，即可得到该流量、坡度和输沙率条件下的径流最大表面流速 V_{max}。根据水量平衡原理，径流平均流速为

$$V = \frac{Q}{BH} \tag{1-15}$$

式中，Q为流量（m^3/s）；B为水槽宽度（m）；H为径流深度。则染色法流速修正系数为

$$\alpha = \frac{V}{V_{max}} \tag{1-16}$$

表 1-3　不同单宽流量（q）、坡度（S）和输沙率（Q_s）条件下的径流深度 H

q/（10^{-3} m^2/s）	S/%	Q_s/[kg/（m·s）] 和 H/mm					
0.66	8.7	Q_s	0.000	0.017	0.022	0.032	0.050
		H	1.901	2.488	2.443	2.615	2.772
	17.4	Q_s	0.000	0.053	0.104	0.151	0.214
		H	1.878	2.077	2.457	2.720	3.050
	25.9	Q_s	0.000	0.088	0.215	0.328	0.387
		H	1.660	2.760	3.520	3.180	3.235
	34.2	Q_s	0.000	0.194	0.431	0.627	0.853
		H	1.384	2.884	2.972	3.073	3.292
1.32	8.7	Q_s	0.000	0.045	0.111	0.148	0.218
		H	2.941	3.300	3.837	4.362	4.394
	17.4	Q_s	0.000	0.112	0.223	0.325	0.448
		H	2.750	2.790	3.145	3.325	3.573
	25.9	Q_s	0.000	0.297	0.558	0.789	0.954
		H	2.466	3.007	3.187	3.797	3.979
	34.2	Q_s	0.000	0.441	1.085	1.300	2.041
		H	2.151	3.694	3.844	4.135	4.205
2.63	8.7	Q_s	0.000	0.172	0.454	0.573	0.670
		H	4.432	4.945	4.914	6.122	6.935
	17.4	Q_s	0.000	0.253	0.578	0.942	1.092
		H	3.872	3.874	4.138	4.377	4.598
	25.9	Q_s	0.000	0.562	1.187	1.805	2.390
		H	3.454	4.260	4.258	5.007	5.064
	34.2	Q_s	0.000	0.960	2.001	3.448	4.096
		H	3.287	4.439	4.617	5.595	5.753
3.95	8.7	Q_s	0.000	0.188	0.785	0.890	1.060
		H	5.577	5.825	5.907	6.857	6.902
	17.4	Q_s	0.000	0.477	1.097	1.867	2.429
		H	4.721	4.780	5.049	5.627	6.009
	25.9	Q_s	0.000	1.069	2.063	3.154	3.790
		H	4.453	5.539	5.672	6.102	6.969
	34.2	Q_s	0.000	1.434	3.132	3.995	4.952
		H	4.034	4.680	5.329	5.787	7.409
5.26	8.7	Q_s	0.000	0.527	0.930	1.371	1.585
		H	6.362	6.513	6.818	7.175	8.577
	17.4	Q_s	0.000	0.972	2.161	3.132	4.300
		H	5.308	5.548	5.790	6.170	6.577

续表

q/（10^{-3} m^2/s）	S/%	Q_s/［kg/（m·s）］和 H/mm					
5.26	25.9	Q_s	0.000	1.626	3.703	4.594	5.502
		H	5.017	5.705	6.329	6.789	7.584
	34.2	Q_s	0.000	2.385	4.189	6.025	6.953
		H	4.621	5.439	7.052	6.830	7.579

试验过程测定径流温度，用于计算径流运动黏滞系数。试验设计单宽流量为：0.66×10^{-3} m^2/s、1.32×10^{-3} m^2/s、2.63×10^{-3} m^2/s、3.95×10^{-3} m^2/s、5.26×10^{-3} m^2/s，坡度为：8.7%、17.4%、25.9%、34.2%，共 20 个组合。供沙采用自控型供沙漏斗（张光辉等，2001），试验时将干燥的泥沙装入供沙漏斗，启动步进马达，带动漏斗内的扇叶随之转动，通过手持式控制器可以调整马达和扇叶的转速，从而获得不同的供沙速率。在不同流量和坡度条件下，试验开始时根据试验需求调整供沙速率，试验过程中保持稳定。为评价输沙率对流速修正系数的潜在影响，基于前期坡面径流挟沙力的研究成果（Zhang et al.，2009a），在不同流量和坡度条件下，均选择 0、25%、50%、75%和 100%的挟沙力。对于含沙径流，试验过程与清水试验过程类似，当径流稳定后测定径流深度和流速。每个流量和坡度条件下，均收集 5 个水沙混合样，沉积 4 h 后，将上部的清水倒掉，把剩余的水沙混合体在 105 ℃条件下烘干 24 h，将称重得到的泥沙质量除以取样时间和水槽宽度，计算精准的输沙率，5 个样品的平均值作为该组试验的输沙率。试验共进行了 100 个组合（5 个流量、4 个坡度、5 个输沙率），具体见表 1-3。径流运动黏滞系数 ν 会随着含沙量或输沙率的增大而增大，虽然存在多种调整方法，但在综合比较分析的基础上，选择了 Rescoe（1952）的修正方程：

$$V_{\mathrm{slf}} = \nu \times (1-1.35C)^{-2.5} \tag{1-17}$$

式中，V_{slf} 为含沙径流运动黏滞系数（m^2/s）；C 为体积含沙量（%）。

清水的流速修正系数变化在 0.510～0.783，均值为 0.659，与霍顿（Horton）提出的层流的 0.67 非常接近，标准差及变异系数均远小于含沙径流。随着坡度的增大，清水的流速修正系数呈半对数函数减小：

$$\alpha_{\mathrm{sf}} = 0.567 - 0.128\log S \qquad R^2 = 0.19 \tag{1-18}$$

式中，α_{sf} 为清水径流修正系数；S 为坡度（m/m）。对于清水，流速修正系数随坡度减小的原因可能是，在特定的流量条件下，水深随着坡度的增大而减小，流速随着坡度的增大而增大，其结果必然会引起表层水流流速的增大，从而导致水流剖面流速梯度增大，流速修正系数减小。这一解释得到了水深和流速修正系数间线性关系的验证：

$$\alpha_{\mathrm{sf}} = 0.506 + 42.239H \qquad R^2 = 0.81 \tag{1-19}$$

式中，H 为径流深度（m）。流速修正系数随径流深度增大的原因可以从两方面进行解释，随着径流深度的增大，下垫面颗粒阻力对流速梯度的影响逐渐减小，也就是说表面最大流速和平均流速间的差距在减小，修正系数增大。同时随着径流深度的增大，径流紊动性加强，上下层径流间的混合、交换过程加剧，流速修正系数随之增大。

随着雷诺数的增大，清水的流速修正系数呈半对数函数增大：

$$\alpha_{sf} = 0.098 + 0.166\log Re \qquad R^2 = 0.68 \tag{1-20}$$

上述关系非常容易理解，随着雷诺数的增大，径流紊动性增大，上下层径流间的混合程度加强，从而流速修正系数增大。与式（1-18）相比，式（1-20）的相关性明显提升，也就是说清水流速修正系数受雷诺数的影响远大于坡度。采用逐步多元回归分析得：

$$\alpha_{sf} = -0.003 - 0.133\log S + 0.168\log Re \qquad R^2 = 0.88 \tag{1-21}$$

从整体来看，式（1-21）模拟的流速修正系数与实测值之间比较吻合，但当修正系数小于 0.6 时，模拟值明显小于实测值。

含沙径流的流速修正系数也随着坡度的增大而减小：

$$\alpha_{sl} = 0.251 - 0.300\log S \qquad R^2 = 0.34 \tag{1-22}$$

与式（1-18）相比，含沙径流的流速修正系数与坡度间的关系更为紧密。同样流速修正系数随着雷诺数的增大而增大：

$$\alpha_{sl} = -0.405 + 0.268\log Re \qquad R^2 = 0.56 \tag{1-23}$$

与式（1-20）相比，含沙径流流速修正系数与雷诺数间的关系稍差于清水径流，其原因是随着含沙量的增大，水流的紊动性在下降。输沙率显著影响流速修正系数，随着输沙率的增大，流速修正系数显著下降。随着输沙率的增大，输沙消耗了径流的部分能量，同时导致径流紊动性下降及试验水槽下垫面性质的变化。随着输沙率的增大，输沙消耗的径流能量呈增大趋势，结果是流速梯度向小的方向移动，引起流速修正系数降低。随着输沙率（或含沙量）的增大，径流运动黏滞系数呈幂函数增大，导致径流雷诺数迅速减小，抑制了径流上下层间的混合与交换，流速梯度增大，修正系数下降。在本试验中，虽然水槽底部粘贴了实验用沙，但随着输沙率的增大，部分泥沙颗粒会以推移质的形式在水槽底部运动，水槽底部逐渐具有了侵蚀动床的性质，引起径流阻力增大，进一步导致流速梯度向小的方向移动，流速修正系数减小。

逐步多元回归分析表明：

$$\alpha_{sl} = -0.721 - 0.087\log S + 0.341\log Re - 0.082\log Q_s \qquad R^2 = 0.81 \tag{1-24}$$

式中，Q_s 为输沙率［kg/（m・s)］。对于清水和含沙径流：

$$\alpha = -0.551 - 0.141\log S + 0.279\log Re - 0.056\log(Q_s + 0.001) \qquad R^2 = 0.85 \tag{1-25}$$

整体来看，式（1-25）的模拟结果与实测值比较吻合，但当$\alpha < 0.3$ 和$\alpha > 0.7$ 时，模拟值稍微大于实测值。式（1-25）可以用于坡面含沙径流流速修正系数的估算，进而采用染色法测定坡面径流平均流速。

1.3.2　水流流态

如图 1-6 所示，输沙率显著影响雷诺数，随着输沙率的增大，雷诺数减小，其原因是随着输沙率的增大，径流运动黏滞系数增大，从而引起雷诺数的下降。与清水相比，含沙水流的雷诺数减小了 23%。上述结果说明随着输沙率的增大，径流紊动性下降，根本原因在于径流运动黏滞系数随输沙率的增大，水分子间相互作用及泥沙颗粒间碰撞概率的升高，如式（1-17）所示，径流运动黏滞系数随着含沙量的增大呈幂函数增大，黏滞性越强则径流紊动性越弱。

弗劳德数也随着输沙率的增大而减小（图 1-7），但输沙率对弗劳德数的影响与流量密切相关，随着流量的增大输沙率对弗劳德数的影响趋于减小。与清水相比，含沙径流的弗劳德数减小了 24%。回归结果表明：

$$Fr = 44.259q^{0.412}S^{0.227}(Q_s + 0.001)^{-0.058} \qquad R^2 = 0.78 \tag{1-26}$$

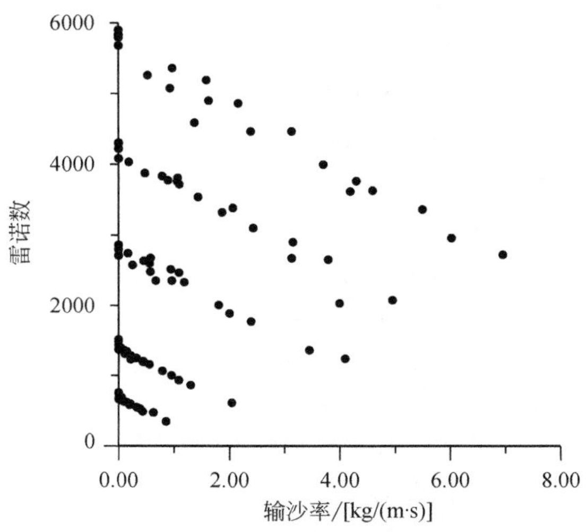

图 1-6 雷诺数与输沙率的关系曲线

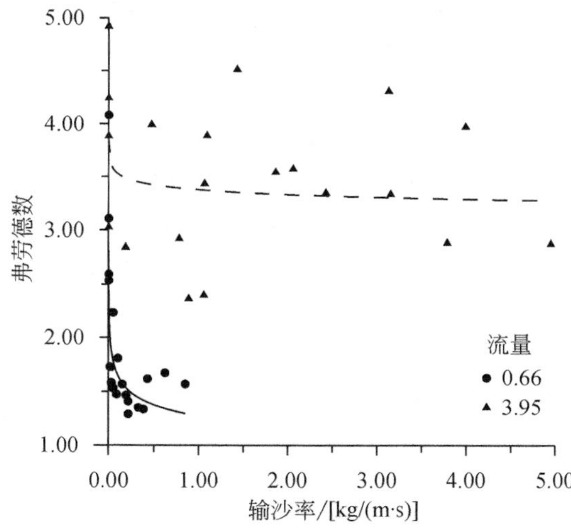

图 1-7 弗劳德数与输沙率的关系曲线

1.3.3 径流深度与流速

表 1-3 给出了不同流量、坡度及输沙率条件下的实测径流深度，很明显径流深度随着流量的增大而增大，随着坡度的增大而减小（94%），在大部分情况下，径流深度随着输沙

率的增大而增大（图 1-8），增幅变化于 0.002～3.456 mm，均值为 1.227 mm（表 1-4）。径流深度随输沙率增大而增大的原因有两个方面：含沙径流中泥沙的体积随着输沙率的增大而增大，导致的径流深度增大幅度为 0.024～2.545 mm，平均为 0.766 mm；同时随着输沙率的增大流速减小，根据物质连续方程可知，流速减小必然会引起径流深度的增大，其增大幅度为-0.305～1.885 mm，平均值为 0.461 mm。从总体趋势来看，随着输沙率的增大，前者的影响逐渐增大，而后者的影响逐渐减小，就平均水平而言，前者的影响为 62%，而后者的影响为 38%（Zhang et al.，2010b）。

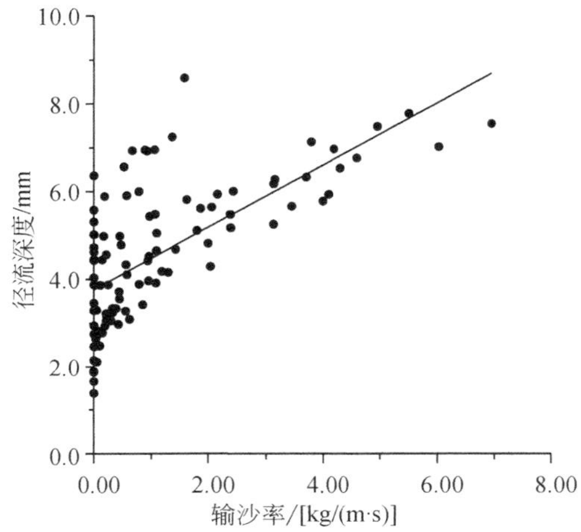

图 1-8　径流深度与输沙率的关系曲线

表 1-4　泥沙体积增大及流速减小引起的含沙径流深度变化

径流深度变化	不同坡度的平均变化				均值
	8.7%	17.4%	25.9%	34.2%	
总体/mm	0.950	0.581	1.392	1.839	1.227
泥沙体积增大/mm	0.312	0.499	0.892	1.274	0.766
流速减小/mm	0.637	0.082	0.500	0.565	0.461

与清水相比，大部分情况下（83%）含沙径流的流速随着输沙率的增大而减小，在 80 组含沙径流的实验中，14 组的流速随着输沙率的增大出现了轻微的增大，最大增加值为 0.062 m/s，这一结果可能由径流深度的测定误差引起，因为径流流速的增大与流量、坡度和输沙率间没有任何相关关系，很显然属于随机误差。对于剩余的 66 组试验，流速均随输沙率的增大而减小，最大减幅为 0.223 m/s。将 80 组试验平均，则流速减少 0.071 m/s。多元逐步回归表明：

$$V = 26.792q^{0.608}S^{0.151}(Q_s + 0.001)^{-0.039} \qquad R^2 = 0.94 \tag{1-27}$$

图 1-9 给出了实测流速与式（1-27）计算流速的比较结果，从图中可看出，模拟值与实测值间没有明显的差异，模型效率系数 NSE 高达 0.93，表明式（1-27）具有一定的模拟含沙径流流速的功能。当然这一结果是在实验室侵蚀定床下获得的，在野外条件下，其适

用性需要进一步验证。

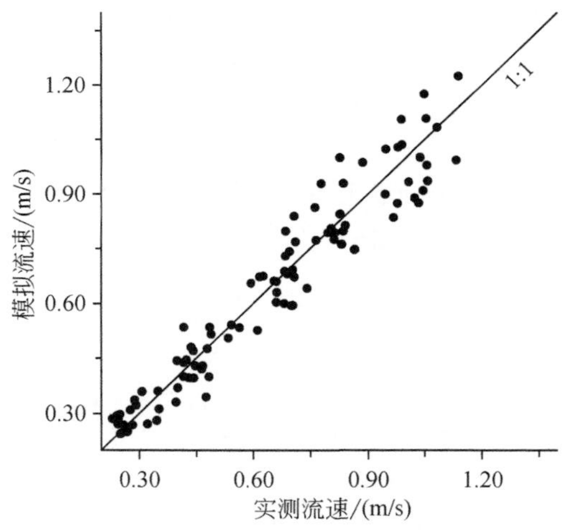

图 1-9　实测与模拟流速比较

1.3.4　阻力特征

含沙水流的达西–韦斯巴赫阻力系数显著小于层流的阻力系数，随着雷诺数的增大呈减小趋势，随着输沙率的增大而增大（图 1-10）。输沙率对阻力系数的影响与流量有关，随着流量的增大而减小。在给定的流量条件下，阻力系数随着输沙率的增大呈幂函数减小，与清水相比，含沙径流的阻力系数增大了 154%。阻力系数随着输沙率增大的可能原因有这样几个方面：首先试验水槽床面形态特征会随着输沙率的增大而改变，试验前水槽底部黏贴了一层实验用沙，属于典型的侵蚀定床，但随着输沙率的增大，很多沙粒将以推移质的形式运动，使得水槽底部具有了侵蚀动床的部分特征，因而阻力系数增大；其次从能量守恒的角度来看，泥沙输移消耗的能量随着输沙率的增大而增大，径流部分动能用于泥沙启动和输移，径流动能下降，使得床面颗粒阻力的影响相对增大；最后随着输沙率的增大，径流运动黏滞系数呈幂函数增大，引起径流不同层间的阻力和能量消耗增大。逐步多元回归分析表明：

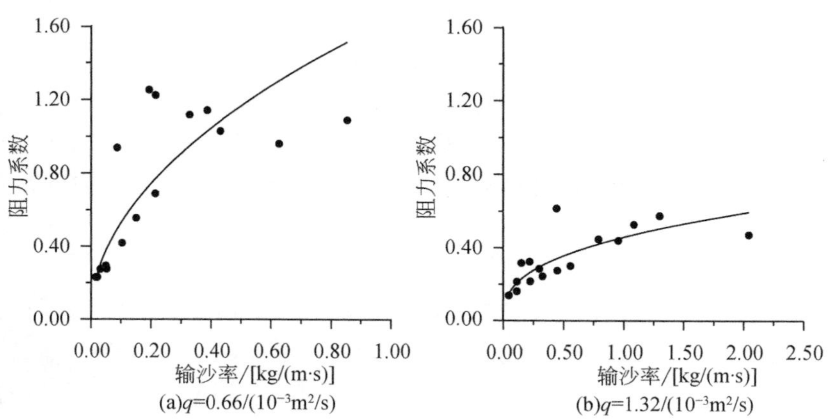

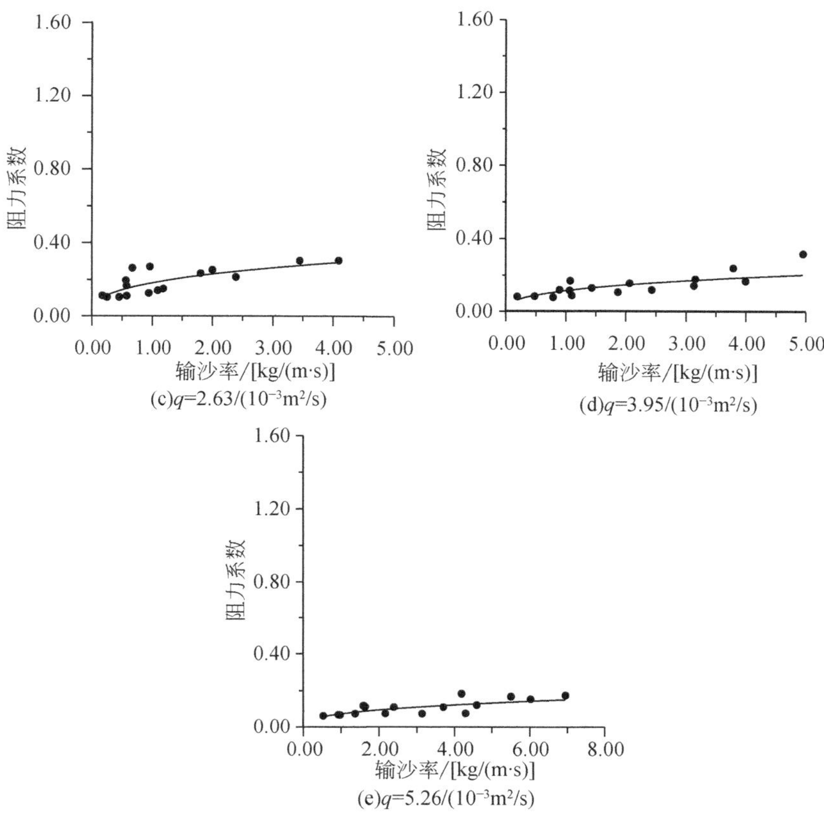

图 1-10　不同流量条件下阻力系数与输沙率间的关系曲线

$$f = 0.0038q^{-0.832}S^{0.550}(Q_s + 0.001)^{0.115} \qquad R^2 = 0.80 \tag{1-28}$$

曼宁粗糙度是反映水流阻力特征的常用参数之一，曼宁公式在水文模型、侵蚀模型及水文预报中应用非常广泛，因此，精确计算曼宁粗糙度具有重大的理论及生产意义。利用上述实测数据，即可计算得到不同输沙率条件下的曼宁粗糙度：

$$n = \frac{R^{2/3}J^{1/2}}{V} \approx \frac{H^{2/3}S^{1/2}}{V} \tag{1-29}$$

式中，n 为曼宁粗糙度（$s/m^{1/3}$）。结果表明曼宁粗糙度随着径流雷诺数的增大呈幂函数减小，对于清水：

$$n = 0.0276Re^{-0.084} \qquad R^2 = 0.31 \tag{1-30}$$

而对于含沙水流：

$$n = 0.4477Re^{-0.408} \qquad R^2 = 0.71 \tag{1-31}$$

与清水相比，含沙水流的曼宁粗糙度与雷诺数间的关系更为紧密（图 1-11），主要原因是随着输沙率增大，水流运动黏滞系数增大，从而导致含沙水流阻力增大。与雷诺数比较类似，含沙水流的曼宁粗糙度随着弗劳德数的增大而呈幂函数减小（Zhang et al.，2010c）：

$$n = 0.0424 Fr^{-0.730} \qquad R^2 = 0.55 \qquad (1\text{-}32)$$

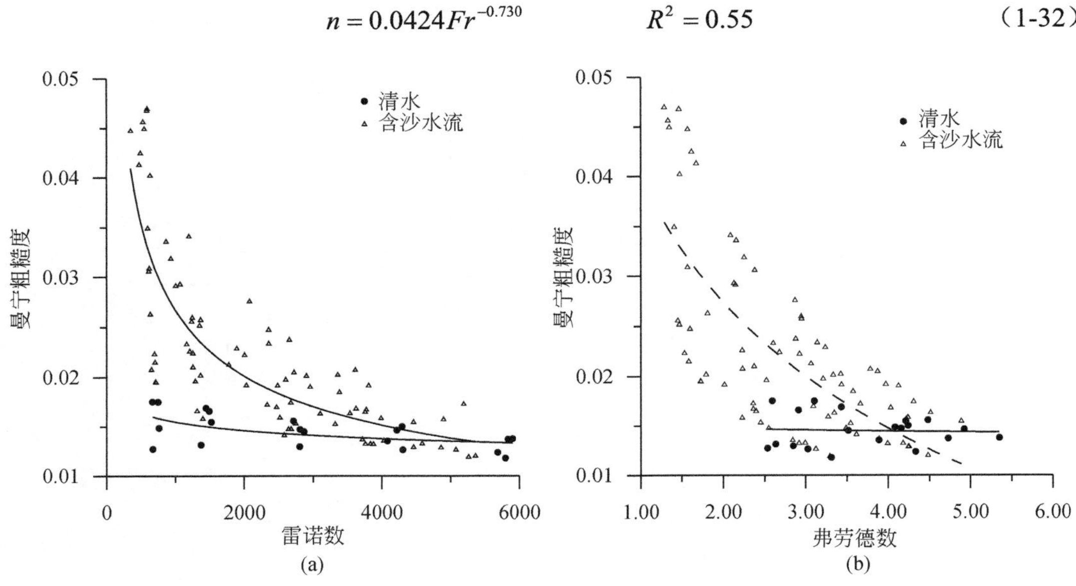

图 1-11　曼宁粗糙度随雷诺数和弗劳德数的变化曲线

输沙率显著影响曼宁粗糙度，含沙水流的曼宁粗糙度显著大于清水的曼宁粗糙度，在同等水动力条件下，含沙水流的最大曼宁粗糙度是清水的 3.6 倍，含沙水流曼宁粗糙度的平均值比清水大 51%。图 1-12 给出了不同流量条件下曼宁粗糙度与输沙率间的关系，从整体趋势来看，曼宁粗糙度均随着输沙率的增大而增大，但不同流量间存在着明显的差异，流量越大同样输沙率条件下的曼宁粗糙度越小，也就是水流阻力越小，这一结果除黏性底层的影响随着水深增大而减小以外，同时也表明在试验条件下许多泥沙是以推移质形式在运动，随着流量增大引起水深的增大，黏性底层的影响趋于减小。

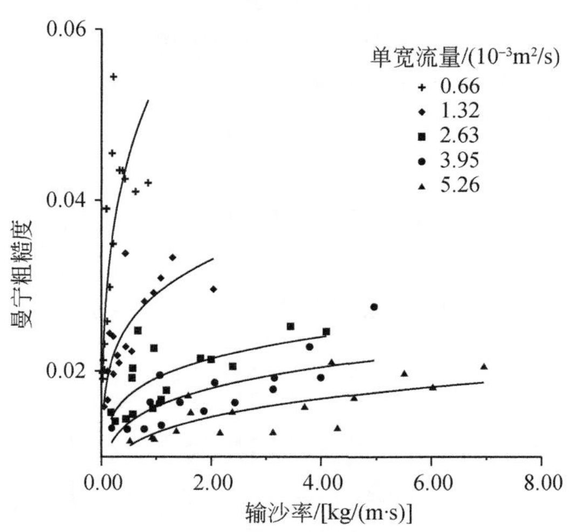

图 1-12　曼宁粗糙度随输沙率的变化

1.3.5　综合性水动力学参数

水流剪切力是径流密度与深度的函数，随着输沙率的增大径流密度和深度都随之增大，因而水流剪切力随输沙率的增大而增大，与清水相比，含沙径流的水流剪切力增大了 81%。水流功率是剪切力和流速的乘积，虽然流速随着输沙率的增大具有一定幅度的减小，但受剪切力增大的影响，水流功率也随着输沙率的增大而增大，与清水相比，水流功率增大了 63%。水流功率表征了能量消耗的速率，随着输沙率的增大，床面阻力增大，径流运动黏滞系数也随着增大，从理论上讲，水流功率应该随着输沙率的增大而减小，但计算的结果是水流功率随输沙率的增大而增大，究竟高含沙条件下水流功率如何变化，需要进一步研究。

在大部分情况下（95%），单位水流功率随着输沙率的增大而减小（图 1-13），单位水流功率是流速和坡度的乘积，流速随输沙率增大而减小的结果势必会引起单位水流功率随输沙率的下降。与清水相比，含沙径流的单位水流功率减小了 11%。土壤侵蚀过程是个耗能过程，单纯从能量消耗的角度来讲，单位水流功率更适合于土壤侵蚀过程的模拟，因为它随着输沙率的增大而减小。但本书的结果是在侵蚀定床下获得的，在野外高含沙条件下径流的水动力学特性究竟如何，尚需开展大量的相关研究进行探索。

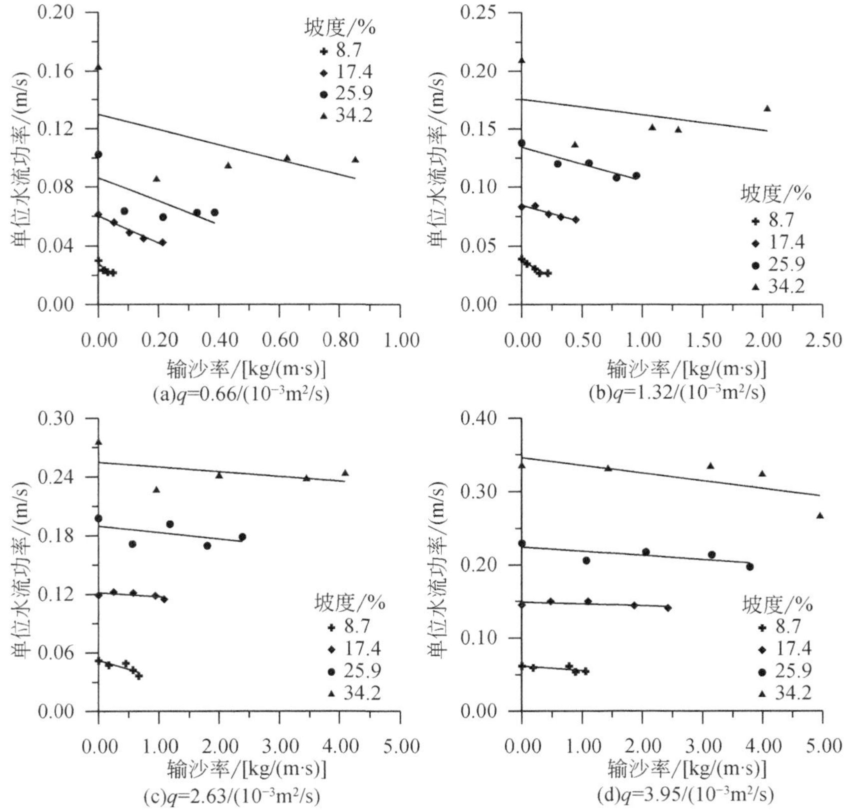

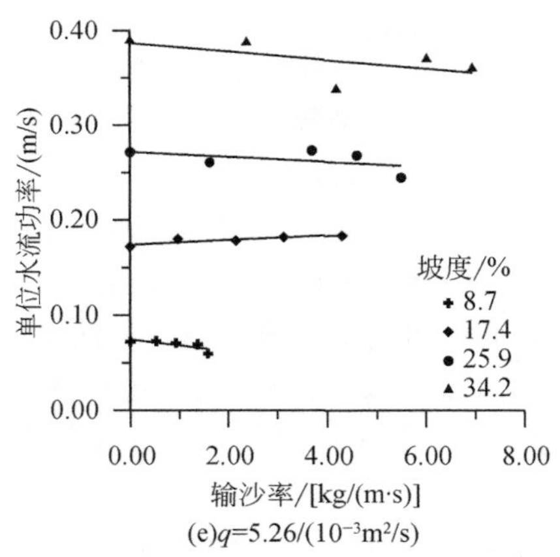

(e)q=5.26/($10^{-3}m^2/s$)

图 1-13　不同流量条件下单位水流功率随输沙率的变化曲线

1.4　坡面径流水动力学特性对土壤分离过程的影响

土壤分离是通过雨滴的击溅作用和径流的冲刷作用，将土壤颗粒转变为泥沙的过程，由径流冲刷引起的土壤分离过程，与坡面径流的水动力学特性密切相关。国际上的相关研究基本处于缓坡（＜20%），而我国的土壤侵蚀主要发生在陡坡，因而，研究陡坡条件下坡面径流水动力学特性对土壤分离过程的影响、明确其水动力学机理，对于揭示陡坡土壤侵蚀机理具有深远的意义。

1.4.1　扰动土

由径流冲刷引起的土壤分离过程，主要受控于坡面径流的水动力学特性和土壤性质。在全球流行的土壤侵蚀过程模型中，常用不同的水动力学参数模拟、估算土壤分离能力，如在美国常用水流剪切力、在欧洲常用单位水流功率，而在澳大利亚常用水流功率。从前文的叙述可知，这三个参数无论是物理含义，还是其计算方法均存在较大差异，用不同物理含义的水动力学参数模拟同一自然过程，充分说明对土壤分离过程水动力机理的认识尚不成熟。同时国际上的相关研究成果，基本上都是在缓坡（＜20%）上获得的，而我国的水土流失主要发生在陡坡条件下，随着坡度的增大，坡面径流的水动力学特性及水土流失强度均会发生显著变化，因而有必要在较大坡度范围内，较为系统的研究坡面径流水动力学特性对土壤分离过程的影响（Zhang et al.，2002）。

（1）试验材料与方法

试验土壤为采自北京市密云水库附近的典型褐土，黏粒、粉粒和砂粒含量分别为23.6%、56.9%和16.8%，土壤有机质含量为0.4%，试验前对土壤过5 mm的土壤筛，过筛后的土壤供试验使用。土壤分离能力在长为5 m、宽为0.4 m的变坡实验水槽内进行，水槽一端固定、一端可以升降，使得水槽坡度可以在0°～30°范围内变化。为了模拟天然坡面的地表糙率，同时为了保证试验过程中下垫面糙率维持稳定，将试验土壤用油漆黏在水槽底部及边壁，厚度约为 5 mm。试验流量用分流箱和一系列阀门组控制，试验前将水槽坡度和流量调整为设计值，当水流稳定后用数字式水位计测量水流深度，其精度为 0.3 mm，测量断面位于测定土壤分离能力的断面附近，沿断面均匀布点测定 12 个径流深，去掉一个最大值和一个最小值，将剩余的 10 次进行平均，得到平均的径流深度。水流表面最大流速用染色法测定，每个坡度和流量组合下测定 12 次，去掉一个最大值和一个最小值，取剩余 10 次的平均值。试验过程中测定水流温度，计算水流运动黏滞系数，用单宽流量除以水流运动黏滞系数，即可得到雷诺数，进而判断水流流态，选择相应的修正系数，计算得到水流平均流速（Luk and Merz，1992）。在已知流量、坡度、径流深度、流速的条件下，即可根据前文的相关公式，计算径流雷诺数、弗劳德数、阻力系数、水流剪切力、水流功率及单位水流功率等水动力学参数。

试验前将过筛后的土壤，按照初始土壤含水量的大小，用微型喷壶喷洒土壤，将土壤含水量调整为 18%，将其装在塑料桶内静置 2 天，保证土壤水分均匀分布。然后按照 1200 kg/m^3 的容重，将土壤分层装入直径为 9.8 cm、高度为 5.0 cm 的土样盒内。将装填好的土样放置在容器内饱和，缓慢（分 5 次）增加容器内的水深，直至水深低于土样表面 0.5 cm，土样饱和过程持续 1 天时间。试验前，将饱和好的土样从容器内移到水槽底部的土样盒内（距离水槽底端 0.6 m），保证土样表面高度与水槽底部齐平。然后根据设计的流量和坡度，用径流冲刷土样。土壤分离能力 D_c 用单位面积单位时间的土壤流失量表征，径流冲刷时间不宜太长，从而避免土样环对土壤分离能力测定的影响，为了消除径流冲刷时间对土壤分离能力的影响，统一采用土样冲刷深度 2 cm 来控制径流冲刷时间（张光辉，2017）。试验设计 5 个流量、6 个坡度（表 1-5），每个流量和坡度组合下，全部重复冲刷 5 个土样，共冲刷了 150 个土样。将每个流量和坡度下的土壤分离能力平均，获得不同流量与坡度条件下的土壤分离能力。

表 1-5　不同流量和坡度条件下水流动力学参数及扰动土土壤分离能力

坡度 /%	流量 /（10^{-3}m^3/s）	水深 /mm	流速 /（m/s）	水流剪切力 /Pa	水流功率 /（kg/s^3）	单位水流功率 /（m/s）	土壤分离能力 /[kg/（m^2·s）]
3.5	0.25	2.8	0.17	0.97	0.17	0.005	0.002
	0.50	4.2	0.25	1.45	0.37	0.008	0.015
	1.00	6.1	0.37	2.09	0.77	0.012	0.068
	1.50	7.5	0.44	2.57	1.13	0.014	0.195
	2.00	9.6	0.57	3.30	1.88	0.018	0.289
8.8	0.25	3.5	0.22	2.98	0.67	0.020	0.010
	0.50	4.6	0.34	3.94	1.32	0.029	0.042
	1.00	5.7	0.46	4.87	2.24	0.040	0.216
	1.50	6.5	0.52	5.57	2.91	0.046	0.497
	2.00	7.4	0.65	6.34	4.10	0.056	0.975
17.6	0.25	2.7	0.27	4.58	1.25	0.048	0.015
	0.50	3.1	0.34	5.36	1.83	0.060	0.096

续表

坡度/%	流量/（$10^{-3}m^3/s$）	水深/mm	流速/（m/s）	水流剪切力/Pa	水流功率/（kg/s^3）	单位水流功率/（m/s）	土壤分离能力/[kg/（m^2·s）]
17.6	1.00	4.6	0.56	7.89	4.44	0.099	0.430
	1.50	5.8	0.63	10.10	6.31	0.110	1.048
	2.00	5.9	0.74	10.12	7.52	0.131	2.209
26.8	0.25	2.5	0.29	6.44	1.89	0.079	0.047
	0.50	3.2	0.45	8.31	3.77	0.122	0.176
	1.00	3.7	0.60	9.62	5.77	0.161	0.786
	1.50	4.6	0.73	12.02	8.74	0.195	1.120
	2.00	5.3	0.84	13.88	11.69	0.226	2.431
36.4	0.25	2.3	0.32	8.21	2.64	0.117	0.066
	0.50	2.7	0.41	9.61	3.98	0.151	0.495
	1.00	3.2	0.65	11.46	7.47	0.237	0.842
	1.50	4.5	0.77	15.93	12.30	0.281	1.368
	2.00	4.8	1.00	17.25	17.32	0.365	3.410
46.6	0.25	2.0	0.29	9.20	2.65	0.134	0.128
	0.50	2.7	0.40	12.35	4.92	0.186	0.941
	1.00	2.9	0.63	13.17	8.30	0.294	2.226
	1.50	4.4	0.78	19.90	15.50	0.363	3.806
	2.00	4.2	0.96	19.30	18.61	0.450	4.784

（2）单个水动力学参数

表 1-5 给出了不同流量、不同坡度条件下的土壤分离能力。由表 1-5 可知，土壤分离能力随着流量和坡度的增大而增大，在不同流量条件下，土壤分离能力均随着坡度的增大呈线性函数增大［图 1-14（a）］。在大多数坡度条件下，土壤分离能力随着流量的增大呈幂函数增大，但当坡度为 46.6%时，土壤分离能力与流量间呈线性函数［图 1-14（b）］。进一步分析表明，在相同或相近的水流剪切力条件下，缓坡上流量对土壤分离能力的影响大于坡度，当流量为 $2\times10^{-3}m^3/s$、坡度为 8.8%时，水流剪切力为 6.3 Pa，实测土壤分离能力为 0.975 kg/（m^2·s），而当流量为 $0.25\times10^{-3}m^3/s$、坡度为 26.8%时，水流剪切力为 6.4 Pa，实测土壤分离能力为 0.047 kg/（m^2·s），相差在 20 倍左右。对比分析发现在上述两种条件下，水流功率也存在明显差异，前者是后者的 2 倍左右，可以部分说明土壤分离能力的差异，究其原因水流剪切力表征了作用于土壤表面的力，而水流功率表征了作用于土壤表面的能量，换言之，用表征能量的水流功率可更准确地模拟土壤分离能力。

随着坡度的增大，坡度对土壤分离能力的影响逐渐增大，当流量为 $2\times10^{-3}m^3/s$、坡度为 26.8%时，水流剪切力为 13.9 Pa，土壤分离能力为 2.431 kg/（m^2·s）。而当流量为 $1\times10^{-3}m^3/s$、坡度为 46.6%时，水流剪切力为 13.2 Pa，土壤分离能力为 2.226 kg/（m^2·s），二者比较接近。逐步多元回归分析表明：

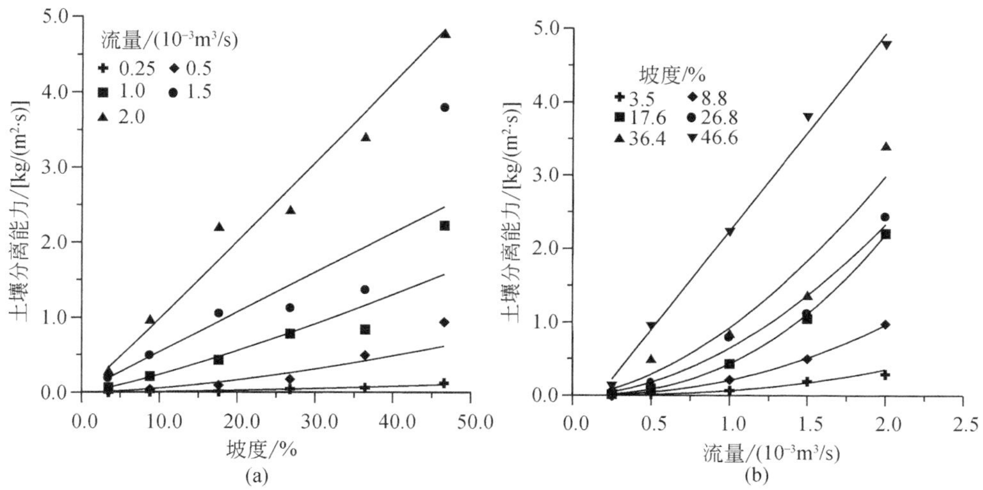

图 1-14　土壤分离能力与坡度（a）和流量（b）关系曲线

$$D_c = 5.34\times10^6 Q^{2.04} S^{1.27} \qquad R^2 = 0.97 \tag{1-33}$$

式中，D_c 为土壤分离能力［kg/（m^2・s）］；Q 为流量（m^3/s）；S 为坡度（%）。整体来说，式（1-33）模拟值与实测值非常接近，决定系数达到了 0.97，但当坡度为 3.5%时，模拟值稍大于实测值，当坡度为 8.8%～36.4%时，模拟值稍低于实测值，当坡度为 46.6%时，模拟值稍大于实测值（图 1-15）。

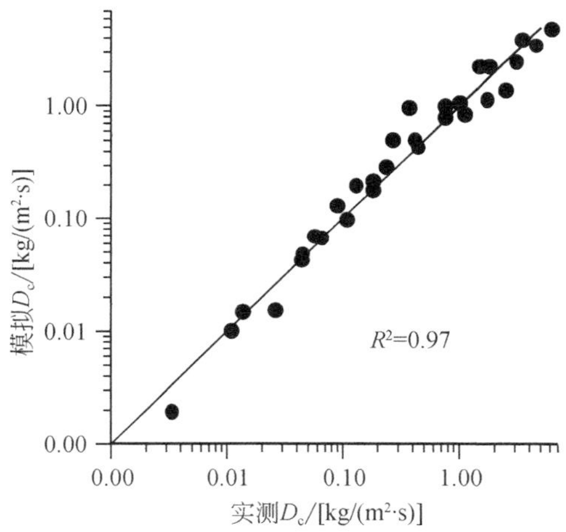

图 1-15　式（1-33）模拟值与实测值比较

不同坡度条件下，土壤分离能力均随着水深的增大而增大（图 1-16），水深对土壤分离能力的影响随着坡度的增大而增大，当坡度较陡时，水深对土壤分离能力的影响非常强烈。逐步多元回归分析表明：

$$D_c = 1.17\times10^3 H^{4.62} S^{2.37} \qquad R^2 = 0.92 \tag{1-34}$$

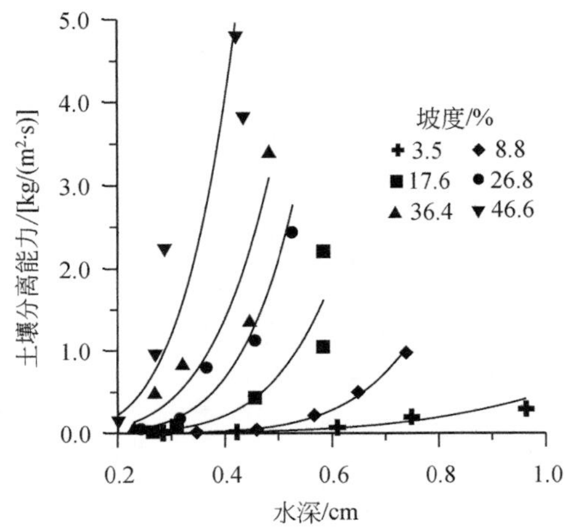

图 1-16　土壤分离能力与水深的关系曲线

式中，H 为水深（m）；S 为坡度（%）。与式（1-33）相比，式（1-34）的模拟精度有所下降，决定系数下降了 5%，但仍然达到显著水平。水流流速是重要的水动力学参数，常用于土壤侵蚀过程模拟，回归分析结果表明，土壤分离能力随着流速的增大呈幂函数增大（图 1-17）：

$$D_c = 6.20V^{4.12} \qquad R^2 = 0.90 \tag{1-35}$$

式中，V 为流速（m/s）。虽然与式（1-33）和式（1-34）相比，式（1-35）的模拟精度有点轻微下降，但流速是与土壤分离能力相关性最紧密的单个水动力学参数。在野外条件下，流速比较容易测量，在没有流量和坡度测量数据时，可以用流速数据进行土壤分离能力的估算。

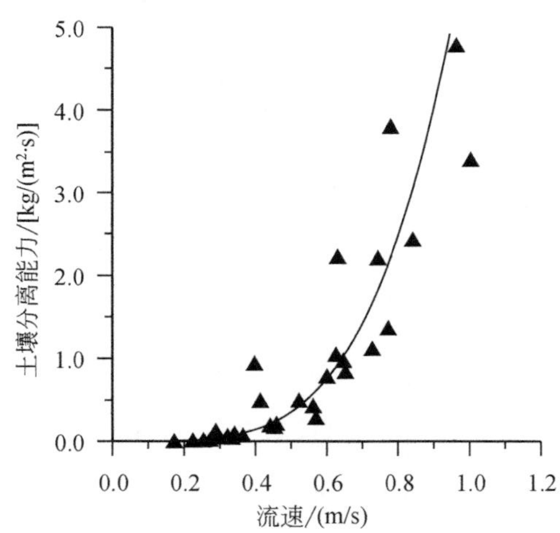

图 1-17　土壤分离能力与流速的关系

（3）综合性水动力学参数

随着水流剪切力的增大，扰动土的土壤分离能力呈线性函数增大（图 1-18）：

$$D_c = 0.2065\tau - 0.8237 \qquad R^2 = 0.74 \tag{1-36}$$

式中，τ 为水流剪切力（Pa）。根据 WEPP 模型，水流剪切力与土壤分离能力线性拟合方程的斜率为细沟可蚀性（rill erodibility），而拟合直线在 x 轴上的截距为土壤临界剪切力，它们是表征土壤抵抗径流冲刷的阻力参数。由式（1-36）可知，本试验中扰动土的细沟可蚀性为 0.2065 s/m，而土壤临界剪切力为 3.99 Pa。式（1-36）的决定系数仅为 0.74，从图 1-18 中也可以明显看出数据点比较分散，说明对于本试验的扰动土而言，水流剪切力并不是模拟土壤分离能力的最佳参数。可能与水流剪切力是表征作用于土壤表面的力有关。

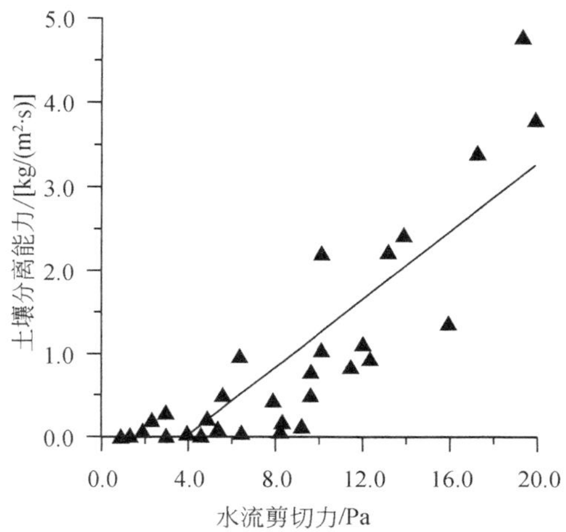

图 1-18　土壤分离能力与水流剪切力的关系

随着单位水流功率的增大，扰动土的土壤分离能力也随之增大，但相关关系并不是十分显著（图 1-19），相关系数仅为 0.65，数据点存在明显的分散趋势。随着水流功率的增大，扰动土土壤分离能力呈显著的幂函数增大（图 1-20）。

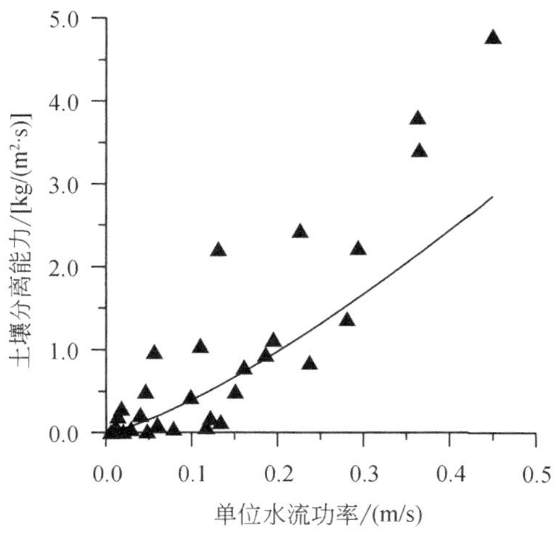

图 1-19　土壤分离能力与单位水流功率关系

$$D_c = 0.0429\omega^{1.62} \qquad R^2 = 0.89 \tag{1-37}$$

式中，ω 为水流功率（kg/s^3）。与水流剪切力和单位水流功率相比，水流功率与扰动土土壤分离能力间的关系更为紧密，决定系数为 0.89，略小于流速与土壤分离能力间的相关关系。上述结果表明，对于扰动土而言，表征能量的水流功率更能准确地模拟土壤分离能力，用于土壤侵蚀过程模型的构建。但与 Nearing 等（1999）原位实验结果相比，扰动土的土壤分离能力显著大于原状土，说明在试验土样准备过程中，对土壤结构破坏较为严重，从而导致土壤分离能力偏大，因此，当研究土壤分离过程的水动力学机理时，可以采用扰动土进行室内控制试验，但当测定实际的土壤分离能力及其时空变化特征时，需要采用原状土进行相关试验（Zhang et al.，2002）。

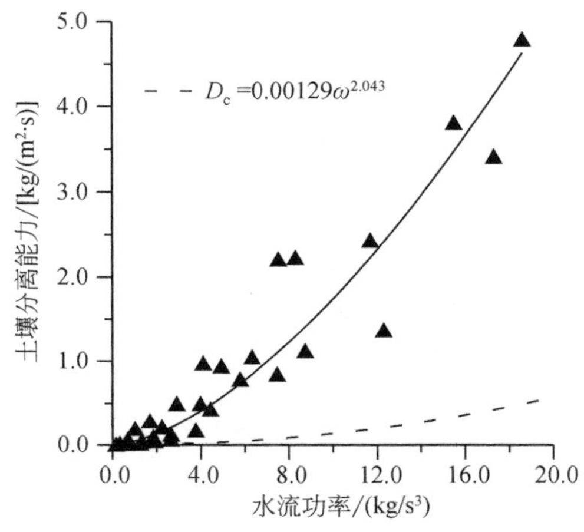

图 1-20　土壤分离能力与水流功率关系［Nearing 等（1990）］

1.4.2　原状土

（1）试验材料与方法

试验在陕西省安塞区中国科学院水土保持研究所安塞水土保持综合试验站进行，该站地处黄土高原腹地，属黄土高原丘陵沟壑区第Ⅱ副区，气候为大陆性季风气候区，年均降水量 505 mm，以短历时暴雨为主，降水集中，6～9 月降水占全年降水量的 70%以上。土壤为典型的黄棉土，黏粒、粉粒和砂粒含量分别为 25.4%、66.7%和 7.9%，土壤有机质含量 0.9%。虽然土壤机械组成与上述扰动土稍有差异，但均属于粉壤土。土壤容重 1150 kg/m^3，土地利用类型为农耕地。试验土样直接取自大豆地表层，取样环为直径 9.8 cm、高 5 cm 的不锈钢环。大豆播种于 2002 年 4 月 10 日，取样前有过一次锄草。取样前有一场较大的降雨，部分土壤表面发育有物理结皮，可能对试验结果有一定的影响。取样时选择大豆之间较为平坦的空白地，轻轻地将取样环用手压入土壤，同时用土壤剖面刀削去土样环周围的土壤，直到土样环被全部填满时为止，用土壤剖面刀将土样环挖出，小心削去底部多余的土壤，同时给土样环两端盖上盖子，为了防止土样在运输过程中被破坏或者扰动，盖子内放置棉布垫子。然后用塑料胶带绑好土样，编号并记录。采集土样的同时，在取样点周边随意选取 10 个测定点，用 TDR 测定土壤含水量，用于后期土壤干重的计算。土壤运回安塞站后，快速称重，避免土壤水分蒸发对试验结果的影响。

土壤分离能力在长为 4 m、宽为 0.35 m 的变坡实验水槽内测定，水槽坡度可以在 0°～30°调整。试验前将测试的黄棉土黏在水槽底部及边壁上，保证糙率在试验过程中稳定并与黄土坡面比较类似。流量用分流箱和阀门组控制，用容积法校正，流速用染色法测定并全部乘以 0.8 得到水流平均流速（Luk and Merz，1992）。水流深度用数字式水位计测定，流速和水深均测定 10 次重复，平均值用于计算不同流量和坡度组合条件下的水流剪切力、水流功率及单位水流功率。土壤分离能力的测定过程与扰动土一样，但试验前并没有饱和土样，只是用微型喷壶将土样表面喷湿。试验流量为 $0.25\times10^{-3}m^3/s$、$0.50\times10^{-3}m^3/s$、$1.00\times10^{-3}m^3/s$、$1.50\times10^{-3}m^3/s$ 和 $2.00\times10^{-3}m^3/s$，试验坡度为 8.8%、17.6%、26.8%、36.4% 和 46.6%，试验采用流量和坡度的全组合，共 25 个组合，每个组合条件下均重复测定 5 个土样，共测定了 125 个土样。水流雷诺数在 702～7054，大部分属于紊流，水深为 1.62～8.48 mm，流速范围为 0.306～0.898 m/s，达西-韦斯巴赫阻力系数为 0.145～0.334，试验的水动力学条件与上述扰动土的试验基本一致，因而试验结果可以进行比较，分析土壤扰动对土壤分离能力的影响。

（2）单个水动力学参数

虽然上述两组试验的水动力学条件非常接近，但土壤分离能力差异非常显著。扰动土的土壤分离能力是原状土的 1～23 倍，绝大部分（75%）扰动土的土壤分离能力是原状土的 4 倍以上，这一结果充分证明了扰动对土壤分离能力测定的显著影响，要测定土壤分离能力的真实值，必须采集原状土样进行相关试验。虽然两组试验数据间差异显著，但回归分析表明，扰动土与原状土的土壤分离能力间存在着比较紧密的线性相关关系：

$$D_{cd}=19.583D_{cn}-0.450 \qquad R^2=0.85 \tag{1-38}$$

式中，D_{cd} 为扰动土土壤分离能力 [kg/（m^2 •s）]；D_{cn} 为原状土土壤分离能力 [kg/（m^2 •s）]。这一结果再次说明，尽管用扰动土测定的土壤分离能力显著大于原状土的土壤分离能力，但它们之间具有较为相似的变化规律，因扰动土采集比较容易，试验周期短，因而可以用扰动土进行土壤分离过程水动力学机理的相关研究。

与扰动土类似，原状土的土壤分离能力也随着流量和坡度的增大而增大（图 1-21），在不同坡度条件下，土壤分离能力均随着流量的增大呈线性函数增大，决定系数大于 0.98。而土壤分离能力与坡度间的关系和流量相关，对于两组较小的流量而言，土壤分离能力随着坡度的增大呈幂函数增大，而对于三组较大的流量而言，土壤分离能力随着坡度的增大呈对数函数增大。

逐步多元回归分析表明，可以用流量和坡度的幂函数较为准确地模拟原状土的土壤分离能力：

$$D_c=130.41Q^{0.89}S^{1.02} \qquad R^2=0.96 \tag{1-39}$$

式中，D_c 为土壤分离能力 [kg/（m^2 • s）]；Q 为流量（m^3/s）；S 为坡度（m/m）。式（1-39）较为准确地模拟了原状土的土壤分离能力，模拟值与实测值非常接近，决定系数高达 0.96。但当土壤分离能力大于 8 kg/（m^2 • s）时，数据点比较分散，说明当土壤分离能力较大时该方程的模拟效果不够理想。

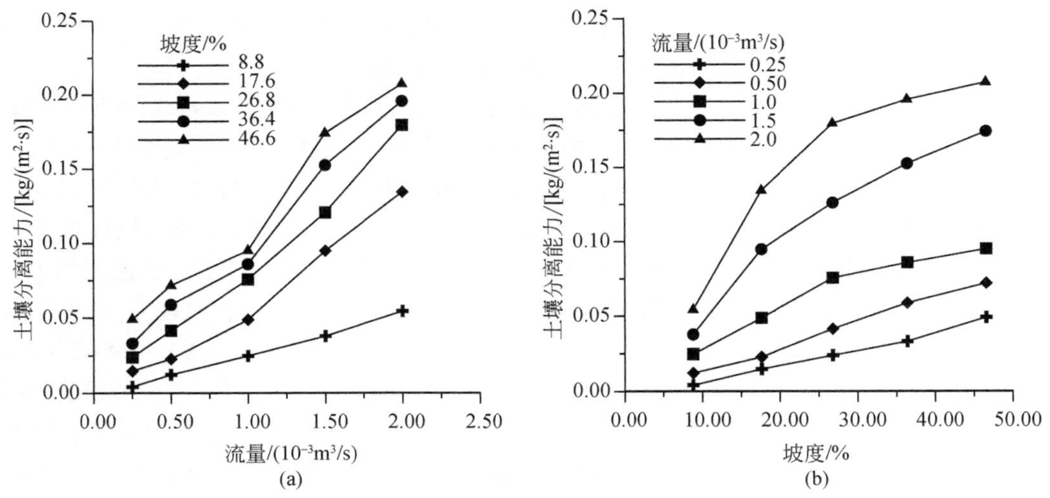

图 1-21　原状土土壤分离能力与流量（a）和坡度（b）的关系

随着水流流速的增大，原状土土壤分离能力呈显著的幂函数增大（图 1-22）：

$$D_{\mathrm{c}} = 0.344V^{3.18} \qquad R^2 = 0.91 \tag{1-40}$$

式中，D_{c} 为土壤分离能力［kg/（m^2・s）］；V 为流速（m/s）。与扰动土类似，水流流速与原状土土壤分离能力呈显著的幂函数关系，与其他单个水动力学参数相比，水流流速与土壤分离能力间的关系最为密切，这一结果也验证了扰动土的相关结论。与扰动土的式(1-35)相比，回归方程的系数及指数都有较大减小，特别是方程的系数减小非常明显，达到了 95%（图 1-22）。

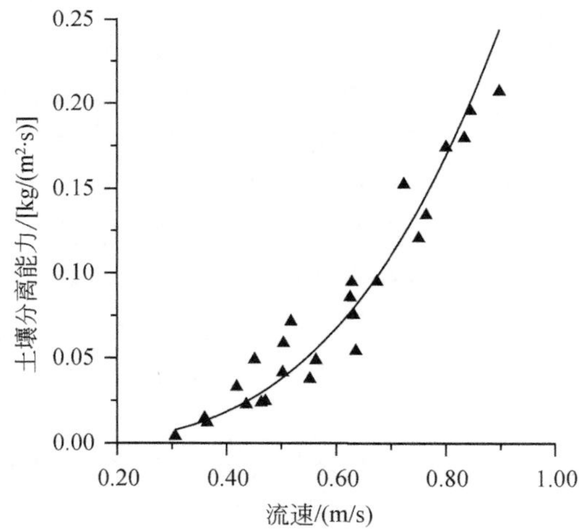

图 1-22　原状土土壤分离能力与流速关系

（3）综合性水动力学参数

扰动土的试验结果表明，土壤分离能力与表征能量的水流功率间关系更为紧密，换言之，利用表征能量的水流功率能更准确地模拟土壤分离过程，那么对于原状黄土会不会有同样的研究结论？因此进一步分析了原状土土壤分离能力与水流剪切力、单位水流功率及水流功率的定量关系。回归结果表明：原状土的土壤分离能力随着水流剪切力的增大而增大（图 1-23），线性拟合的结果为

$$D_c = 0.0084\tau - 0.0184 \qquad R^2 = 0.89 \tag{1-41}$$

式中，τ 为水流剪切力（Pa）。细沟可蚀性为 0.0084 s/m，而土壤临界剪切力为 2.19 Pa。与扰动土相比，原状土壤的细沟可蚀性大幅度的减小，仅为扰动土的 4%左右，也就是相差了 25 倍左右。这一结果表明原状土壤具有较好的结构，受土壤黏结力的影响，土壤抗蚀性能更强，在同样的水动力条件下，径流冲刷引起的土壤分离能力显著减小。

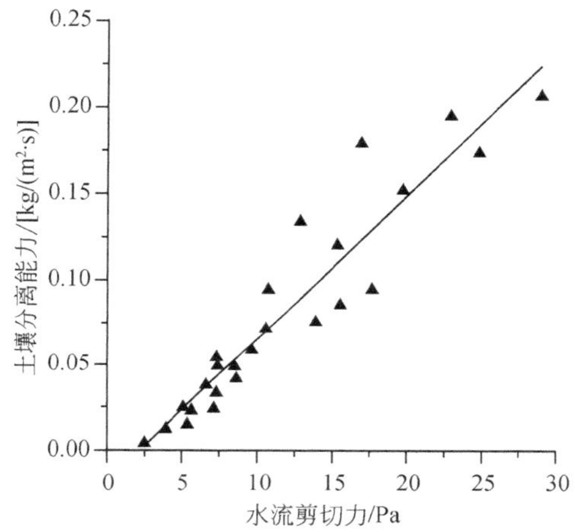

图 1-23　原状土土壤分离能力与水流剪切力关系

与扰动土类似，原状土土壤分离能力与单位水流功率间的关系相对比较松散（图 1-24），决定系数为 0.71。与水流剪切力、单位水流功率相比，原状土土壤分离能力与水流功率间的关系更为紧密，随着水流功率的增大，原状土土壤分离能力呈幂函数增大（图 1-25）：

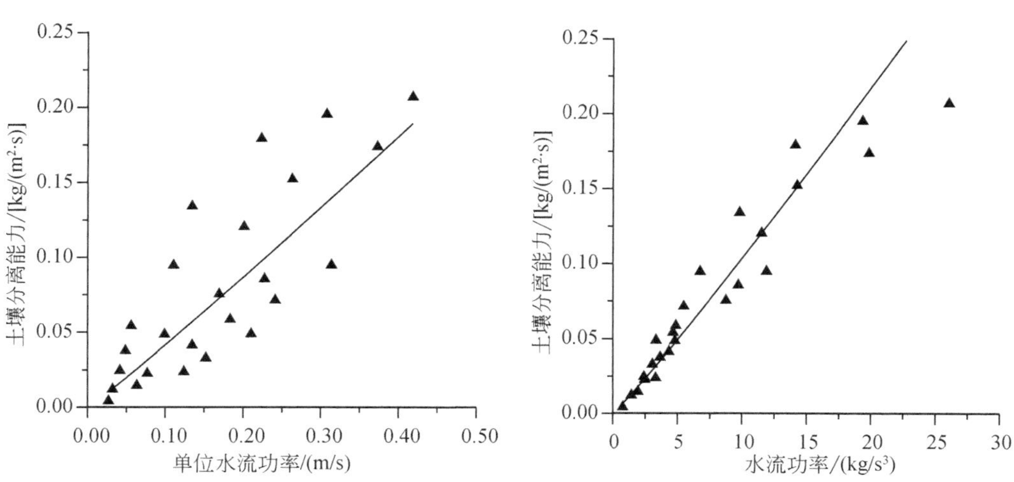

图 1-24　原状土土壤分离能力与单位水流功率的关系　图 1-25　原状土土壤分离能力与水流功率的关系

$$D_c = 0.0088\omega^{1.08} \qquad R^2 = 0.95 \tag{1-42}$$

式中，ω为水流功率（kg/s^3）。图 1-25 表明当土壤分离能力小于 0.20 kg/（m^2 • s）时，式（1-42）对原状土土壤分离能力的模拟非常准确，但当土壤分离能力大于该值时，方程模拟值稍微偏高。上述结果再次表明，用表征能量的水流功率更能准确地模拟土壤分离能力，可以用于土壤侵蚀过程模型的构建。

1.5 土壤性质对土壤分离过程的影响

土壤分离过程受土壤性质的显著影响，土壤类型、植被生长、土地利用方式、侵蚀垂直分异特征等因素引起土壤性质空间变异，自然会引起土壤分离过程的空间变化。系统研究土壤性质对土壤分离过程的影响及其机制，对于理解土壤侵蚀的时空分布特征、模拟土壤侵蚀过程具有重要意义。

1.5.1 浅沟发育坡面

土壤分离发生在水土界面上，土壤物理、化学性质可能显著影响土壤分离能力及土壤侵蚀阻力。浅沟（ephemeral gully）是黄土高原典型的侵蚀地貌，浅沟的发育可能会引起土壤理化性质的空间差异，进而导致土壤分离过程的空间变化，因此，研究浅沟发育坡面土壤分离过程，对于理解土壤性质对土壤分离过程的影响及土壤侵蚀的空间变化，具有重要意义。

（1）试验方法与材料

试验在陕西省安塞区纸坊沟小流域进行，流域面积 8.27 km^2，高程为 1010～1431 m，属典型的大陆性季风气候，年均降水量 505 mm，年内分布不均，6～9 月降水量站全年降水量的 70%以上，年均气温 8.8℃。流域地处黄土高原丘陵沟壑区，地形破碎，沟壑纵横，沟壑密度 8.06 km/km^2。土壤以黄棉土为主，属粉壤土，抗蚀能力弱，侵蚀强烈。

在系统的野外调查的基础上，选择 1 个浅沟发育刺槐林坡面作为研究对象，坡面退耕至少在 20 年以上，刺槐长势良好，郁闭度接近 80%，地表及表土中分布有一定数量的枯落物。坡面坡度为 31%～50%，高程为 1207～1257 m。在坡面上选择两个完整的浅沟采集土样，浅沟长约 80 m、宽约 40 m，为了比较浅沟发育坡面和未发育坡面土壤分离过程的差异，在浅沟沟头上方原始坡面上设置了 10 m 宽的取样带，地表生长有少量狗尾草。为了比较浅沟不同部位土壤分离能力及侵蚀阻力的差异，将采样点从上到下依次分为原始坡面、浅沟上部、浅沟中部和浅沟下部 4 个部位（图 1-26）。

根据坡面的地形条件，设置 9 条平行于浅沟的采样样线，分别为浅沟分水线 1、浅沟沟坡 1、浅沟沟底 1、浅沟沟坡 2、浅沟分水线 2、浅沟沟坡 3、浅沟沟底 2、浅沟沟坡 4、浅沟分水线 3（图 1-26），为了分析采样距离对研究结果的可能影响，对于前三条采样样线采用密集采样，间距为 2 m，而对于剩余的 7 条采样样线，其采样间距为 10 m，对于坡面下部，浅沟的边界不是十分清楚，采样点相对较为密集，全坡面共布设了 202 个采样点。为分析土壤理化性质对土壤分离过程的影响，在各样点原位测定土壤黏结力（微型黏结力

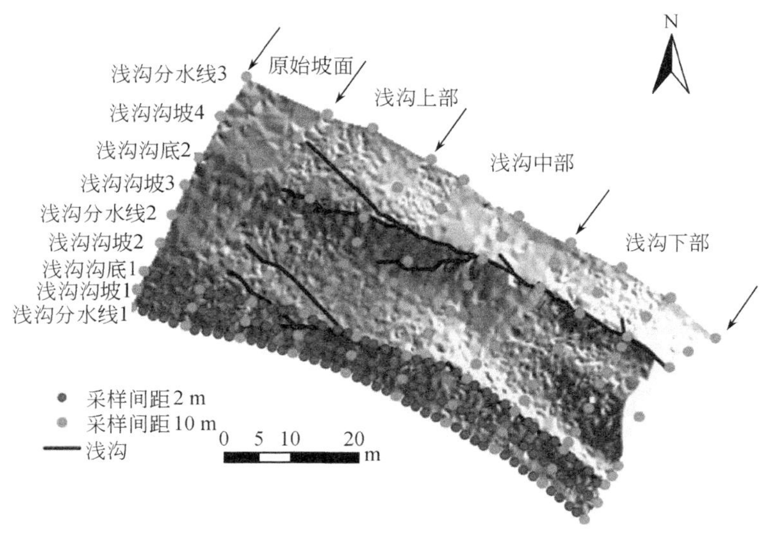

图 1-26　浅沟发育坡面采样点布设图

仪，10 个重复），同时采集土样测定土壤容重、机械组成和水稳性团聚体。土壤容重用烘干称重法测定，每个样点重复 3 次，土壤机械组成用马尔文激光粒度仪测定（重复 3 次）。水稳性团聚体用湿筛法测定（3 次重复）。

在每个采样点采集 3 个直径为 9.8 cm、高为 5.0 cm 的原状土样，在安塞站的变坡实验水槽内测定土壤分离能力，试验过程与上述原状土完全一致，但仅采用一个流量（$1\times10^{-3}m^3/s$）和坡度（25.9%）组合，对应的水深、流速和水流剪切力分别为 2.88 mm、0.99 m/s 和 7.30 Pa，共冲刷了 606 个土样。土样冲刷完毕后，用水洗法测定土样内的枯落物，在 65℃下烘干 12 h，计算每个样点枯落物密度（kg/m^2）。所有采样工作完成后，利用差分 GPS 测定坡面地形，测量点间距为 0.5 m，共获得 9707 个高程数据，进而在 ArcGIS 中生成 DEM（Li et al.，2015）。

（2）土壤分离能力的统计学特征及其空间分布

表 1-6 给出了 202 个样点土壤分离能力的统计特征值，土壤分离能力为 0.0007～1.25 kg/（$m^2\cdot s$），平均为 0.22 kg/（$m^2\cdot s$）。不同坡位土壤分离能力的标准差为 0.020～0.368，变异系数为 0.86～1.35，原始坡面和浅沟中部的土壤分离能力呈强空间变异，而浅沟上部和浅沟下部的土壤分离能力呈中等空间变异。统计分析结果表明，4 个不同坡位的土壤分离能力差异显著（图 1-27）。上述结果表明浅沟下部土壤抗蚀性能最差，依次分别为浅沟中部、浅沟上部和原始坡面，就土壤分离能力的平均值而言，浅沟下部是中部、上部和原始坡面的 5.0 倍、11.6 倍和 26.9 倍，这一差异可能与植被根系的生长发育及土壤性质的空间差异密切相关，原始坡面上生长有少量狗尾草，必然会有植被根系存在于土样中，进而引起土壤分离能力的降低和土壤抗蚀性能的升高。在 4 个坡位中，原始坡面的土壤容重和土壤黏结力最大，分别为 1180 kg/m^3 和 11.44 kPa，说明原始坡面土壤较为紧实，土壤结构较好，被径流冲刷引起土壤分离更为困难。

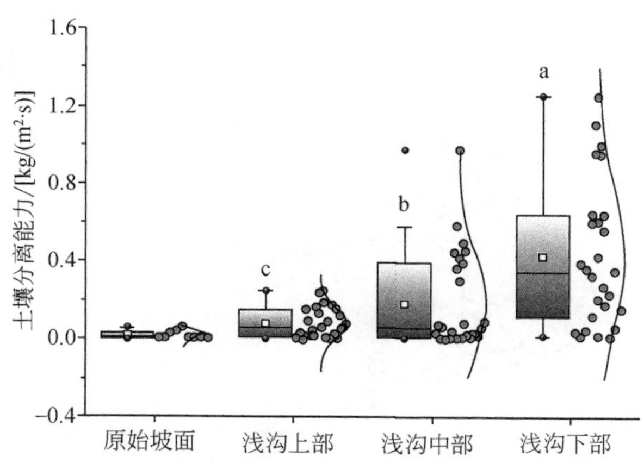

图 1-27　浅沟发育坡面不同坡位土壤分离能力比较

表 1-6　浅沟发育坡面不同坡位土壤分离能力统计学特征

坡位	最小值 /［（kg/（m^2·s）］	最大值 /［（kg/（m^2·s）］	均值 /［kg/（m^2·s）］	标准差 /［kg/（m^2·s）］	变异系数	n
原始坡面	0.0017	0.05	0.016	0.020	1.25	9
浅沟上部	0.0007	0.25	0.079	0.076	0.96	27
浅沟中部	0.0018	0.98	0.184	0.248	1.35	27
浅沟下部	0.0140	1.25	0.426	0.368	0.86	27

进一步分析表明，浅沟上部、中部和下部的土壤分离能力差异显著，这一结果势必由侵蚀驱动的土壤性质空间差异引起，浅沟上部、中部和下部的土壤黏结力分别为 9.99 kPa、8.22 kPa 和 6.38 kPa，受浅沟侵蚀及泥沙沉积的综合影响，浅沟不同部位的土壤机械组成存在明显差异，图 1-28 给出了浅沟分水线、浅沟沟坡及浅沟沟底黏粒与砂粒含量均值的顺坡分布，从图中可以清楚的发现，浅沟不同部位的黏粒及砂粒含量顺坡分布存在一定的差异。对于浅沟分水线而言，浅沟发育对其机械组成的影响不大，顺坡的空间变化反映了原始坡面土壤侵蚀引起的土壤质地空间变异，黏粒从上坡到下坡呈明显的减小趋势，而砂粒含量呈明显的增大趋势，表明在原始坡面上存在着明显的泥沙输移分选性，颗粒较粗的砂粒在坡面下部出现富集现象，而粒径较细的黏粒则被全部输移出坡面。浅沟的发育，在一定程度上弱化了坡面泥沙输移的分选性，因浅沟积水面积大，浅沟内径流深度大，径流挟沙力强，泥沙输移的分选性小，因此，从浅沟分水线到浅沟沟底，土壤机械组成的顺坡差异逐渐减小，特别是浅沟底部更是如此。

图 1-29 给出了浅沟不同坡位、不同部位土壤分离能力均值，成对 T 检验结果表明对于浅沟分水线和浅沟沟坡而言，浅沟上部、中部和下部的土壤分离能力显著小于下部，而对于浅沟沟底，三个坡位的土壤分离能力没有显著差异。上述结果再次说明，浅沟发育坡面不同坡位间的土壤分离能力差异，主要由原始坡面土壤侵蚀导致的土壤性质空间差异引起。同时坡面退耕后种植了刺槐，可能影响坡面土壤的再分布、浅沟的后续发育及土壤分离过程。刺槐的生长产生了大量的枯落物及根系，枯落物及根系的分解会提高

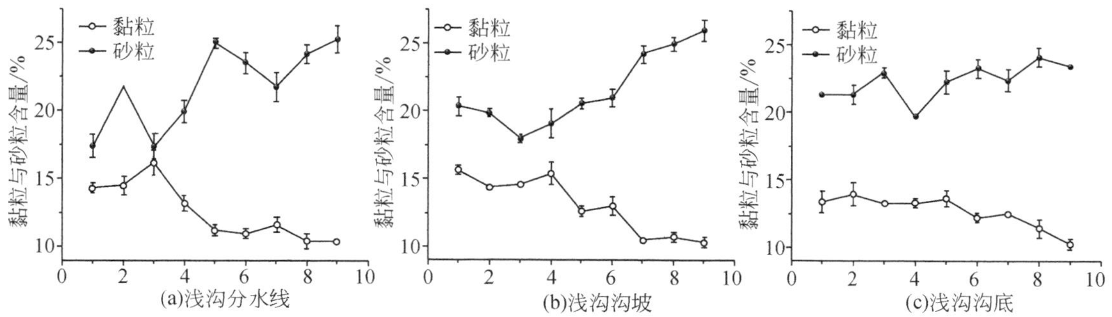

图 1-28　浅沟不同部位黏粒与砂粒含量顺坡分布特征

土壤有机质含量，提升土壤结构的稳定性，从而强化土壤抗蚀性能。因此，研究坡面土壤分离能力的空间变化可能是原始坡面侵蚀驱动的土壤性质空间变异、植被生长及浅沟发育共同作用的结果（图 1-30）。

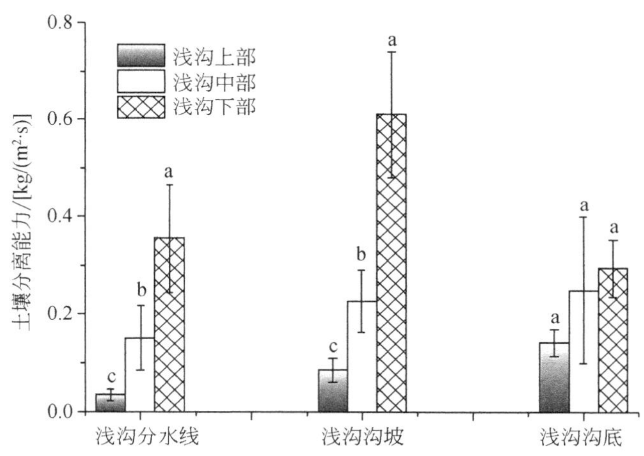

图 1-29　浅沟不同坡位、不同部位土壤分离能力比较

（3）土壤性质对土壤分离能力 D_c 的影响

表 1-7 给出了浅沟发育坡面土壤分离能力与土壤性质间的关系，从表中可以看出，除土壤粉粒以外，土壤分离能力与其他所有测定的土壤性质均显著相关。

随着黏粒含量的增大，土壤颗粒间黏结力增大，土壤结构趋于稳定，土壤被分离需要消耗更多的能量，因此，随着土壤黏粒含量的增大，土壤分离能力呈显著减小趋势。随着砂粒含量的增大，土壤结构趋于松散，更容易被径流冲刷，发生土壤分离，因而土壤分离能力与砂粒含量间呈显著的正相关关系。土壤中值直径反映了土壤颗粒的整体大小状况，中值直径越大土壤颗粒间黏结力越小，土壤被分离需要消耗的能量越小，因而它们间呈显著的正相关关系。土壤黏接力是土壤结构稳定性的力学表征，土壤黏结力越大表明土壤结构越稳定，越不容易被侵蚀，土壤抗蚀性能越强，因此，土壤黏结力与土壤分离能力间呈显著的负相关关系。水稳定性团聚体直接反映了土壤结构稳定性，团聚体含量越大土壤结构越稳定，同时土壤颗粒直径增大，所以土壤抗蚀性能随着增大，侵蚀越轻微，所以水稳

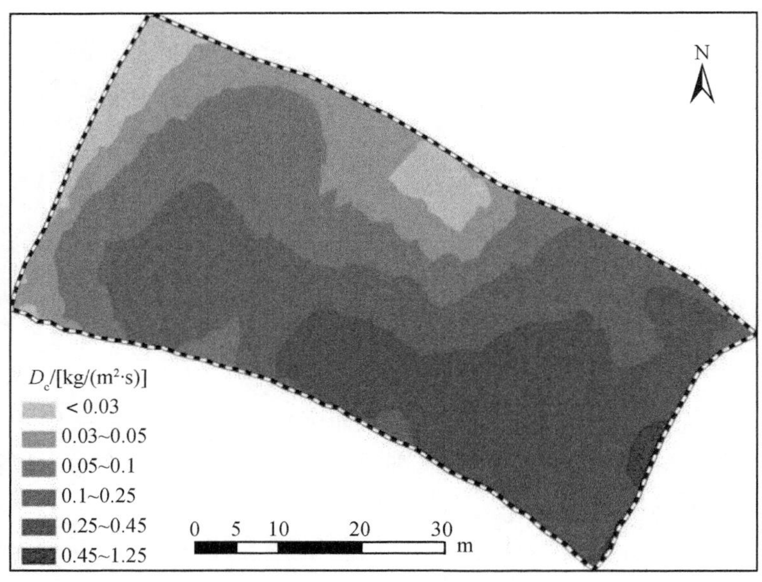

图 1-30 浅沟发育坡面土壤分离能力空间分布

定性团聚体含量与土壤分离能力间呈显著的负相关关系。枯落物是植物群落的重要组成成分，具有强大的水文与水保功能。枯落物不但可以覆盖地表，同时也可通过降雨溅蚀、细沟发育、泥沙沉积及土鼠动物的活动等多种途径，与表层土壤混合。混合于土壤表层的枯落物，一方面可通过物理捆绑作用强化土壤稳定性，降低土壤可蚀性，同时可通过分解将有机质释放于表土，改善土壤结构，提升土壤结构稳定性，增加团聚体含量，因而，随着表土中枯落物含量的增大，土壤分离能力呈显著的下降趋势。

表 1-7 浅沟发育坡面土壤分离能力与土壤性质间的相关关系

项目	D_c	CL	SI	SA	D_{50}	ρ	CH	WSA	LD
土壤分离能力 D_c/［kg/（m²·s）］	1.000								
黏粒 CL/%	-0.319**	1.000							
粉粒 SI/%	0.008	-0.023	1.000						
砂粒 SA/%	0.226**	-0.660**	-0.736**	1.000					
中值直径 D_{50}/μm	0.221**	-0.833**	-0.348**	0.826**	1.000				
容重 ρ/（g/cm³）	-0.359**	0.313**	-0.069	-0.160*	-0.167*	1.000			
黏结力 CH/kPa	-0.350**	0.466**	0.127	-0.411**	-0.449**	0.582**	1.000		
水稳性团聚体 WSA（0-1）	-0.190**	0.385**	0.156*	-0.378**	-0.475**	0.165*	0.389**	1.00	
枯落物密度 LD/（kg/m²）	-0.283**	0.154*	-0.130	-0.06	-0.107	-0.102	-0.055	0.091	1.000

*和**分别为显著和极显著，下同。

1.5.2　典型土地利用类型

土地利用方式是影响土壤性质的重要因素之一，随着土地利用方式的调整，土壤性质会随之发生变化，进而可能影响土壤分离过程，因此，研究典型土地利用类型对土壤分离能力的影响，对于深入系统地理解土壤性质对土壤分离过程的综合影响，具有深远的意义。

（1）研究材料与方法

试验在陕西省安塞区中国科学院水土保持研究所安塞水土保持综合试验站进行，该区的土地利用类型比较简单，主要为农地、荒坡地、草地、灌木、林地、撂荒地、果园、道路和居民地，其中前五者占主体，占 80%以上，同时也是流域土壤侵蚀泥沙的策源地。因此，选择农地、荒坡、草地、灌木及林地五种典型的土地利用类型作为研究对象，农地 2005 年 5 月 10 日种植了谷子，试验时谷子高度为 70～80 cm，部分地表发育有物理结皮；草地为 8 年生的沙打旺，但伴生有少量杂草，盖度接近 100%，除秋末收集沙打旺种子外，无其他任何人为扰动；灌木为 11 年生沙棘，平均高度为 1.5～2.0 m，地表生长有少量杂草。荒坡为一坡度约为 40%的陡坡，生长有铁杆蒿、达乌里胡枝子等；林地为 30 年生的刺槐，地表生长有白蒿、大油芒等。荒坡、灌木和林地均无任何人为扰动。各样地的土壤属性见表 1-8。

表 1-8　典型土地利用类型的土壤性质

土地利用类型	黏粒 CL/%	中值直径 D_{50}/μm	黏结力 CH/kPa	容重 ρ/（g/cm^3）	根系密度 RD/（km/m^3）	土壤质地
农地	6.54	30.68	68.6	1.218	9.3	粉壤土
草地	4.78	40.95	50.96	1.054	22.7	粉壤土
灌木	4.83	41.78	72.52	1.051	55.2	粉壤土
荒坡	4.54	41.71	94.08	1.191	7.0	粉壤土
林地	4.42	42.02	107.8	1.111	29.8	粉壤土

测试土壤为黄棉土，属于粉壤土（表 1-8）。土壤机械组成用激光粒度仪测定，土壤黏结力用微型黏结力仪测定，土壤容重用烘干称重法测定，根系密度用水洗法测定。测定土壤分离能力的原状土样采集于各样地的表层，采样前将地表的杂草轻轻地剪掉，用小刷子清扫枯落物，然后用直径为 9.8 cm、高为 5.0 cm 不锈钢环刀采集原状土样，采样过程与上述试验相同。将采集回来的土样称重、表面喷湿后，利用长 4.0 m、宽 0.35 m 变坡水槽测定土壤分离能力，试验流量为 $0.25\times10^{-3}m^3/s$、$0.50\times10^{-3}m^3/s$、$1.00\times10^{-3}m^3/s$、$1.50\times10^{-3}m^3/s$ 和 $2.00\times10^{-3}m^3/s$，坡度为 8.8%、17.6%、26.8%、36.4%和 46.6%，采用流量和坡度的全组合，每个流量和坡度组合条件下重复测定 5 个土样，共采集了 625 个土样，部分土样在试验过程中破坏，共冲刷了 624 个土样，根据土样质量的变化确定土壤分离能力，利用水流剪切力和土壤分离能力线性回归获得细沟可蚀性和土壤临界剪切力。水流雷诺数大于 2881，属于典型的紊流，水流深度和流速分别变化在 1.70～8.43 mm 和 0.30～0.99 m/s，达西-韦斯巴赫阻力系数为 0.12～0.35。不同土地利用类型间土壤分离能力的差异用配对 T 检验，土壤分离能力与水动力学参数间的关系用简单回归分析获得，模拟结果用决定系数及模型

效率系数的大小判断。土壤分离能力与土壤性质及坡面径流水动力学参数间的关系用试算法确定。

（2）土地利用类型对土壤分离过程的影响

土地利用类型显著影响土壤分离能力（表 1-9），在本试验条件下，除林地最小流量和坡度的组合外，其他所有处理下均发生了土壤分离，研究结果说明农地的土壤侵蚀阻力最小，在同样坡面径流水动力条件下最容易发生侵蚀，依次为草地、灌木、荒坡和林地，农地土壤分离能力的平均值分别是草地、灌木、荒坡和林地的 2.1 倍、2.8 倍、3.2 倍和 13.2 倍。统计检验结果发现除了灌木和荒坡以外，其他各个土地利用类型间土壤分离能力差异显著。上述结果再次证明坡耕地是黄土高原侵蚀泥沙的主要策源地，在小流域综合治理过程中，应充分关注坡耕地水土流失的阻控。

表 1-9　土地利用类型对土壤分离能力的影响

土地利用类型	流量 / （$10^{-3}m^3/s$）	土壤分离能力/［kg/（m^2·s）］				
		8.8%	17.6%	26.8%	36.4%	46.6%
农地	0.25	0.009	0.014	0.045	0.049	0.098
	0.50	0.031	0.073	0.077	0.118	0.185
	1.00	0.068	0.104	0.168	0.132	0.226
	1.50	0.078	0.124	0.211	0.253	0.300
	2.00	0.094	0.179	0.341	0.368	0.414
草地	0.25	0.003	0.006	0.010	0.017	0.046
	0.50	0.004	0.012	0.024	0.033	0.108
	1.00	0.011	0.025	0.042	0.082	0.152
	1.50	0.016	0.036	0.046	0.114	0.235
	2.00	0.033	0.079	0.084	0.271	0.344
灌木	0.25	0.027	0.006	0.010	0.015	0.016
	0.50	0.020	0.014	0.012	0.042	0.047
	1.00	0.013	0.021	0.044	0.080	0.090
	1.50	0.009	0.027	0.055	0.090	0.047
	2.00	0.004	0.043	0.099	0.151	0.272
荒坡	0.25	0.001	0.003	0.009	0.015	0.020
	0.50	0.008	0.013	0.018	0.021	0.044
	1.00	0.010	0.023	0.034	0.056	0.096
	1.50	0.022	0.049	0.053	0.096	0.111
	2.00	0.027	0.061	0.066	0.145	0.165
林地	0.25	—	0.001	0.001	0.001	0.004
	0.50	0.000	0.002	0.002	0.007	0.007
	1.00	0.001	0.003	0.003	0.015	0.024
	1.50	0.001	0.004	0.008	0.027	0.036
	2.00	0.001	0.011	0.025	0.031	0.065

在不同土地利用类型条件下，土壤分离能力均随着流量和坡度的增大而增大，逐步多元回归结果表明，土壤分离能力均是流量和坡度的幂函数，从农地到林地，回归方程的系数和指数基本呈逐渐增大趋势（表 1-10）。

表 1-10　不同土地利用类型下土壤分离能力与坡度和流量的关系

土地利用类型	回归方程	R^2	NSE	n
农地	$D_c = 345.939Q^{0.939}S^{0.972}$	0.93	0.92	25
草地	$D_c = 693.426Q^{1.071}S^{1.540}$	0.95	0.90	25
灌木	$D_c = 278.612Q^{1.044}S^{1.152}$	0.95	0.87	25
荒坡	$D_c = 753.556Q^{1.188}S^{1.223}$	0.95	0.96	25
林地	$D_c = 1674.943Q^{1.467}S^{1.685}$	0.94	0.94	24

土壤侵蚀阻力也受到土地利用类型的显著影响（表 1-11），在黄土高原五种典型土地利用类型中，农地细沟可蚀性最大，临界剪切力最小，而林地的细沟可蚀性最小，临界剪切力最大，说明农地的土壤侵蚀阻力最小，而林地的土地侵蚀阻力最大，抗侵蚀能力最强。从本研究结果可以推断，单从土壤分离过程而言，换言之，如果侵蚀过程处于分离控制，那么在黄土高原丘陵沟壑区第Ⅱ副区，林地是防治水土流失的最佳土地利用方式。

表 1-11　不同土地利用类型的细沟可蚀性与临界剪切力

土地利用类型	回归方程	K_r/（s/m）	τ_c/Pa	R^2	NSE
农地	$D_c = 0.0164\tau - 0.0341$	0.0164	2.08	0.95	0.95
草地	$D_c = 0.0121\tau - 0.0628$	0.0121	5.19	0.82	0.82
灌木	$D_c = 0.0086\tau - 0.0425$	0.0086	4.94	0.86	0.85
荒坡	$D_c = 0.0064\tau - 0.0252$	0.0064	3.94	0.92	0.92
林地	$D_c = 0.0020\tau - 0.0126$	0.0021	6.30	0.83	0.84

（3）基于土壤性质的土壤分离能力估算

土壤分离过程受坡面径流水动力学特性及土壤属性等多种因素的综合影响，对其准确估算难度较大，但估算方程的变量至少应该同时包括坡面径流水动力学参数和土壤属性，基于前人的相关研究成果，对于黄土高原丘陵沟壑区第Ⅱ副区，土壤分离能力可用下式估算：

$$D_c = 2.774\times10^{-3}\frac{\rho_s D_{50}\omega}{\mathrm{CH}}\exp\left[12.25\frac{C}{D_{50}} + 0.19S - 1.35\left(\frac{\rho_s - \rho_w}{\rho_w}\right)\right] \tag{1-43}$$

式中，ρ_s 为土壤容重（kg/m^3）；D_{50} 为中值直径（μm）；ω 为水流功率（kg/s^3）；CH 为土壤黏结力（Pa）；C 为黏粒含量（%）；S 为坡度（m/m）；ρ_w 为径流密度（kg/m^3）。从整体趋势来看，式（1-43）对不同土地利用类型条件下的土壤分离能力估算精度较高，决定系数达到 0.91，预测值与实测值比较接近（图 1-31）。

式（1-43）说明，在黄土高原丘陵沟壑区，土壤分离能力可以用反映坡面径流特性的水流功率、坡度和径流密度、表征土壤属性的中值直径、土壤黏结力、黏粒含量和土壤容重估算。土壤分离能力随着水流功率、坡度、径流密度的增大而增大，而随着团聚体中值直径、土壤黏结力和土壤容重的增大而减小。仅从方程形式来看，土壤分离能力随着黏粒含量的增大而增大，但众所周知，黏粒是土壤中重要的胶结物质，具有很强的吸附能力，是形成团聚体的物质基础，黏粒含量越大，土壤黏结力越大，抵抗侵蚀的能力越强，则土壤分离能力越小，因此，式（1-43）中黏粒含量与土壤分离能力间的正相关，可能是由黏粒含量与土壤容重、中值直径及黏结力间的交互作用引起，上式并没有真正反映黏粒含量对土壤分离能力的影响，需要开展更多研究揭示黏粒对土壤分离过程的影响与机理。

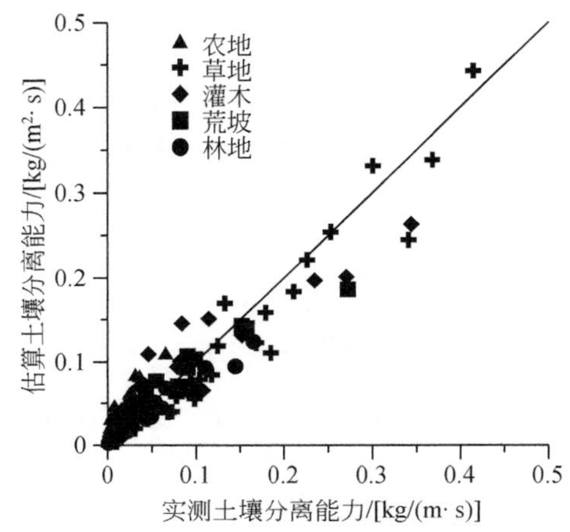

图 1-31　不同土地利用类型下土壤分离能力实测与估算结果比较

1.5.3　黄土高原样线

在区域尺度上，受土壤属性、植被类型与覆盖、土地利用方式与强度等多种因素空间变异的影响，土壤分离过程及土壤侵蚀阻力必然存在空间差异，土壤属性对土壤分离过程的影响及其机制是否会随着空间尺度的增大而发生变化，因此，在黄土高原尺度上，应选择合理的监测样线，系统研究区域尺度土壤属性对土壤分离过程的影响。

（1）试验材料与方法

在系统调查的基础上，选择南起陕西宜君、北至内蒙古鄂尔多斯长 508 km 的监测样线，分别以陕西宜君、富县、延安、子长、子洲、榆林和内蒙古鄂尔多斯为研究样点，除榆林和鄂尔多斯间距离稍大外（164 km），其他各样点间距大体为 60 km（图 1-32）。各样点年均降水量从宜君的 591 mm 逐渐减小到鄂尔多斯的 368 mm，样线跨越 3 个植被类型区，分别为森林区、森林-草原区和草原区，年均温度从宜君的 10.3℃，逐渐下降到鄂尔多斯的 7.2℃（Geng et al.，2015）。在各样点分别选择有代表性的农地、草地和林地样地，玉米是黄土高原分布广泛、代表性较高的作物，因此，选择玉米地作为农地监测样地，选择退耕年限接近的自然恢复草地作为草地监测样地，而刺槐在黄土高原分布面积大，是黄土高原典型的乔木类型，因此选择种植年限较为接近的刺槐作为林地监测样地，但受降水量的影响，样线最北端的鄂尔多斯没有刺槐生长，因而以杨树替代。为了减小试验误差，所选样地的坡度、坡向、退耕年限及前期土地利用模式均比较接近，样地面积在 500 m^2 左右。在各个样地选择合理的测定样方，进行土壤样品的采集、土壤和植被相关参数的测定（表 1-12）。

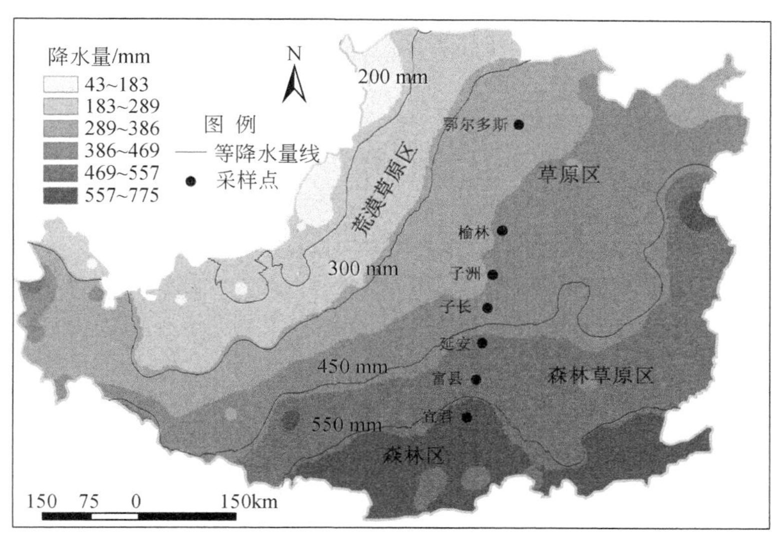

图 1-32 黄土高原样线采样点分布图

表 1-12 黄土高原样线采样点土壤性质及植被根系密度

样点	土地利用	容重/（kg/m³）	黏粒/%	粉粒/%	砂粒/%	土壤质地	黏结力/kPa	团聚体/mm	有机质/（g/kg）	根系密度/（kg/m³）
宜君	农地	1119	34.2	60.7	5.1	粉黏壤	8.3	1.7	17.6	0.2
	草地	1203	24.9	68.9	6.2	粉壤	14.0	2.4	5.6	3.0
	林地	1070	18.4	67.2	14.4	粉壤	14.2	1.9	21.0	2.6
富县	农地	1113	21.6	67.5	11.0	粉壤	8.4	1.1	10.4	0.0
	草地	1396	16.1	68.7	15.2	粉壤	13.0	4.5	18.8	3.3
	林地	1166	20.7	68.4	11.0	粉壤	13.1	2.8	16.3	0.9
延安	农地	1217	18.9	69.4	11.7	粉壤	12.4	1.0	6.6	0.1
	草地	1251	16.0	65.5	18.5	粉壤	14.8	3.4	16.2	4.0
	林地	904	16.3	66.9	16.9	粉壤	13.6	2.2	10.2	0.5
子长	农地	1105	16.5	63.8	19.8	粉壤	10.3	0.9	9.1	0.1
	草地	1262	10.6	61.6	27.8	粉壤	14.9	2.6	7.8	3.1
	林地	1110	11.4	63.8	24.8	粉壤	13.8	1.8	10.1	0.5

续表

样点	土地利用	容重 /（kg/m^3）	黏粒 /%	粉粒 /%	砂粒 /%	土壤质地	黏结力 /kPa	团聚体 /mm	有机质 /（g/kg）	根系密度 /（kg/m^3）
子州	农地	1098	7.7	50.8	41.5	粉壤	9.1	0.6	12.9	0.2
	草地	1128	9.3	58.0	32.8	粉壤	14.1	2.1	9.1	1.8
	林地	1235	10.0	60.1	29.9	粉壤	15.1	1.6	5.5	0.8
榆林	农地	1399	8.3	28.0	63.8	砂壤	8.4	0.2	6.4	0.0
	草地	1386	11.2	43.3	45.5	粉壤	13.1	1.5	7.7	1.0
	林地	1360	11.3	45.5	43.3	粉壤	13.9	2.2	7.8	1.5
鄂尔多斯	农地	1310	13.8	31.3	54.8	砂壤	9.3	0.3	3.1	0.0
	草地	1440	21.1	59.9	19.0	壤土	13.4	0.8	7.3	2.4
	林地	1406	14.9	41.7	43.4	粉壤	13.8	1.6	8.8	0.8

用于土壤分离能力测定的土样，采集于样地表层，为原状土样，取样时将表层枯落物清扫掉，为了消除生物结皮对试验结果的影响，取样点应避开生物结皮，取样流程与上述取样过程一致。每个样地采集 35 个样品，共采集 735 个土壤样品。将采集的土样进行饱和、排水后，用于土壤分离能力测定。每个样点、每个土地利用类型条件下共冲刷 30 个样品，其余的 5 个土壤样品用于测定土壤含水量和根系密度，根系密度的测定采用水洗法，过 0.5 mm 的筛子，在 65 ℃条件下烘干 24 h，计算单位体积的根系质量。土壤分离能力在安塞站长 4 m、宽 0.35 m 的变坡实验水槽内进行，流速测定采用染色法，在土壤冲刷室以上 2 m 的断面上测定 48 次，平均后根据水流流态乘以修正系数，获得平均流速。试验坡度为 17.4%～42.3%、单宽流量为 0.0029～0.0071 m^2/s，通过坡度和流量组合，获得 6 个不同的侵蚀动力条件，水流剪切力分别为：5.2 Pa、8.0 Pa、10.7 Pa、12.3 Pa、14.6 Pa 和 16.5 Pa。每个水动力条件下重复冲刷 5 个土壤样品，土壤分离能力是冲刷前后土壤质量变化量除以冲刷时间和土样面积，将 5 次测定的结果平均得到该处理下的平均土壤分离能力。利用实测的土壤分离能力，进一步线性回归获得细沟可蚀性（K_r，s/m）和临界剪切力（τ_c，Pa）。

（2）土壤侵蚀阻力空间变化

在区域尺度上，土地利用类型仍然显著影响土壤分离能力，农地、草地和林地的最小和最大土壤分离能力分别为 1.933～3.954 kg/（m^2·s）、0.008～1.754 kg/（m^2·s）和 0.004～0.909 kg/（m^2·s），农地、草地和林地土壤分离能力的极值比分别为：2、219 和 227，充分说明在区域尺度上，草地和林地土壤分离能力的变化幅度远远大于农地。农地土壤分离能力显著大于草地和林地，其平均值分别是草地和林地的 10.6 倍和 7.6 倍。从土壤分离能力的空间变异来看，在研究的样线上，草地和林地的土壤分离能力属于强度空间变异，而农地的土壤分离能力属于中度空间变异，这一差异主要由农地频繁的高强度的农事活动引起，导致南北不同样点间土壤属性及植被根系密度的差异迅速缩小，进而导致土壤分离能力的空间变异较小。

不同土地利用类型的土壤分离能力空间变异存在着明显的差异（图 1-33）。对于农地而言，土壤分离能力呈现复杂的变化趋势，从南边的宜君到富县，土壤分离能力呈增大趋势，随后逐渐减小，在子长达到最小值，然后逐渐增大，直至最北边的鄂尔多斯。这一变化趋势与样线年降水量、温度等气候特征的空间变化间没有明显关系，虽然土壤分离能力与土壤中值直径间存在一定的相关关系，但这一相关关系仅在子长到鄂尔多斯之间比较明显。草地的土壤分离能力从宜君到富县呈减小趋势，尔后持续增加到榆林，随后减小（图 1-33）。这一空间变化趋势与年降水量的空间变化大体相反，研究区属于典型的半湿润-半干旱地区，随着年降水量的减小，植被生长必然变差，植被根系密度随着降低，土壤侵蚀阻力减小，则土壤分离能力增大。榆林草地土壤分离能力较高的原因，可能与采样点强烈的土鼠动物活动有关，而鄂尔多斯草地土壤分离能力较低的原因，与采样点黏粒含量较高密切相关。林地土壤分离能力从南到北大体上呈以倒“U”形，土壤分离能力从宜君逐渐增大，到延安后逐渐减小，持续到鄂尔多斯（图 1-33）。上述变化趋势是土壤有机质含量、容重和根系密度空间变化综合作用的结果，同时和土鼠动物的活动也有一定的关系。从南到北，土壤有机质含量和根系密度呈下降趋势，而土壤容重呈上升趋势（表 1-12）。延安林地的土壤分离能力非常高，接近农地的 80%，这一结果可能与土鼠动物的活动有关，该样点表土非常疏松，因而抗蚀性能较弱。

在黄土高原样线上，土壤侵蚀阻力（细沟可蚀性和临界剪切力）也受到土地利用的显著影响，农地的细沟可蚀性最大，草地最小，农地细沟可蚀性分别是草地和林地的 8.5 倍和 4.8 倍，而农地的临界剪切力仅为草地和林地的 37%和 38%。与土壤分离能力类似，农地细沟可蚀性在样线上呈弱度空间变异，而草地和林地细沟可蚀性在黄土高原样线上呈强度空间变异。三种土地利用类型的土壤临界剪切力，在黄土高原样线上均呈中度空间变异，变异系数为 0.14～0.97。三种土地利用类型细沟可蚀性的空间变化特征与土壤分离能力非常相似（图 1-34），这里不再赘述。而土壤临界剪切力的空间变异比较复杂，对于任何一种土地利用类型而言，均无趋势性的空间变化特征。

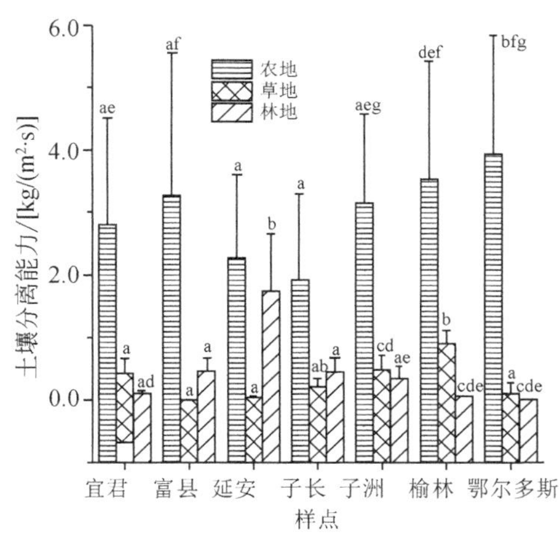

图 1-33　土壤分离能力沿黄土高原样线的变化

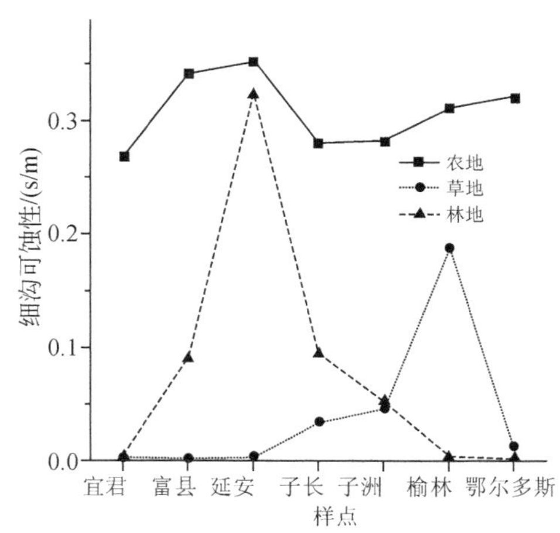

图 1-34　细沟可蚀性沿黄土高原样线的变化

（3）影响因素

土壤分离过程在区域尺度上具有明显的空间变化规律，特别是人类活动扰动较少的草地和林地更是如此。虽然这些空间变化与年降水量、温度间没有直接的关系，但与植被类型、群落结构、盖度或郁闭度、土壤类型与质地、土地利用类型及扰动强度等密切相关。在区域尺度上，植被的生长发育、土壤属性及土地利用类型与强度，均与区域的气候特征紧密联系，换言之，虽然本书没有发现区域气候因素直接影响土壤分离过程的证据，但在更大的区域尺度上，气候因素仍然是影响土壤分离过程的关键因素之一。

在本书的空间尺度，土壤分离能力、细沟可蚀性及土壤临界剪切力的空间变化，主要受植被根系生长发育、土壤性质的空间变异控制。随着植被根系密度的增大，土壤分离能力和细沟可蚀性呈良好的指数函数减小（图 1-35、图 1-36）。植被根系密度的增大、土壤黏粒含量及有机质含量的增大、地表物理结皮的发育，都会导致土壤黏结力的增大，进而引起土壤侵蚀阻力增大，细沟可蚀性减小（图 1-37）。随着土壤中黏粒含量的增大、植被生长促使表层土壤中有机质含量的升高、土地利用方式调整引起的人工扰动强度及频率的减小，土壤中团聚体数量及质量显著增加，土壤结构更为稳定，抗蚀能力加强，细沟可蚀性呈显著的下降趋势（图 1-38）。

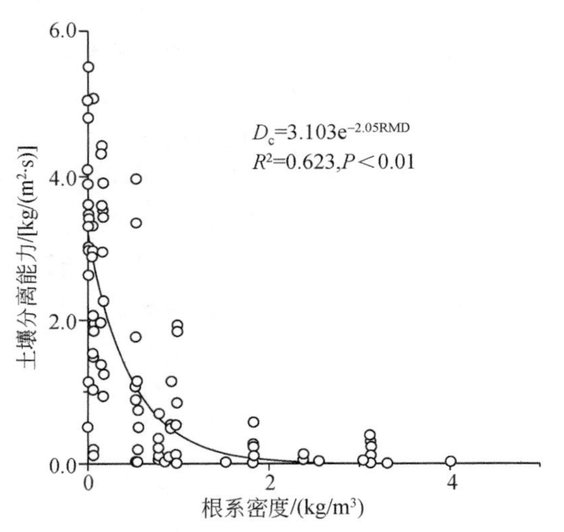

图 1-35　黄土高原样线土壤分离能力与根系密度的关系

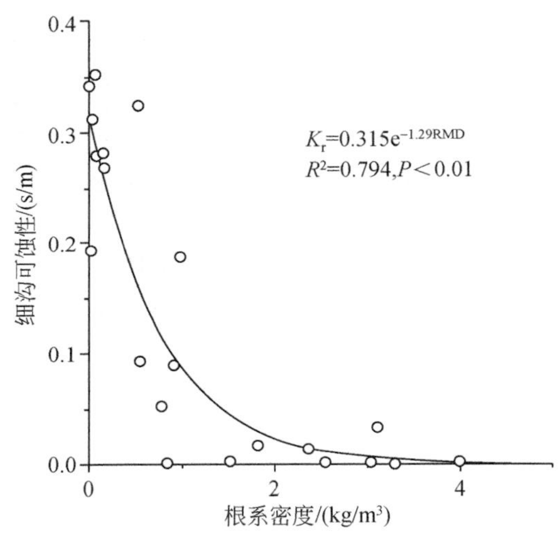

图 1-36　黄土高原样线细沟可侵蚀性根系密度的关系

土壤临界剪切力是反映土壤侵蚀阻力特征的常用参数，虽然在黄土高原样线尺度上没有明显的空间变化规律，但其变化仍然是土壤属性的函数，土壤黏结力增大、土壤团聚体的发育，自然会导致土壤抗蚀性能的提升，土壤临界剪切力呈显著的增大趋势（图 1-39、图 1-40）。

（4）土壤侵蚀阻力模拟

土壤侵蚀阻力反映了土壤抵抗侵蚀的能力，是土壤侵蚀过程模型重要的输入参数，可它们的获取非常困难，如上文所述，一般需要通过不同水动力条件下土壤分离能力的测定，建立水流剪切力与实测土壤分离能力间的线性关系，方程的斜率即为细沟可蚀性，而回归方程在横坐标上的截距即为土壤临界剪切力。从理论上讲，土壤侵蚀阻力应该是土壤属性的函数，如果直接建立土壤属性与土壤侵蚀阻力间的函数关系，对于土壤侵蚀过程模型的

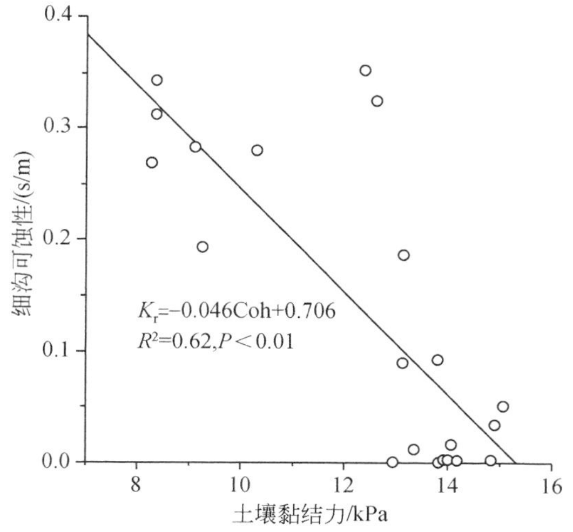

图 1-37　黄土高原样线细沟可侵蚀性与土壤黏结力关系

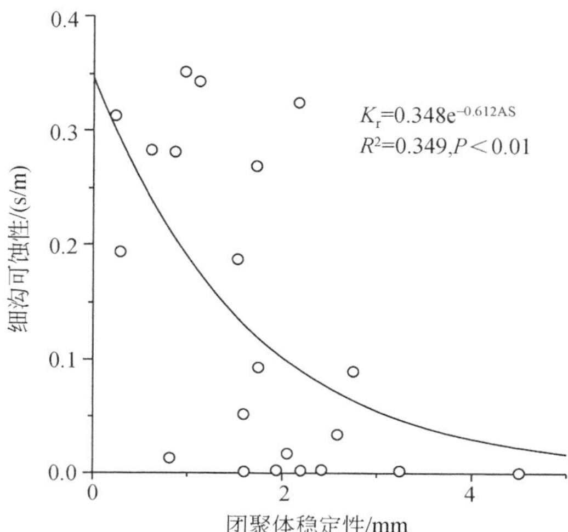

图 1-38　黄土高原样线细沟可侵蚀性与团聚体稳定性关系

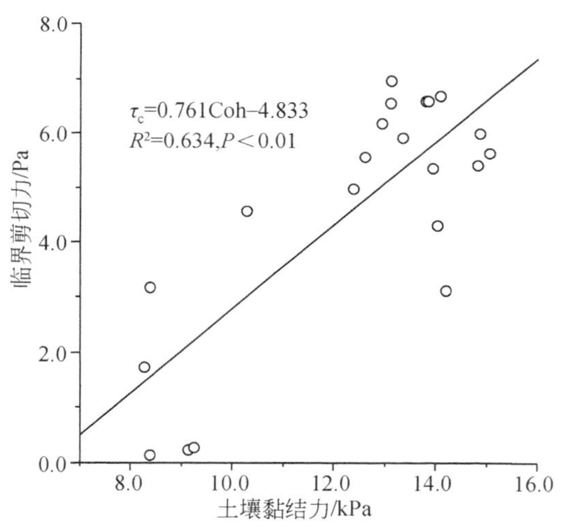

图 1-39　黄土高原样线临界剪切力与土壤黏结力关系

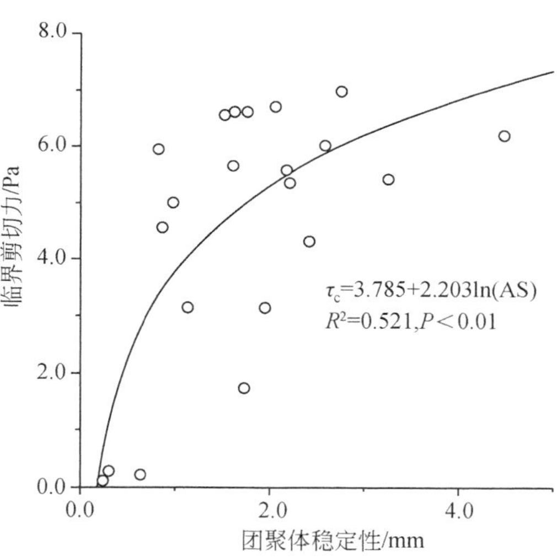

图 1-40　黄土高原样线临界剪切力与团聚体稳定性关系

构建与推广应用具有重要意义。

对 3 种土地利用类型、7 个样地的数据分析表明，农地细沟可蚀性与林地及草地细沟可蚀性间存在显著的相关关系，可以通过下式对林地和草地的细沟可蚀性进行调整，进而基于农地细沟可蚀性估算植被覆盖条件下的细沟可蚀性：

$$K_{\mathrm{rv}} = 0.943\left[1.372 - 1.601\left(\frac{\mathrm{CH_v} - \mathrm{CH_c}}{\mathrm{CH_c}}\right)\right]\mathrm{e}^{-0.810\mathrm{RMD}} \qquad R^2 = 0.70 \tag{1-44}$$

式中，K_{rv} 为林地和草地的细沟可蚀性（s/m）；$\mathrm{CH_v}$ 为林地和草地的黏结力（kPa）；$\mathrm{CH_c}$ 为农地的黏结力（kPa）；RMD 为林地和草地的根系密度（$\mathrm{kg/m^3}$），而林地和草地的临界剪切力可以通过下式估算：

$$\tau_{cv} = 0.053 + 5.419\left(\frac{AS_v - AS_c}{AS_c}\right) \qquad R^2 = 0.57 \tag{1-45}$$

式中，τ_{cv} 为林地和草地的临界剪切力（Pa）；AS_v 为林地和草地的团聚体稳定性（mm）；AS_c 为农地的团聚体稳定性（mm）。

1.6 陡坡坡面径流挟沙力

坡面径流挟沙力是泥沙输移过程的核心，受坡面径流水动力学特性、泥沙特性、下垫面条件等诸多因素时空变化的综合影响，坡面径流挟沙力具有强烈的时空变化特征，导致坡面径流挟沙力的野外测定非常困难。因此，在室内控制条件下，系统研究坡面径流水动力学特性及泥沙特性对坡面径流挟沙力的影响，并建立陡坡坡面径流挟沙力方程，对于揭示土壤侵蚀水动力学机理、构建土壤侵蚀过程模型，具有重要的意义。

1.6.1 坡面径流水动力学特性对挟沙力的影响

泥沙输移是土壤侵蚀重要的过程之一，被分离的泥沙如没有被径流输移离开原始位置，就意味着并没有发生流失。泥沙输移过程的核心是坡面径流挟沙力，它是指在特定的水动力条件下坡面径流可以输移泥沙的最大通量，常用单位为 kg/（m・s）。挟沙力同时受坡面径流水动力学特性和泥沙特性的综合影响。受坡面径流水动力学特性的独特性质影响，坡面径流挟沙力的研究相对滞后，特别是在陡坡条件下更是如此（Zhang et al.，2009a），因此，研究坡面径流水动力学特性对挟沙力的影响，具有重要的理论和实践意义。

（1）试验材料与方法

试验在北京师范大学房山实验基地人工模拟降雨大厅的变坡实验水槽内进行，水槽长 5 m、宽 0.4 m，水槽坡度可以在 60%范围内调整。水槽由置于供水池内的水泵供水，通过分流箱和阀门组控制流量，用流量仪或量筒可以测定流量。水流通过水槽顶端的消能池，以溢流形式进行水槽，因而其初速度为 0，进入水槽后开始加速，大概经过 2 m 的加速区后流速达到稳定。流速测定采用染色法，对于任何一组流量和坡度的组合，都测定 12 次，删除一个最大值和一个最小值，将剩余的 10 次平均，作为该流量和坡度组合条件下的最大表面流速。试验过程中测定温度，根据径流流态选择适合的修正系数，计算平均流速（Luk and Merz，1992）。径流深度测定采用数显式水位计，其精度为 0.3 mm，变化于 0.9～5.7 mm。利用实测流量、坡度、径流深度及流速即可计算得到水流剪切力、水流功率及单位水流功率等综合性水动力学参数。试验设计 8 个单宽流量（0.625×10^{-3} m²/s、1.250×10^{-3} m²/s、1.875×10^{-3} m²/s、2.500×10^{-3} m²/s、3.125×10^{-3} m²/s、3.750×10^{-3} m²/s、4.375×10^{-3} m²/s 和 5.000×10^{-3} m²/s）、8 个坡度（8.8%、17.6%、22.2%、26.8%、31.5%、36.4%、41.4%和 46.6%），采用全组合，共计 64 个组合。

试验用沙为采自永定河的河流沙，经过充分的水洗后测定泥沙级配。泥沙粒径为 0.02～2.0 mm，具体分布为：0.02～0.1 mm 占比 8.15%、0.1～0.2 mm 占比 22.09%、0.2～0.36 mm

占比 37.8%、0.36～0.55 mm 占比 23.77%、0.55～2.0 mm 占比 8.19%，中值直径为 0.28 mm，密度为 2400 kg/m^3。试验供沙采用自控型供沙漏斗（张光辉等，2001），将干的河流泥沙装进安装于水槽顶端的供沙漏斗中，在扇叶的转动下将泥沙自动带进水槽内，扇叶速度可通过步进电机的转速调整，试验前率定电机转速和供沙速率间的定量关系，用于大致估算供沙速率。当供沙速率较大时，很容易在泥沙进入水槽处形成堆积，试验时用直径较小的铁杆横向搅动，避免泥沙的大量堆积，影响径流流动及其特性。为了保证试验测定结果即为挟沙力，在水槽下端开了一 20 cm 宽的凹陷，试验前将试验泥沙填满，根据侵蚀学原理，如果加沙漏斗供沙达到了挟沙力，则径流就不会明显侵蚀水槽下端的泥沙源，如果没有达到挟沙力，则会继续侵蚀第二沙源，使得径流输沙率达到挟沙力。试验时用塑料桶采集 5 次水沙样，记录采样时间，然后采样置换法测定泥沙量，计算输沙率，即单位时间单位宽度的泥沙量，将 5 次测定结果平均即为该流量和坡度下的挟沙力。

（2）单个水动力学参数对挟沙力的影响

挟沙力随着流量和坡度的增大而增大（图 1-41、图 1-42），回归结果表明挟沙力均随着流量和坡度的增大呈幂函数增大。当坡度较小时，流量对挟沙力的影响较大，如单宽流量为 4.375×10^{-3} m^2/s、坡度为 8.8%时，水流剪切力为 4.54 Pa，实测挟沙力为 1.50 kg/（m • s）；而当单宽流量为 1.25×10^{-3} m^2/s、坡度为 26.8%时，水流剪切力也等于 4.54 Pa，但实测挟沙力仅为 0.97 kg/（m • s），小了 35%。随着坡度的增大，坡度对挟沙力的影响逐渐增大，当单宽流量为 3.750×10^{-3} m^2/s、坡度为 46.6%时，水流剪切力为 12.14 Pa，实测挟沙力为 6.84 kg/（m • s），而当单宽流量为 4.375×10^{-3} m^2/s、坡度为 41.4%，水流剪切力为 12.01 Pa，实测挟沙力为 7.14 kg/（m • s），相差仅为 4%。当坡度变化于 26.8%～36.4%时，实测挟沙力波动较大，特别是当流量较大时，更为明显，原因有待进一步研究。

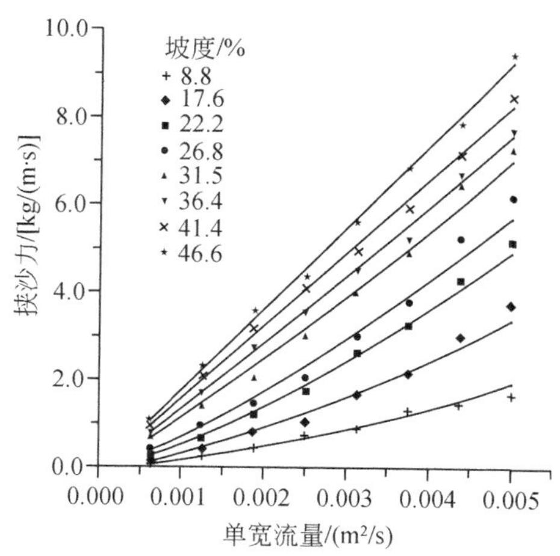

图 1-41　挟沙力与流量的关系曲线

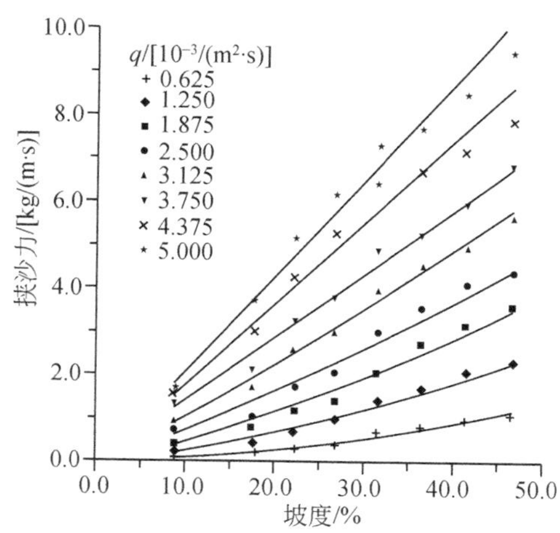

图 1-42　挟沙力与坡度的关系曲线

对全部数据进行逐步多元回归分析发现，坡面径流挟沙力可以用流量和坡度的幂函数很好地模拟：

$$T_c = 1983q^{1.237}S^{1.227} \qquad R^2 = 0.98 \tag{1-46}$$

式中，T_c为坡面径流挟沙力［kg/（m·s)］；q为单宽流量（m^2/s)；S为坡度（m/m)。上式的决定系数和模型效率系数都很高，说明式（1-46）对实测挟沙力的模拟效果非常好，整体来看实测值和模拟值比较均匀地分布在1∶1线附近（图1-43)，但当实测挟沙力大于7.0 kg/（m·s）时，计算的挟沙力明显大于实测挟沙力。

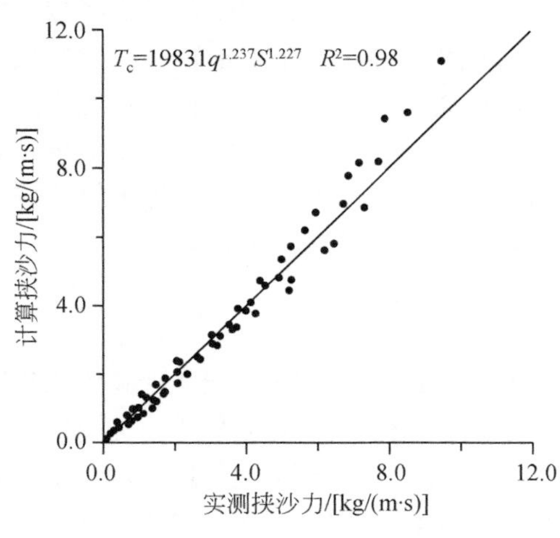

图1-43　实测与计算挟沙力比较

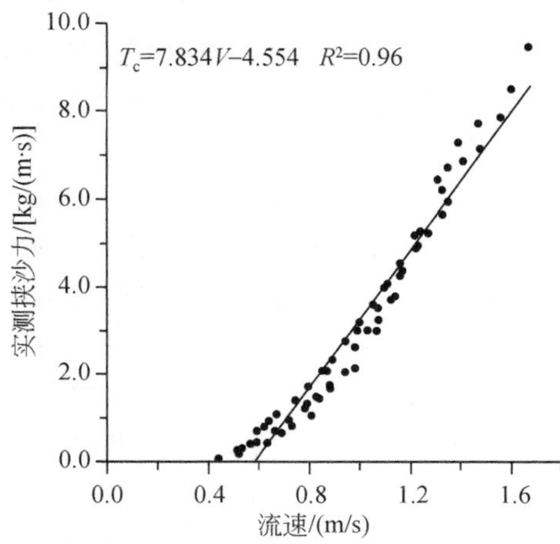

图1-44　实测挟沙力与流速间关系

如前文所述，流速是坡面径流非常重要的水动力学参数，受降水特性、地形条件、土壤性质、植被覆盖、土地利用类型、侵蚀过程与强度等多因素的综合影响，与泥沙输移过程密切相关，在很多河流挟沙力方程中，水流流速是唯一的变量，用于河流挟沙力的计算。分析试验数据发现，坡面径流挟沙力与流速间呈显著的线性相关关系：

$$T_c = 7.834V - 4.554 \qquad R^2 = 0.96 \tag{1-47}$$

式中，V为坡面径流流速（m/s)。与式（1-46）相比，式（1-47）的模拟效果稍微有所下降，但整体仍然达到极显著水平，说明利用平均流速就可以很好地估算坡面径流挟沙力。将上式中的常数项，除以流速的系数，可以得到泥沙启动流速为0.58 m/s，换言之，只有当坡面径流的流速大于0.58 m/s时，坡面径流才具有输移泥沙的功能，从图1-44观测发现，启动流速大体为0.42 m/s，稍微小于式（1-47）回归分析的结果。无论启动流速是多少，都说明坡面径流输移泥沙，具有层流输沙的特性。

（3）综合性水动力学参数对挟沙力的影响

随着水流剪切力的增大，坡面径流挟沙力随着增大（图1-45)，回归分析表明挟沙力与水流剪切力间呈显著的幂函数关系：

$$T_c = 0.54\tau^{1.982} \qquad R^2 = 0.98 \tag{1-48}$$

式中，τ为水流剪切力（Pa)。式（1-48）的指数为1.982，远大于WEPP模型挟沙力方程中的1.5（Nearing et al.，1989)，说明在陡坡条件下，水流剪切力对挟沙力的影响更为显著。

随着水流功率的增大，坡面径流挟沙力也显著增大（图1-46)，回归分析结果表明挟沙力与水流功率间呈显著的幂函数关系：

$$T_c = 0.234\omega^{1.234} \qquad R^2 = 0.98 \tag{1-49}$$

式中，ω 为水流功率（kg/s^3）。与式（1-48）相比，式（1-49）对挟沙力的模拟效果相当，也就是说在本试验条件下，水流剪切力和水流功能的幂函数均可以很好地模拟坡面径流挟沙力。但与式（1-46）类似，当实测挟沙力大于 7.00 kg/（m • s）时，式（1-49）的模拟效果较差，出现明显的低估。

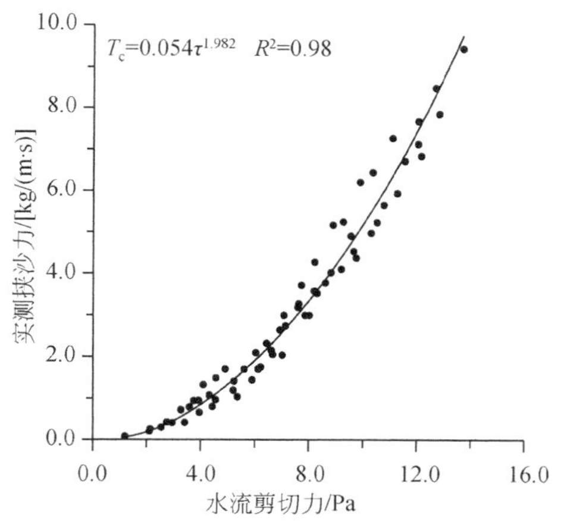

图 1-45　挟沙力与水流剪切力的关系

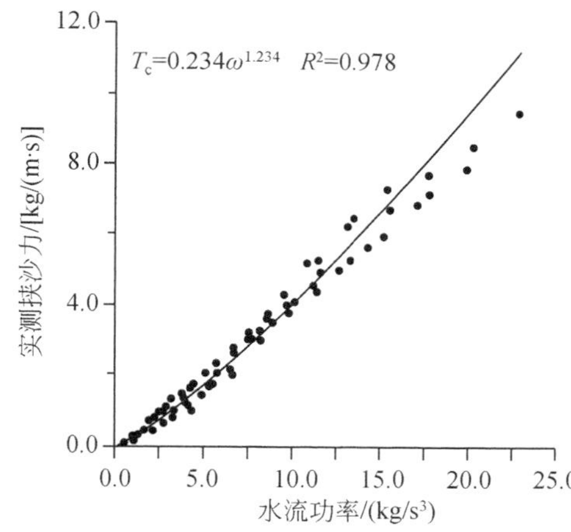

图 1-46　挟沙力与水流功率的关系

随着单位水流功率的增大，坡面径流挟沙力也随着增大，回归分析结果说明挟沙力与单位水流功率间呈显著的幂函数关系，但拟合效果远差于水流剪切力和水流功率，表明与水流剪切力和水流功率相比，单位水流功率模拟陡坡坡面径流挟沙力的功能较差，并不适合模拟陡坡土壤侵蚀过程。

1.6.2　泥沙粒径对挟沙力的影响

泥沙大小、密度、形状等特性可能显著影响坡面径流挟沙力，泥沙沉积的分选性是泥沙特性影响挟沙力的最直接证据，但对于坡面薄层径流，其挟沙力与泥沙特性间的关系有待系统研究，为构建多粒级坡面径流挟沙力方程奠定基础。

（1）试验材料与方法

试验在北京师范大学房山实验基地进行，所用水槽与上述挟沙力试验相同。为了分析泥沙特性-粒径对挟沙力的影响，将上述的试验泥沙进行分组，得到 5 组不同粒径的试验泥沙，具体为：0.02～0.15 mm、0.15～0.25 mm、0.25～0.59 mm、0.59～0.85 mm 和 0.85～2.00 mm，中值直径分别为：0.10 mm、0.22 mm、0.41 mm、0.69 mm 和 1.16 mm，泥沙密度分别为：2588 kg/m^3、2608 kg/m^3、2645 kg/m^3 和 2650 kg/m^3。流量控制、水深测定、流速测定、试验加沙过程和原理、水动力学参数的计算及采样方法，均与上述试验相同，这里不再赘述。试验单宽流量为：0.66×10^{-3} m^2/s、1.32×10^{-3} m^2/s、2.63×10^{-3} m^2/s、3.95×10^{-3} m^2/s 和 5.26×10^{-3} m^2/s，试验坡度：8.7%、17.4%、25.9%、34.2%和 42.3%，试验采用流量、坡度和泥沙直径的全组合，共 125 组试验（Zhang et al.，2011）。

（2）单个水动力学参数

随着泥沙直径的增大，实测挟沙力显著减小，中值直径为 0.10 mm 泥沙的挟沙力均值，分别是 0.22 mm、0.41 mm、0.69 mm 和 1.16 mm 的 1.1 倍、1.3 倍、1.6 倍和 1.9 倍。对于不同直径的泥沙，随着流量和坡度的增大，水流能量增大，因而挟沙力随着增大，对于不同中值直径的泥沙颗粒，挟沙力都是流量和坡度的幂函数（表 1-13），决定系数大于 0.95，说明对于单个粒径，流量和坡度的幂函数可以很好地模拟挟沙力。

表 1-13　不同粒径泥沙挟沙力与流量（*q*）和坡度（*S*）的回归方程

泥沙粒径/mm	回归方程	R^2	n
0.10	$T_c = 22594.36q^{1.168}S^{1.446}$	0.95	22
0.22	$T_c = 45919.80q^{1.270}S^{1.666}$	0.98	24
0.41	$T_c = 34593.94q^{1.243}S^{1.732}$	0.99	25
0.69	$T_c = 36643.76q^{1.295}S^{1.673}$	0.99	25
1.16	$T_c = 35399.73q^{1.333}S^{1.622}$	0.99	25

将所有数据及泥沙粒径组成新的数据集，利用非线性回归得：

$$T_c = 2382.32q^{1.269}S^{1.637}d_{50}^{-0.345} \qquad R^2 = 0.98 \tag{1-50}$$

式中，q 为单宽流量（m^2/s）；S 为坡度（m/m）；d_{50} 为泥沙中值直径（m）。从整体情况来看，式（1-50）对挟沙力模拟效果较好，决定系数达到了 0.98，相对误差为−47.1%～46.5%，平均为 1.4%，但当挟沙力大于 7.0 kg/（m • s）时，式（1-50）出现了明显的高估现象。

对于不同粒径的泥沙，挟沙力与流速都显著相关，随着流速的增大，挟沙力均呈显著的线性函数增大（表 1-14），与表 1-13 相比，流速与挟沙力间的关系相对比较松散，决定系数为 0.74～0.81，但也达到了显著水平。

表 1-14　不同粒径条件下挟沙力与流速（*V*）的回归方程

泥沙粒径/mm	回归方程	启动流速/（m/s）	R^2	n
0.10	$T_c = 7.034V - 2.661$	0.378	0.81	22
0.22	$T_c = 7.935V - 3.412$	0.430	0.80	24
0.41	$T_c = 7.758V - 3.570$	0.460	0.79	25
0.69	$T_c = 7.1084V - 3.385$	0.476	0.78	25
1.16	$T_c = 6.1174V - 2.948$	0.482	0.74	25

随着泥沙粒径的增大，启动流速逐渐增大，说明随着泥沙粒径的增大，径流输移泥沙的难度随着增大，泥沙越不容易被启动、被输移，换言之，泥沙粒径越大，径流输移泥沙需要消耗的能量就越多。分析泥沙粒径与启动流速间的关系发现：

$$V_c = 0.976d_{50}^{0.100} \qquad R^2 = 0.93 \tag{1-51}$$

式中，V_c 为泥沙启动流速（m/s）；d_{50} 为泥沙中值直径（m）。

（3）综合性水动力学参数

随着水流剪切力的增大，径流能量增大，径流挟沙力随着增大。对于不同粒径的泥沙，挟沙力均随着水流剪切力的增大呈显著的幂函数增大（表 1-15），决定系数为 0.95～0.97。随着泥沙粒径的增大，回归方程的系数逐渐减小，而水流剪切力的指数逐渐增大。

随着水流功率的增大，不同粒径泥沙的挟沙力也呈显著的幂函数增大（表 1-16），决定系数为 0.94～0.97，随着泥沙粒径的增大，回归方程的系数也呈减小趋势，而水流功率的指数呈增大趋势。与表 1-15 相比，水流功率与挟沙力间的关系稍比水流剪切力松散一点，但基本上在同一个显著水平。

表 1-15　不同粒径条件下挟沙力与水流剪切力（τ）回归方程

泥沙粒径/mm	回归方程	R^2	n
0.10	$T_c = 0.044\tau^{2.065}$	0.95	22
0.22	$T_c = 0.022\tau^{2.294}$	0.97	24
0.41	$T_c = 0.018\tau^{2.309}$	0.97	25
0.69	$T_c = 0.015\tau^{2.314}$	0.97	25
1.16	$T_c = 0.012\tau^{2.320}$	0.97	25

表 1-16　不同粒径条件下挟沙力与水流功率（ω）的回归方程

泥沙粒径/mm	回归方程	R^2	n
0.10	$T_c = 0.238\omega^{1.266}$	0.94	22
0.22	$T_c = 0.178\omega^{1.413}$	0.96	24
0.41	$T_c = 0.141\omega^{1.423}$	0.96	25
0.69	$T_c = 0.117\omega^{1.435}$	0.97	25
1.16	$T_c = 0.095\omega^{1.441}$	0.96	25

随着单位水流功率的增大，不同粒径泥沙的挟沙力也呈幂函数增大（表 1-17），决定系数为 0.76～0.89，随着泥沙粒径的增大，回归方程的系数大体上呈下降趋势，而单位水流功率的指数呈增大趋势。与水流剪切力和水流功率相比，单位水流功率对挟沙力的模拟功能明显下降。这一结果再次证明，对于陡坡而言，单位水流功率并不是模拟坡面径流挟沙力的最佳参数，在土壤侵蚀过程模型构建过程时，应予以注意。

表 1-17　不同粒径条件下挟沙力与单位水流功率（P）回归方程

泥沙粒径/mm	回归方程	R^2	n
0.10	$T_c = 20.648P^{1.317}$	0.76	22

续表

泥沙粒径/mm	回归方程	R^2	n
0.22	$T_c = 25.893P^{1.555}$	0.85	24
0.41	$T_c = 23.388P^{1.615}$	0.89	25
0.69	$T_c = 19.231P^{1.601}$	0.87	25
1.16	$T_c = 15.311P^{1.581}$	0.84	25

1.6.3 挟沙力模拟

坡面径流挟沙力的准确估算，是构建土壤侵蚀过程模型的基础。很多前期研究重点关注对已有河流挟沙力方程的修订，然而，受坡面径流独特的水动力学特性的影响，坡面径流挟沙力的研究与模拟非常困难，因此，开展坡面径流挟沙力模拟具有重要的实践意义。

（1）试验材料与方法

本节使用的数据，全部来源于上述单粒径和不同直径泥沙的挟沙力试验。在全球著名的土壤侵蚀过程模型 WEPP 中，挟沙力被定义为反映泥沙特性的泥沙传输系数 K_t 和反映坡面径流水动力学特性的水流剪切力 τ 的幂函数（Nearing et al.，1989）。泥沙传输系数反映了泥沙特性对坡面径流挟沙力的影响，从实用角度而言，就需要给出用泥沙特性计算泥沙传输系数的方法，同时因为泥沙传输系数和水流剪切力，分别反映了泥沙特性和坡面径流水动力学特性对挟沙力的影响，从理论上而言，它们之间应该相互独立。但前期的研究表明，在 WEPP 模型的挟沙力方程中，泥沙传输系数是水流剪切力的幂函数，随着水流剪切力的增大，泥沙传输系数增大（Zhang et al.，2008a），说明在 WEPP 模型的挟沙力方程中，对坡面径流水流剪切力对挟沙力的影响考虑不足，因而基于 WEPP 模型挟沙力方程，对其进行修正势在必行。

前期很多研究（Zhang et al.，2002，2003）成果表明，反映径流能量的水流功率更适合模拟土壤分离过程，那么对于泥沙输移过程，用水流功率替换 WEPP 模型挟沙力方程中的水流剪切力，模拟效果是否会得到提升？因此，以 WEPP 模型挟沙力方程为基础，利用不同直径泥沙挟沙力试验数据，用水流功率替换原始的水流剪切力，重新构建多粒级坡面径流挟沙力方程。用不同直径泥沙的挟沙力数据构建挟沙力方程，用中值直径为 0.28 mm 泥沙的挟沙力数据验证新构建的方程（栾莉莉等，2016）。

（2）多粒级坡面径流挟沙力方程

由式（1-49）可知，挟沙力与水流功率的 1.234 次方呈正比，1.234 非常接近于 1.25（5/4），因而，假设挟沙力与水流功率的 1.25 次方呈正比，根据不同直径泥沙的实测挟沙力，利用下式计算泥沙传输系数：

$$K_t = \frac{T_{cm}}{\omega^{5/4}} \tag{1-52}$$

式中，T_{cm} 为不同直径泥沙实测挟沙力［kg/（m·s）］；ω为水流功率（kg/s^3）。将各直径条件下的泥沙传输系数平均，再分析泥沙传输系数与泥沙粒径间的关系得

$$K_{\mathrm{t}} = 0.142 d_{50}^{-0.322} \qquad R^2 = 0.99 \tag{1-53}$$

式中，d_{50} 为泥沙中值直径（mm）。将式（1-52）和式（1-53）联立：

$$T_{\mathrm{c}} = K_{\mathrm{t}} \omega^{5/4} = 0.142 d_{50}{}^{-0.322} \omega^{5/4} \tag{1-54}$$

上式表明，坡面径流挟沙力可以表达为泥沙中值直径和水流功率的幂函数，它们之间相互独立。从应用角度考虑，式（1-54）可以表达为

$$T_{\mathrm{c}} = 0.142 \sum_{i=1}^{n} d_{50i}{}^{-0.322} P_i \omega^{5/4} \tag{1-55}$$

式中，d_{50} 为泥沙中值直径（mm）；P_i 为第 i 级直径泥沙所占比例；n 为泥沙直径分级数目。P_i 可以对本地（或某种土地利用类型）多次泥沙监测结果进行平均获得。

利用独立的 64 组试验数据对式（1-55）检验表明，平均绝对误差为 0.33 kg/（m・s），均方根误差为 0.14 kg/（m・s），最大误差为−1.05 kg/（m・s），平均相对误差为−6.74%，决定系数为 0.98，而模型效率系数为 0.97。说明式（1-55）可以有效模拟陡坡多粒级泥沙的挟沙力，用于土壤侵蚀过程模型的构建。

1.7　土壤分离与泥沙输移耦合关系

土壤分离与泥沙输移间的关系较为复杂，很多学者认为泥沙输移与土壤分离间是线性耦合关系，随着泥沙输移的增大，用于泥沙输移的能量增大，土壤分离能力下降；也有学者认为土壤分离过程是个随机过程，可以用随机模型进行模拟；还有学者认为泥沙输移独立于土壤分离过程，它们间并不存在直接联系（Zhang et al.，2009b），因此，深入研究土壤分离与泥沙输移间的关系，对于理解土壤侵蚀机理、构建土壤侵蚀过程模型，具有重要的理论和现实意义。

1.7.1　试验材料与方法

试验在北京师范大学房山实验基地进行，试验土样采自北京密云，属于典型的粗骨褐土，黏粒、粉粒和砂粒含量分别为 10.8%、39.7%和 49.5%，有机质含量为 2.53%，将采集的土样过 2 mm 的筛子，筛除砾石等杂物。实验水槽长 5 m、宽 0.4 m，水槽坡度可以根据实验需求进行调整。试验泥沙与上述单粒挟沙力试验相同，中值直径为 0.28 mm。试验前将试验用沙黏在水槽底部和边壁上，保证试验过程中水槽糙率稳定。流量用阀门组和分流箱控制，径流深度用数显式水位计测定，流速用染色法测定，并根据水流流态进行修正，获得平均流速。单宽流量分别为 1.25×10^{-3} m^2/s、2.50×10^{-3} m^2/s、3.75×10^{-3} m^2/s 和 5.00×10^{-3} m^2/s，坡度分别为 8.8%、17.6%、26.8%、36.4%和 46.6%，采用流量和坡度的全组合，共 20 个不同的处理。

试验前将土样用微型喷壶喷洒，使其土壤含水量达到 18%，然后将土样置于塑料桶内密封并静置 48 h，然后将湿润的土样按照 1200 kg/m^3 的容重装填于直径为 10 cm、高为 5 cm 的样品环内，然后将土样进行饱和，试验前将饱和后的土样置于试验水槽底部靠下端出口 0.6 m 处的放样室内，保持土样表面与水槽底部齐平。

以上述单粒泥沙挟沙力测定结果（Zhang et al.，2009a）为参照，设计不同的加沙速率。

为了探究泥沙输移速率或输沙率对土壤分离速率的影响，利用自控型加沙漏斗（张光辉等，2001）为水槽添加不同数量的泥沙，输沙率大体设置为不同流量和坡度组合下挟沙力的 0、25%、50%、75%和 100%，即在每个流量和坡度组合条件下设置 5 个不同的输沙率。

土壤分离速率为单位面积单位时间的土壤质量变化，试验时间由土样冲刷深度控制，避免土样环边壁带来的实验误差。每个流量、坡度和输沙率组合下，重复测定 5 个土样。试验处理共 4 个流量×5 个坡度×5 个输沙率=100 个组合。采用平均绝对误差、相对均方根误差、最大误差、相对误差、决定系数和模型效率系数等统计学参数，评价模拟结果的好坏。

1.7.2 输沙率对土壤分离速率的影响

在不同流量和坡度组合条件下，实测土壤分离速率均随着输沙率的增大而减小（图 1-47）。当输沙率为 0 时，实测土壤分离速率最大，当输沙率接近挟沙力时，实测土壤分离速率接近 0。这一结果充分说明在细沟侵蚀过程中，泥沙输移过程和土壤分离过程间存在着显著的耦合关系。虽然在不同处理条件下，土壤分离速率与输沙率间的变化趋势不尽相同，凸形、线形和凹形同时并存，这些线形与流量和坡度间没有确定性关系，可能由试验误差引起。

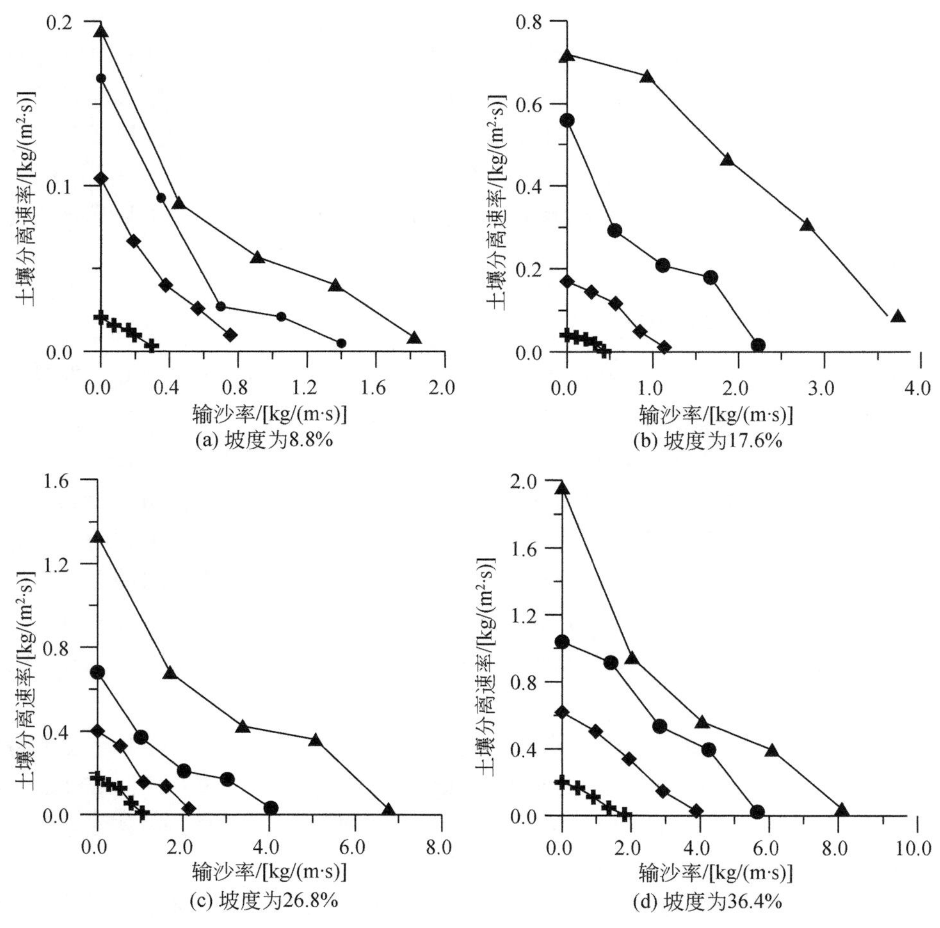

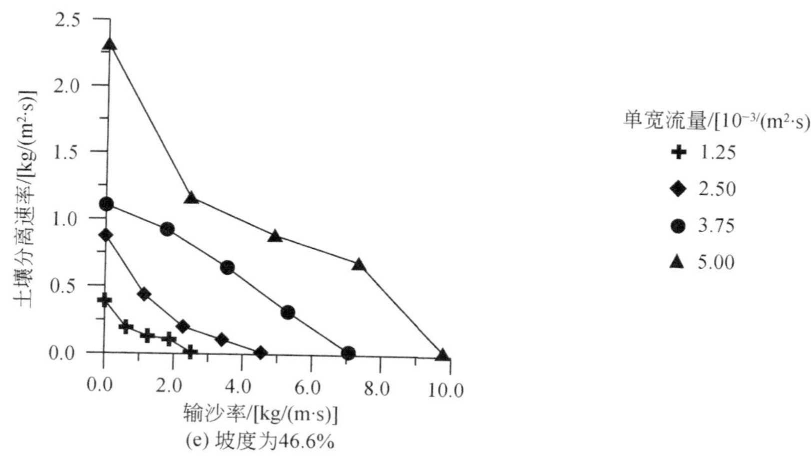

(e) 坡度为46.6%

图 1-47　不同流量和坡度条件下土壤分离速率与输沙率间的关系

简单回归分析结果表明，线性方程是模拟土壤分离速率与输沙率间关系的最佳函数。在 20 组处理中，16 组的最佳拟合结果为线性，且决定系数大于 0.89（表 1-18），另外 4 组的最佳模拟结果是指数函数，但 3 组出现在最小坡度（8.8%），而另一组出现在最大坡度（46.6%），说明指数函数的出现与单宽流量或坡度间无确定性关系，可能由土壤分离速率或输沙率测定的随机误差引起。为了结果的一致性，表 1-18 中给出的全是线性函数拟合的结果，决定系数为 0.82～0.95，说明在充分供沙条件下土壤分离速率与输沙率间的存在线性关系。

表 1-18　土壤分离速率与输沙率间线性方程（$D_r=a+bQ_s$）回归系数表

坡度/%	单宽流量/（$10^{-3}m^2/s$）	a	b	R^2	拟合的 D_c	拟合的 T_c	最大输沙率
8.8	1.25	−0.057	0.021	0.98	0.021	0.368	0.267
	2.50	−0.122	0.095	0.95	0.095	0.783	0.728
	3.75	−0.112	0.141	0.82	0.141	1.254	1.327
	5.00	−0.093	0.162	0.87	0.162	1.754	1.685
17.6	1.25	−0.088	0.045	0.91	0.045	0.511	0.421
	2.50	−0.144	0.180	0.97	0.180	1.247	1.047
	3.75	−0.216	0.491	0.91	0.491	2.278	2.150
	5.00	−0.174	0.773	0.97	0.773	4.448	3.736
26.8	1.25	−0.162	0.186	0.96	0.186	1.146	0.968
	2.50	−0.176	0.398	0.96	0.398	2.263	2.050
	3.75	−0.149	0.592	0.91	0.592	3.987	3.784
	5.00	−0.173	1.151	0.90	1.151	6.645	6.196
36.4	1.25	−0.113	0.208	0.99	0.208	1.860	1.720
	2.50	−0.158	0.636	0.99	0.636	4.022	3.535
	3.75	−0.180	1.091	0.97	1.091	6.057	5.239
	5.00	−0.216	1.656	0.89	1.656	7.672	7.703

续表

坡度/%	单宽流量/($10^{-3}m^2/s$)	a	b	R^2	拟合的 D_c	拟合的 T_c	最大输沙率
46.6	1.25	−0.136	0.336	0.89	0.336	2.478	2.336
	2.50	−0.181	0.737	0.89	0.737	4.079	4.380
	3.75	−0.157	1.157	0.99	1.157	7.379	6.843
	5.00	−0.207	2.207	0.91	2.207	9.811	9.447

1.7.3 土壤分离过程与泥沙输移过程耦合机制

Foster 和 Meyer（1972）基于能量平衡原理假定，土壤分离过程与泥沙输移过程间存在线性耦合关系，即随着输沙率的增大，土壤分离速率线性减小：

$$D_r = D_c\left(1-\frac{Q_s}{T_c}\right) \tag{1-56}$$

式中，D_r 为土壤分离速率［kg/（m^2 · s）］；D_c 为土壤分离能力［kg/（m^2 · s）］；Q_s 为输沙率［kg/（m · s）］；T_c 为挟沙力［kg/（m · s）］。到底土壤分离与泥沙输移间的关系能否用式（1-56）定量表达，需要进行系统分析。分析过程包括土壤分离能力、挟沙力及土壤分离速率三个方面。

将实测土壤分离能力与线性函数拟合的土壤分离能力（表 1-18）进行比较，结果见图 1-48 和表 1-19。由图 1-48 可知，实测与线性方程拟合的土壤分离能力非常接近，比较均匀地分布在 1∶1 直线的两侧，相对误差为−16.6%～9.1%，模型效率系数达到了 0.97，决定系数达到了 0.98，说明用线性拟合的土壤分离能力非常接近实测土壤分离能力。但当土壤分离能力大于 1.3 kg/（m^2 · s）时，出现了明显低估。

将实测挟沙力与线性方程拟合的挟沙力（表 1-18）进行比较发现，实测与拟合的挟沙力也是非常接近（图 1-49、表 1-19），决定系数达到了 0.99，模型效率系数达到 0.98，相对误差为−6.9%～37.7%，最大绝对误差仅为 0.27 kg/（m · s），从图 1-49 中也可以清楚地

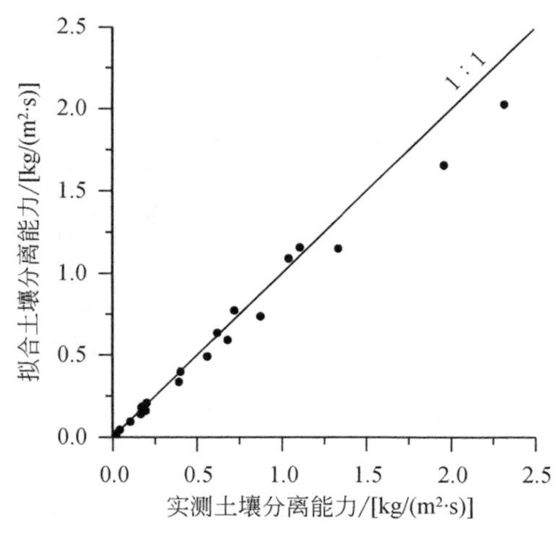

图 1-48　实测与拟合土壤分离能力比较

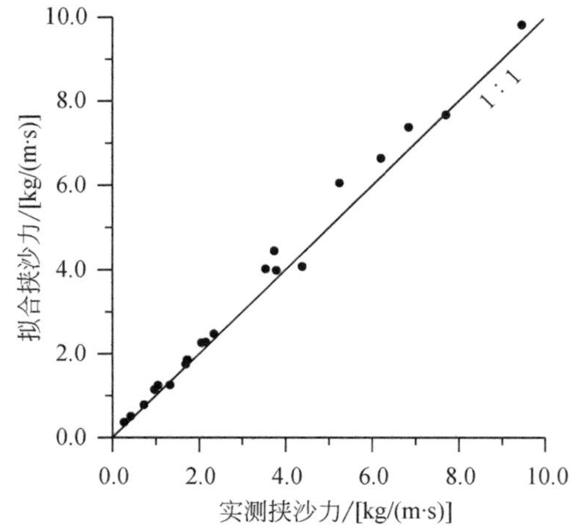

图 1-49　实测与拟合挟沙力比较

看出，实测挟沙力和拟合的挟沙力均匀地分布于 1∶1 直线的两侧，与图 1-48 相比，挟沙力的模拟结果更佳。

表 1-19　土壤分离与泥沙输移耦合关系验证

参数	MAE	RRMSE	ME	RE/%	NSE	R^2	n
D_c	0.07	0.17	0.30	−16.6～9.1	0.97	0.99	20
T_c	0.27	0.11	0.82	−6.9～37.7	0.98	0.99	20
D_r	0.09	0.50	0.55	−91.1～188.4	0.74	0.86	60
TDS	0.06	0.50	0.82	−91.1～188.4	0.92	0.94	100

为了验证不同输沙率条件下的实测土壤分离速率与拟合值的吻合程度，需要将实测的土壤分离能力、挟沙力和输沙率代入式（1-56），计算出不同输沙率条件下的土壤分离速率，再与实测土壤分离速率比较。结果见图 1-50 和表 1-19。从整理趋势来看，拟合的土壤分离速率与实测土壤分离速率间比较吻合，模型效率系数达到 0.74，而决定系数达到 0.86，平均绝对误差为 0.09 kg/（m^2·s），最大误差为 0.55 kg/（m^2·s），相对的均方根误差仅为 0.50，远大于土壤分离能力和挟沙力。将图 1-48 和图 1-49 相比，拟合与实测土壤分离速率的吻合程度远低于土壤分离能力和挟沙力，但它们之间仍然非常接近。

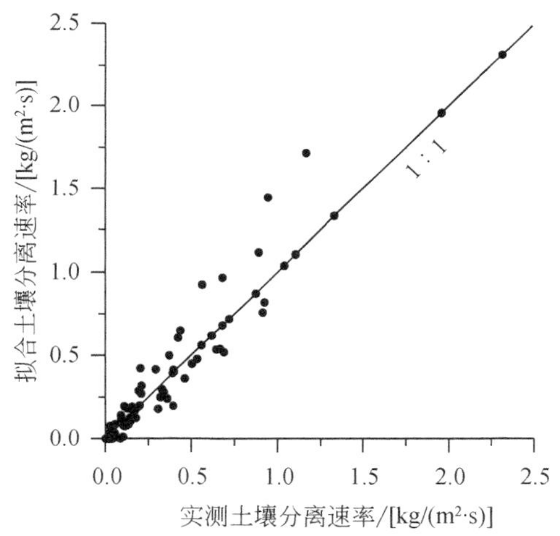

图 1-50　实测与拟合土壤分离速率比较

将 100 组试验数据系统比较发现，模型效率系数达到 0.92，决定系数达到 0.94，最大误差为 0.82，而平均绝对误差为 0.06，说明用线性函数拟合的土壤分离能力、挟沙力及土壤分离速率，均与实测值比较接近，证明在充分供沙条件下，土壤分离过程与泥沙输移过程间确实存在着线性耦合关系，即土壤分离速率随着输沙率的增大，呈线性函数减小，且可以用 Foster 和 Meyer（1972）提出的线性函数定量表达。所谓的充分供沙是指土壤侵蚀处于输移控制，当侵蚀过程处于分离控制时，因供沙量不足，上述关系肯定不成立。因此，在土壤侵蚀过程模型构建过程中，应根据不同的情况，采用不同的方程处理土壤分离与泥沙输移间的关系。

参 考 文 献

高燕，张延玲，焦剑，等. 2016. 松花江流域不同空间尺度典型泥沙输移比及其影响因素. 中国水土保持科学，14（1）：21-27

栾莉莉，张光辉，王莉莉，等. 2016. 基于水流功率的坡面流挟沙力模拟. 泥沙研究，（2）：61-67

罗榕婷，张光辉，沈瑞昌，等. 2010. 染色法测量坡面流流速的最佳测流区长度研究. 水文，30（3）：5-9

唐克丽. 2004. 中国水土保持. 北京：科学出版社

夏卫生，雷廷武，赵军. 2003. 泥沙含量对盐液示踪法经验系数影响的研究. 农业工程学报，19（4）：97-100

张光辉. 2001. 坡面水蚀过程水动力学研究进展. 水科学进展，12（3）：395-402

张光辉. 2002. 坡面薄层流水动力学特性的实验研究. 水科学进展，13（2）：159-165

张光辉. 2017. 退耕驱动的近地表特性变化对土壤侵蚀的潜在影响. 中国水土保持科学，15（4）：143-154

张光辉. 2017. 土壤分离能力测定的不确定性分析. 水土保持学报，31（2）：1-6

张光辉，卫海燕，刘宝元. 2001. 自控型供沙漏斗的研制. 水土保持通报，21（1）：63-65

张光辉，卫海燕，刘宝元. 2001. 坡面流水动力学特性研究. 水土保持学报，15（1）：58-61

Bagnold R. 1966. An approach to the sediment-transport problem from general physics. U. S. Geology Survey Prof. Paper，422-437

Cruse R M，Berghoefer B E，Mize C W，et al. 2000. Water drop impact angle and soybean protein amendment effects on soil detachment. Soil Science Society of America Journal，64：1474-1478

Deng L，Shuangguang Z P，Li R. 2012. Effects of the grain-for-green program on soil erosion in China. International Journal of Sediment Research，27：120-127

Feng X M，Wang Y F，Chen L D，et al. 2010. Modeling soil erosion and its response to land-use change in hilly catchments of the Chinese Loess Plateau. Geomorphology，118：239-248

Foster G R，Meyer L D. 1972. A closed-form equation for upland areas. In：Shen H . In Sedimentation，Symp. To Honour Prof. H A Einstein，Fort Collins，12. 1-12. 17

Foster G R，Huggins L F，Meyer I D. 1984. A laboratory study of rill hydraulics. I：Velocity relationships. Transactions of the American Society of Agricultural Engineers，27（3）：790-796

Fu B J，Liu Y，Lv Y H，et al. 2011. Assessing the soil erosion control service of ecosystems change in the Loess Plateau of China. Ecological Complexity，8：284-293

Geng R，Zhang G H，Li Z W，et al. 2015. Spatial variation in soil resistance to flowing water erosion along a regional transect in the Loess Plateau. Earth Surface Processes and Landforms，40：2049-2058

Govers G. 1992. Relationships between discharge，velocity，and flow area for rills eroding loose，non-layered materials. Earth Surface Processes Landforms，17：515-528

Horton R E，Leach H R，Vliet V R. 1934. Laminar sheet flow. Transactions of the American Geophysical Union，15：393-404

Li G，Abrahams A D. 1997. Effect of saltating sediment load on the determination of the mean velocity of overland flow. Water Resource Research，33（2）：341-347

Li Z W，Zhang G H，Geng R，et al. 2015. Spatial heterogeneity of soil detachment capacity by overland flow at a hillslope with ephemeral gullies on the Loess Plateau. Geomorphology，248：264-272

Luk S H，Merz W. 1992. Use of the salt tracing technique to determine the velocity of overland flow. Soil Technology，5（4）：289-301

Morgan R P，Quiton J N，Smith R E，et al. 1998. The European soil erosion middle（EUROSEM）：A dynamic approach for predicting sediment transport from fields and small catchments. Earth Surface Processes and Landforms，23：527-544

Nearing M A，Foster G R，Lane L J，et al. 1989. A process-based soil erosion model for USDA-Water Erosion Prediction Project technology. Transactions of the American Society of Agricultural Engineers，32：1587-1593

Nearing M A，Simanton R，Norton D，et al. 1999. Soil erosion by surface water flow on a stony，semiarid hillslope. Earth Surface Processes and Landforms，24：677-686

Rescoe R. 1952. The viscosity of suspensions of rigid spheres. British Journal of Applied Physics，3：267-269

Sharma P P，Gupta S C，Foster G R. 1993. Predicting soil detachment by raindrops. Soil Science Society of America Journal，57：674-680

Sun W Y，Shao Q Q，Liu J Y，et al. 2014. Assessing the effects of land use and topography on soil erosion on the Loess Plateau in China. Catena，121：151-163

Toy T J，Foster G R，Renard K G. 2002. Soil Erosion：Processes，Prediction，Measurement，and Control. New York：John Wiley & Sons，Inc

Wei W，Chen L D，Fu B J，et al. 2007. The effect of land uses and rainfall regimes on runoff and soil erosion in the semi-arid loess hilly region，China. Journal of Hydrology，335：247-258

Yang C T. 1972. Unit stream power and sediment transport. Journal of the Hydraulics Division，ASAE，98（HY10），Proc. Paper 9295，1805-1826

Zhang G H，Liu B Y，Liu G B，et al. 2003. Detachment of undisturbed soil by shallow flow. Soil Science Society of America Journal，67：713-719

Zhang G H，Liu B Y，Nearing M A，et al. 2002. Soil detachment by shallow flow. Transactions of the American Society of Agricultural Engineers，45（2）：351-357

Zhang G H，Liu B Y，Zhang X C. 2008a. Applicability of WEPP sediment transport equation to steep slopes. Transactions of the American Society of Agricultural and Biological Engineers，51（5）：1675-1681

Zhang G H，Liu G B，Tang M K，et al. 2008b. Flow detachment of soils under different land uses in the Loess Plateau of China. Transactions of the American Society of Agricultural and Biological Engineers，51（3）：883-890

Zhang G H，Liu Y M，Han Y F，et al. 2009a. Sediment transport and soil detachment on steep slopes：I. Transport capacity estimation. Soil Science Society of America Journal，73（4）：1291-1297

Zhang G H，Liu Y M，Han Y F，et al. 2009b. Sediment transport and soil detachment on steep slopes：II. Sediment feedback relationship. Soil Science Society of America Journal，73（4）：1298-1304

Zhang G H，Luo R T，Cao Y，et al. 2010a. Correction factor to dye-measured flow velocity under varying water and sediment discharges and slopes. Journal of Hydrology，389：205-213

Zhang G H，Luo R T，Cao Y，et al. 2010c. Zhang. Impacts of sediment load on Manning coefficient in supercritical shallow flow on steep slopes. Hydrological Processes，24：3909-3914

Zhang G H，Shen R C，Luo R T，et al. 2010b. Effects of sediment load on hydraulics of overland flow on steep slopes. Earth Surface Processes and Landforms，35：1811-1819

Zhang G H，Wang L L，Tang K M，et al. 2011. Effects of sediment size on transport capacity of overland flow on steep slopes. Hydrological Sciences Journal，56（7）：1289-1299

Zheng F L. 2006. Effect of vegetation changes on soil erosion on the Loess Plateau. Pedosphere，16（4）：420-427

第2章　近地表特性对坡面径流水动力学特性的影响

坡面径流水动力学特性是影响土壤侵蚀的关键因素之一，受控于降雨特性、地质状况、地貌地形条件、土壤属性、植被生长及土地利用等多种因素。随着植被的逐渐恢复，植物群落近地表层特性（植被茎秆、生物结皮、枯枝落叶等）势必会发生相应变化，引起坡面径流水动力学特性的变化，因而，研究近地表特性变化对坡面径流水动力学特性的影响，对理解植被覆盖条件下坡面水文与侵蚀过程、揭示植被影响侵蚀的动力学机理、评价植被的水土保持效应，具有重要的理论和实践意义。

2.1　不同地形条件下地表随机糙率的时间变化特征

地表糙率是指一定区域内地表高程的空间变异，与地表的许多过程密切相关。根据空间尺度大小，可以将糙率分为四个大类（Romkens and Wang，1986），其中前两类反映了局地的高程变化，主要由土壤颗粒和团聚体及耕作引起的团聚体破碎引起，被定义为地表随机糙率（random roughness，RR）。随机糙率与地表很多过程密切相关，显著影响地表填洼、地表积水面积、降雨入渗、坡面产流、径流流速与阻力特征、水文连通性、蒸发过程及土壤侵蚀等过程（Zhang and Xie，2019）。前期的研究集中于随机糙率及其季节变化与降水特性、耕作方式及强度、农事活动间的定量关系，不同地形条件下地表随机糙率及其季节变化特性有待深入研究。

2.1.1　试验材料与方法

试验在中国科学院安塞水土保持综合试验站墩山山地试验场进行，该站处于黄土高原中部，属于典型的黄土高原丘陵沟壑区，土壤侵蚀严重，沟壑纵横。高程变化于1068～1309 m。气候属于半干旱大陆性季风气候，年均降水量500 mm、年均温度8.8℃，年内降水集中，70%的降水发生在6～9月，多以短历时暴雨为主。土壤为典型的黄绵土，从质地而言属于粉壤土，黏粒、粉粒和砂粒含量分别为9.8%、58.4%和31.8%，有机质含量0.7%。植被属于典型的森林-草原带，天然的地带性植被多被破坏，目前的植被以灌木和草本为主，主要的土地利用类型为农地、荒坡、草地、灌木、林地、撂荒地、果园、道路和居民地。

为了研究坡度对地表随机糙率的影响，选择6个不同坡度的径流小区作为研究对象，小区坡度分别为8.7%、17.4%、25.9%、34.2%、42.3%和50.0%，径流小区水平长度均为20 m、宽度为5 m［图2-1（a）］。为分析坡位对地表随机糙率的影响，选择一长度为60 m、坡度为42.3%的径流小区。2017年5月下旬，将7个径流小区仔细翻耕，深度约为20 cm，为了消除植被生长对随机糙率测定结果的潜在影响，分别于6月上旬、7月下旬和8月上旬给各小区喷洒除草剂，抑制杂草生长。

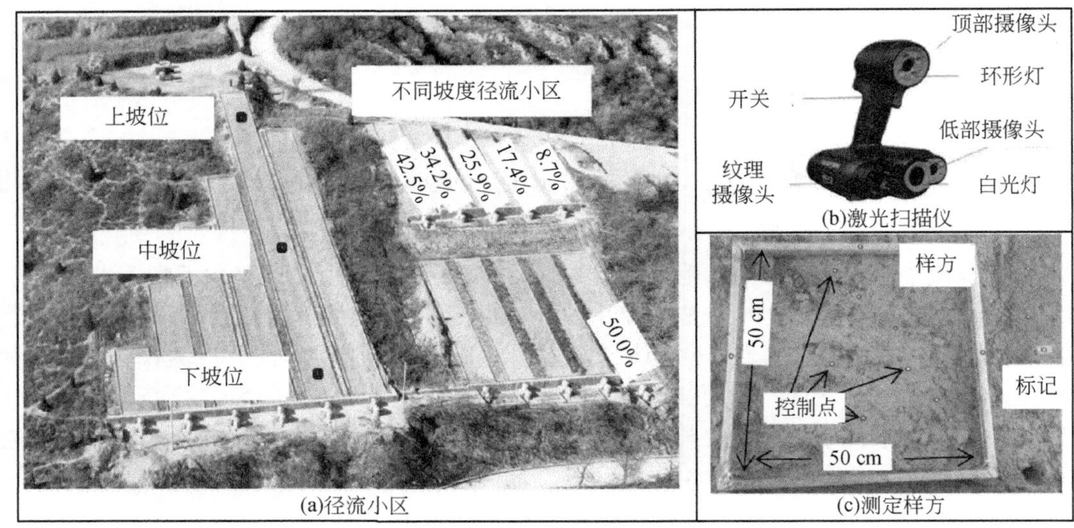

图 2-1 试验示意图

对于 6 个不同坡度的径流小区，在小区的上部（0～6 m）、中部（7～13 m）和下部（14～20 m）随机选择一个测定随机糙率的样方，将三个样方的监测结果平均作为该小区该时间点的随机糙率。对于坡长为 60 m 的径流小区，在上坡位（0～20 m）、中坡位（21～40 m）和下坡位（41～60 m）分别选择 2 个测定样方，同样将测定结果平均得到不同坡位该时间点的随机糙率。共计选择 24 个测定样方，对于每个样方用木棒标注四个角的准确位置，保证不同时间在同一样方测定随机糙率。

随机糙率测定日期分别为：6 月 10 日、7 月 2 日、7 月 24 日、8 月 20 日、9 月 10 日和 10 月 3 日，共计 6 次。地表高程用手持式激光扫描仪（加拿大 CREAFORM 制作的 Go SCAN 50）测定［图 2-1（b）］，测量时将激光扫描仪缓慢地扫过样方，为了保证扫描图像的质量，应该从多个角度扫描样方，同时在计算机屏幕上用仪器自带的软件观测扫描图像，保证将整个样方扫描完整。扫描仪具有自我调整系统，可根据样方内的控制点自行对接图像（Ameen et al.，2018），每个测点的三维坐标可以通过激光扫描的角度确定，扫描仪器的水平分辨率为 1.5 mm、垂直分辨率为 0.5 mm。扫描前，利用仪器自带的校正板对设备进行校正。测定样方为一 50 cm×50 cm 木质框［图 2-1（c）］，在样方内随机放置 20 个直径为 1.1 cm 的控制点，同时在样方外设置一 2 cm×1 cm 垂直于样方、高度为 5 cm 的木条［图 2-1（c）中的标记］，用于确定各个测点的相对高程。在野外测定时，测定结果受日光的影响，最好是在阴天扫描，或在扫描时适当遮光，保证扫描图像的质量。

将扫描的图像输入到 Geomagic Qualify 软件，设置坐标系统，X 轴平行于等高线，Y 轴垂直于等高线，则 Z 轴垂直于坡面，将标记木棒左下角的高度设置为 Z 轴的坐标原点。因 Z 轴垂直于坡面，因而不需要消除坡度变化引起的趋势性高程变化。将图像切割为 50 cm×50 cm，进行自动降噪处理，填补空洞，然后将点云数据输入到 ArcGIS 软件，生成分辨率为 2 mm 的 DEM，获得随机糙率，具体表达式如下：

$$\mathrm{RR}=\sqrt{\frac{1}{MN}\sum\nolimits_{C=0}^{M}\sum\nolimits_{r=0}^{N}[Z(x_C,y_r)-u]^2} \tag{2-1}$$

式中，RR 为随机糙率（mm）；M 为扫描图像的列数；N 为扫描图像的行数；C 为列的标注；r 为行的标注；$Z(x_C，y_r)$为第 C 列、第 r 行栅格的高程（mm）；u 为扫描图像高程的平均值（mm）。

雨滴从高空降落，具有一定的能量，直接打击裸露的地表，势必引起土壤颗粒或团聚体的击溅，以及团聚体的破碎，这是引起农地耕作后土壤硬化及随机糙率下降的主要原因。为了分析降雨特性对不同地形条件下随机糙率季节变化的影响，采用数字式自记雨量计（HOBORG3-M）监测次降雨特性，该设备可以完整记录次降水过程，获得降雨总量及降水过程线。农地耕作后地表随机糙率的变化，与累计降水量密切相关，从物理本质上讲与累计降雨动能间的关系更为密切，原因是与雨滴打击引起地表糙率变化的物理过程有关。因此，根据降水过程线，将次降水过程划分为若干个雨强相对稳定的次过程，即断点雨强数据（break-point intensity），则单位降水量的能量为

$$e_{\mathrm{m}}=0.29(1-0.72\mathrm{e}^{-0.05i_{\mathrm{m}}}) \tag{2-2}$$

式中，e_{m} 为单位降水量的能量［MJ/（hm^2 · mm）］；i_{m} 为断点雨强（mm/h）。则次降雨的总能量为

$$E=\sum\nolimits_{r=1}^{n}(e_{\mathrm{m}r}P_r) \tag{2-3}$$

式中，E 为次降雨动能（$\mathrm{MJ/hm^2}$）；$e_{\mathrm{m}r}$ 为第 r 段断点雨强的单位降水量能量［MJ/（hm^2 ·mm）］；P_r 为第 r 段断点数据的降水量（mm）；n 为段点数目；r 为断点标注。将耕作后次降雨的总能量相加，即可得到累计降雨动能。

在每个样方附件采集 3 个表层土壤样品，重复混合，晾干，测定土壤机械组成及有机质含量。试验从 6 月初开始，10 月初结束，大体上持续了 4 个月时间，在这么短时间内，可以假定土壤质地及有机质含量不会发生大的变化，因此，各个样方仅测定一次。每次测定地表随机糙率的同时，在样方附近测定土壤容重、土壤含水量（烘干称重）、土壤黏结力（便携式黏结力仪）、物理结皮厚度（游标卡尺）和土壤团聚体含量等土壤属性，表征土壤性质的季节变化。

不同地形条件下随机糙率季节变化的比较采用 ANOVA 分析，随机糙率与累计降水量和累计降雨动能间的关系采用简单的回归分析，随机糙率与降水和地形条件间的关系，采用非线性逐步多元回归得到。

2.1.2　不同地形条件下随机糙率的时间变化

地表随机糙率随着坡度和坡位的变化而变化（表 2-1），最小随机糙率为 9.94～23.47 mm，而最大随机糙率为 11.89～25.25 mm，平均随机糙率为 10.94～23.89 mm，标准差为 0.43～1.74 mm，空间变异系数 CV 为 0.02～0.09，表明在不同地形条件随机糙率的变化相对较小。不同地形条件下耕作后的初始随机糙率差异显著，对于不同坡度的径流小区，其随机糙率随着坡度的增大而增大，为 11.89～24.38 mm。对于不同的坡位，随机糙率的变化比较复杂，从上坡位到中坡位，随机糙率从 18.20 mm 增大到 25.25 mm，但从中坡位到

下坡位，随机糙率呈下降趋势，降低到 15.77 mm。对于整个监测期，不同坡度及坡位的随机糙率均差异显著。回归结果表明，不同坡度小区的随机糙率随着坡度的增大呈指数函数增大（图 2-2）：

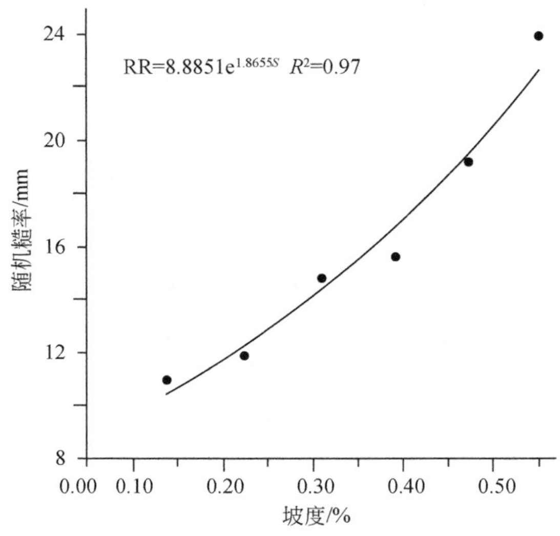

图 2-2 随机糙率随坡度的变化

$$RR = 8.8851e^{1.8655S} \qquad R^2 = 0.97 \tag{2-4}$$

式中，RR 为随机糙率（mm）；S 为坡度（m/m）。不同坡位间的随机糙率差异显著，中坡位最大，依次为上坡位和下坡位。

表 2-1 不同地形条件下随机糙率的统计特征值

地形条件		最小值/mm	最大值/mm	平均值/mm	标准差	CV
坡度/%	8.7	9.94	11.89	10.94	0.85	0.08
	17.4	10.58	13.03	11.83	1.08	0.09
	25.9	13.41	16.39	14.80	1.31	0.09
	34.2	14.82	16.51	15.64	0.77	0.05
	42.3	18.55	19.87	19.21	0.58	0.03
	50.0	23.47	24.38	23.89	0.43	0.02
坡位	上坡位	15.01	18.20	16.59	1.20	0.07
	中坡位	20.75	25.25	22.77	1.74	0.08
	下坡位	13.70	15.77	14.66	0.74	0.05

地表随机糙率随坡度增大呈指数函数增大的原因可能有两个方面：首先与耕作方式有关，试验过程中采用人工翻耕的方式耕作土壤，从下坡逐渐向上坡翻耕，同时用铁锹拍打较大的土块，以期达到耙平之目的，但随着坡度的增大，耙平的效果减弱，随机糙率自然增大；其次与侵蚀和坡度的关系有关，随着坡度的增大，土壤分离能力增大，同时坡面径流挟沙力也随着增大（Sharna et al.，1993；Zhang et al.，2009a），侵蚀加剧，导致地表高

程的空间变异增大，从而引起随机糙率随坡度的增大而增大。

坡位显著影响随机糙率的原因与坡面土壤质地和土壤侵蚀的空间变化密切相关。研究小区修建于 20 世纪 90 年代，主要为了研究地形条件对土壤侵蚀过程与机理的影响，2000 年前后停止次降雨的观测，2015 年对边墙进行了整修，替换了原有的径流桶，但多年侵蚀的结果，自然会引起不同坡位土壤质地的差异。对于上坡位，由于地表径流汇水面积有限，土壤侵蚀以雨滴溅蚀为主，雨滴直接打击必然会引起土壤硬化和团聚体（土块）的破碎，因径流挟沙力较小，泥沙输移的分选性更强，较细颗粒更易被坡面径流输移，向下坡运动，长此以往自然会导致土壤颗粒的粗化。对于中坡位，坡长达到 30 m 以上，地表径流汇流面积大，径流挟沙力大，泥沙输移分选性不明显，侵蚀强烈，导致地表随机糙率增大（Ding and Huang，2017）。对于下坡位，土壤侵蚀速率受到泥沙输移反馈效应的影响而趋于减弱（Zhang et al.，2009b），与中坡位相比其侵蚀强度降低，同时径流小区下边界为水泥板，属于该小区的侵蚀基准面，下边界以上一定范围内坡面侵蚀较轻微，这也可以从径流小区坡面形态的长期变化得到印证，导致下坡位的随机糙率小于中坡位。

在不同地形条件下，随着耕作后时间的延长，地表随机糙率均呈下降趋势（图 2-3、图 2-4）。与耕作后的初始随机糙率相比，坡度为 8.7%、17.4%、25.9%、34.2%、42.3%和 50.0%径流小区的随机糙率，分别下降了 1.95 mm、2.44 mm、2.98 mm、1.69 mm、1.32 mm 和 0.91 mm，减小的幅度分别为 16.4%、18.8%、18.2%、10.2%、6.7%和 3.8%。随机糙率随时间的减小幅度，与坡度的大小有一定的关系，当坡度从 8.7%增大到 25.9%时，随机糙率减小幅度随着坡度的增大而增大，但当坡度变化在 34.2%～50.0%时，随机糙率的减小比例随着坡度的增大而减小，这一现象很奇怪，需要继续深入研究。随机糙率的快速下降期集中在 7 月下旬到 9 月初这段时间（图 2-3）。对于不同坡位的样方，与耕作后的初始随机糙率相比，上坡位、中坡位和下坡位的随机糙率分别减小 3.19 mm、4.50 mm 和 2.07 mm，最大减幅出现在中坡位，而最小减幅出现在下坡位。随机糙率的迅速下降期与不同坡度的样方存在明显差异，集中在 6 月上旬到 7 月下旬（图 2-4）。从理论上而言，无论是不同坡度的小区，还是不同坡位的样方，随机糙率的迅速下降期应该一致，上述差异尚需进一步深入探索。

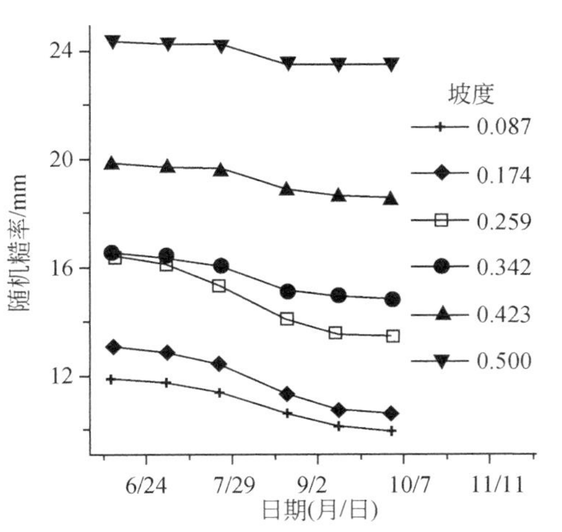

图 2-3　不同坡度样方随机糙率的时间变化（2017 年）

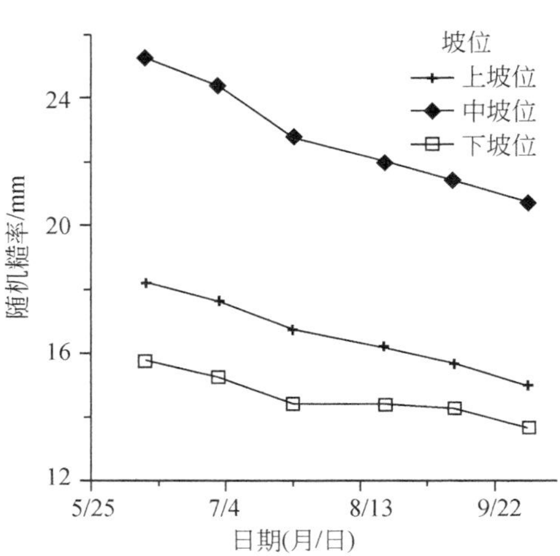

图 2-4　不同坡位小区随机糙率的时间变化（2017 年）

2.1.3 降水特性对随机糙率的影响

2017 年 6～10 月初，安塞区墩山径流小区监测场共发生次降水 17 次，其中侵蚀性降水 5 次、暴雨 3 次，分别发生在 7 月 27 日、8 月 20 日和 8 月 26 日，但强度并不大，平均降雨强度分别为：1.75 mm/h、1.29 mm/h 和 0.64 mm/h。监测期累计降水量 266.4 mm，累计降雨动能 38.88 MJ/hm^2（表 2-2）。

表 2-2 随机糙率监测期内次降雨特性

日期（月/日）	降水量/mm	累计降水量/mm	降雨动能/（MJ/hm^2）	累计降雨动能/（MJ/hm^2）
6/15	7.8	7.8	1.27	1.27
7/05	7.8	15.6	1.36	2.63
7/14	5.2	20.8	0.99	3.62
7/20	4.4	25.2	0.75	4.37
7/22	13.0	38.2	3.43	7.80
7/26	3.6	41.8	0.66	8.45
7/27	55.2	97.0	9.13	17.59
8/07	3.0	100.0	0.26	17.85
8/08	5.4	105.4	1.72	19.57
8/11	2.2	107.6	0.29	19.85
8/18	9.6	117.2	1.44	21.30
8/20	67.6	184.8	9.81	31.11
8/24	2.0	186.8	0.11	31.22
8/26	54.6	241.4	4.53	35.75
9/16	8.8	250.2	1.48	37.23
9/21	2.2	252.4	0.10	37.61
10/02	14.0	266.4	1.25	38.88

累计降水量显著影响地表随机糙率，随着累计降水量的增大，不同地形条件下的随机糙率都呈指数函数下降（图 2-5），其数学表达式为

$$\mathrm{RR}_P = \alpha \mathrm{RR}_i \mathrm{e}^{-\beta P} \tag{2-5}$$

式中，RR_P为累计降水量为 P 时的随机糙率（mm）；RR_i为初始随机糙率（mm）；α和β为回归方程的系数和指数。在不同地形条件下，α为 0.97～1.00，均值为 0.98；β的变化幅度较大，为-0.0001～0.0008，均值为-0.0005。不同地形条件下，式（2-5）拟合的决定系数在 0.70～0.96 变化，均值为 0.88。

降雨影响地表随机糙率的物理本质是降雨雨滴对地表土壤的打击作用，累计降水量只是表征了降水量的大小，并不代表作用于地表土壤的能量，因而，用累计降雨动能替换累计降水量，从理论上讲，可能会更好地模拟降雨对地表随机糙率的影响。分析结果表明累

计降雨能量显著影响地表随机糙率，在不同坡度和坡位条件下，随着累计降雨动能的增大，随机糙率也呈指数函数下降（图 2-6），其数学表达式为

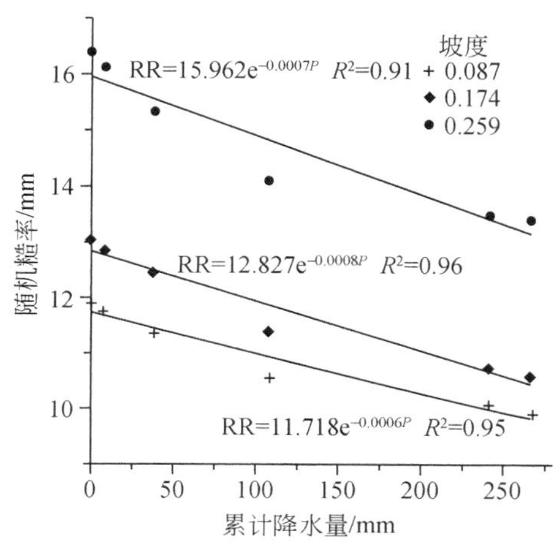

图 2-5　随机糙率与累计降水量间的关系

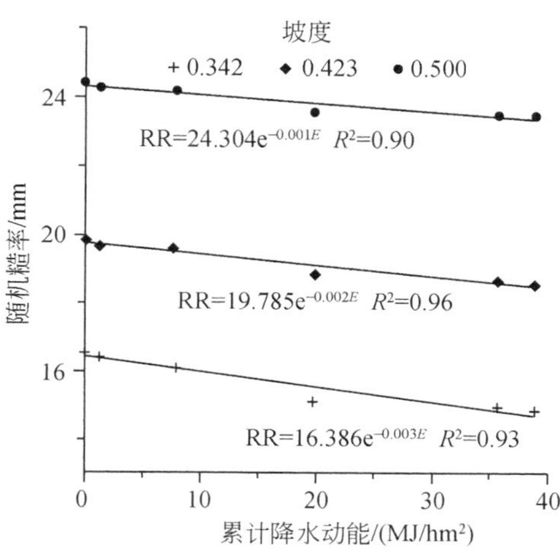

图 2-6　随机糙率与累计降水动能间的关系

$$\mathrm{RR}_E = \alpha \mathrm{RR}_i \mathrm{e}^{-\beta E} \tag{2-6}$$

式中，RR_E 为累计降水动能为 E 时的随机糙率（mm）；RR_i 为初始随机糙率（mm）；E 为累计降雨动能（$\mathrm{MJ/hm^2}$）；α和β分别为回归方程的系数和指数。拟合的α为 0.97～1.00，均值为 0.98；拟合的β为-0.001～-0.005，均值为-0.004。不同坡度和坡位条件下，回归方程的决定系数为 0.75～0.99，均值为 0.92。与式（2-5）相比，回归方程式（2-6）的α没有变化，而β大了一个数量级，这一差异主要由降雨动能的计算方程引起。统计检验结果表明，用式（2-5）和式（2-6）拟合结果的决定系数间没有显著差异，换言之，用累计降雨动能替换累计降水量，并没有显著提升用降雨特性模拟随机糙率变化的功能。但从数量上讲，累计降雨动能与随机糙率间的关系更为紧密，因为平均的决定系数增大了 5%。

对于不同坡度的径流小区，其随机糙率同时受到坡度和降雨特性的影响，那么其随机糙率的季节变化，就可以用坡度和降雨特性进行模拟。随着坡度和累计降水量的增大，随机糙率呈指数函数减小［图 2-7（a）］：

$$\mathrm{RR} = 9.33\mathrm{e}^{1.874S - 0.0005P} \qquad R^2 = 0.96 \tag{2-7}$$

式中，RR 为随机糙率（mm）；S 为坡度（m/m）；P 为累计降水量（mm）。

随着坡度和累计降雨动能的增大，随机糙率也呈指数函数减小［图 2-7（b）］：

$$\mathrm{RR} = 9.38\mathrm{e}^{1.874S - 0.003E} \qquad R^2 = 0.96 \tag{2-8}$$

式中，RR 为随机糙率（mm）；S 为坡度（m/m）；E 为累计降雨动能（$\mathrm{MJ/hm^2}$）。

比较式（2-7）和式（2-8）发现，两式对随机糙率的模拟功能非常接近，仅模型效率系数稍有差异，说明在黄土高原地区，既可以用累计降水量，又可以用累计降雨动能和坡度的指数函数，模拟不同地形条件下坡耕地地表随机糙率的季节变化。

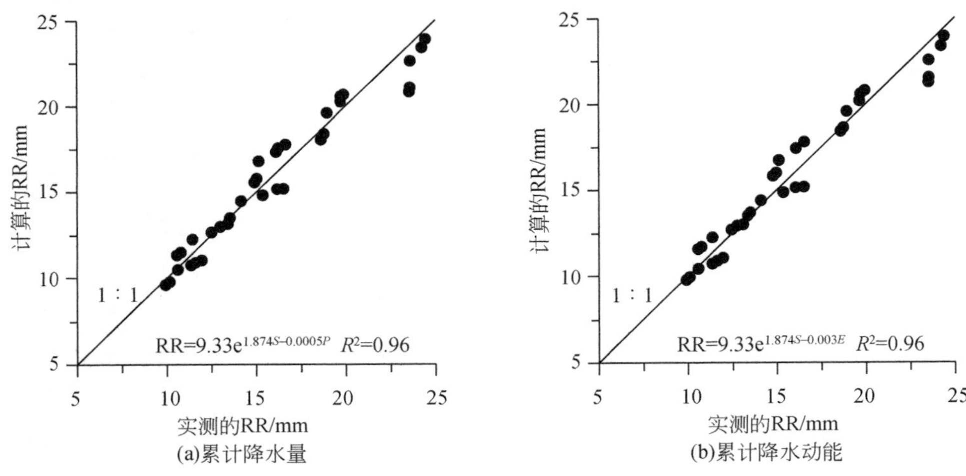

图 2-7 实测与计算随机糙率（RR）比较

2.1.4 耕作后地表随机糙率减小的物理机制

耕作会导致表层土壤疏松多孔，地表随机糙率增大，降雨后随着时间的延长，在降水打击作用及重力作用下，表层土壤硬化（consolidation）、土块破碎（breakdown）及土壤物理结皮（crust）的形成与发育。土壤硬化属于表层土壤的整体沉降，引起地表随机糙率减小；土块破碎是因雨滴打击导致大土块破碎，变为小土块，或小土块变成土壤颗粒的过程，也会导致地表随机糙率减小。物理结皮是在降雨作用下地表形成的一层很薄、很致密的土壤层，通常与土块的破碎过程密切相关，也与土壤质地、含水量的大小密切相关，一般而言，当黏粒含量接近 20%左右时，土壤最容易形成物理结皮，当含水量较小时，土壤容易形成物理结皮。但在不同气候、土壤和土地利用条件下，土壤硬化、土块破碎及物理结皮的作用大小有所差异。无论是哪种机制，土壤属性都会有相应的响应，土壤硬化、结皮发育的最直接结果是土壤容重和黏结力增大，而土块破碎的最直接反应是团聚体数量和大小的降低，当然也伴随着土壤容重和黏结力的增大。因而，可以用土壤性质的时间变化，间接揭示了耕作后地表随机糙率减小的物理机制。

在黄土高原地区，土壤含水量的季节变化主要取决于降水的季节分布，同时也受到地形条件和土地利用类型的显著影响。在不同地形条件下，土壤团聚体的时间变化比较凌乱。耕作后随着时间的延长，土壤容重呈现较大的波动，变化在 1.02～1.34 g/cm^3，均值为 1.21 g/cm^3，变异系数在 0.08～0.10 波动，均值为 0.09，属于弱变异。从 6 月 10 日～7 月 24 日，土壤容重缓慢增大，随后迅速增大，然后保持相对稳定（图 2-8）。土壤容重随时间的增大，主要由降雨导致的土壤硬化过程引起，快速增大期与黄土高原雨季相对应。土壤容重增大，表明表层土壤整体下沉，因而地表随机糙率呈线性函数下降（图 2-8）。不同坡度和坡位条件下，随机糙率与土壤容重线性函数的决定系数为 0.71～0.99，均值为 0.86，从整体趋势来看，在不同坡度条件下，随机糙率与土壤容重间的关系更为紧密。

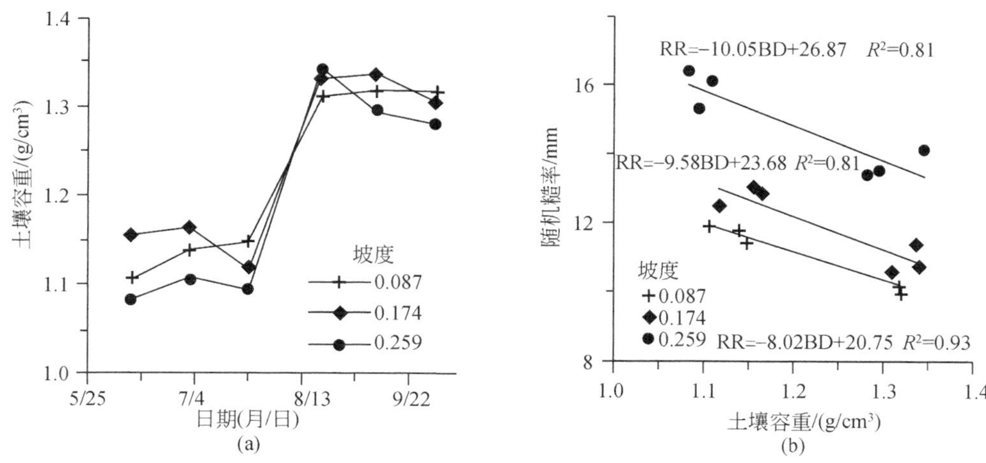

图 2-8　土壤容重的季节变化及其对随机糙率的影响（2017 年）

土壤物理结皮厚度随时间波动显著，变化在 0.61～2.29 mm，平均为 1.44 mm，变异系数为 0.31～0.45，均值为 0.38，属中变异。从 6 月 10 日～7 月 2 日，土壤物理结皮厚度迅速增大，随后轻微减小，8 月初到 8 月下旬，土壤物理结皮厚度再次迅速增大，随后缓慢增大（图 2-9）。土壤物理结皮的形成取决于雨滴打击驱动的团聚体或土块的破碎。在不同地形条件下，地表随机糙率随着土壤物理结皮厚度的增大呈线性函数减小（图 2-9），拟合方程的决定系数为 0.74～0.97，平均值为 0.92。与图 2-8 相比，土壤物理结皮厚度与随机糙率间的关系，比土壤容重与随机糙率间的关系更为紧密，说明在黄土高原地区，团聚体或土块破碎对耕作后地表随机糙率季节变化的影响，大于因降雨和重力作用引起表层疏松土壤沉降对地表随机糙率季节变化的影响。

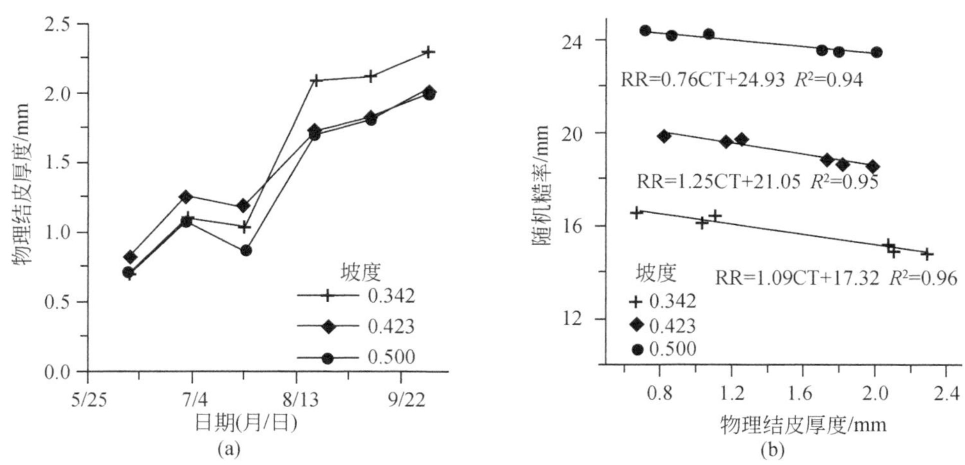

图 2-9　土壤物理结皮厚度变化及其对地表随机糙率的影响（2017 年）

耕作后土壤黏结力随着时间的延长显著波动，变化在 2.20～4.20 kPa，均值为 3.42 kPa，变异系数为 0.13～0.23，均值为 0.18，属中变异。耕作后，土壤黏结力持续增大，8 月 20

日后，不同地形条件下土壤黏结力的时间变化出现了一定的差异（图 2-10）。土壤黏结力的时间变化，主要由降雨雨滴打击及重力作用的土壤硬化过程及物理结皮的形成与发育引起。在不同地形条件下，地表随机糙率均随着土壤黏结力的增大而线性下降（图 2-10），决定系数为 0.46～0.96，平均值为 0.82。与土壤物理结皮厚度相比，土壤黏结力与地表随机糙率间的相关关系相对比较松散。再次说明，在黄土高原地区，耕作后地表随机糙率的时间变化主要由土块或团聚体破碎引起。

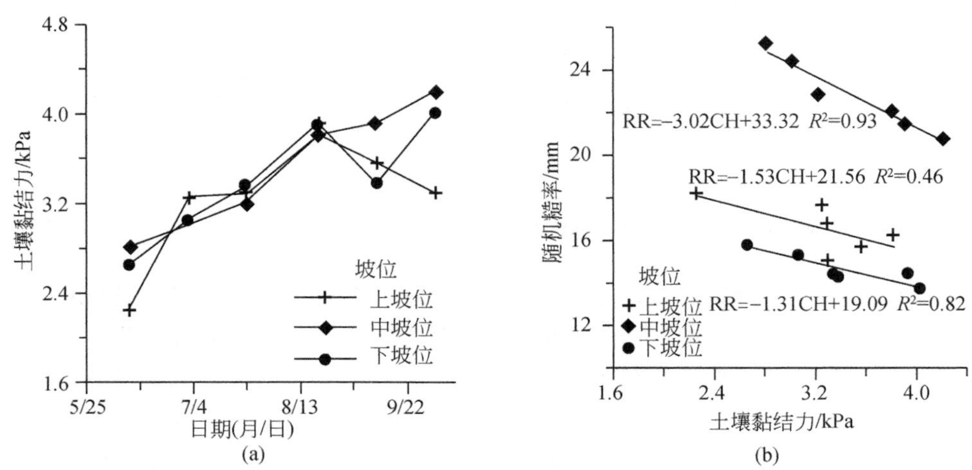

图 2-10　耕作后土壤黏结力变化及其对地表随机糙率的影响（2017 年）

2.2　生物结皮湿润驱动的地表糙率变化

土壤生物结皮（biological soil crust，BSC）是由藻类、地衣、苔藓等隐花植物和土壤中微生物，以及其他生物体与土壤表层颗粒等非生物体胶结形成的十分复杂的复合体（Belnap and Gardner，1993），根据演替阶段及形态特征，可以将生物结皮分为藻类、地衣和苔藓三大类（Zhao et al.，2014）。生物结皮是植物群落重要的近地表特性之一，显著影响地表水文过程，特别是在干旱与半干旱地区更是如此。生物结皮湿润后会膨胀，而其膨胀的不均匀性可能引起地表随机糙率的增大，进而影响坡面水文及侵蚀过程。

2.2.1　试验材料与方法

生物结皮样品采集于陕西省安塞区纸坊沟小流域，该流域处于黄土高原腹地，属典型的黄土高原丘陵沟壑区，气候、地形、土壤、植被及土地利用类型与强度均具代表性。生物结皮的类型主要有藻类和苔藓。在系统考察的基础上，选择有代表性的藻类及苔藓样地，利用不锈钢采样环采集不同盖度等级的土样样品，生物结皮的盖度分为 5 个等级，分别为 0～20%、20%～40%、40%～60%、60%～80%、80%～100%，同时采集样地附近的裸地样品作为对照。采样时，用样方法（Liu et al.，2015）直接测定各个样品的生物结皮盖度。

将采集好的土样，运回北京师范大学房山实验基地，利用激光扫描系统（图 2-11）

测定土样表层的相对高程，构建 DEM，进而确定地表随机糙率。激光扫描系统架设在长 5.0 m 可移动的稳定的支架上，系统包括 AVT Pike505B/C 工业摄像机，图像最大像素尺寸 2452×2054，全尺寸时最大帧率为 14fps；镜头采用 Computar M1214-MP2，视角为 49.2°；激光器选用 Z-Laser Z120M18B- F 型，波长 660 nm，扇角为 45°。对于运动装置，选用 TBI TR25 型直线导轨，单根长 3.0 m，行走精度 30 μm/（3 m）；步进电机为 Linix 57BYGHD276-08，步距角 1.8°，机械减速比 20，步进电机由 CNC 可编程控制器和 SH2034D 型驱动器控制（朱良君等，2015）。

测量时，由步进电机带动摄像机和激光发射机，按照设计的速度沿着轨道运动，激光机向被测物体发射线状激光，在被测物体表面形成一束红色的激光线，摄像机高速拍摄多张图片，然后利用 Halcon 软件根据照片确定被测物体任意点的三维坐标，进而在 ArcGIS 系统中生成 DEM，得到样品随机糙率。系统在 X 轴、Y 轴及 Z 轴的测量精度，都达到了亚毫米级（图 2-12），平均分别为 0.17 mm、0.14 mm 和 0.21 mm。具体测量时，将土样放置在固定的测试平台上，给每个土样上均匀地喷洒 2 mm 降水，让表层 4～5 mm 土壤层饱和，生物结皮湿润后会迅速膨胀，10 min 后用激光扫描系统扫描。试验处理包括干湿交替次数和间隔周期两个，前者间隔周期为 2 天，重复湿润-扫描 4 次，后者湿润-扫描 1 次，但间隔周期分别为 1 天、3 天、5 天和 10 天。同时为了分析生物结皮湿润膨胀驱动的随机糙率增大随时间的变化过程，对部分样品湿润后在不同时间点（0.5 h、1 h、2 h、4 h、8 h 和 10 h）进行了扫描。

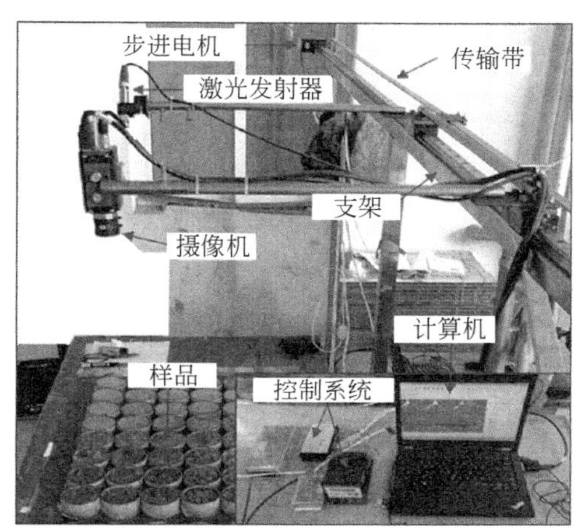

图 2-11　激光测量系统示意图

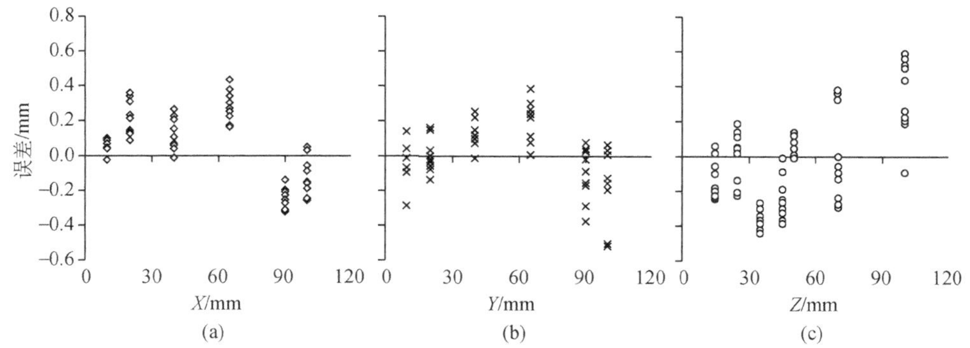

图 2-12　激光测量系统测量误差

2.2.2　盖度对生物结皮湿润膨胀驱动的随机糙率的影响

盖度是表征生物结皮生长状况的重要参数，盖度越大则生物结皮对地表的覆盖越浓密，对坡面水文和侵蚀过程的影响可能更强烈。对于干燥的藻类而言，生物结皮盖度与随机糙率之间没有明显的相关关系（图 2-13），随机糙率变化在 0.744～1.775 mm，平均值为 1.137 mm。但对于高等级的生物结皮苔藓而言，随机糙率显著大于藻类结皮，为 0.845～3.077 mm，平均值为 1.609 mm，是藻类结皮随机糙率的 1.41 倍，且随着生物结皮盖度的增大呈指数函数增大（图 2-13）。

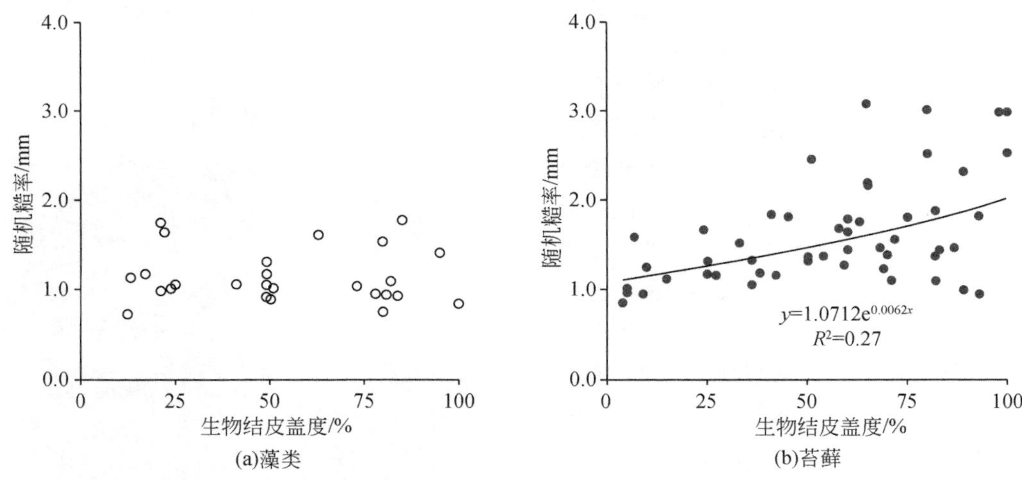

图 2-13　随机糙率随生物结皮盖度的变化

无论是藻类结皮，还是苔藓结皮，降水湿润后都会膨胀，但湿润导致的膨胀幅度与生物结皮的类型密切相关。对于藻类结皮而言，湿润导致的膨胀高度为 0.51～0.091 mm，平均为 0.068 mm，同时膨胀高度与结皮盖度间没有明显的关系（图 2-14）。而对于苔藓结皮而言，湿润导致的膨胀高度为 0.106～0.673 mm，平均为 0.415 mm，是藻类结皮的 6 倍。苔藓结皮湿润膨胀的高度，随着生物结皮盖度的增大呈显著的线性函数增大（图 2-14）：

$$SH_m = 0.732C + 0.006 \qquad R^2 = 0.58 \tag{2-9}$$

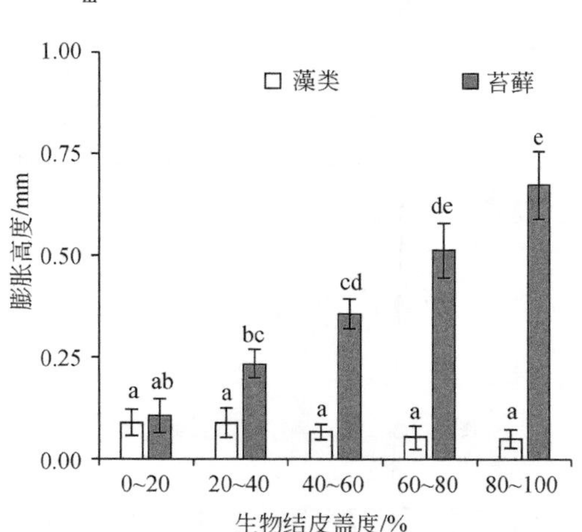

图 2-14　生物结皮膨胀高度与盖度的关系

式中，SH_m为苔藓结皮湿润膨胀高度（mm）；C为生物结皮的盖度（%）。藻类和苔藓结皮湿润膨胀的差异，主要与其膨胀机理有关，藻类湿润膨胀主要通过叶鞘的水合作用实现，而苔藓结皮的湿润膨胀，主要通过其茎秆和叶的扩展完成。

生物结皮湿润膨胀导致的地表随机糙率变化，与生物结皮的类型和盖度相关（图 2-15）。与苔藓结皮相比，藻类结皮湿润膨胀引起地表随机糙率的变化幅度很小，变化在-0.010～0.003 mm，平均值为-0.005 mm。对于盖度较小的两个等级（0～20%和 20%～40%），藻类结皮湿润膨胀引起随机糙率增大，而当藻类盖度大于 40%时，湿润膨胀引起藻类结皮覆盖地表随机糙率减小。随机糙率表达了地表高程变化的标准差，说明当藻类比较稀疏时，湿润膨胀增大了地表高程的空间变化，而当藻类比较浓密时，藻类结皮湿润后的均匀膨胀，反而减小了地表高程的空间变异，引起地表随机糙率减小。说明藻类生物结皮湿润膨胀对地表随机糙率的影响，存在着临界盖度，当盖度小于临界盖度时，藻类湿润膨胀会引起随机糙率增大，当大于临界盖度时，反而会引起随机糙率减小。

对于高等级的苔藓结皮而言，湿润膨胀导致的地表随机糙率增大，变化于 0.015～0.091 mm，平均为 0.079 mm。随机糙率增大的幅度与盖度密切相关（图 2-15），当苔藓盖度较小时（0～20%），苔藓湿润膨胀引起地表随机糙率增大的幅度较小，仅为 0.015 mm，显著小于其他 4 个盖度条件下的随机糙率增幅。当苔藓盖度大于 20%后，不同盖度间随机糙率的增大幅度没有显著差异，基本上维持在同一个水平。再次说明生物结皮湿润膨胀引起随机糙率的变化存在临界盖度，对于苔藓结皮而言，临界盖度为 20%～40%。与 0～20%盖度等级相比，80%～100%盖度等级的随机糙率增大幅度为 6 倍左右。试验区黄土遇水膨胀的幅度很小，这主要与该区黏土矿物的类型有关，因而，图 2-15 中展示的地表糙率变化，主要由生物结皮膨胀引起。

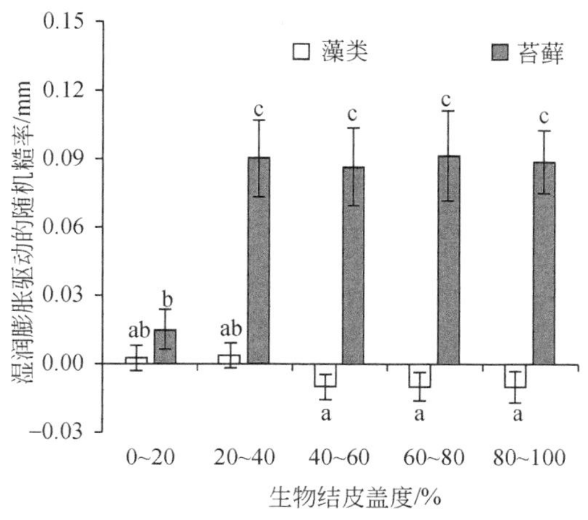

图 2-15　湿润膨胀驱动的随机糙率与生物结皮盖度的关系

生物结皮湿润膨胀引起的地表随机糙率变化，主要和生物结皮膨胀的不均匀性有关，即便是所有生物结皮湿润膨胀的高度全部一样，也会因为生物结皮没有完全覆盖地表，而会引起地表随机糙率的增大。当生物结皮盖度足够大、生物结皮湿润膨胀又比较一致时，地表随机糙率可能反而减小，藻类结皮遇水膨胀引起的地表随机糙率变化，充分说明了这一现象。由于生物结皮个体特性的差异，湿润膨胀的高度可能存在差异，从而可能进一步增大地表高程的差异，引起地表随机糙率增大（图 2-16）。当苔藓结皮的盖度从 0～20%增大到 20%～40%时，地表高程的空间异质性迅速增大。

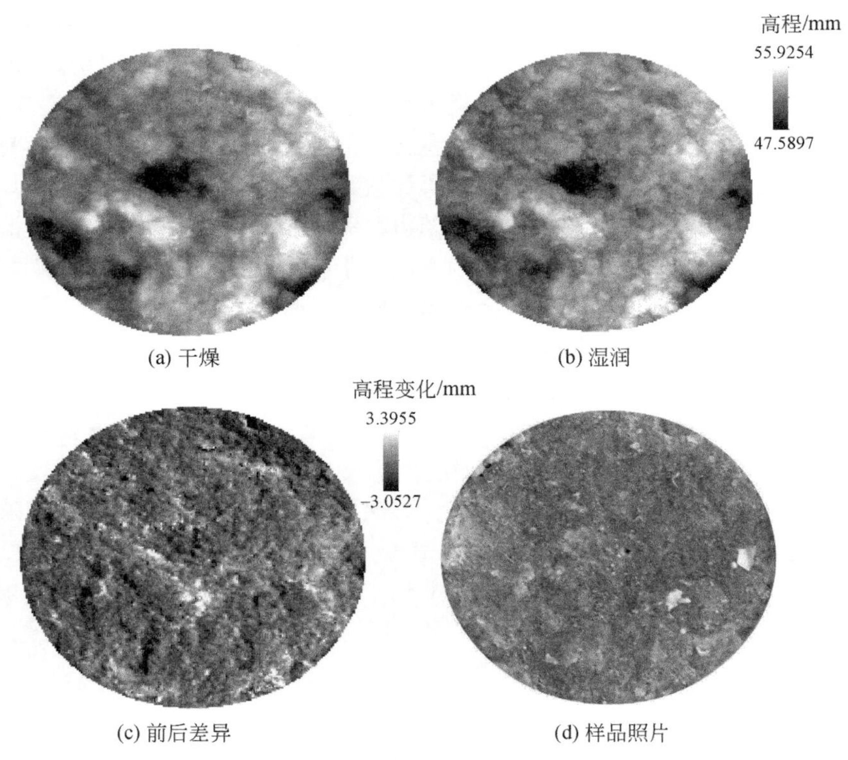

图 2-16　生物结皮湿润前后高程空间异质性

2.2.3　干湿交替次数及间隔周期对生物结皮湿润膨胀驱动的随机糙率的影响

在干旱和半干旱地区，降水稀少且集中分布，蒸发强烈，因而干湿交替非常频繁，干湿交替的周期也是复杂多变。干湿交替的次数和周期显著影响该区的生物、水文和侵蚀过程。那么干湿交替的次数和间隔周期，会不会影响生物结皮湿润膨胀引起的地表随机糙率的变化？如图 2-17 所示，干湿交替的次数不会影响生物结皮湿润膨胀引起的地表随机糙率的变化，发育初期的藻类结皮，湿润膨胀引起的随机糙率变化，显著小于苔藓结皮，4 次湿润引起的随机糙率变化分别为：−0.002 mm、−0.011 mm、−0.009 mm 和 0.002 mm。而对于发育后期的苔藓结皮，4 次湿润膨胀引起的随机糙率变化分别为：0.068 mm、0.058 mm、0.061 mm 和 0.060 mm，虽然第一次湿润后引起的随机糙率增大幅度，显著大于后续几次的随机糙率增幅，但其他几次之间并没有显著差异。

干湿交替间隔周期对生物结皮湿润膨胀引起的随机糙率变化的影响，也与生物结皮类型相关（图 2-18）。对于藻类结皮，湿润间隔周期为 10 天、5 天、3 天和 1 天时，生物结皮湿润膨胀引起的随机糙率变化分别为：−0.009 mm、−0.015 mm、−0.015 mm 和−0.016 mm，虽然间隔 10 天后生物结皮湿润膨胀引起的随机糙率显著大于其他几个间隔周期，但其他几个间隔周期间无显著差异，换言之，干湿交替间隔周期对藻类生物结皮湿润膨胀引起的地表随机糙率的变化没有显著影响。对于苔藓结皮，湿润间隔周期为 10 天、5 天、3 天和 1 天时，对应的随机糙率变化分别为 0.067 mm、0.071 mm、0.065 mm 和 0.063 mm，除了间隔周期为 5 天和 3 天外，其他各个间隔周期间也无显著差异，也就是说，对于苔藓结皮，干湿交替间隔周期对生物结皮湿润膨胀引起的随机糙率变化无显著影响。

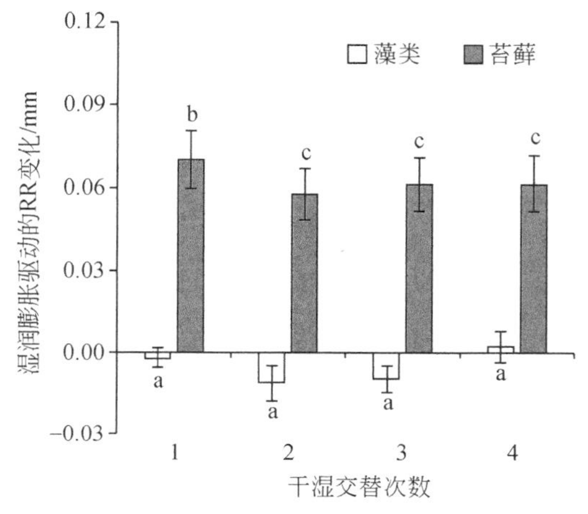

图 2-17　干湿交替次数对随机糙率的影响

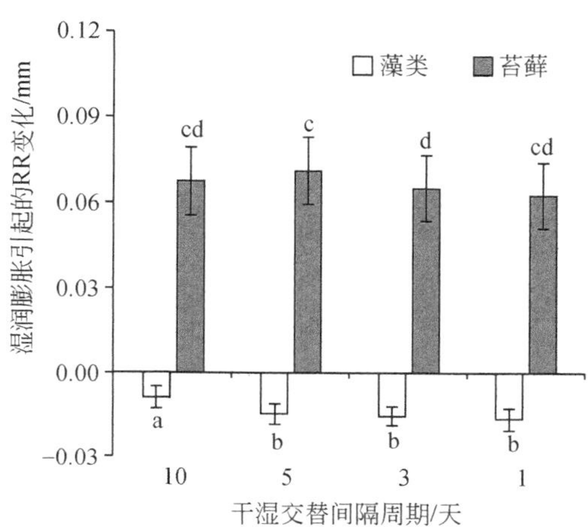

图 2-18　干湿交替间隔周期对随机糙率的影响

在一个相对短期的干旱周期内（10 天），干湿交替间隔周期并不会显著影响生物结皮湿润膨胀驱动的地表随机糙率变化，主要原因是在这样一个干旱周期内，生物结皮的组织结构不会发生根本性的破坏，因此，在下次降雨来临时，它们仍然可以膨胀，导致地表随机糙率发生相应的变化。但当干旱周期非常长、彻底破坏了生物结皮的组织结构后，再发生降雨，即便是充分湿润生物结皮，估计生物结皮也不再膨胀，也不会引起地表随机糙率的变化。

2.2.4　生物结皮湿润膨胀驱动的随机糙率随时间的变化过程

生物结皮湿润后，其组织结构吸水膨胀，引起地表随机糙率的变化，但降水结束后，随着时间的延长，生物结皮组织内的水分通过蒸腾等过程逐渐流失，可能会引起生物结皮的收缩，进而引起地表随机糙率的响应。

随着脱水时间的延长，生物结皮湿润膨胀驱动的地表随机糙率变化逐渐减小（图 2-19），但不同类型的生物结皮间差异明显。发育初期的藻类结皮，湿润膨胀引起的随机糙率，随着脱水时间的延长，出现了较小幅度的波动，为−0.004～0.020 mm，但并没有明显的变化趋势，但当脱水时间达到 16 h 时，生物结皮湿润膨胀引起的随机糙率变化已经非常微弱，接近于未湿润时的初始随机糙率。发育后期的苔藓结皮，随着脱水时间的增大，生物结皮湿润驱动的地表随机糙率增幅逐渐减小，变化在 0.065～0.009 mm，当脱水时间在 5 h 以内时，随机糙率迅速下降，当脱水时间达到 16 h 时，下降速度相对比较缓慢，但也非常接近于未湿润时的初始随机糙率。苔藓结皮湿润膨胀引起的随机糙率随脱水时间的增大，呈显著的幂函数下降：

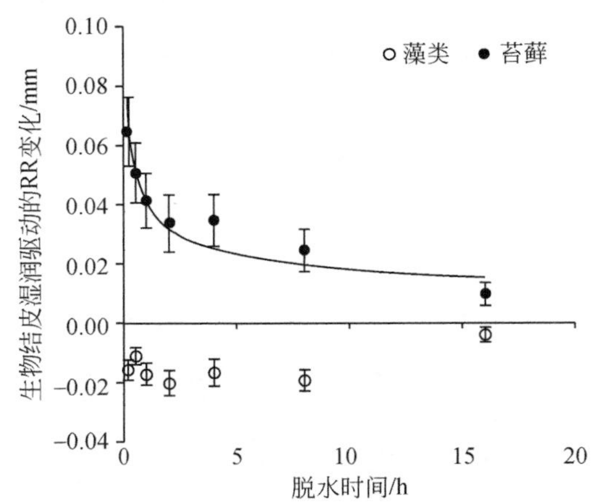

图 2-19　生物结皮湿润膨胀引起的随机糙率随脱水时间的变化

$$\mathrm{WIR_m} = 0.0408 t_1^{-0.351} \qquad R^2 = 0.83 \tag{2-10}$$

式中，$\mathrm{WIR_m}$为苔藓结皮湿润膨胀驱动的随机糙率变化（mm）；t_1为生物结皮充分湿润后脱水时间（h）。

2.3　植被茎秆覆盖对坡面径流水动力学特性的影响

随着植被的恢复，植被茎秆的直径和数量逐渐增大，植被茎秆对坡面径流水动力学特性的影响逐渐加强。植被茎秆的存在，无论是茎秆较粗的乔木林和灌木林，还是茎秆较细的草本，对坡面径流而言都是流向上的障碍物，扰动坡面径流的流动、消减其侵蚀动力。植被茎秆对坡面径流水动力学特性的影响，与植被茎秆的密度（即盖度）、直径及其排列方式密切相关，在自然条件下，植被茎秆随机排列，与立地条件密切相关，因而，需要重点研究植被茎秆密度及其直径对坡面径流水动力学特性的影响。

2.3.1　试验材料与方法

试验在北京师范大学房山试验基地变坡试验水槽内进行，分为侵蚀定床和动床两组。侵蚀定床试验有 400 个组合，在试验水槽内将 12 cm 长的 PVC 管、按照设计的盖度安装在水槽底部（图 2-20），盖度是 PVC 管横截总面积与水槽底部面积的比值，分为 0、5%、10%、15%、20%和 25%，为了分析茎秆直径对坡面径流水动力学特性的影响，试验采用了三种不同的直径，分别为 20 mm、25 mm 和 32 mm。流速测量采用染色法，并用修正系数进行修正获得平均流速（Luk and Merz，1992）。试验单宽流量为 0.66×10^{-3} m^2/s、1.32×10^{-3} m^2/s、2.63×10^{-3} m^2/s、3.95×10^{-3} m^2/s 和 5.26×10^{-3} m^2/s，坡度为 8.7%、17.4%、25.9%、34.2%和 42.3%。侵蚀动床试验包括 120 个组合，试验前对试验水槽进行了改造，构建 3.6 m 长的侵蚀动床，将长 55 mm、直径为 25 mm 的 PVC 管子垂直插入侵蚀动床上，形成盖度分别为 0、5%、10%、15%、20%和 25%的下垫面，单宽流量为（0.51～5.47）$\times10^{-3}$ m^2/s，为 5 个不同的等级，坡度分别为 3.5%、8.7%、13.1%和 17.4%。流速的测量方法与侵蚀定床相同，在已知流量、坡度、流速的情况下，即可计算得到坡面径流其他水动力学参数。

(a)0　(b)5%　(c)10%

(d)15%　(e)20%　(f)25%

茎秆盖度

图 2-20　茎秆覆盖对坡面径流水动力学特性影响试验示意图

在水动力学参数计算过程中，有几点需要注意。首先，植被茎秆覆盖的出现，改变了水槽过水断面的宽度，需要根据茎秆盖度调整：

$$w = W(1-C) \tag{2-11}$$

式中，w 为过水断面的宽度（m）；W 为水槽宽度（m）；C 为茎秆盖度（%）。其次，由于茎秆覆盖的存在，水力半径不再等于坡面径流深度，需要根据茎秆盖度或密度进行调整：

$$R_{sc} = \frac{Hw}{w+(2n+2)H} \tag{2-12}$$

式中，R_{sc} 为茎秆覆盖条件下的水力半径（m）；H 为径流深度（m）；w 为过水断面宽度（m）；n 为过水断面上 PVC 管子的平均个数。

2.3.2　单个水动力学参数

表 2-3 为实测流速、计算的雷诺数、弗劳德数、径流深度、阻力系数的统计特征值。

雷诺数为 559～6342，表明径流为过渡流和紊流。雷诺数随着茎秆盖度的增大而减小，与 0 覆盖相比，5%、10%、15%、20%和 25%茎秆覆盖下的雷诺数分别减小了 7.3%、13.9%、18.8%、24.5%和 31.2%，雷诺数随着茎秆覆盖的增大而减小的原因在于流速随着茎秆覆盖的减小，后文继续讨论。雷诺数同时受到茎秆直径的影响，随着茎秆直径的增大，雷诺数增大。直径为 20 mm、25 mm 和 32 mm 的雷诺数均值分别为 2440、2660 和 2676，在同等茎秆盖度条件下，茎秆直径越大，意味着单位面积内茎秆的数量越少，换言之，过水断面上的茎秆数目越小，则对水力半径的影响越小［式（2-12）］，因而，雷诺数随着茎秆直径的增大而增大。然而，与茎秆盖度相比，茎秆直径的影响相对较小，雷诺数是流量、坡度和茎秆盖度的幂函数：

$$Re = 564937q^{0.841}S^{0.166}(1-C)^{1.035} \qquad R^2 = 0.98 \tag{2-13}$$

式中，Re 为雷诺数；q 为单宽流量（m^2/s）；S 为坡度（m/m）；C 为茎秆盖度（%）。

弗劳德数随着茎秆盖度的增大而减小（表 2-3），与 0%盖度相比，5%、10%、15%、20%和 25%盖度下的弗劳德数，分别减小了 37.2%、54.7%、66.6%、73.5%和 78.2%，很明显随着茎秆盖度的增大，弗劳德数减小的幅度逐渐降低。茎秆覆盖对弗劳德数的影响，也与茎秆直径有关，随着茎秆直径的增大，茎秆覆盖对弗劳德数的影响趋于减小。弗劳德数是流量、坡度、茎秆盖度和直径的幂函数：

$$Fr = 9.057q^{-0.083}S^{0.683}(1-C)^{4.702}(1+C_d)^{-0.121} \qquad R^2 = 0.94 \tag{2-14}$$

式中，Fr 为弗劳德数；C_d 为茎秆直径（mm）。

土壤侵蚀与径流紊动性密切相关，无论是土壤分离过程，还是泥沙输移过程，均会随着径流紊动性的增大而增大。径流紊动性随茎秆盖度增大而显著减小，对植被覆盖坡面的土壤侵蚀过程具有重要影响。随着植被茎秆密度的增大，土壤分离速率和径流挟沙力均会下降，甚至出现泥沙沉积。径流紊动性随着茎秆盖度的增大而减小，从一定程度上揭示了植被强大水土保持功能的动力机制。但在径流整体紊动性降低的同时，局地特别是茎秆后由于离解作用，导致茎秆后方会出现明显的漩涡或涡流（图 2-21），加剧局地的土壤侵蚀。

表 2-3　茎秆覆盖条件下坡面径流单个水动力学参数统计特征值

茎秆盖度	0	5%	10%	15%	20%	25%
			雷诺数			
最大值	6342	6001	5621	5449	5121	4629
最小值	559	669	619	568	638	601
均　值	3075	2837	2646	2496	2322	2117
标准差	1869	1666	1510	1372	1228	1065
			弗劳德数			
最大值	7.1	4.6	3.8	2.9	2.4	2.0
最小值	1.6	0.6	0.4	0.3	0.3	0.2
均　值	4.6	2.9	2.1	1.6	1.2	1.0
标准差	1.5	1.1	0.7	0.7	0.6	0.5

续表

茎秆盖度	0	5%	10%	15%	20%	25%
径流深度/m						
最大值	0.010	0.020	0.027	0.031	0.035	0.040
最小值	0.001	0.001	0.002	0.002	0.002	0.003
均　值	0.003	0.005	0.007	0.009	0.011	0.013
标准差	0.002	0.003	0.005	0.006	0.007	0.008
径流流速/（m/s）						
最大值	1.35	1.03	0.86	0.69	0.62	0.55
最小值	0.30	0.16	0.12	0.10	0.09	0.09
均　值	0.79	0.58	0.47	0.39	0.34	0.30
标准差	0.28	0.21	0.17	0.14	0.13	0.11
阻力系数						
最大值	0.125	0.481	1.026	1.551	2.100	1.814
最小值	0.028	0.103	0.178	0.359	0.511	0.644
均　值	0.067	0.194	0.358	0.591	0.841	1.066
标准差	0.024	0.069	0.144	0.215	0.276	0.265

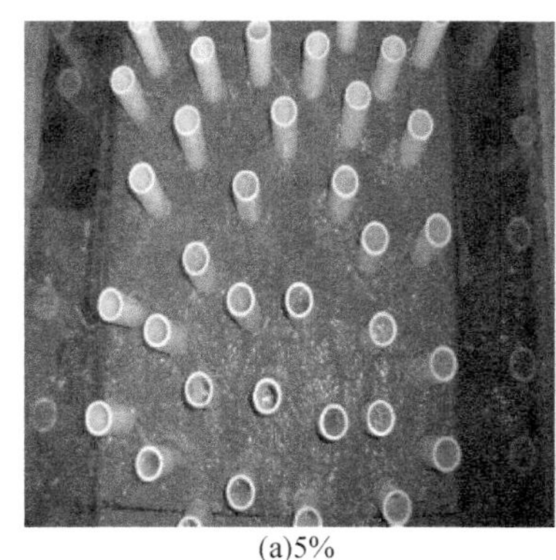

(a)5%

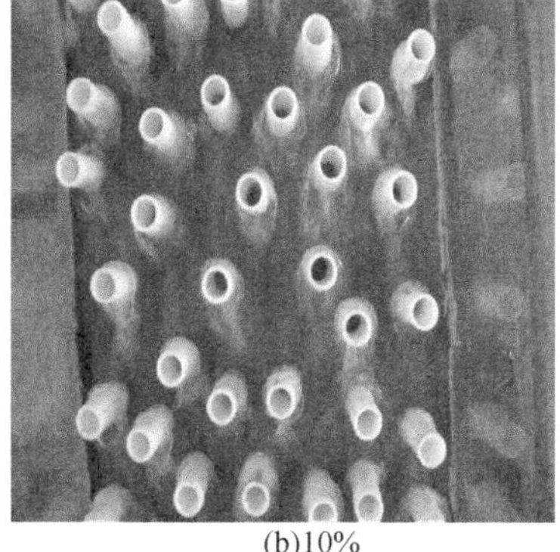

(b)10%

图 2-21　植被茎秆覆盖引起的涡流示意图

径流深度随着茎秆盖度的增大而增大，与 0 盖度相比，5%、10%、15%、20%和 25%盖度时的径流深度，分别增大 1.84 mm、3.51 mm、5.38 mm、7.43 mm 和 9.43 mm。径流深度的增大由过水断面宽度的减小及径流流速减小两方面引起。在试验条件下，主要由流速的减小引起，就平均值而言，后者是前者的 11 倍左右。径流深度随着茎秆直径的增大而增大，它是流量、坡度、茎秆盖度和茎秆直径的幂函数：

$$H = 0.108q^{0.722}S^{-0.456}(1-C)^{-3.801}(1+C_d)^{0.080} \qquad R^2 = 0.98 \qquad (2\text{-}15)$$

式中，H 为径流深度（m）。

径流流速随着茎秆盖度的增大而减小（表 2-3），与 0 覆盖相比，茎秆盖度为 5%、10%、

15%、20%和25%时的流速，分别减小 0.21 m/s、0.32 m/s、0.40 m/s、0.45 m/s 和 0.48 m/s。很显然，随着茎秆盖度的增大，茎秆覆盖对坡面径流流速的影响逐渐减小。茎秆直径也显著影响流速，随着茎秆直径的增大，流速减小。流速也是流量、坡度、茎秆盖度及直径的函数：

$$V = 9.290q^{0.278}S^{0.456}(1-C)^{2.801}(1+C_d)^{-0.080} \qquad R^2 = 0.94 \tag{2-16}$$

式中，V 为径流流速（m/s）。

径流流速与土壤分离过程和泥沙输移过程密切相关（Zhang et al.，2003，2009a），土壤分离能力及坡面径流挟沙力均随着坡面径流流速的增大而增大，茎秆覆盖引起径流流速的下降，势必会引起植被覆盖坡面土壤侵蚀强度的降低。从整体来看，式（2-16）估算的流速，与实测值非常吻合，但当流速为 0.6～0.8 m/s 时，侵蚀定床的流速被明显高估，而当流速大于 0.8 m/s 时，侵蚀动床的流速被明显低估（图 2-22）。

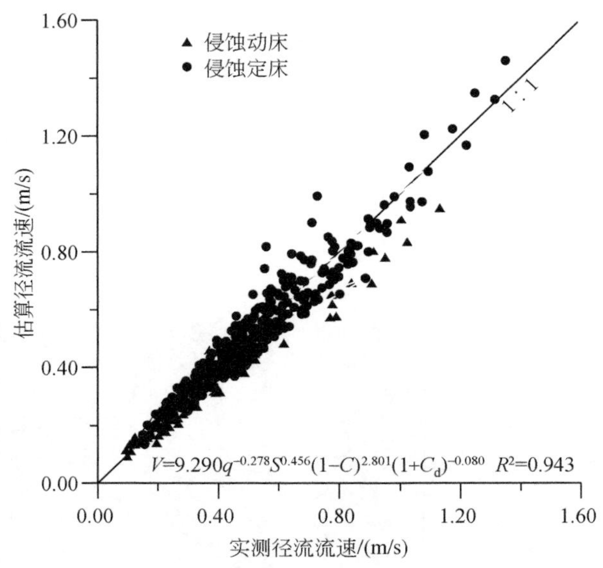

图 2-22　茎秆覆盖条件下实测与估算坡面径流流速比较

达西-韦斯巴赫阻力系数随着茎秆盖度的增大而增大（表 2-3），与 0 覆盖相比，茎秆盖度为 5%、10%、15%、20%和 25%时的阻力系数，分别增大 0.127、0.291、0.524、0.774 和 0.999（表 2-4），随着茎秆盖度增大，茎秆覆盖对阻力系数的影响加强。植被茎秆的存在，自然会阻碍坡面径流的流动，消耗径流能量，引起径流阻力系数增大，同时茎秆覆盖引起的局地涡流（图 2-21），也会引起阻力系数增大。

表 2-4　不同茎秆盖度条件下的坡面径流阻力系数

床面	坡度/%	茎秆盖度/%					
		0	5	10	15	20	25
定床	8.7	0.064	0.180	0.415	0.639	0.931	1.199
	17.4	0.074	0.163	0.298	0.490	0.756	1.124
	平均	0.069	0.172	0.657	0.565	0.844	1.162

续表

床面	坡度/%	茎秆盖度/%					
		0	5	10	15	20	25
动床	8.7	0.042	0.177	0.346	0.568	0.838	0.943
	17.4	0.046	0.157	0.375	0.646	0.991	1.056
	平均	0.044	0.167	0.361	0.607	0.915	1.000

从理论上来讲，侵蚀动床存在着明显的泥沙输移过程，同时随着时间的延长，形态阻力会增大（Hu and Abrahams，2005，2006；Zhang et al.，2010），但受侵蚀动床径流横向汇集的影响，侵蚀动床的阻力系数稍微小于侵蚀定床（表 2-3），说明在植被覆盖条件下，坡面径流的阻力特征非常复杂，可能无法用简单的线性叠加理论进行模拟（Li，2009）。植被覆盖坡面的阻力系数可以达到 2000 以上，随着雷诺数的增大而线性减小（$f = k/\mathrm{Re}$）。对于不同的植被类型，k 值相对稳定，但随着径流流态的变化而变化，对于层流而言，k 为 24，而对于紊流而言，k 值可以高达 50000（Julien，2002）。对于本书的侵蚀动床和侵蚀定床而言，阻力系数也随着雷诺数的增大而减小（图 2-23），但计算的 k 值为 685，远远小于上文提及的 50000，阻力系数在回归线的两侧散乱分布，说明用线性函数无法模拟阻力系数。分析结果说明阻力系数是坡度、茎秆盖度及其直径的幂函数：

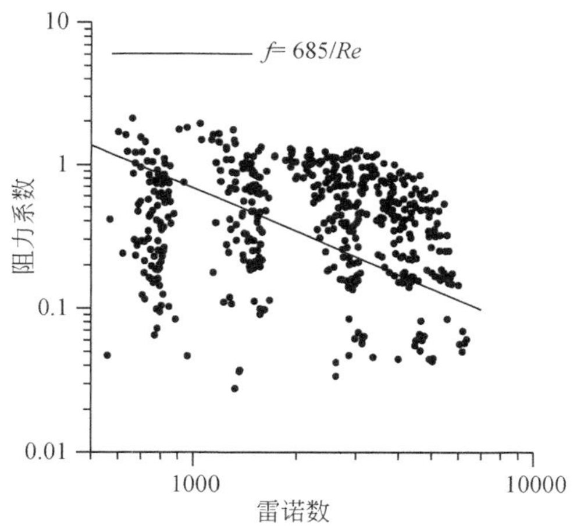

图 2-23　阻力系数与雷诺数的关系

$$f = 0.043S^{-0.242}(1-C)^{-7.427}(1+C_d)^{0.244} \qquad R^2 = 0.89 \qquad (2\text{-}17)$$

式（2-17）表明，无论是侵蚀动床，还是侵蚀定床，植被茎秆覆盖坡面径流的阻力系数与流量无关，随着坡度的增大而减小，随着茎秆盖度和直径的增大而增大。弗劳德数是流速的函数，因而也与坡面径流阻力系数相关，随着弗劳德数的增大，阻力系数减小（图 2-24）：

$$f = 0.219Fr^{-0.534}(1-C)^{-5.853} \qquad R^2 = 0.91 \qquad (2\text{-}18)$$

式中，Fr 为径流弗劳德数。与式（2-17）相比，式（2-18）的模拟效果有所提升，说明用弗劳德数和茎秆盖度，可以较好地模拟茎秆覆盖条件下的坡面径流阻力系数，但从图 2-24 中可以清楚地发现，当阻力系数大于 1.0 时，数据点比较分散，特别是对于侵蚀动床的数据更是如此，这一结果可能与茎秆直径有关，在式（2-18）的基础上，增加茎秆直径得

$$f = 0.137Fr^{-0.497}(1-C)^{-5.087}(1+C_{\mathrm{d}})^{0.191} \qquad R^2 = 0.94 \tag{2-19}$$

与式（2-18）相比，式（2-19）对阻力系数的模拟效果得到进一步的提升（图 2-25），说明在植被茎秆覆盖条件下，坡面径流阻力系数是茎秆盖度及其直径的函数，随着茎秆盖度和直径的增大呈幂函数增大。

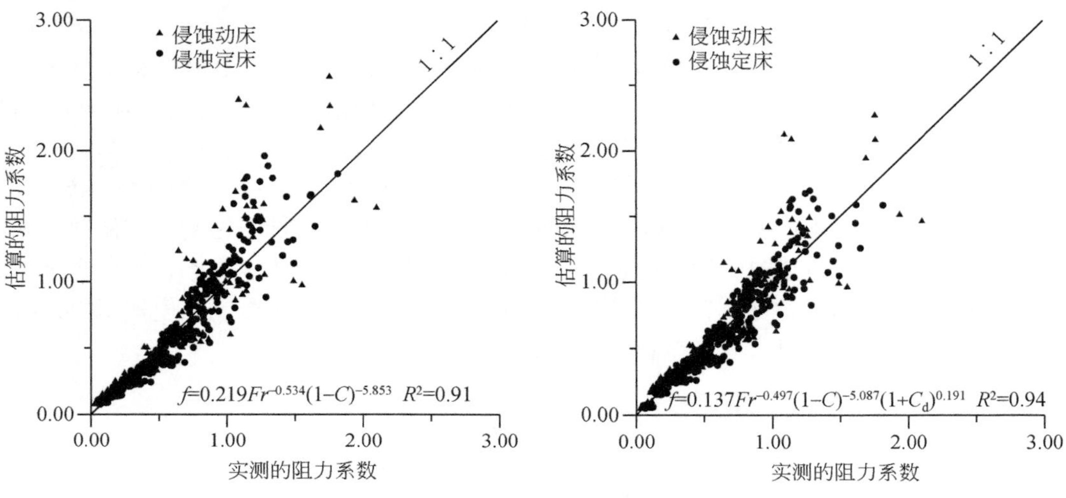

图 2-24 式（2-18）估算与实测的阻力系数　　图 2-25 式（2-19）估算与实测的阻力系数

2.3.3 综合性水动力学参数

水流剪切力（shear stress）随着茎秆盖度的增大而增大（表 2-5），与裸地相比，茎秆盖度为 5%、10%、15%、20%和 25%时，其水流剪切力分别增大了 1.99 Pa、3.48 Pa、4.84 Pa、5.72 Pa 和 6.29 Pa，平均增大 4.46 Pa。水流剪切力被广泛用于土壤侵蚀过程模拟，进而构建土壤侵蚀模型（Nearing et al.，1989），无论是土壤分离能力，还是坡面径流挟沙力都随着水流剪切力的增大而增大，而水流剪切力随着茎秆盖度增大而增大的结果，意味着在植被茎秆存在的条件下，土壤分离能力和坡面径流挟沙力都会增大，这一结果与植被具有强大水土保持功能的事实相悖。根本原因是水流剪切力是径流密度、水力半径和波能比降的函数，在茎秆覆盖条件下，特别是在侵蚀定床上，径流密度不变，水力半径趋于减小，而波能比降近视于坡度，那么误差来源就在于水力半径的计算，即式（2-12）的合理性需要进一步分析。从理论上来讲，随着植被茎秆密度或盖度的增大，茎秆会阻碍径流流动，消耗径流能量，土壤侵蚀下降。上述结果从另外一个角度也说明，在植被覆盖条件下，坡面径流水动力学特性更为复杂，如何计算植被覆盖条件下的水流剪切力，以及它是否适合土壤侵蚀过程模拟，需要更多的研究探索。

表 2-5　不同茎秆盖度和直径条件下的水流剪切力变化

床面	茎秆直径/m	剪切力/Pa				
		5%	10%	15%	20%	25%
定床	0.020	1.785	4.006	5.327	5.971	6.412
	0.025	2.077	3.856	5.118	6.018	6.737
	0.032	2.059	3.355	5.226	6.531	7.631
动床	0.025	1.680	2.112	2.962	3.743	4.020
平均		1.994	3.475	4.835	5.720	6.290

水流功率（stream power）是水流剪切力和流速的函数，同时受到水力半径、坡能比降和流速的影响，表征了坡面径流具有的侵蚀能量。水流功率随着茎秆盖度的增大而减小（表 2-6），水流功率的减小同时受到水力半径和流速随茎秆盖度变化的影响，与水流剪切力的结果相比，可以肯定植被茎秆盖度对坡面径流流速的影响，大于对水力半径的影响，整体结果是水流功率随着茎秆盖度的增大而减小。与裸地相比，茎秆盖度为 5%、10%、15%、20%和 25%时，水流功率分别减小了 0.35 kg/s^3、0.53 kg/s^3、0.96 kg/s^3、1.16 kg/s^3 和 1.48 kg/s^3，平均减小 0.90 kg/s^3（18%）。水流功率随着茎秆覆盖的增大而减小，再次说明表征能量的水流功率比表征力的水流剪切力，更适合模拟土壤侵蚀过程（Zhang et al.，2003；栾莉莉等，2016），用于土壤侵蚀过程模型的构建（Yu et al.，1997）。

表 2-6　不同茎秆盖度和直径条件下的水流功率变化

床面	茎秆直径/m	水流功率/（kg/s^3）				
		5%	10%	15%	20%	25%
定床	0.020	−0.544	−0.973	−1.415	−1.826	−2.291
	0.025	−0.377	−0.645	−0.920	−1.220	−1.592
	0.032	−0.226	−0.306	−0.516	−0.742	−1.048
动床	0.025	0.025	−0.207	−0.635	−0.757	−0.856
平均		−0.35	−0.53	−0.96	−1.16	−1.48

单位水流功率（unit stream power）是流速和坡度的函数，在植被茎秆覆盖影响下，流速减小，则单位水流功率随着植被茎秆盖度的增大而减小（表 2-7），与裸地相比，茎秆盖度为 5%、10%、15%、20%和 25%时，单位水流功率分别减小了 0.05 m/s、0.08 m/s、0.10 m/s、0.12 m/s 和 0.12 m/s，平均减小 0.10 m/s（57.7%）。在欧洲的 LISEM（limburg soil erosion model）和 EUROSEM（european soil erosion model）土壤侵蚀模型中（De Roo et al.，1996；Morgan et al.，1998），均采用单位水流功率模拟土壤侵蚀过程，但它对陡坡土壤分离过程和泥沙输移过程的模拟功能较弱（Zhang et al.，2003，2009a），基于上述研究结果，单位水流功率可能对缓坡、植被覆盖坡面侵蚀过程的模拟，具有一定的可行性，究竟情况如何，需要深入系统地研究。

表 2-7 不同茎秆盖度和直径条件下的单位水流功率变化

床面	茎秆直径/m	单位水流功率/（m/s）				
		5%	10%	15%	20%	25%
定床	0.020	−0.064	−0.102	−0.124	−0.137	−0.148
	0.025	−0.061	−0.093	−0.113	−0.126	−0.138
	0.032	−0.055	−0.078	−0.105	−0.121	−0.134
动床	0.025	−0.031	−0.039	−0.049	−0.055	−0.058
平均		−0.054	−0.081	−0.101	−0.123	−0.123

2.4 生物结皮盖度及其季节变化对土壤水力特性的影响

生物结皮（biological soil crust，BSC）是黄土高原植物群落近地表重要的组成成分，生物结皮遇水膨胀的性能，及其假根、菌丝生长发育与死亡，都会影响土壤性质，进而可能对土壤入渗等水力特性产生影响。同时受降水季节分布的影响，黄土高原的生物结皮盖度具有明显的季节变化，土壤水力特性可能出现相应的响应。

2.4.1 试验材料与方法

在黄土高原样线的 7 个样点上（图 1-32），选择坡度、坡向、人为扰动、生物结皮类型（苔藓为主）、发育状况等条件相近的 10 年以上的退耕地作为试验样地，以附近无生物结皮生长的地点为对照，用 Disk 盘式入渗仪测定土壤入渗性能，试验重复 3 次。同时测定土壤容重、含水量、机械组成及有机质含量，生物结皮的厚度用游标卡尺测定，盖度用网格方法测定。初渗率用前 3 min 的入渗速率表示，累计入渗量用前 30 min 的入渗总量表征（王浩等，2015）。

利用 Wooding 方程，可以根据 Disk 盘式入渗仪测定结果推求饱和导水率：

$$Q = \pi r^2 K(h)[1 + \frac{4}{\pi r \alpha}] \tag{2-20}$$

式中，Q 为静态入渗量（cm^3/h）；K（h）为 h 负压下的非饱和导水率（cm/h）；r 为圆盘半径（cm）；α为与土壤孔隙度相关的无量纲系数。

负压 h 与非饱和导水率 K（h）及饱和导水率间存在指数关系：

$$K(h) = K_s e^{\alpha h} \tag{2-21}$$

式中，K_s 为土壤饱和导水率（cm/h）。

要确定饱和导水率，至少需要 2 个不同的负压 h_1 和 h_2，联立式（2-20）和式（2-21）得：

$$Q(h_1) = \pi r^2 K_s e^{\alpha h_1}[1 + \frac{4}{\pi r \alpha}] \tag{2-22}$$

$$Q(h_2) = \pi r^2 K_s e^{\alpha h_2}[1 + \frac{4}{\pi r \alpha}] \tag{2-23}$$

将式（2-23）和式（2-22）相除，同时对两边取对数得：

$$\alpha = \frac{\ln[Q(h_2)/Q(h_1)]}{h_2 - h_1} \tag{2-24}$$

式中，$Q(h_1)$、$Q(h_2)$、h_1 和 h_2 都为实测值，即可计算得到α，然后代入式（2-22）或式（2-23），即可计算得到饱和导水率 K_s：

$$K_s = \frac{[Q(h_1)]^2}{\pi r^2 Q(h_2) e^{[h_1/(h_2-h_1)]}} \left\{ 1 + \frac{4(h_2 - h_1)}{\pi r[\frac{\ln Q(h_2)}{\ln Q(h_1)}]} \right\} \tag{2-25}$$

试验过程中测定水温，用平均水温将计算结果校正到 10℃条件下的标准土壤饱和导水率。

在陕西省安塞区的县南沟小流域（与纸坊沟相邻，自然条件及土地利用类型与强度非常相似），雨后迅速调查，确定 2 块试验样地，分别以藻类和苔藓结皮为主，采样时先用样方法快速测定生物结皮盖度，然后用照相法准确测定结皮盖度（Liu et al.，2015）。为了分析生物结皮盖度对土壤水力特性的影响，选择不同盖度等级（1%～20%、20%～40%、40%～60%、60%～80%和 80%～100%）的样地采集样品，同时在附近采集对照样品（图 2-26）。土壤入渗测定采用 Disk 盘式入渗仪，同时测定土壤容重、机械组成、有机质含量等土壤理化性质，生物结皮厚度用游标卡尺测定。入渗试验结束后，迅速开挖一 20 cm 宽的剖面，用直尺测定湿润锋深度，每个样地重复测定 3 次。生物结皮具有明显的斥水性，可以利用水滴穿透时间定量表征，每个样点重复测定 20 次，取其平均值（Wang et al.，2017a）。

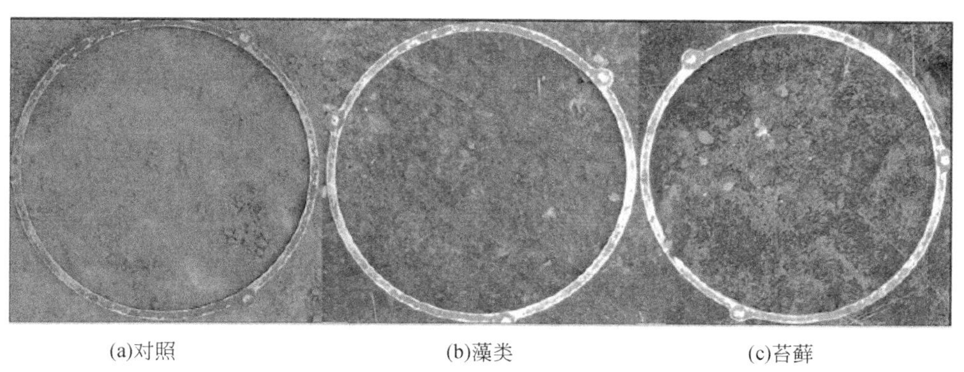

(a)对照　　(b)藻类　　(c)苔藓

图 2-26　生物结皮样品示意图

土壤吸力参数是重要的水力参数，反映了土壤基质势对入渗的影响，根据 Philip 入渗方程：

$$I = St^{0.5} \tag{2-26}$$

式中，I 为累计入渗水量（mm）；t 为入渗时间（min）；S 为土壤吸力参数，数量上等于前 3 min 入渗水量 I 和入渗时间 $t^{0.5}$ 线性回归方程的斜率，在不同负压下，获得的 S 值不同，本书分别采用 0 和−3 cm 的压力，对应的土壤吸力参数分别为 S_0 和 S_3。

平均孔隙半径直接反映了土壤孔隙特性，与土壤入渗性能密切相关，可以根据 Laplace 毛管理论计算获得（Angulo-Jaramillo et al.，2000）：

$$\lambda_{\mathrm{m}} = \frac{\sigma\alpha}{\rho g} \tag{2-27}$$

式中，λ_{m} 为平均孔隙半径（mm）；σ 为表面张力（0.073 N/m）；ρ 为水的密度（kg/m^3）；g 为重力加速度（N/kg）；α为用式（2-24）计算的系数。

生物结皮盖度季节变化及其对土壤水力参数影响的试验，也在陕西省安塞区县南沟小流域进行，分别选择藻类为主和苔藓为主的两个样地，同时选择附近的裸地作为对照，分别测定生物结皮厚度及盖度、土壤理化性质、土壤饱和导水率、吸力参数及平均孔隙半径，野外测定从 2015 年 5 月 9 日开始，到 10 月 9 日结束，共测定了 7 次（Wang et al.，2017b）。

2.4.2 黄土高原样线上生物结皮对土壤水力特性的影响

在黄土高原 508 km 的南北样线上，土壤入渗性能差异明显（表 2-8）。土壤入渗速率（无论是初渗率、还是稳渗率和累积入渗量）大体从南边的宜君到北端的鄂尔多斯呈波动性上升趋势，从宜君到富县、再到延安，土壤入渗速率显著增大，随后明显下降，过了子长后再次上升，从子洲到鄂尔多斯之间，土壤入渗速率明显上升。土壤入渗性能的空间变化，主要取决于土壤理化性质的空间变异。

对于各个监测样点，无论有无生物结皮的生长发育，初渗率均最大，随着入渗时间的延长，土壤入渗速率迅速下降，经过 15～20 min 后入渗速率的下降速度明显降低，当入渗时间达到 30 min 时达到稳定（图 2-27）。将各样地两种处理下的土壤入渗过程，划分为 0～3 min、第 4 min 到第一次稳渗（0 cm 负压）结束、第 1 次稳渗结束到第 2 次稳渗（3 cm 负压）结束，以及整个入渗过程四个部分，分别做配对 T 检验，结果表明除初渗率差异不显著外，其他各个过程都达到了极显著的水平，说明在黄土高原地区，生物结皮的生长发育，会显著影响土壤入渗过程。

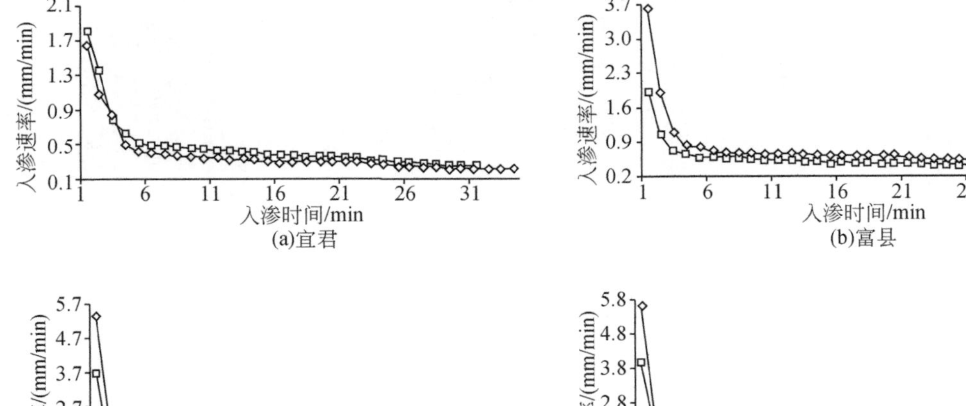

(a)宜君　(b)富县

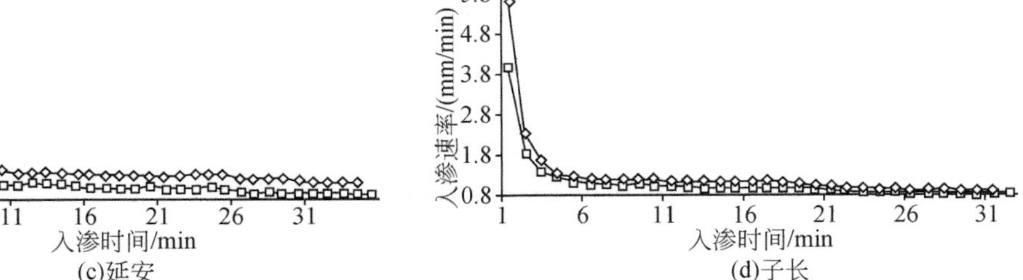

(c)延安　(d)子长

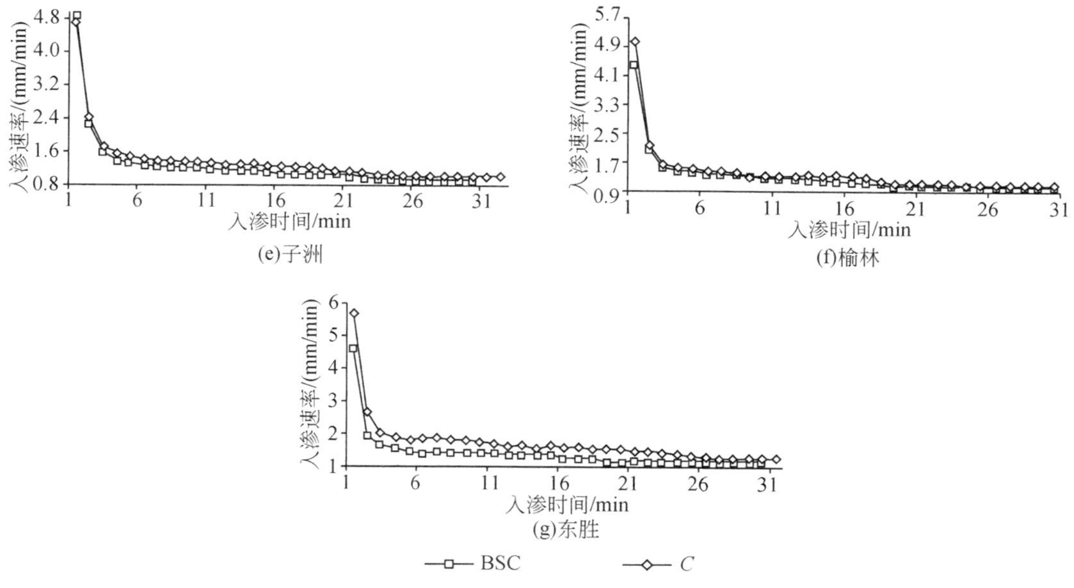

图 2-27　黄土高原样线各样点土壤入渗曲线

生物结皮对土壤入渗性能的影响，在不同样点上存在一定的差异。在样线最南端的宜君县，该样点生物结皮非常柔软、疏松，有利于土壤入渗，同时该样点表层的有机质含量明显大于裸地对照，大约是裸地对照的 1.5 倍，加之裸地对照发育有明显的物理结皮，从而导致有生物结皮发育的样地，土壤初渗率、0 cm 和 3 cm 负压下的稳渗率、30 min 累积入渗量及饱和导水率，均大于裸地对照（表 2-8）。而样线上的其他样点，有生物结皮发育的样地，其土壤入渗性能均小于对照样地，说明在黄土高原地区，生物结皮的生长发育，会显著抑制土壤入渗性能。生物结皮抑制土壤入渗的原因可能有：首先，生物结皮能在较短时间内迅速吸水膨胀，假根和菌丝体积的增大会堵塞土壤孔隙，形成相对的不透水层，导致土壤入渗速率下降；其次，生物结皮的分泌物可以在地表形成一层斥水性较强的膜，部分堵塞地表土壤孔隙，引起土壤入渗速率降低；最后，在干旱与半干旱地区，生物结皮的生长发育，可以改善土壤结构，储存更多的土壤水分，使得生物结皮样点初始含水量相对较高，降低了土壤水分梯度对入渗的促进作用，从而降低了土壤入渗速率。

表 2-8　生物结皮对土壤入渗性能的影响

样点	处理	初渗率 /（mm/min）	0 cm 负压下的稳渗率 /（mm/min）	3 cm 负压下的稳渗率 /（mm/min）	30 min 累积入渗量 /mm	饱和导水率 /（mm/min）
宜君	生物结皮	1.31	0.37	0.25	15.18	0.18
	对照	1.19	0.29	0.21	11.90	0.13
富县	生物结皮	1.20	0.48	0.38	11.60	0.19
	对照	2.21	0.60	0.46	22.87	0.24
延安	生物结皮	2.21	1.17	1.00	34.74	0.32
	对照	3.58	1.36	1.05	49.18	0.44

续表

样点	处理	初渗率/（mm/min）	0 cm 负压下的稳渗率/（mm/min）	3 cm 负压下的稳渗率/（mm/min）	30 min 累积入渗量/mm	饱和导水率/（mm/min）
子长	生物结皮	2.37	0.93	0.82	33.58	0.22
	对照	3.20	1.12	0.92	39.04	0.39
子洲	生物结皮	2.90	1.04	0.92	38.45	0.26
	对照	2.95	1.25	1.04	42.02	0.40
榆林	生物结皮	2.67	1.20	1.01	40.14	0.31
	对照	2.97	1.28	1.06	42.75	0.49
鄂尔多斯	生物结皮	2.72	1.36	1.17	43.00	0.39
	对照	2.45	1.59	1.26	52.34	0.60

2.4.3 生物结皮盖度对土壤水力特性的影响

厚度是生物结皮重要的、也是最易测量的指标之一，表 2-9 给出了藻类和苔藓结皮样地厚度测量的统计特征值。藻类结皮的厚度为 6.77～9.29 mm，平均值为 8.12 mm。而苔藓结皮的厚度为 10.87～15.43 mm，平均值为 13.03 mm，很明显在黄土高原丘陵沟壑区，苔藓结皮的厚度显著大于藻类结皮的厚度，平均大 61%左右。藻类结皮厚度的标准差和变异系数都大于苔藓结皮，说明苔藓的生长在空间更为均匀，变异更小。

表 2-9 生物结皮厚度测定统计特征值

结皮类型	最小值/mm	最大值/mm	平均值/mm	标准差/mm	变异系数/%
藻类	6.77	9.29	8.12	1.27	15.64
苔藓	10.87	15.43	13.03	1.12	8.60

生物结皮的生长发育，可能会改变土壤性质，进而对土壤水力特性产生影响。与裸地相比，藻类生长的样地其土壤黏粒和有机质含量分别增大 4.7%和 6.8%，而苔藓结皮样地的黏粒和有机质分别增大 8.8%和 16.8%（表 2-10）。而藻类结皮生长样地的土壤容重、粉粒含量和砂粒含量分别减小 0.7%、0.4%和 0.4%，苔藓结皮覆盖的样地，土壤容重、粉粒含量和砂粒含量分别减小 7.5%、0.7%和 0.1%。统计检验表明，对于藻类结皮生长的样地，除粉粒含量、砂粒含量及土壤容重以外，其他大部分土壤性质都与对照间差异显著，而对于苔藓结皮而言，除粉粒含量和砂粒含量外，其他所有土壤性质都和对照间差异显著（表 2-10），同样除粉粒和砂粒含量外，藻类和苔藓样地其他所有的土壤性质均呈显著性差异。

表 2-10 生物结皮类型及盖度对表层（5 cm）土壤性质的影响

结皮类型	结皮盖度/%	土壤容重/（kg/m^3）	黏粒/%	粉粒/%	砂粒/%	有机质/（g/kg）
藻类	0	1156	8.27	61.91	29.82	8.83

续表

结皮类型	结皮盖度/%	土壤容重/（kg/m^3）	黏粒/%	粉粒/%	砂粒/%	有机质/（g/kg）
藻类	1～20	1142	8.43	61.62	29.95	9.85
	20～40	1158	8.56	61.63	29.81	9.23
	40～60	1133	8.63	61.90	29.47	9.15
	60～80	1152	8.74	61.48	29.78	9.41
	80～100	1157	8.94	61.58	29.48	9.53
苔藓	0	1152	8.28	61.95	29.77	8.81
	1～20	1037	8.59	61.59	29.82	9.92
	20～40	1072	8.78	61.82	29.40	10.77
	40～60	1081	8.90	61.37	29.73	10.58
	60～80	1053	9.28	61.79	28.93	10.20
	80～100	1083	9.48	61.04	29.48	9.92

说明生物结皮的生长发育，可有效增加土壤黏粒含量和有机质含量，降低土壤容重和砂粒含量。发育后期的苔藓结皮，对土壤性质的影响，明显大于发育初期的藻类结皮，这一差异主要与生物结皮生长状况，特别是生物量密切相关。当然，生物结皮对土壤性质的影响，是个长期而缓慢的过程，是长期影响的积累。表 2-10 中，仅黏粒含量与生物结皮盖度间存在显著的正相关关系，与裸地相比，当生物结皮盖度为 80%～100%时，藻类和苔藓结皮样地的黏粒含量，分别增大 8.1%和 14.5%。其他土壤性质与生物结皮盖度间均没有显著的确定性关系，这一现象与局地生物结皮生长发育的时空变异有关。

生物结皮的生长发育会显著影响土壤水力参数，不同盖度覆盖下的藻类结皮样地，其土壤吸力参数 S_0、S_3、饱和导水率 K_s、湿润锋深度 WFD 和孔隙半径λ_m分别为 4.62～6.87 mm/min、2.01～2.62 mm/min、0.29～0.40 mm/min、11.5～14.3 cm 和 0.021～0.031 mm，而其对照样地的相应值分别为 5.03～7.82 mm/min、2.18～2.89 mm/min、0.38～0.41 mm/min、13.42～14.45 cm 和 0.029～0.037 mm。对不同盖度的苔藓结皮样地，S_0、S_3、K_s、WFD 和λ_m分别为 4.11～5.61 mm/min、1.77～2.23 mm/min、0.23～0.32 mm/min、9.5～12.5 cm 和 0.027～0.03 6mm，而其对照样地的 S_0、S_3、K_s、WFD 和λ_m 分别为 4.98～6.84 mm/min、1.96～2.61 mm/min、0.28～0.40 mm/min、11.7～14.1 cm 和 0.031～0.036 mm。不同盖度条件下，土壤水力参数的变异系数为 1.13%～33.14%，属弱变异（表 2-11）。

表 2-11　生物结皮类型及盖度对于土壤水力参数均值的影响

结皮类型	结皮盖度/%	S_0 /（mm/min）	S_3 /（mm/min）	K_s /（mm/min）	WFD /cm	λ_m /mm
藻类	0	6.68	2.49	0.39	13.93	0.035
	1～20	6.54	2.44	0.38	13.75	0.034

续表

结皮类型	结皮盖度/%	S_0 /（mm/min）	S_3 /（mm/min）	K_s /（mm/min）	WFD /cm	λ_m /mm
藻类	20～40	6.11	2.30	0.36	12.95	0.032
	40～60	5.70	2.24	0.34	12.10	0.030
	60～80	5.25	2.07	0.31	11.75	0.029
	80～100	5.20	2.03	0.30	11.72	0.028
苔藓	0	6.69	2.52	0.38	13.67	0.034
	1～20	5.38	2.15	0.31	11.73	0.028
	20～40	5.11	2.02	0.28	11.26	0.027
	40～60	4.69	1.92	0.26	10.50	0.025
	60～80	4.55	1.88	0.25	10.08	0.023
	80～100	4.48	1.84	0.24	9.84	0.023

与对照相比，不同盖度藻类结皮样地的 S_0、S_3、K_s、WFD 和 λ_m 均值分别减小 13.7%、11.0%、13.3%、10.6%和 12.6%，而不同盖度苔藓结皮样地的 S_0、S_3、K_s、WFD 和 λ_m 均值分别减小 27.6%、22.1%、29.5%、22.2%和 25.9%。统计检验结果表明藻类结皮样地、苔藓结皮样地与对照的土壤水力参数间差异显著，而藻类结皮样地和苔藓结皮样地的土壤水力参数也是差异显著。再次说明在黄土高原地区，生物结皮的生长发育，会抑制土壤入渗过程，而且发育后期的苔藓结皮对土壤入渗的影响显著大于发育初期的藻类结皮。核心原因仍然是生物结皮遇水的膨胀性能以及生物结皮的斥水性（表 2-12），与裸地对照相比，藻类和苔藓生物结皮样地的斥水性能增大了 6.8 倍和 16.0 倍左右，因而减小土壤入渗速率。

表 2-12　不同生物结皮类型斥水性测定结果的统计特征值

样地	最小值 /mm	最大值 /mm	平均值 /mm	标准差 /mm	变异系数 /%
藻类	16.10	21.47	19.21	0.93	4.84
藻类对照	2.10	3.65	2.81	0.50	17.79
苔藓	40.13	48.27	42.84	2.03	4.74
苔藓对照	2.18	3.11	2.67	0.25	9.36

因藻类和苔藓样地土壤水力特性的测定，在时间上相差了两周左右，土壤性质，特别是土壤含水量可能存在明显差异，所以不便直接比较，但可以通过相对的土壤水力参数与生物结皮盖度间的关系，说明生物结皮盖度对土壤水力参数的影响，及其与生物结皮类型间的关系。

对于藻类结皮，当结皮盖度从 0 增大到 60%时，相对的土壤吸力参数 RS_0 迅速下降，然后下降速度趋缓［图 2-28（a）］，而对于苔藓结皮，当盖度从 0 增大到 40%时，相对的土壤吸力参数 RS_0 锐减（达到 80%左右），随后相对比较稳定［图 2-28（b）］。当生物结皮盖度在 0～40%范围内变化时，苔藓结皮的 RS_0 下降更快。整体来看，相对土壤吸力参数随着生物结皮盖度的增大呈指数函数减小（表 2-13）。负压为 3 cm 时的相对土壤吸力参数 RS_3 与生物结皮盖度间的关系与 RS_0 类似，但变化幅度有一定差异，这里不再赘述。

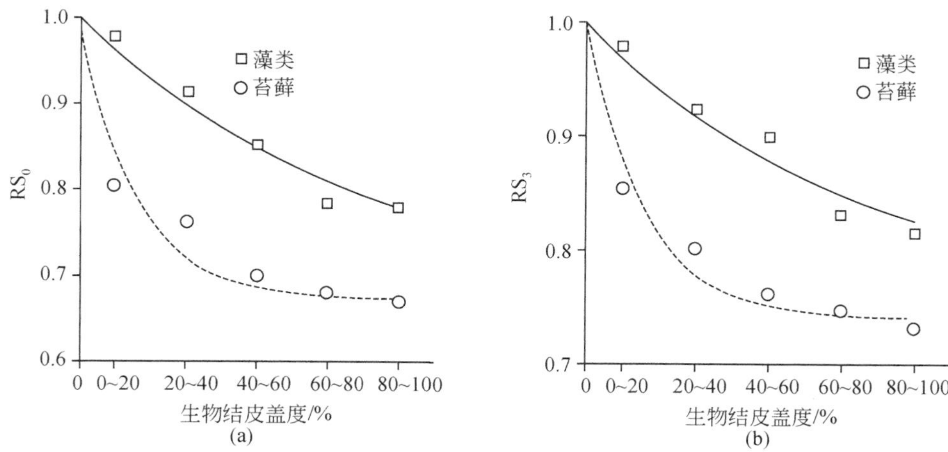

图 2-28　生物结皮盖度与土壤吸力参数间的关系

表 2-13　不同结皮类型的相对土壤水力参数与结皮盖度间的统计关系

水力参数	结皮类型	回归方程	R^2
S_0	藻类	$RS_0 = 0.681 + 0.319e^{-0.013C}$	0.97
S_0	苔藓	$RS_0 = 0.673 + 0.327e^{-0.064C}$	0.95
S_3	藻类	$RS_3 = 0.751 + 0.249e^{-0.013C}$	0.96
S_3	苔藓	$RS_3 = 0.740 + 0.260e^{-0.074C}$	0.97
K_s	藻类	$RK_s = 0.349 + 0.651e^{-0.011C}$	0.96
K_s	苔藓	$RK_s = 0.630 + 0.370e^{-0.050C}$	0.98
WFD	藻类	$RWFD = 0.751 + 0.249e^{-0.013C}$	0.97
WFD	苔藓	$RWFD = 0.720 + 0.280e^{-0.064C}$	0.95
λ_m	藻类	$R\lambda_m = 0.681 + 0.319e^{-0.011C}$	0.99
λ_m	苔藓	$R\lambda_m = 0.663 + 0.337e^{-0.045C}$	0.94

不同类型的生物结皮样地，其相对土壤饱和导水率 RK_s 随生物结皮盖度的变化趋势与相对土壤吸力参数比较类似（图 2-29），与对照相比，盖度为 80%～100%的藻类结皮样地，其饱和导水率减小 23%，而苔藓结皮样地的导水率减小 37%。随着生物结皮盖度的增大，无论是藻类结皮，还是苔藓结皮，其相对土壤饱和导水率均呈指数函数减小（表 2-13），决定系数达到了 0.96 以上。不同生物结皮类型的样地，其相对湿润锋深度，也随着生物结皮盖度的增大，呈指数函数下降（图 2-30），与裸地对照相比，盖度为 80%～100%的藻类和

苔藓结皮样地，其相对湿润锋深度 RWFD，分别减小 16%和 28%，随着生物结皮盖度的增大，相对湿润锋深度也呈指数函数减小。对于藻类和苔藓结皮样地，受黏粒含量随生物结皮盖度增大而增大的影响，其相对孔隙半径 $R\lambda_m$ 均随着结皮盖度的增大呈指数函数减小（图 2-31、表 2-13），与裸地对照相比，盖度为 80%～100%的藻类和苔藓结皮样地，其相对湿润锋深度分别减小 22%和 33%。

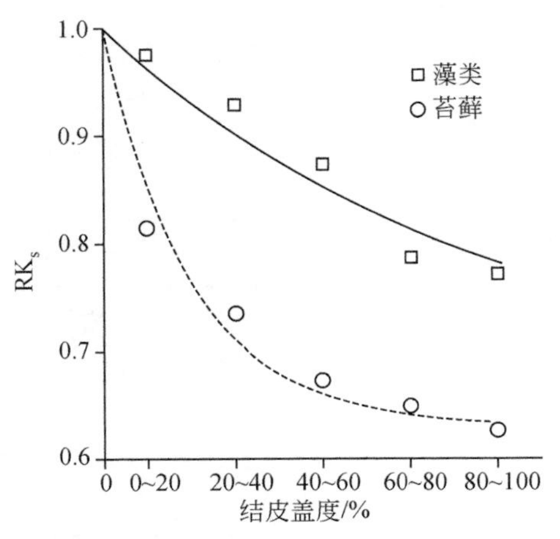

图 2-29　结皮盖度与相对饱和导水率的关系

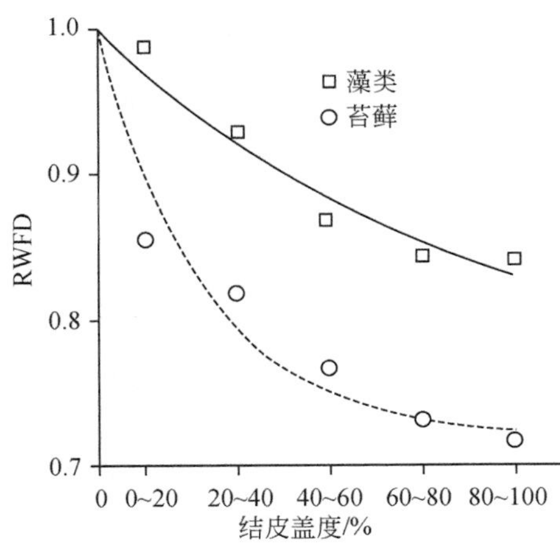

图 2-30　结皮盖度与相对湿润锋深度的关系

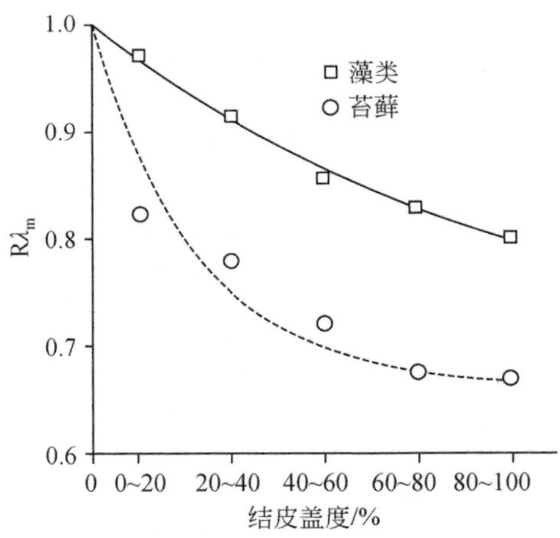

图 2-31　结皮盖度与相对孔隙半径的关系

生物结皮生长发育导致的土壤水力特性变化，势必会引起土壤入渗性能下降，增大地表径流，从而具有增加坡面侵蚀的可能。但生物结皮的生长发育，会显著提高土壤抗蚀性能（后面相关章节会有详细的论述），具有抑制土壤侵蚀的功能，总体的影响，取决于径流增大引起侵蚀动力增大和土壤抗蚀性能提升导致侵蚀下降的综合效应。

生物结皮对土壤水力参数的影响，不但与生物结皮类型和盖度有关，也与生物结皮长期生长对土壤性质的影响密切相关（表 2-14）。统计结果表明土壤水力参数与土壤容重、粉粒含量、砂粒含量及有机质含量间没有显著关系，而与黏粒含量密切相关，随着黏粒含量的增大，土壤吸力参数、饱和导水率、湿润锋深度及孔隙半径基本呈显著下降趋势。而随着生物结皮盖度的增大，土壤水力参数呈极显著降低。

表 2-14　土壤水力参数与土壤性质及生物结皮盖度间的相关系数

结皮类型	水力参数	土壤容重/（kg/m³）	黏粒/%	粉粒/%	砂粒/%	有机质含量/（g/kg）	结皮盖度/%
藻类	S_0	−0.301	−0.930*	0.226	0.675	0.362	−0.979**
	S_3	−0.433	−0.957*	0.337	0.618	0.295	−0.985**
	K_s	−0.361	−0.961**	0.298	0.650	0.255	−0.992**
	WFD	−0.184	−0.884*	0.062	0.754	0.500	−0.947**
	λ_m	−0.264	−0.948*	0.116	0.771	0.409	−0.985**
苔藓	S_0	−0.609	−0.917*	0.469	0.525	0.135	−0.963**
	S_3	−0.686	−0.917*	0.453	0.540	0.053	−0.965**
	K_s	−0.689	−0.925*	0.453	0.540	0.058	−0.969**
	WFD	−0.575	−0.954*	0.499	0.536	0.224	−0.985**
	λ_m	−0.457	−0.958*	0.415	0.619	0.279	−0.971**

*和**分别为显著和极显著，下同。

2.4.4　土壤水力特性对生物结皮季节变化的响应

在黄土高原等干旱和半干旱地区，受降水、温度等气候要素季节变化（图 2-32）的综合影响，生物结皮的生长发育也具有明显的季节变化特征。从 5 月初到 7 月上旬，生物结皮的厚度迅速增大，随后其厚度增速减缓，8 月初到 10 月初，生物结皮厚度基本维持稳定状态，10 月中下旬，结皮厚度略有下降。生物结皮厚度的季节变化与结皮类型有一定联系，藻类和苔藓结皮存在一定的差异（图 2-33）。

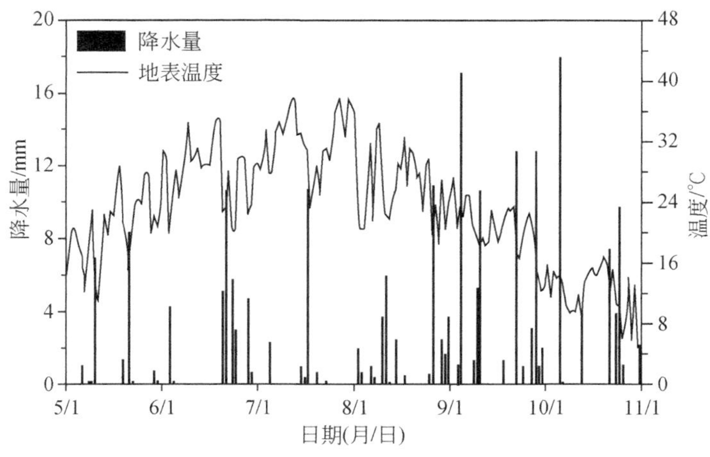

图 2-32　生物结皮监测期降水量与地表温度的季节变化（2015 年）

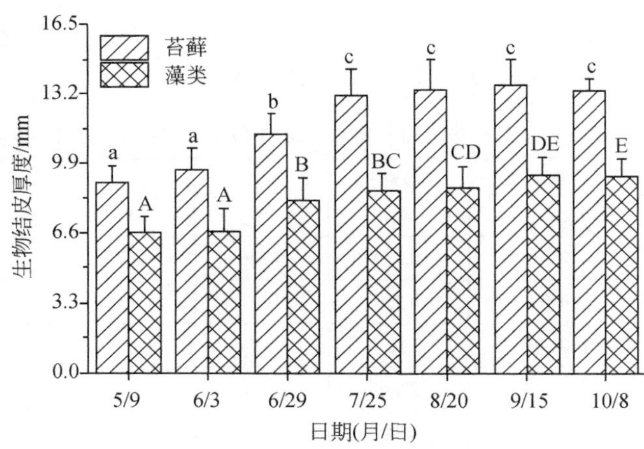

图 2-33　生物结皮厚度的季节变化（2015 年）

统计结果表明，生物结皮类型、时间及其交互作用，均显著影响生物结皮厚度的季节变化。苔藓和藻类结皮的厚度为 9.0～13.6 mm 和 6.6～9.3 mm，平均值分别为 11.8 mm 和 8.2 mm。

土壤入渗性能受控于土壤质地、土壤容重、土壤含水量及有机质含量等土壤性质。而生物结皮的季节生长，可能会引起土壤性质的季节波动，进而影响土壤入渗性能的季节变化。因此，首先分析生物结皮生长发育对土壤性质的潜在影响。生物结皮类型显著影响土壤性质，在黄土高原地区，除土壤水分以外，其他土壤性质均没有显著的季节变化特征，而土壤水分的季节变化与生物结皮类型和时间及其交互作用显著相关（表 2-15）。

表 2-15　生物结皮类型、时间及其交互作用对土壤性质影响的 *P* 值（GLM）

项目	含水量 /%	土壤容重 /（kg/m^3）	黏粒 /%	粉粒 /%	砂粒 /%	有机质 /（g/kg）
结皮类型	0.00**	0.00**	0.00**	0.00**	0.00**	0.00**
时间	0.00**	0.15	0.11	0.32	0.26	0.13
结皮类型×时间	0.00**	0.35	0.22	0.89	0.64	0.31

生物结皮类型显著影响土壤性质，在年尺度上，苔藓结皮生长的样地，土壤含水量、黏粒含量、粉粒含量和有机质含量，均大于藻类结皮生长的样地（表 2-16），而苔藓结皮生长样地的土壤容重小于藻类结皮生长的样地。与对照相比，苔藓结皮生长样地的土壤含水量、黏粒含量、粉粒含量和有机质含量分别增大 38.9%、4.8%、1.2%和 32.8%，而藻类结皮生长的样地，其土壤含水量、黏粒含量、粉粒含量和有机质含量分别增大 14.5%、3.7%、1.1%和 18.8%，而苔藓和藻类生长发育的样地，其土壤容重分别减小了 6.9%和 3.2%。

虽然在年尺度上，土壤性质具有明显的波动（表 2-16），但除土壤含水量以外，其他所有性质的变化都与时间之间没有确定性的关系，无论是苔藓、藻类结皮样地，还是对照样地，土壤容重、黏粒含量、粉粒含量及有机质含量在整个监测期内都没有显著的变化，而土壤含水量从 5 月初到 10 月初，大体上呈缓慢的上升趋势，虽然中间因降水的影响，出现了明显的突变，但苔藓结皮样地、藻类结皮样地和对照间土壤含水量的季节变化，存在一定的差异。

表 2-16　生物结皮样点表层（5 cm）土壤性质的季节变化

时间	结皮类型	含水量/%	土壤容重/（kg/m³）	黏粒/%	粉粒/%	有机质/（g/kg）
5 月 9 日	苔藓	5.3	1020	8.5	62.2	11
	藻类	4.8	1063	8.1	62.5	10
	对照	4.2	1079	8.0	61.6	9.0
6 月 3 日	苔藓	3.0	1010	8.4	62.7	11.5
	藻类	2.3	1069	8.3	62.1	10.0
	对照	1.7	1124	8.3	61.6	8.3
6 月 29 日	苔藓	7.2	1017	8.1	62.2	10.9
	藻类	6.1	1039	8.5	62.3	9.9
	对照	4.8	1067	8.3	61.6	8.1
7 月 25 日	苔藓	2.9	1038	8.1	62.1	10.8
	藻类	2.6	1072	8.9	62.1	9.6
	对照	2.1	1095	8.6	61.6	8.3
8 月 20 日	苔藓	6.1	1006	8.6	62.6	11.7
	藻类	2.1	1066	8.2	62.4	10.0
	对照	1.7	1125	8.1	61.6	8.1
9 月 15 日	苔藓	17.3	1040	8.5	62.4	10.6
	藻类	14.2	1070	8.5	62.2	9.9
	对照	13.0	1105	8.5	61.5	8.3
10 月 8 日	苔藓	24.7	1037	8.8	62.0	11.0
	藻类	22.7	1074	8.5	62.2	9.7
	对照	20.1	1130	8.2	61.5	8.0

在整个监测期内，所有土壤水力参数（S_0、S_3、K_s 和 WFD）都出现了不同程度的波动，变异系数为 1.1%～30.9%，属弱时间变异。统计分析结果表明。除了负压为 3 cm 时的土壤吸力参数 S_3 以外，其他土壤水力参数均具有显著的季节变化特征，主要受生物结皮类型和时间的共同影响。对于 0 cm 压力下的土壤吸力参数 S_0 和湿润锋深度 WFD 的季节变化，同时还受生物结皮类型及时间交互作用的显著影响（表 2-17）。

表 2-17　生物结皮类型、时间及其交互作用对土壤吸力参数影响的 *P* 值（GLM）

项目	S_0/（mm/min$^{0.5}$）	S_3/（mm/min$^{0.5}$）	K_s/（mm/min）	WFD/cm
结皮类型	0.00**	0.00**	0.00**	0.00**
时间	0.00**	0.12	0.00**	0.00**
结皮类型×时间	0.00**	0.85	0.25	0.00**

生物结皮类型显著影响 S_0、S_3、K_s 和 WFD 等土壤吸力参数，苔藓结皮样地、藻类结皮样地及裸地对照样地的 S_0、S_3、K_s 和 WFD，均差异显著，裸地对照的 S_0、S_3、K_s 和 WFD 均值最大，对于结皮生长发育的样地，土壤吸力参数随着结皮盖度的增大而减小（图 2-34），与裸地对照相比，苔藓结皮样地的 S_0、S_3、K_s 和 WFD 分别减小 31.4%、25.2%、39.0%和 22.7%，而藻类结皮样地的 S_0、S_3、K_s 和 WFD 分别减小 21.5%、18.2%、29.3%和 11.9%。

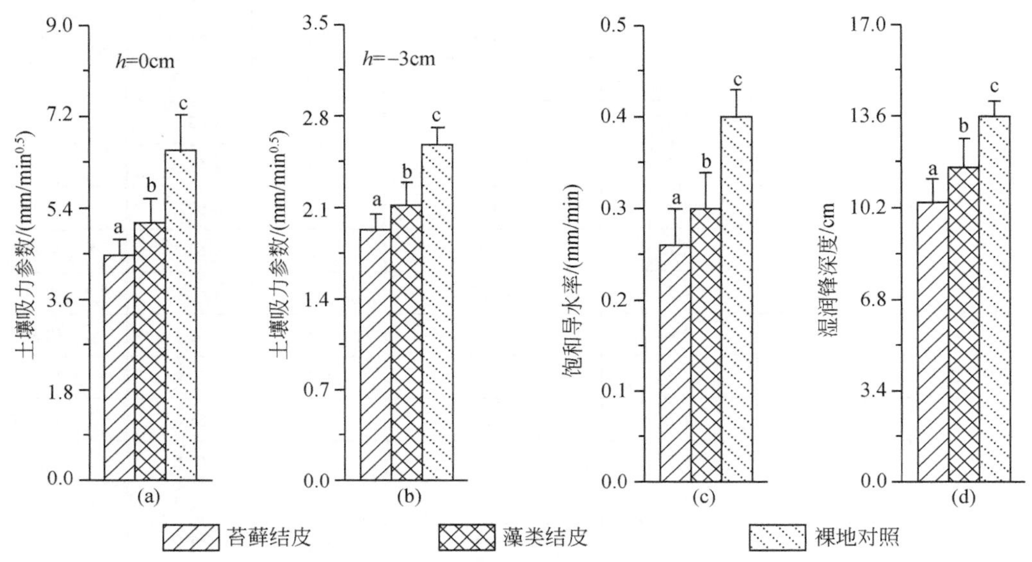

图 2-34　苔藓、藻类及对照样地土壤吸力参数对比

图中字母相同的为差异不显著，字母不相同为差异显著，下同

除负压为 3 cm 的土壤吸力参数以外，土壤水力参数的季节变化均受到时间的显著影响（图 2-35），对于苔藓结皮样地，不同土壤水力参数随时间呈现较为复杂的变化趋势，S_0 在整个监测期缓慢下降；从 5 月初到 7 月底，S_3 下降比较缓慢，随后缓慢增大，直到 8 月底，然后较为稳定直到监测期结束；从 5 月初到 6 月初，土壤饱和导水率轻微增大，随后缓慢减小，直到 9 月中旬，然后迅速增大，直到监测期结束；而从 5 月初到 6 月初，湿润锋深度相对比较稳定，随后迅速下降，直到 6 月底，然后比较稳定直到 9 月中旬，随后迅速增大，直到监测期结束。藻类结皮样地土壤水力参数的季节变化特征，与苔藓结皮样地比较类似，但变化幅度存在一定的差异。裸地对照样地土壤水力参数的季节变化，与生物结皮样地明显不同，土壤吸力参数 S_0 和 S_3 在整个监测呈现持续波动，而从 5 月初到 10 月初，饱和导水率和湿润锋深度，基本维持稳定（图 2-35）。

生物结皮对土壤水力参数的影响可以是直接的，也可以是间接的（图 2-36）。结构方程模型（SEM）可以很好地模拟生物结皮对土壤水力参数的影响（表 2-18），p 大于 0.77，均方根误差小于 0.001，NFI 和 GFI 大于 0.9，这些模型可以解释生物结皮样地土壤水力参数季节变化的 82%。

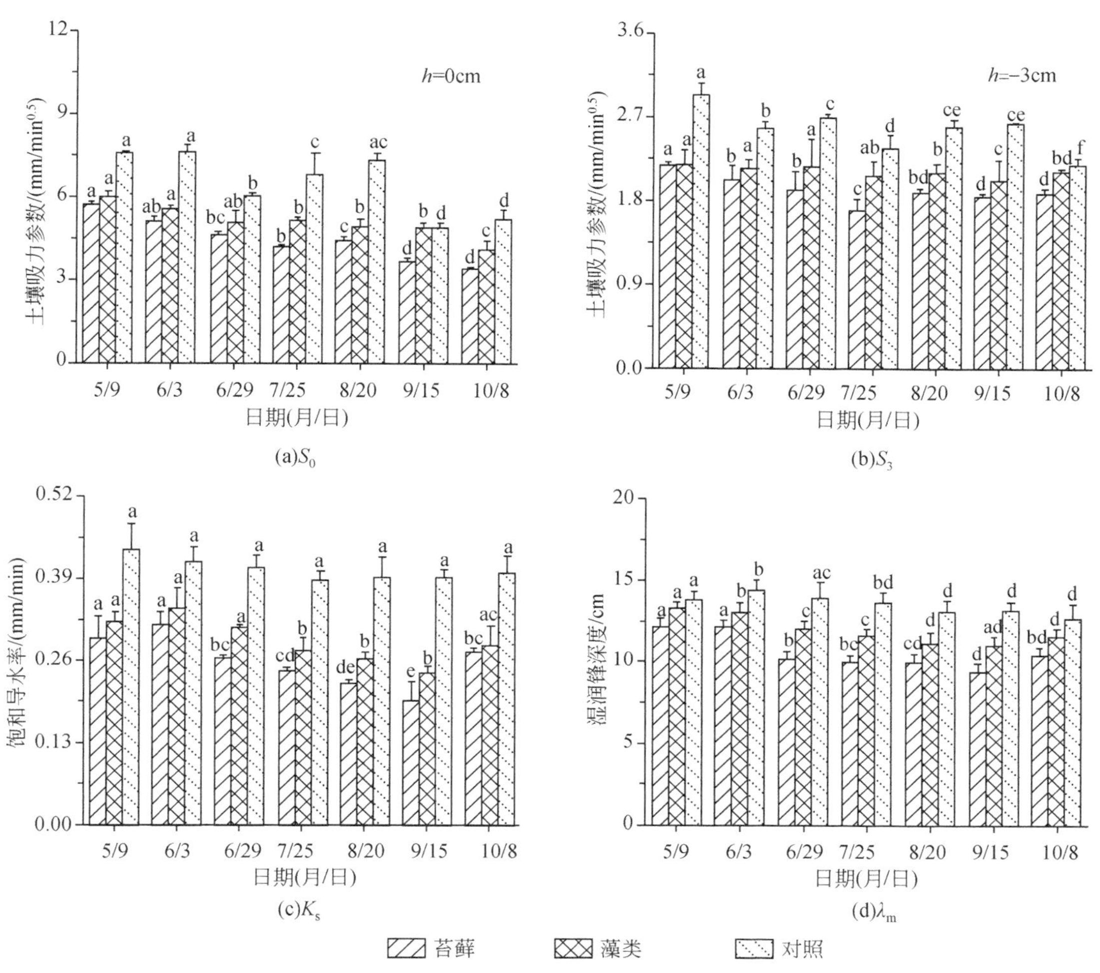

图 2-35　土壤水力参数季节变化（2015 年）

表 2-18　生物结皮样地结构方程模型模拟结果

结皮类型	土壤水力参数	生物结皮对含水量影响	含水量对水力参数影响	生物结皮对水力参数影响	生物结皮对黏粒的影响	黏粒对水力参数的影响	R^2
苔藓	S_0	0.45	−0.46**	−0.56**	0.59	−0.16	0.93
	S_3	0.45	−0.03	−0.76**	0.59	−0.23	0.87
	K_s	0.45	−0.27	−0.79**	0.59	−0.07	0.96
	WFD	0.45	−0.19	−0.86**	0.59	−0.00	0.94
藻类	S_0	0.55	−0.43*	−0.69**	0.58	−0.00	0.82
	S_3	0.55	−0.08	−0.59**	0.58	−0.39	0.84
	K_s	0.55	−0.27	−0.79**	0.58	−0.01	0.91
	WFD	0.55	−0.07	−0.90**	0.58	−0.09	0.97

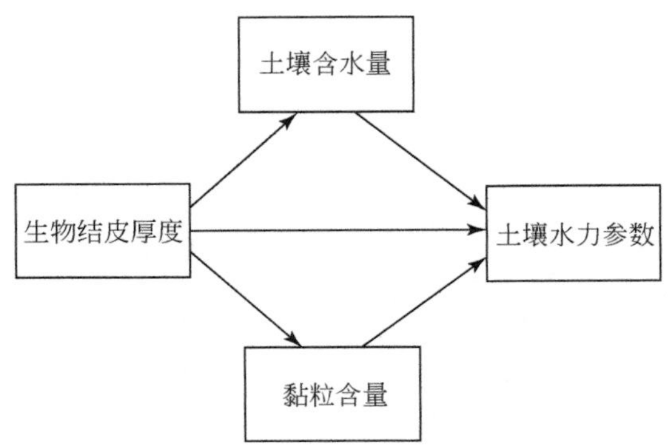

图 2-36 生物结皮对土壤水力参数影响示意图

表 2-19 给出了生物结皮厚度、土壤含水量、黏粒含量对土壤水力参数的直接影响和间接影响。对于苔藓结皮样地，生物结皮的生长发育，通过土壤含水量和黏粒含量的增加，对土壤吸力参数 S_0 具有显著的负面间接影响（−0.31），土壤含水量和黏粒含量对 S_0 具有负的直接影响，前者（−0.46）的影响明显大于后者（−0.16）。对于藻类结皮样地，生物结皮厚度、土壤含水量和黏粒含量对土壤吸力参数 S_0 的影响，与苔藓结皮样地基本一致（表 2-19）。生物结皮厚度及黏粒含量对土壤吸力参数 S_3、饱和导水率 K_s 及湿润锋深度 WFD 的影响，与其对 S_0 的影响类似。生物结皮厚度对土壤水力参数的影响，主要通过其直接作用实现（通径系数−0.90～−0.56），而其间接作用对土壤水力参数的影响比较微弱（通径系数−0.31～−0.09）。土壤含水量对土壤水力参数的直接影响为中等，而黏粒含量对土壤水力参数的直接影响比较微弱（表 2-19）。对于裸地对照样地，只有土壤性质影响其水力参数，在年尺度上，只有土壤含水量显著影响 0 cm 压力下土壤吸力参数 S_0 的季节变化，说明在没有人工扰动的裸地上，土壤水力参数的季节变化主要由土壤含水量的季节变化引起，与土壤性质没有直接关系。

表 2-19 结皮厚度、土壤含水量和黏粒含量对土壤水力参数的直接和间接影响

土壤水力参数	影响因素	苔藓			藻类		
		直接	间接	全部	直接	间接	全部
S_0	含水量	−0.46	—	−0.46	−0.43	—	−0.43
	黏粒含量	−0.16	—	−0.16	−0.00	—	−0.00
	结皮厚度	−0.56	−0.31	−0.87	−0.69	−0.24	−0.93
S_3	含水量	−0.03	—	−0.03	−0.08	—	−0.08
	黏粒含量	−0.23	—	−0.23	−0.39	—	−0.39
	结皮厚度	−0.76	−0.15	−0.91	−0.59	−0.27	−0.86
K_s	含水量	−0.27	—	−0.27	−0.27	—	−0.27
	黏粒含量	−0.07	—	−0.07	−0.01	—	−0.01
	结皮厚度	−0.79	−0.16	−0.95	−0.79	−0.15	−0.94
WFD	含水量	−0.19	—	−0.19	−0.07	—	−0.07
	黏粒含量	−0.00	—	−0.00	−0.00	—	−0.00
	结皮厚度	−0.86	−0.09	−0.95	−0.90	−0.09	−0.99

2.5　坡面径流水动力学特性对表土中枯落物出露的响应

枯落物是植物群落中植物的部分器官、组织因死亡而凋落并归还到土壤中，作为分解者和某些消费者物质和能量来源的有机物质总称（刘强和彭少麟，2010）。枯落物是植物群落重要的近地表组成成分，枯落物在截留降水、减少土壤水分蒸发、防止土壤溅蚀、阻滞地表径流、提高土壤抗蚀性和增加土壤入渗等方面具有重要意义。枯落物除可覆盖地表外，还可以通过多种途径与表层土壤混合（Sun et al.，2016），在降水侵蚀过程中出露地表，改变地表糙率和阻力特征，进而可能影响坡面径流水动力学特性。

2.5.1　试验材料与方法

试验在北京师范大学房山实验基地人工模拟降雨大厅内进行，试验水槽 2 m 长、1 m 宽，坡度可以根据实验需要调整，为了获得较为均匀的模拟降雨，试验水槽设置在两个降雨器的中间位置（图 2-37）。试验土壤为典型褐土，黏粒、粉粒和砂粒含量分别为 17%、34%和 49%，采集于附近农地表层，风干后过 10 mm 备用。

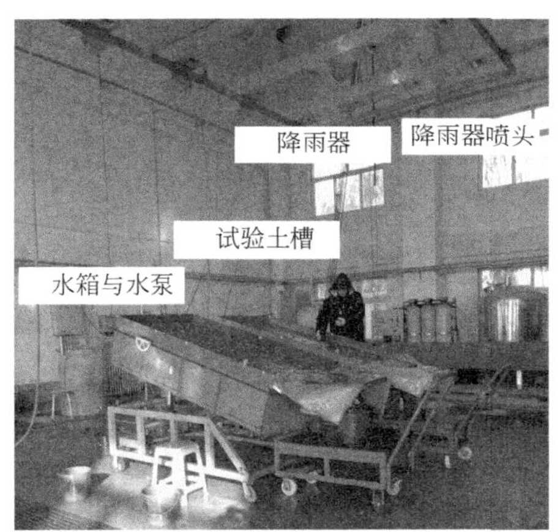

图 2-37　人工模拟降雨试验示意图

收集刺槐、油松、锦鸡儿和柳枝稷的枯落物（图 2-38），70%的枯落物由叶子组成，因而用枯落物中的叶子进行实验，分别代表阔叶、针叶、灌木和草本枯落物，具体特征见表 2-20。为了便于准确控制枯落物混合密度，构建了 4 种枯落物质量与盖度的指数函数（图 2-38）。

表 2-20　供试枯落物特征

枯落物类型	长度/cm	宽度/cm	单个叶片的面积/cm^2	单个叶片的质量/g
刺槐	4.45	2.09	7.57	0.0361
油松	8.71	0.15	1.31	0.0561
锦鸡儿	0.67	0.31	0.17	0.0023
柳枝稷	24.28	0.38	8.45	0.1104

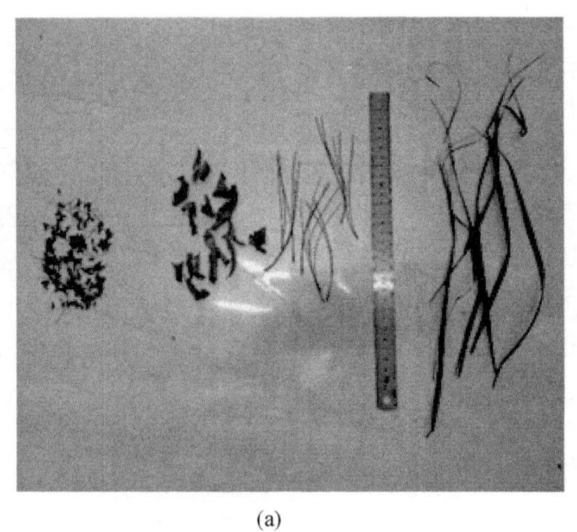

(a)

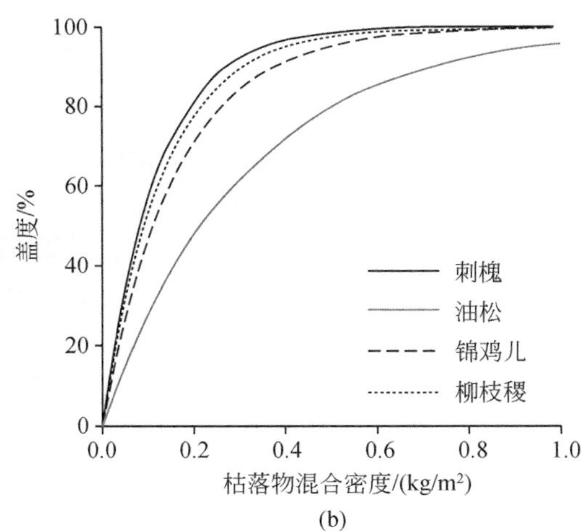

(b)

图 2-38 枯落物照片及混合密度与盖度指数函数

试验设计变量为枯落物混合密度、坡度和枯落物类型。枯落物混合密度为 0、0.05 kg/m^2、0.10 kg/m^2、0.20 kg/m^2、0.35 kg/m^2 和 0.50 kg/m^2，混合深度为表层 5 cm，坡度为 5°、10°、15°、20°和 25°。枯落物类型对坡面径流水动力学特性影响的试验，在坡度为 10°、混合密度为 0.20 kg/m^2 条件下进行。土壤和枯落物混合物的密度为 1.25 g/cm^3，混合层装填完毕后，在土槽上均匀撒水，使其含水量接近 20%，便于土壤与枯落物充分接触，放置 12 h，同时拍摄照片，计算出露枯落物的盖度。

试验采用的降雨器为槽式下喷降雨器（张光辉等，2007），降雨均匀性比较好（谢云等，2008），设计降雨强度为 80 mm/h，实际降雨强度每次试验后直接测定。降雨产流后持续降雨 60 min，记录产流历时，每隔 5 min 接收一次水沙全样，每 5 min 用染色法测定一次流速（在距小区上边缘 0.3 m 断面的不同位置重复 4 次，测流区长度为 1 m，取平均），试验过程中测定水温，计算雷诺数，根据径流流态修正获得平均流速，共进行了 76 场模拟降雨（Wang et al.，2019）。

地表随机糙率为地表高程的标准差，用照相法测定（Nouwakpo and Huang，2012），大体包括设置控制点、拍照、在 Photoscan 软件中处理数据并生成点云，以及在 ArcGIS 中生成 DEM4 个步骤，即可得到不同试验处理下的随机糙率。

为了分析土壤侵蚀过程对坡面径流水动力学特性的影响，将整个试验过程分为前期和后期两个部分，前期是指产流后 5～15 min，而后期是指产流后 50～60 min，后期和前期坡面径流水动力学参数的差异，即可视为土壤侵蚀过程对坡面径流水动力学特性的影响。

2.5.2 枯落物混合密度对坡面径流水动力学特性的影响

实际降雨强度为 80 mm/h，标准差为 7.8 mm/h。产流后前 10 min，径流流量迅速增大，20 min 达到相对稳定阶段，平均径流流量为 0.592～3.084 L/min，计算的径流深度为 0.21～0.73 mm，稳定入渗率为 0.15～0.70 mm/min，土壤侵蚀速率为 8.74～20.91 g/（m^2・min），枯落物出露盖度变化于 0～69%，与枯落物混合量显著相关（R^2=0.99），表 2-21 给出了不同枯落物混合密度条件下的径流深度、稳渗率、土壤侵蚀速率和枯落物出露盖度。

表 2-21　不同枯落物混合密度条件下出露盖度、径流深度、稳渗率和土壤侵蚀速率均值

枯落物混合密度/（kg/m^2）	0.00	0.05	0.10	0.20	0.35	0.50
枯落物出露盖度/%	0	9	18	32	49	61
径流深度/mm	0.29	0.28	0.34	0.38	0.46	0.36
稳渗率/（mm/min）	0.28	0.31	0.21	0.21	0.24	0.29
土壤侵蚀速率/［g/（m^2・min）］	35.26	32.71	33.51	31.17	32.10	30.08

在不同枯落物混合量和坡度条件下，径流雷诺数（*Re*）为 22～55（图 2-39），与野外枯落物覆盖条件下径流的雷诺数比较接近，说明径流属于典型的层流，然而径流雷诺数与枯落物混合密度间，并没有明显的相关关系，换言之，枯落物混合量及其在侵蚀过程中的出露，对坡面径流的雷诺数影响轻微，较小的雷诺数主要与径流小区长度较短、流量较小有关。径流弗劳德数（*Fr*）为 0.786～2.448，平均值为 1.541（图 2-40），大部分情况下，弗劳德数都大于 1，说明坡面径流多为急流。径流弗劳德数随着枯落物混合量的增大而减小，呈显著的指数函数（R^2=0.75）。弗劳德数是径流惯性力与重力的比值，弗劳德数随着枯落物混合密度增大而减小，说明随着枯落物出露量的增大，对径流的扰动加强，引起径流惯性力减小，从而导致弗劳德数下降。

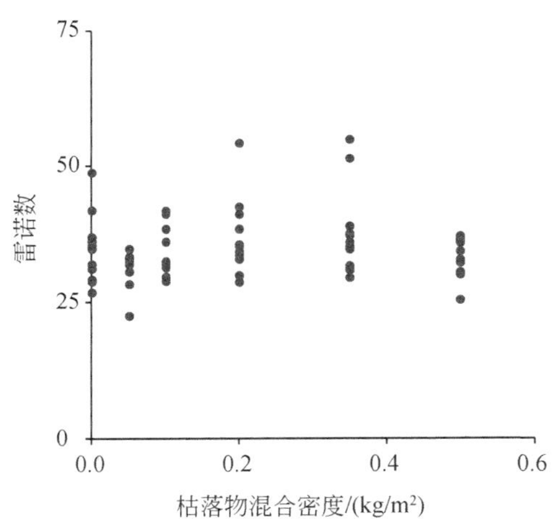

图 2-39　枯落物混合密度与雷诺数的关系

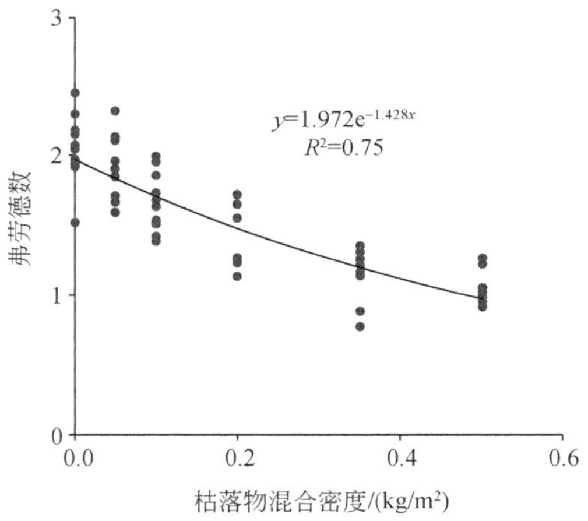

$y=1.972e^{-1.428x}$
$R^2=0.75$
弗劳德数
枯落物混合密度/(kg/m²)

图 2-40　枯落物混合密度与弗劳德数的关系

实测径流流速为 0.061～0.114 m/s，平均值为 0.089 m/s，在不同坡度条件下，径流流速均随着枯落物混合量的增大而呈指数函数减小（图 2-41），坡度为 5°、10°、15°、20°和 25°时，枯落物混合量与流速间指数方程的决定系数分别为 0.89、0.90、0.89、0.94 和 0.92。径流流速直接反映了坡面径流的动能，实测径流流速随着枯落物混合密度的增大而减小的结果说明，混合于表土中的枯落物，在降雨开始以及侵蚀过程中的出露，对坡面径流流速具有显著影响，导致坡面径流动能明显下降，随着降雨的持续，更多的枯落物将出露地表，地表糙率增大，阻力加强，则流速进一步下降，因而，随着降雨的持续，枯落物出露对坡面径流流速及动能的影响，就会更为强烈。

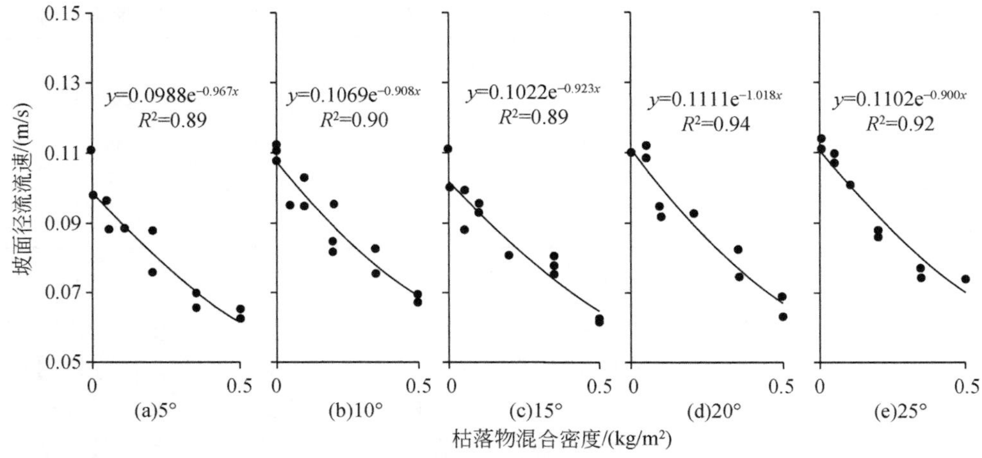

图 2-41　不同坡度下枯落物混合密度与坡面径流流速的关系

分析坡面径流阻力特征的变化，是揭示枯落物混合密度对坡面径流水动力学特性影响的基础。达西–韦斯巴赫阻力系数 f 为 0.184～3.330，随着枯落物混合密度的增大，呈显著的指数函数增大（图 2-42），当坡度为 5°、10°、15°、20°和 25°时，枯落物混合密度与阻力系数间指数方程的决定系数分别为 0.78、0.85、0.89、0.94 和 0.93，随着坡度的增大，枯落物混合密度与阻力系数间的关系更为紧密。与野外枯落物覆盖条件的阻力系数（1.59～31.17）相比，枯落物与表土混合及其随侵蚀过程的出露，对坡面径流阻力系数的影响相对较小。

枯落物与表土混合对坡面径流水动力学特性的影响，与侵蚀过程中枯落物的出露密切相关。随着枯落物出露量的增大，地表随机糙率增大，因而引起坡面径流阻力增大、流速减小。随着枯落物混合密度的增大，地表随机糙率呈线性函数增大，变化在 1.57～2.67 mm（图 2-43）。随着随机糙率的增大，地表水文连通性下降，径流流路发生变化，同时出露枯

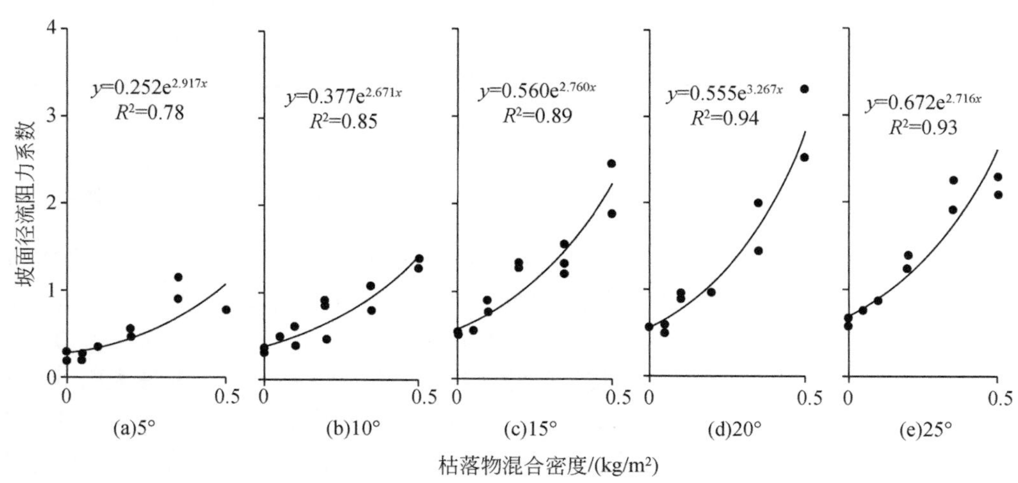

图 2-42　不同坡度下枯落物混合密度与坡面径流阻力系数的关系

落物对径流流动的阻碍作用也逐渐加强，其作用机理类似于前文论述的植被茎秆对坡面径流的影响。随着地表随机糙率的增大，阻力系数呈线性趋势增大（R^2=0.79），而坡面径流流速呈趋势函数减小（R^2=0.78）。

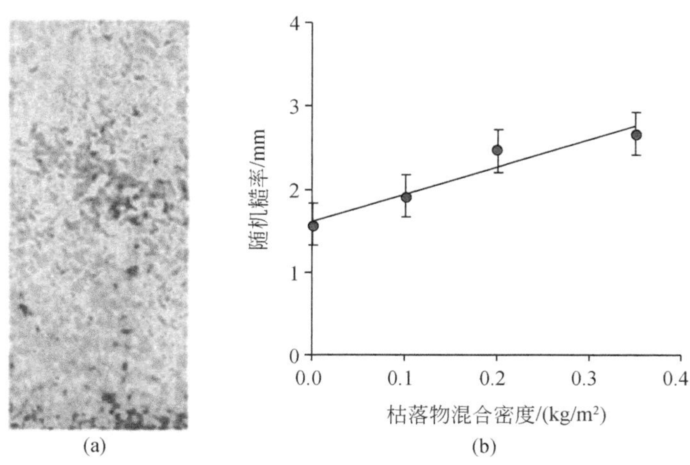

图 2-43　地表随机糙率随枯落物混合密度的变化

2.5.3　枯落物类型对坡面径流水动力学特性的影响

枯落物与表土混合对坡面径流水动力学特性的影响，可能与枯落物类型，即枯落物的形态特征密切相关。除了径流雷诺数以外，枯落物类型显著影响坡面径流的水动力学特性（表 2-22）。裸地、刺槐、油松、锦鸡儿和柳枝稷枯落物处理的平均弗劳德数分别为 2.03、1.40、1.31、1.53 和 0.82，与裸地对照相比，刺槐、油松、锦鸡儿和柳枝稷枯落物处理分别下降了 30%、35%、24%和 59%。枯落物类型显著影响坡面径流流速，与对照相比，刺槐、油松、锦鸡儿和柳枝稷枯落物处理的平均流速分别减小 24%、23%、14%和 45%。枯落物类型也显著影响坡面径流的阻力系数，裸地对照的平均阻力系数为 0.34，而刺槐、油松、锦鸡儿和柳枝稷枯落物处理下的平均阻力系数分别为 0.75、0.82、0.60 和 2.27。

表 2-22　枯落物类型对坡面径流水动力学特性的影响

水力学参数	对照	刺槐	油松	锦鸡儿	柳枝稷
雷诺数	53.25	55.67	52.00	53.00	50.00
弗劳德数	2.03	1.40	1.31	1.53	0.82
流速/（m/s）	0.11	0.08	0.08	0.09	0.06
阻力系数	0.34	0.75	0.82	0.60	2.27

枯落物类型对坡面径流水动力学特性的影响，与枯落物的形态特征及其出露量有关，前者由表 2-20 中的枯落物参数表示，而后者由地表枯落物盖度表征。弗劳德数和流速随着枯落物出露盖度的增大呈线性函数减小，而阻力系数随着枯落物出露盖度的增大呈指数函数增大（图 2-44），决定系数分别为 0.74、0.85 和 0.80。然而在本实验条件下，坡面径流水

动力学特性与枯落物形态特征间并没有显著的关系。枯落物的出露会截留、阻碍坡面径流流动，同时会改变径流流路，地表形态阻力增大，从而引起地表径流在坡面上的分布及其动力特性发生变化。

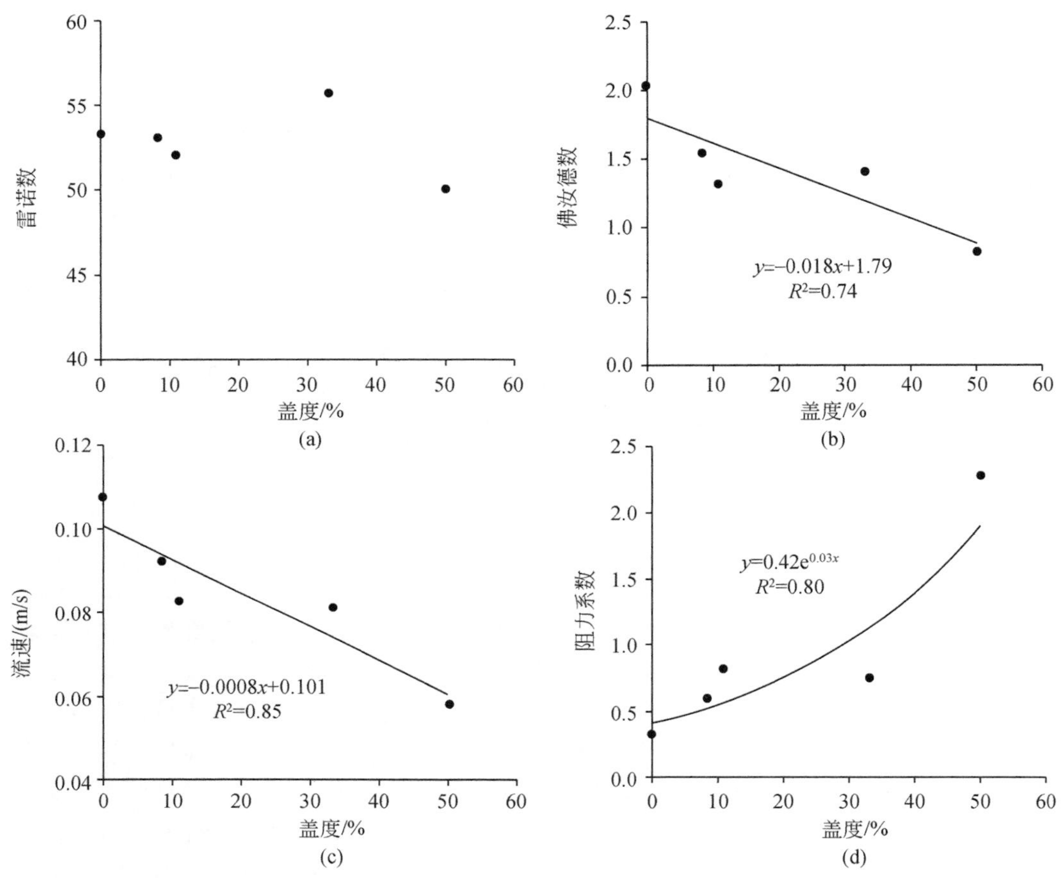

图 2-44　坡面径流水动力学特性随枯落物出露盖度的变化

2.5.4　枯落物对坡面径流水动力学特性影响随坡度的变化

任何水土保持措施的效益，均会随着坡度的增大而减小，当坡度达到一定值后，水土保持措施会失效。因此，从理论上讲，枯落物与表土混合对坡面径流水动力学特性的影响，也应该与坡度之间存在密切关系。但在本试验条件下，枯落物与表土混合对坡面径流水动力学特性的影响，并没有随着坡度的增大，出现趋势性的变化（图 2-45），说明枯落物与表土混合后，其对坡面径流水动力学特性的影响，与枯落物覆盖于地表对坡面径流动力过程的影响存在差异，作用机制更为复杂。在不同枯落物混合条件下，平均流速随坡度显著增大，坡面径流侵蚀动力加强，侵蚀加剧，导致坡面随机糙率增大，因而阻力系数显著增大。流速和阻力系数的增大是枯落物混合和坡度的综合作用，流速随着枯落物混合密度的增大呈指数函数增大，随坡度的增大呈幂函数增大：

$$V = 0.116e^{0.952\text{LIR}}S^{0.064} \qquad R^2 = 0.90 \tag{2-28}$$

式中，V 为坡面径流流速（m/s）；LIR 为枯落物混合密度（kg/m^2）；S 为坡度（m/m）。枯落物混合密度对流速的影响大于坡度，坡度和枯落物混合密度的标准回归系数分别为 0.208 和−0.928。

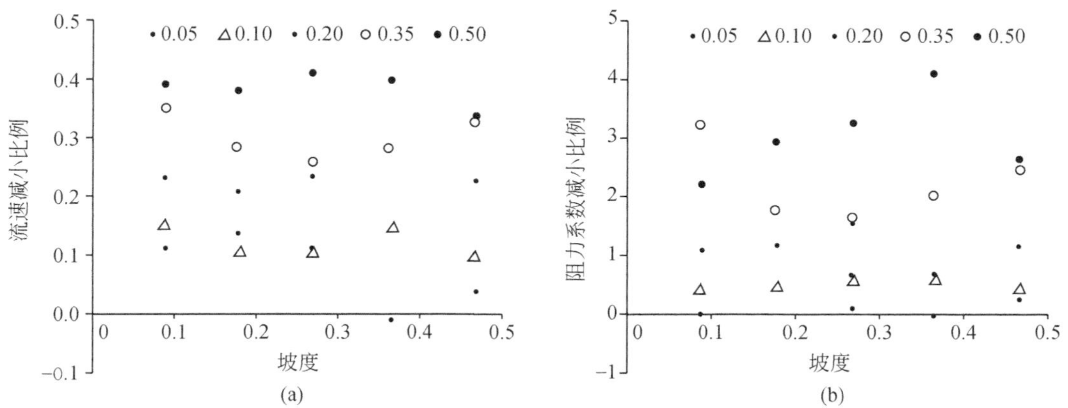

图 2-45　流速和阻力系数随着坡度的变化

而阻力系数随着枯落物混合密度和坡度的增大呈线性函数增大：

$$f = -0.184 + 2.886\text{LIR} + 2.212S \qquad R^2 = 0.81 \tag{2-29}$$

式（2-29）中，也是枯落物混合密度对阻力系数的影响大于坡度，它们的标准回归系数分别为 0.771 和 0.450。

2.5.5　枯落物对坡面径流水动力学特性影响随侵蚀过程的变化

虽然不同侵蚀阶段坡面径流水动力学特性的差异并不明显，但在部分坡面上，无论是流速，还是阻力系数变化都比较显著。当坡度较缓时（5°、10°和 15°），两个侵蚀阶段的流速变化为正值，说明流速随着侵蚀的发展，坡面径流流速在逐渐增大，而当坡度较陡时（20°、25°），流速变化与枯落物混合密度有关，当枯落物混合密度小于 0.20 kg/m^2 时，流速的变化为负，即随着侵蚀过程的延续，流速呈下降趋势，但仅在 25°坡面上，流速随枯落物的减小呈显著水平。说明侵蚀过程对坡面径流流速具有一定的影响，但其影响的程度与坡度有关（表 2-23）。

当坡度较小（5°）时，侵蚀阶段对阻力系数没有明显影响。当坡度为 10°和 15°时，随着枯落物混合密度的增大，两侵蚀阶段间阻力系数的变化从正值逐渐转变为负值。而坡度为 20°和 25°时，两侵蚀阶段间阻力系数的变化总为正值（表 2-24），平均分别为 0.275 m/s 和 0.341 m/s，流速减小的幅度随着枯落物混合密度的增大呈线性函数增大，决定系数分别为 0.85 和 0.97。说明当坡度较小时，侵蚀比较微弱，不同侵蚀阶段坡面形态特性（如随机糙率）的变化并不明显，所以对坡面径流的阻力特征也没有明显影响，但随着坡度的增大，侵蚀强度逐渐增大，随着侵蚀时间的延长，侵蚀对坡面形态特征影响的累积效应逐渐显著，从而引起阻力系数的增大，但侵蚀对坡面形态特征的影响又受到枯落物混合密度的控制，整体来说，随着枯落物混合密度的增大，土壤抗蚀性能加强，侵蚀对坡面形态特征的影响逐渐减小，因此，两侵蚀阶段间的阻力系数变化缩小。

表 2-23 不同枯落物混合密度和坡度条件下不同侵蚀阶段流速变化

坡度/（°）	流速变化/（m/s）					
	密度 0.00 kg/m^2	密度 0.05 kg/m^2	密度 0.10 kg/m^2	密度 0.20 kg/m^2	密度 0.35 kg/m^2	密度 0.50 kg/m^2
5	0.010	0.002	0.011	0.006	0.002	0.005
10	0.007	0.007	0.004	0.009	0.010	0.007
15	0.003	−0.003	0.000	0.006	0.003	0.013
20	0.000	0.001	−0.002	−0.001	−0.009	−0.002
25	0.010	0.013	0.005	0.000	−0.003	−0.006

表 2-24 不同枯落物混合密度和坡度条件下不同侵蚀阶段阻力系数变化

坡度/（°）	阻力系数变化					
	密度 0.00 kg/m^2	密度 0.05 kg/m^2	密度 0.10 kg/m^2	密度 0.20 kg/m^2	密度 0.35 kg/m^2	密度 0.50 kg/m^2
5	−0.009	0.040	−0.107	−0.091	0.051	−0.075
10	−0.003	0.034	−0.034	−0.083	−0.287	−0.204
15	0.043	0.266	0.074	−0.140	0.021	−0.523
20	0.085	0.075	0.154	0.161	0.609	0.567
25	0.036	−0.036	0.170	0.389	0.569	0.916

侵蚀阶段对坡面径流水动力学特性影响的物理机制包括以下几个方面：首先，随着降雨历时的增大，土壤入渗速率下降，坡面径流流量迅速增大并逐渐趋向于稳定，流量是最基本的坡面径流水动力学参数，流量增大自然会引起流速和径流深度的增大，下垫面颗粒阻力和形态阻力对坡面径流的影响逐渐减小；其次，随着侵蚀时间的延长，混合于表土中枯落物出露的比例就会越高，自然会引起地表糙率与形态阻力的增大，引起坡面径流流速和阻力系数的响应；最后，土壤侵蚀空间异质性会随着侵蚀时间的延长而加大，如果出现坡面细沟侵蚀，则土壤侵蚀空间异质性会更为明显，引起地表随机糙率的增大，降低径流的水文连通性，促使径流流速降低，阻力增大。不同侵蚀阶段坡面径流水动力学特性的变化，受这三个机制的共同影响，作用的大小随着降水特性、土壤性质、地形条件、植被类型、侵蚀类型及其空间分布等因素的变化而变化。

当坡度较缓时，土壤分离速率相对较小，地表糙率及枯落物出露的影响相对比较小，同时部分影响被径流流量增大的影响抵消，但当坡度较陡时，侵蚀非常强烈，地表糙率及枯落物出露的影响显著增大，此时，径流增大对坡面径流水动力学特性的影响，完全被地表糙率及枯落物出露的影响抵消，因而，流速出现减小而阻力呈现增大趋势。

2.6　退耕草地近地表特性对坡面径流流速的影响

对于退耕草地群落而言，植被茎秆、枯落物、生物结皮、根系系统，以及土壤理化性质等近地表特性同时并存，共同影响坡面径流的水动力学特性，那么，明确各近地表特性对坡面径流水动力学特性影响的相对大小，对于揭示植物群落对坡面水文过程及侵蚀过程影响的动力机制，具有重要的意义（易婷等，2015）。

2.6.1　试验材料与方法

试验在中国科学院安塞水土保持综合试验站墩山进行，选取撂荒 7 年、比较平整的坡面作为试验样地，植被盖度为 50%～60%，以茵陈蒿为主，伴生有艾蒿和胡枝子等，根系密度均值为 3.58 kg/m^3，枯落物蓄积量均值为 0.13 kg/m^2，土壤表层生长有藻类生物结皮，平均厚度为 3 mm，盖度为 70%。土壤为典型的黄绵土，质地为粉壤质，有机质含量为 11.3 g/kg。

选择具有代表性的样点，进行野外径流冲刷试验，试验装置由储水系统、流量调节系统、冲刷水槽、冲刷区和径流泥沙收集系统组成（图 2-46）。冲刷水槽长 3 m、宽 0.1 m，包括消能池和引流槽两部分，径流从消能池中以溢流形式进入引流槽，经过加速到达冲刷区时水流达到稳定，冲刷区长 1 m、宽 0.1 m。试验开始前将冲刷区充分湿润，然后按照设计流量（0.002 m^2/s、0.003 m^2/s、0.004 m^2/s、0.005 m^2/s 和 0.006 m^2/s）放水，在冲刷区内用染色法测定径流表面最大流速，然后根据水流流态进行修正，获得平均流速，试验过程中同时收集水沙样。试验设置 3 个处理和 1 个对照（表 2-25）。试验从处理 1 开始，依次为处理 2、处理 3，最后为处理 4。

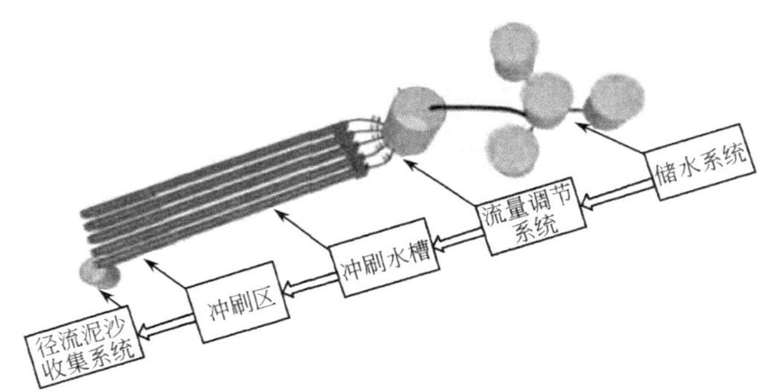

图 2-46　径流冲刷试验装置示意图

表 2-25　草地近地表特性对坡面径流流速影响的试验处理

处理	近地表特性	注解
处理 1（T_1）	茎秆-枯落物、生物结皮、根系系统	原状撂荒草地
处理 2（T_2）	生物结皮、根系系统	剪除植被茎秆、清除枯落物
处理 3（T_3）	根系系统	剪除植被茎秆、清除枯落物、清除生物结皮层
对照（T_4）	黄土母质	削去表层 30 cm 土层

各处理流速的变化计算如下：

$$V_{SL} = V_{T_2} - V_{T_1} \tag{2-30}$$

$$V_{BSC} = V_{T_3} - V_{T_2} \tag{2-31}$$

$$V_{R} = V_{T_4} - V_{T_3} \tag{2-32}$$

式中，V_{SL}、V_{BSC}、V_R 分别为茎秆-枯落物、生物结皮、根系系统引起的流速减小（m/s）；V_{T_1}、V_{T_2}、V_{T_3} 和 V_{T_4} 分别为处理 1、处理 2、处理 3 和处理 4 条件下的流速（m/s）。则退耕草地流速的变化为

$$V_{G} = V_{T_4} - V_{T_1} \tag{2-33}$$

式中，V_G 为退耕草地的流速变化（m/s）。

2.6.2 不同处理下坡面径流流速的变化

表 2-26 给出了不同处理下径流流速的统计特征值，在不同处理条件下径流最小流速为 0.162～0.526 m/s，最大流速为 0.390～1.072 m/s，平均流速为 0.275～0.828 m/s，标准差为 0.083～0.208，而变异系数为 0.213～0.301，属弱变异。

表 2-26 不同处理下径流流速的统计特征值

处理	最小值 /（m/s）	最大值 /（m/s）	平均值 /（m/s）	标准差 /（m/s）	变异系数
T_1	0.162	0.390	0.275	0.083	0.301
T_2	0.280	0.685	0.484	0.127	0.262
T_3	0.410	1.072	0.722	0.208	0.289
T_4	0.526	1.043	0.828	0.176	0.213

植被各近地表特性对坡面径流流速的影响比较明显，随着各近地表特性的依次增加，坡面径流逐渐减小，根系系统、生物结皮和茎秆-枯落物的出现，分别导致径流流速减小 12.8%、41.5%和 66.8%。流速的变化除与植被近地表特性有关外，也与流量密切相关，随着流量的增大呈幂函数增大（表 2-27），但在不同流量条件下，各近地表特性均显著影响坡面径流流速（图 2-47）。

表 2-27 不同处理下流速 V（m/s）与单宽流量 q（m^2/s）的关系

处理	回归方程	R^2	NSE
T_1	$V = 15.163q^{0.724}$	0.98	0.98
T_2	$V = 22.297q^{0.691}$	0.95	0.94
T_3	$V = 43.302q^{0.739}$	0.96	0.94
T_4	$V = 19.438q^{0.569}$	0.97	0.96

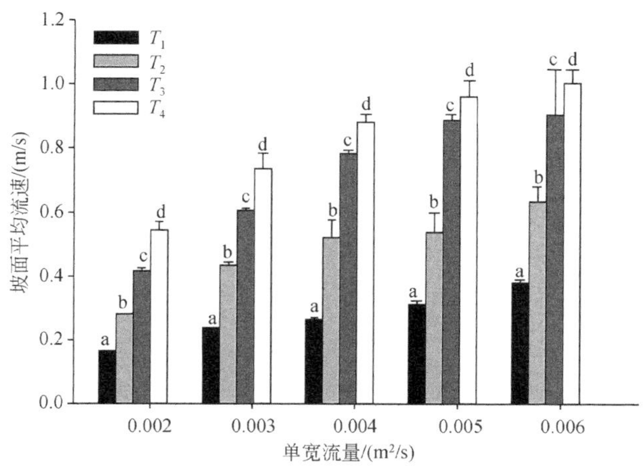

图 2-47 不同处理条件下流速与单宽流量的关系

2.6.3 茎秆-枯落物对坡面径流流速的影响

如前文所述，植物茎秆的生长发育，会阻挡坡面径流的流动、降低过水断宽度、局地增大径流紊动性耗能，从而增大径流阻力，降低径流流速。枯落物疏松多孔、具有很强的储水功能（栾莉莉等，2015），同时它覆盖地表，可以增大地表随机糙率，延阻径流流动，延长降水入渗时间，减少径流流量，从而引起坡面径流阻力增大，径流流速减小。因此，茎秆-枯落物的存在自然会引起坡面径流流速的下降，平均减小 0.209 m/s。茎秆-枯落物对坡面径流流速的影响，与径流流量大小有一定关系，当单宽流量为 0.002～0.004 m^2/s 时，茎秆-枯落物对流速的影响呈增大趋势，而当流量大于 0.004 m^2/s 时，茎秆-枯落物对坡面径流流速的影响趋于稳定，甚至出现了轻微的下降趋势，说明枯落物对径流流速的影响存在一定的流量阈值，当流量大于其阈值时，部分枯落物可能会随着径流漂移，其对径流的影响随之下降（图 2-48）。随着枯落物蓄积量的增大，枯落物的厚度增大，同时枯落物相互间的嵌套、叠加更为明显，则枯落物对径流的阻力增大，流速呈线性趋势减小（图 2-49）：

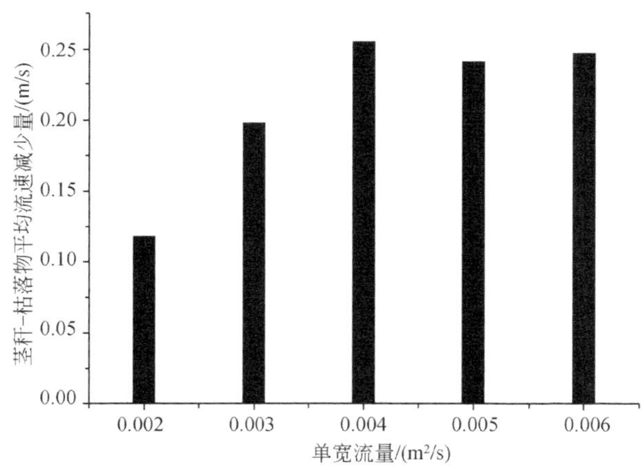

图 2-48 茎秆-枯落物对流速的影响与单宽流量间的关系

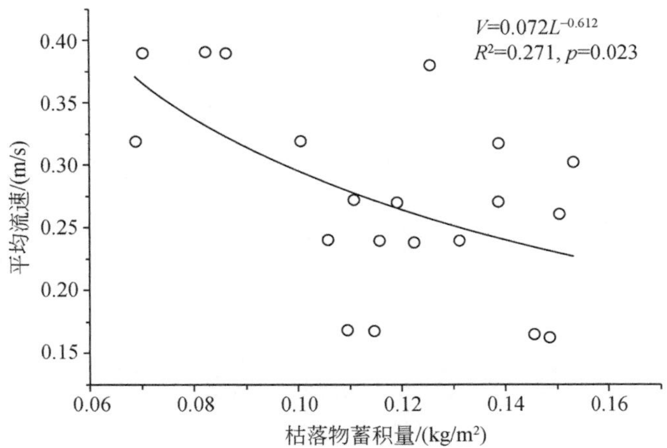

图 2-49　坡面径流平均流速与枯落物蓄积量的关系

$$V = 0.072L - 0.612 \qquad R^2 = 0.27 \tag{2-34}$$

式中，L 为枯落物蓄积量（kg/m^2）。

2.6.4　生物结皮对坡面径流流速的影响

如前文所述，生物结皮是典型的形态阻力，遇水后会迅速膨胀，增大地表糙率，同时它具有一定的吸收水分的能力，可以在一定范围内减小径流量，当然其遇水膨胀形成的致密层，不利于降水入渗，因而又具有增大坡面径流的潜力，具体的影响与生物结皮类型及盖度密切相关。

生物结皮的存在，增大了地表形态阻力，坡面径流流速减小，平均减小 0.238 m/s。与枯落物类似，生物结皮对坡面径流流速的影响也与流量相关，当单宽流量小于 0.005 m^2/s，生物结皮抑制坡面径流流速的功能随着流量的增大而增大，从 0.134 m/s 增大到 0.351 m/s，但当单宽流量大于 0.005 m^2/s 时，生物结皮降低径流流速的作用减弱（图 2-50）。对于黄土

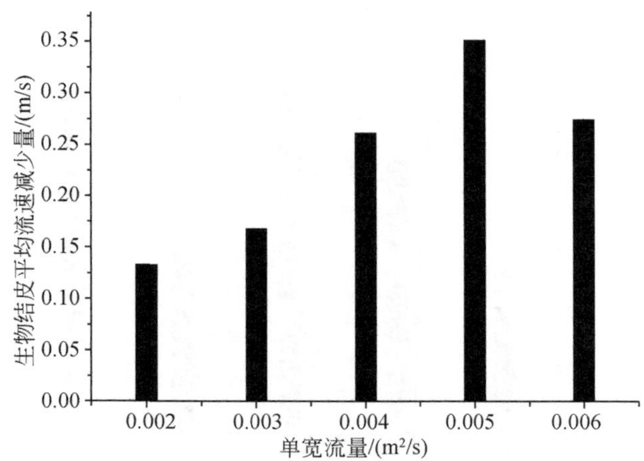

图 2-50　生物结皮对流速的影响随单宽流量的变化

高原的藻类结皮而言，其厚度比较小，在几个毫米的数量级上，当流量较小时，径流深度亦较浅，此时生物结皮对坡面径流的影响就比较明显，但当流量大于某个临界值后，生物结皮的厚度，相对径流深度比较小时，生物结皮对坡面径流流动的影响与黏性底层比较类似，随着流量的增大而减小。

2.6.5　根系系统对坡面径流流速的影响

根系是植物群落重要的组成部分，具有强大的水土保持功能。根系的生长发育，尤其是主根系的快速生长，会挤压、穿插土壤，形成较大的裂隙或大孔隙，这些裂隙或大孔隙是优先流发育的良好条件，从而促进降水入渗，减少径流流量。根系系统总是处在生长、死亡的动态变化过程，死亡的大根系，会在土体中形成大孔隙，从而促进土壤入渗，而较细的须根死亡后，会增加土壤有机质含量，改善土壤结构，提升土壤入渗性能，促进降水入渗，减少径流流量。在土壤侵蚀作用下，部分表土可能随径流流速，分布在表层土壤中的植物根系就会出露地表，阻碍径流流动、分散径流、降低径流水文连通性，增大径流流动阻力。无论是径流流量的减小，还是坡面径流阻力的增大，都会导致径流流速的减小。

根系系统显著降低径流流速，平均减小 0.106 m/s，主要由侵蚀过程中表土中根系系统的出露引起。根系系统对坡面径流流速的影响，也与流量有一定关系，随着流量的增大呈现先减小再增大的变化趋势（图 2-51）。当单宽流量小于 0.004 m^2/s 时，随着流量的增大，根系系统对流速的影响呈减小趋势，可能与坡面径流流量较小时，其侵蚀动力有限，根系出露量较小，对流速的整体影响均较小，而当流量增大到一定值后，其侵蚀能力迅速加强，表土中根系的出露量增大，则根系对坡面径流流速的影响迅速增大。根系系统对坡面径流流速的影响，也与表土中根系的数量大小、分布特征及其直径密切相关，随着表土中根系质量密度的增大，坡面径流流速呈幂函数减小（图 2-52）：

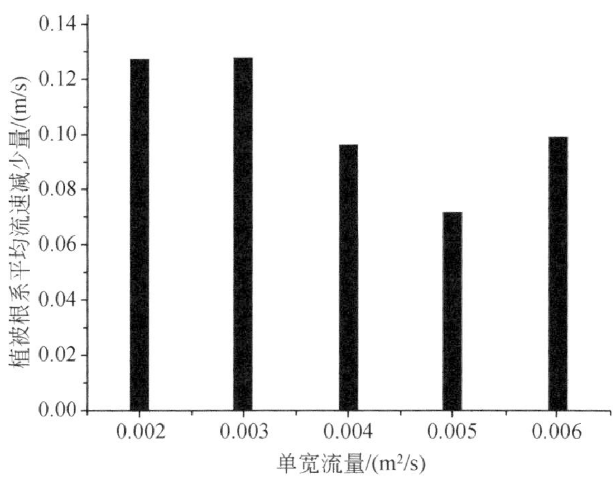

图 2-51　根系系统对流速影响随单宽流量的变化

$$V = 1.450\text{RMD}^{-0.594} \qquad R^2 = 0.47 \tag{2-35}$$

式中，RMD 为根系质量密度（kg/m^3）。

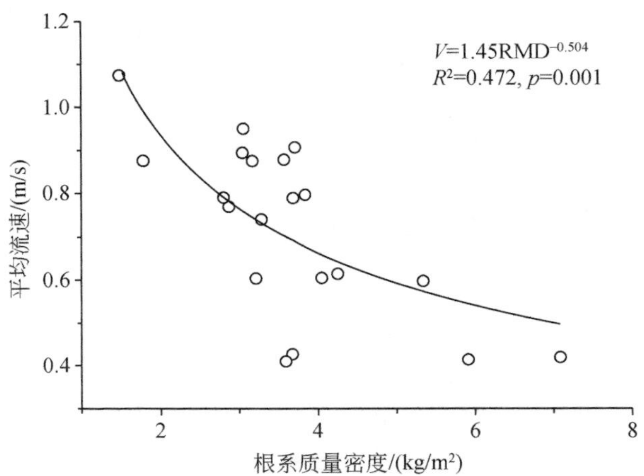

图 2-52　坡面径流平均流速与根系质量密度的关系

植物群落近地表层特性对坡面径流水动力学特性的影响，通过水文过程和侵蚀过程两个方面实现，随着植物群落的类型、结构，以及气候、地形、土壤等因素的变化而变化，随着植被恢复年限的延长，植物群落对坡面水文及侵蚀过程的影响逐渐加强，植物群落各近地表特性，诸如植物茎秆、生物结皮、枯落物及根系系统，对坡面径流水动力学特性影响的相对大小，也会随着发生变化。随着植被恢复年限的延长，植物群落对土壤性质的影响也在逐渐加强，反过来，土壤性质的变化又会影响坡面水文过程、侵蚀过程及生物过程，进一步引起坡面径流水动力学特性的改变，因此，植物群落近地表特性对坡面径流水动力学特性的影响，是个非常复杂的、动态的过程，涉及地表的物理、化学和生物过程，需要开展更为深入、系统、长期的研究。

参 考 文 献

曹颖，张光辉，唐科明，等. 2010. 地表模拟覆盖率对坡面流阻力的影响. 水土保持学报，24（4）：86-89

曹颖，张光辉，唐科明，等. 2011. 地表覆盖对坡面流流速影响的模拟试验. 山地学报，29（6）：654-659

刘强，彭少麟. 2010. 植物凋落物生态学. 北京：科学出版社

栾莉莉，张光辉，孙龙，等. 2015. 黄土丘陵区典型植被枯落物持水性能空间变化特征. 水土保持学报，29（3）：225-230

栾莉莉，张光辉，王莉莉，等. 2016. 基于水流功率的坡面流挟沙力模拟. 泥沙研究，（2）：61-67

王浩，张光辉，刘发，等. 2015. 黄土丘陵区生物结皮对土壤入渗的影响. 水土保持学报，13（5）：117-123

谢云，林小鹃，刘英娜，等. 2008. 槽式摆喷头下喷式人工模拟降雨机的雨强及其空间分布律. 水土保持通报，28（4）：1-6

易婷，张光辉，王兵，等. 2015. 退耕草地近地表层特征对坡面流流速的影响. 山地学报，33（4）：257-266

张光辉，刘宝元，李平康. 2007. 槽式人工模拟降雨机的工作原理与特性. 水土保持通报，27（6）：12-17

朱良君，张光辉，李振炜，等. 2015. 一种基于线结构光技术的细沟形态测量系统. 山地学报，33(6)：770-776

Ameen W. Al-Ahmari A M，Mian S H. 2018. Evaluation of handheld scanners for automotive application. Applied Science，8（2）：217-232

Angulo-Jaramillo R，Vandervaere J P，Roulier S，et al. 2000. Field measurement of soil surface hydraulic properties by disc and ring infiltrometers：A review and recent developments. Soil & Tillage Research，55（1）：1-29

Belnap J，Gardner J S. 1993. Soil microstructure in soils of the Colorado Plateau：The role of the cyanobacterium Microcoleus vaginatus. Western North American Naturalist，53（1）：40-47

De Roo A P，Wesseling C G，Ritsema C J. 1996. LISEM：A single-event physically based hydrological and soil erosion model for drainage basins：I：theory，input and output. Hydrological Processes，10（8）：1107-1117

Ding W F，Huang C H. 2017. Effects of soil surface roughness on interrill erosion processes and sediment particle size distribution. Geomorphology，295：801-810

Hu S X，Abrahams A D. 2005. The effect of bed mobility on resistance to overland flow. Earth Surface Processes and Landforms，30：1461-1470

Hu S X，Abrahams A D. 2006. Partitioning resistance to overland flow on rough mobile beds. Earth Surface Processes and Landforms，31：1280-1291

Julien P Y. 2002. River Mechanics. West Nyack：Cambridge University Press

Li G. 2009. Preliminary study of the interference of surface objects and rainfall in overland flow resistance. Catena，78：154-158

Liu F，Zhang G H，Sun L，et al. 2015. Effects of biological soil crusts on soil detachment process by overland flow in the Loess Plateau of China. Earth Surface Processes and Landforms，41：875-883

Luk S H，Merz W. 1992. Use of the salt tracing technique to determine the velocity of overland flow. Soil Technology，5（4）：289-301

Morgan R P，Quiton J N，Smith R E，et al. 1998. The European soil erosion middle （EUROSEM）：A dynamic approach for predicting sediment transport from fields and small catchments. Earth Surface Processes and Landforms，23：527-544

Nearing M A，Foster G R，Lane L J，et al. 1989. A process-based soil erosion model for USDA-water erosion prediction project technology. Transactions of the American Society of Agricultural Engineers，35（5）：1587-1695

Nouwakpo S K，Huang C H. 2012. A simplified close-range photogrammetric technique for soil erosion assessment. Soil Science Society of America Journal，76：70-84

Romkens M J，Wang J Y. 1986. Effect of tillage on surface roughness. Transactions of the American Society of Agricultural Engineers，29：429-433

Sharma P P，Gupta S C，Foster G R. 1993. Predicting soil detachment by raindrops. Soil Science Society of America Journal，57：674-680

Sun L，Zhang G H，Liu F，et al. 2016. Effects of incorporated plant litter on soil resistance to flowing water erosion in the Loess Plateau of China. Biosystems Engineering，147：238-247

Wang H，Zhang G H，Liu F，et al. 2017a. Effects of biological crust coverage on soil hydraulic properties for the Loess Plateau of China. Hydrological Processes，31：3396-3406

Wang H，Zhang G H，Liu F，et al. 2017b. Temporal variations in infiltration properties of biological crusts covered soils on the Loess Plateau of China. Catena，159：115-125

Wang L J，Zhang G H，Wang X，et al. 2019. Hydraulics of overland flow influenced by litter incorporation under extreme rainfall. Hydrological Processes，33：737-747

Yu B F，Rose W，Ciesolka C A，et al. 1997. Toward a framework for runoff and soil loss prediction using GUEST technology. Australian Journal Soil Research，35（5）：1191-1212

Zhang G H，Liu B Y，Liu G B，et al. 2003. Detachment of undisturbed soil by shallow flow. Soil Science Society of America Journal，67：713-719

Zhang G H，Liu Y M，Han Y F，et al. 2009a. Sediment transport and soil detachment on steep slopes：I. Transport capacity estimation. Science Society of America Journal，73：1291-1297

Zhang G H，Liu Y M，Han Y F，et al. 2009b. Sediment transport and soil detachment on steep slopes：II. Sediment feedback relationship. Science Society of America Journal，73：1298-1304

Zhang G H，Shen R C，Luo R T，et al. 2010. Effects of sediment load on hydraulics of overland flow on steep slopes. Earth Surface Processes and Landforms，35：1811-1819

Zhang G H，Xie Z F. 2019. Soil surface roughness decay under different topographic conditions. Soil & Tillage Research，187：92-101

Zhao Y E，Qin N，Weber B，et al. 2014. Response of biological soil crusts to raindrop erosivity and underlying influences in the hilly Loess Plateau region，China. Biodiversity Conservation，23：1669-1686

第 3 章　生物结皮对土壤分离过程的影响

生物结皮是重要的近地表特性，广泛分布于全球不同的环境条件下。生物结皮不但显著影响土壤水力特性，进而影响坡面水文过程及坡面径流水动力学特性，而且生物结皮的生长发育，会显著影响土壤理化性质，进一步影响土壤分离过程。在干旱和半干旱地区，受气候特性的综合影响，生物结皮生长具有明显的季节变化特征，引起土壤分离过程的响应。生物结皮的生长发育，覆盖于地表会增大坡面径流的阻力，同时其假根和菌丝在表层土壤中的分布，可通过物理捆绑与化学吸附作用，增加土壤抗蚀性能，但覆盖作用及物理捆绑与化学吸附作用的相对大小，可能随着生物结皮的类型、盖度而发生变化。

3.1　生物结皮及其对土壤性质的影响

生物结皮（biological soil crust，BSC）是土壤表层微小颗粒被细菌、蓝藻、硅藻或绿藻、微小真菌、地衣和苔藓植物以及非维管束植物，利用菌丝体、假根和分泌物胶结形成的团聚结构，其厚度为 3～10 mm，有时可达 35 mm（Eldridge and Greene，1994；李新荣等，2001）。生物结皮广泛分布于陆地多种生态环境，显著影响土壤理化性质，进而引起土壤抗蚀性能的响应。

3.1.1　生物结皮的类型

生物结皮是在隐花植物和真菌等微生物参与下形成的，微生物和隐花植物是生物结皮的重要组成成分，对生物结皮的形成和功能起到十分重要的作用。生物结皮通过菌丝、假根、丝状体等捆绑土壤颗粒，同时分泌多糖物质胶结细小的土壤颗粒。与水滴击溅过程形成的物理结皮相比，生物结皮会显著提升地表覆盖，增加土壤孔隙度，为无脊椎动物的生长发育提供便利条件。

生物结皮的分类多种多样，可以从生物结皮的形态、功能和种类组成等多个角度进行分类。Eldridge 和 Greene（1994）根据生物结皮在土壤中的分布位置，将生物结皮分为地上、地表、地下三类。根据生物结皮的形态特征，Belnap（2006）将生物结皮分为多皱型、光滑型、波动起伏型和尖塔型。上述分类体系，对野外考察及生物结皮的快速识别具有重要的指导意义，但在研究生物结皮生态水文及其水土保持功能时很少使用，此时主要根据生物结皮群落中的优势生物组成或演替阶段进行分类，如藻类结皮、地衣结皮、苔藓结皮，或藻类-藓类混生结皮、地衣-藓类混生结皮等（李新荣等，2009）。

藻类结皮是分布最广泛的微生物，在湿润环境下藻类结皮呈深色。藻类结皮分泌的多糖物质可以黏结土壤颗粒，在土壤地表形成一层致密的无机层，增加土壤硬度，提高土壤抗蚀性能。随着丝状藻类的生长发育，其丝状体能够通过缠绕和捆绑土壤颗粒，显著提升土壤稳定性。从生物结皮演替阶段而言，藻类结皮处于生物结皮演替的初级阶段，随着时间的延长，局地的立地条件得到明显改善，驱使藻类结皮逐渐向地衣或苔藓等高级结皮演替（刘法，2016）。地衣结皮是真菌和藻类的共生体，其中藻类可以通过光合作用为真菌提供能量，而真菌则会保护光合细胞，使得地衣结皮维持一定的形态和湿度。不同的真菌和藻类组合可以形成不同的地衣，使得其外形、颜色和大小变化多端。假根和菌丝体等地衣结皮的支撑结构，可以向下穿入土壤层，将土壤颗粒紧密地捆绑在一起，形成稳定的地衣结皮系统。苔藓结皮属于小型非维管植物，在阴湿的环境中叶片呈绿色，极易辨别。苔藓结皮没有维管束和完整的根系组织，但生长有大量假根，可以向下穿入土壤层，形成致密的地下假根系统，支撑苔藓结皮的地上组织，提升土壤稳定性（Belnap，2006）。生物结皮的生长发育具有显著的时空变化特征，随着时间的延长，生物结皮会逐渐改善土壤理化性质，驱使局地的立地条件得以改善，从而导致混生结皮的出现。藻类与真菌的共生，将生物结皮黏结在一起。藻类和苔藓结皮是干旱和半干旱地区植被恢复与演替过程中最常见的先锋植物，也是生物量积累最多的两种生物结皮。

3.1.2 生物结皮的空间分布及其影响因素

生物结皮广泛分布于全球大多数土壤类型和生态系统中（图 3-1），具有极强的耐干旱和耐极端气候的能力，使得生物结皮可以在微管植物稀少的环境下生长发育。生物结皮是干旱、半干旱、半湿润、高山、极地等恶劣环境下地表的主要覆被物，占全球陆地面积的40%以上。生物结皮的分布具有典型的空间尺度变异性，在较大的区域尺度上，气候和生境是决定生物结皮分布的关键因素；在流域尺度上，海拔、地貌、坡向、降水等是影响生物结皮空间分布的核心因素；在坡面等小尺度上，地形、维管植物、土壤性状、扰动强度等是控制生物结皮空间分布的重要因素（Li et al.，2010）。

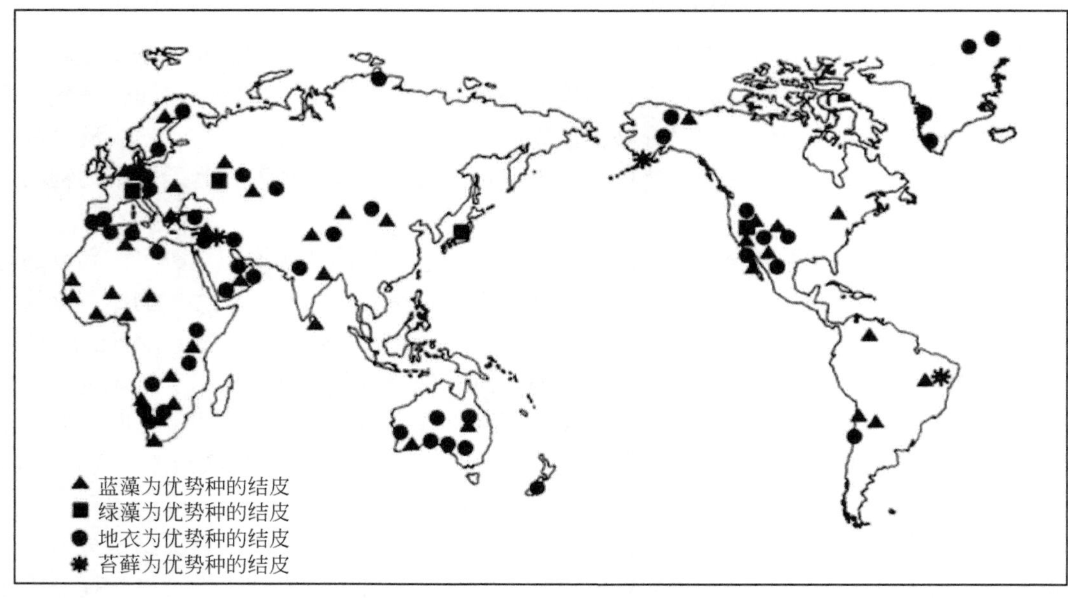

图 3-1　典型生物结皮的全球分布

影响生物结皮空间分布的主要因素包括：降水量、地形条件、海拔、土壤性质、微管植物及扰动强度等。降水量显著影响生物结皮的空间分布，只有在湿润条件下，生物结皮有机体的生理代谢活动才比较活跃。藻类结皮在以夏季降水为主的季风气候区广泛分布，而地衣结皮的生长发育较少。受生理特点的影响，地衣结皮主要分布于光照强度较低、降水集中在秋冬季节的地区。与低等的藻类和地衣结皮相比，高等的苔藓结皮对水分的要求较高，只能生长在较为湿润的环境条件，因此，苔藓结皮主要分布在降水量比较大、气候湿润的地区。

地形条件是影响生物结皮空间分布的重要因素，坡度越大降水入渗越小、土壤含水量越小，越不利于生物结皮特别是高等级生物结皮的生长发育。坡向不同，会影响太阳辐射、降水量、坡面坡度、植物群落、土壤水分蒸发与蒸腾等过程，一般而言，在北半球特别是中纬度和高纬度地区，阴坡相对比较潮湿，而阳坡比较干燥，使得阴坡与阳坡的生物结皮类型及其生长状况存在显著差异。随着海拔的增大，气温下降，在一定的海拔范围内，降水量会随着海拔的升高而增大，但当海拔超过一定范围时，降水量随着海拔的升高而降低。海拔变化对气候的影响，是海拔对生物结皮生长发育及其空间分布影响的物理本质，一般而言，中海拔地区（1000～2500 m）生物结皮的生长发育明显弱于低海拔地区（1000 m 以下），前者的盖度显著小于后者。

土壤类型与质地是影响土壤养分及其水文功能的重要因素，土壤养分及水分含量的局地差异，是影响生物结皮群落组成及其生长发育的关键因子。对于黏粒含量较高、结构稳定的土壤而言，其持水性能较强，因而生物结皮的生长明显优于质地较粗的土壤。对于结构不稳定、质地较粗的土壤，因其持水性能较弱，苔藓结皮和地衣结皮仅能零星分布在植被遮阴的近地表。土壤黏粒含量与苔藓结皮盖度呈显著的正相关，而与藻类结皮盖度呈显著的负相关。在砂粒含量较高质地较粗的土壤上，藻类结皮生长较为旺盛，而苔藓结皮和地衣结皮只能在植被冠层下少量分布。与土壤物理性质类似，土壤化学性质同样显著影响生物结皮组成与生长发育。低等级的藻类结皮在 pH 较高的土壤上分布较多，可能与二氧化碳的富集机制有关，藻类结皮可以利用 HCO_3^- 作为固碳的资源。土壤 pH 对地衣结皮生长发育影响并不明显，在不同 pH 土壤上都分布有地衣结皮。在结构较为稳定的土壤上，生物结皮分布较为广泛且生长旺盛。

与高大的维管植物相比，生物结皮对养分、水分的竞争处于劣势，因而其向上生长的能力有限，在生境条件较好的地区，生物结皮的生长发育受到维管植物的制约。而在干旱与半干旱、高纬度、高海拔等生境恶劣的地区，维管植被稀疏，利于生物结皮的生长发育。高大维管植物的生长发育，会改变光照、水分、风速及土壤养分等局地环境条件，进而影响生物结皮的生长发育。在干旱、半干旱地区，较湿润的立地条件下（植株下，较薄的枯落物层下）结皮的丰富度较高。在干旱与半干旱地区，植被恢复可以保护生物结皮，避免阳光直接照射，改善土壤水分及养分等立地条件，因而在植株冠层或较薄的枯落物层下面，生长有大量的生物结皮。因此，干旱与半干旱地区的大面积植被恢复，会为生物结皮的生长发育创造良好的生活环境，促进生物结皮的生长与演替。

生物结皮个体矮小、结构脆弱，因而对外界的扰动非常敏感（Chamizo et al.，2012）。农耕地是人类扰动最频繁的土地利用方式，因而很少有生物结皮的生长发育，而人类扰动较少的植物群落，则利于生物结皮的生长发育。干扰会导致生物结皮生长状况及群落组成发生变化。长期干扰的地表主要以藻类结皮为主，而扰动较少的植物群落则以高等级的地衣和苔藓结皮为主。对于森林系统而言，伐木、道路修建、火灾、沟蚀、崩塌及滑坡等，都会引起生物结皮群落结构的巨大变化。

3.1.3 生物结皮对土壤性质的影响

生物结皮的生长发育会显著影响表层土壤的理化性质。土壤质地（texture）是土壤中黏粒、粉粒及砂粒的多少比例关系，是影响土壤水文、土壤水力特性的关键参数，与土壤的入渗能力、持水性能、导水性能、可蚀性等密切相关。藻类的蓝藻鞘、突出的苔藓茎和地衣菌体，都会增加地表糙率，抑制坡面风蚀和水蚀的发生或降低其强度，捕获风沙中的黏粒和粉粒，有效抑制地表粗化过程，加快成土过程，增加土壤粉粒和黏粒含量。地表糙率的增大，自然会引起坡面水文过程与土壤水力特性的响应，进而影响土壤侵蚀过程，导致土壤性质发生相应的变化。

如前文（第 2 章）所述，生物结皮具有显著的遇水膨胀性能，膨胀高度与生物结皮的类型及其盖度密切相关。当生物结皮盖度足够大时，其吸水膨胀自然会阻塞土壤孔隙，降低土壤孔隙度，高等级的苔藓结皮更为明显。藻类结皮以丝状体形式分布于地表，会在地表留下足够空隙，因而藻类结皮阻塞土壤孔隙的能力相对较差。由藻丝聚合的团聚体在高强度降水打击作用下会发生破裂，从而阻塞部分土壤孔隙。与藻类相比，地衣和苔藓的地表生物量非常大，部分甚至全部覆盖地表，可以有效消减降水动能，保护土壤团聚体。

土壤中无脊椎动物的活动可以促进土壤孔隙、特别是大孔隙形成和发育。生物结皮是很多土壤无脊椎动物的食物来源，土壤中无脊椎动物的多样性和多度随着生物结皮生物量的增大而增大，从而提升土壤孔隙度（Eldridge，2003）。同时生物结皮丰富的菌丝体及其支持结构可有效改善土壤孔隙结构。

土壤容重（bulk density）是指单位体积土壤的质量，是表征土壤紧实度的重要指标，主要受土壤机械组成、团聚体数量及其密度、孔隙度，以及有机质含量的影响。土壤容重显著影响土壤水文、水力、侵蚀及生物等过程。土壤入渗速率随着土壤容重的增大而迅速减小，土壤持水能力随着土壤容重的增大而减小，而土壤抗蚀性能随着土壤容重的增大而增强。生物结皮的生长发育，会通过固碳作用增加土壤有机质含量，引起土壤容重下降。同时生物结皮对土壤孔隙度的影响，会直接引起土壤容重的变化。但与植被根系的影响不同，生物结皮生长发育对土壤容重的影响，仅局限在生物结皮假根及菌丝集中分布的表层土壤。

土壤团聚体（aggregate）是由土壤黏粒通过物理、化学及生物胶结作用形成的聚合体，有小团聚体和大团聚体之分，小团聚体直径介于黏粒与粉粒之间，而大团聚体介于粉粒与砂粒之间。根据在水流中的稳定性，又可分为非稳定性团聚体和水稳定性团聚体（water stable aggregate）。由于团聚体的密度及其稳定性与原始土壤颗粒差异显著，因而团聚体的数量及大小对土壤水文及侵蚀过程影响显著。随着团聚体数量的增大，土壤入渗性能加强，土壤抗蚀性能得以强化。生物结皮的生长发育，积累了大量的假根及菌丝，这些假根及菌丝死亡后，会在表层土壤中分解，提升土壤有机质含量，促进土壤团聚体的形成，提高土壤结构稳定性。生物结皮的生长发育会促进土壤微生物的种群数量，而土壤微生物可以将非结晶黏胶状的有机物紧密地黏结在一起，而有机质又可将土壤颗粒进一步黏结，形成球状表面团聚体，提升土壤结构稳定性。

很多类型的生物结皮都可以进行光合作用，进行营养积累，同时部分类型具有明显的固碳和固氮功能，促进生物结皮的生长发育。生物结皮各个器官及组织都处在不停地更新过程，大量地表生物量、表土中假根及菌丝的死亡，自然转变为土壤有机质（organic matter），而土壤有机质是典型的土壤黏结剂，可以直接将细小的土壤颗粒黏结在一起，增大土壤孔隙度，改善土壤入渗性能，提升土壤抗蚀能力。

除上述影响外，生物结皮的生长发育是地表典型的糙率（roughness）源，生物结皮遇水膨胀的性能，会进一步引起地表糙率的变化，第 2 章已经详细讨论，这里不再赘述。

同时需要再次强调，生物结皮对土壤性质的影响，基本局限在表层土壤，对坡面土壤水文、水力及侵蚀过程的影响可能不尽相同，如对土壤入渗性能的影响就会非常显著。土壤入渗（infiltration）是指降水通过地表进入土壤体的过程，进入土壤体后的水分运动不属于土壤入渗，因此，土壤入渗性能的好坏，主要取决于表层土壤中孔隙的大小、多少及其连通性，生物结皮生长发育引起的土壤质地变化、有机质含量增大及团聚体的发育，都会促进土壤入渗，而生物结皮遇水膨胀引起土壤孔隙的阻塞效应，又会抑制土壤入渗过程。因此，评价生物结皮对土壤理化性质的影响，需要从多个角度、多个过程分层次地进行。同时生物结皮对土壤性质的影响，可能存在着显著的空间异质性，在降水较多的湿润地区，微管植物发育，则生物结皮的功能与影响就相对较小，而在生态系统比较单一的干旱与半干旱地区，生物结皮对土壤性质的影响就非常重要。再如生物结皮对土壤入渗的影响，在超渗产流地区可能会非常明显，而在蓄满产流地区则会比较微弱。

3.2 黄土丘陵沟壑区生物结皮空间分布特征

黄土丘陵区属于典型的半干旱和半湿润地区，降水、温度等气候因素的空间变化幅度大，作为生态系统重要的近地表组成成分，生物结皮的分布可能具有明显的空间分异特征，研究生物结皮空间分布特性及其影响因素，对于分析生物结皮的生态水文功能及土壤侵蚀效应具有重要的意义。

3.2.1 试验材料与方法

在黄土高原丘陵沟壑区选择典型的南北样线（图 1-32），选择陕西省的宜君、富县、延安、子长、子洲和榆林及内蒙古自治区的鄂尔多斯 7 个样点，样线横穿森林区、森林草原区和草原区三个植被带。在每个样点分别选择典型的未受人为扰动的南坡和北坡退耕坡地（相距不超过 500 m）。在每个坡地上，沿坡向方向每隔 10 m 设置 1 块 5 m×5 m 的样地，共设置 3 块样地。利用网格法（图 3-2）测定该样地生物结皮盖度，每块样地重复测定 30 次。样框以 2.5 cm 为间隔用细线分为 121 个小方格，采用之字形走位方式随机选点，生物结皮盖度以样框中方格线交叉点计测，交叉点位没有结皮记为裸土、石块或植物根基。如为生物结皮则记录为生物结皮，生物结皮盖度则为生物结皮所占格点数目与总格点的比值。为了便于辨识生物结皮及其类型，调查时在样方内喷洒一定数量的水分，使得生物结皮清晰可见（刘法，2016）。

图 3-2　生物结皮盖度测量样方示意图

生物结皮类型及其盖度调查结束后，每个样地设置 3 个重复，选取结皮发育良好，地形平坦的地点采集土壤样品，采样深度为 0～2 cm（结皮层），用于测定土壤理化性质（土壤质地、pH、有机质、全氮、全磷）。然后拍摄照片，后期用 PCover 软件处理，获得样方植被盖度。同时采集植物地上组织和枯落物，测定植物生物量及枯落物蓄积量。

利用单因素方差分析比较不同植被带、采样点及坡向条件下生物结皮盖度的差异；采用冗余分析确定环境因子（年均降水量、年均温度、纬度、坡向、海拔、土壤 pH、有机质、全氮、全磷、粒径、植被盖度、植被生物量及枯落物蓄积量）对生物结皮空间分布的影响；运用蒙特卡罗置换检验分析各个环境因子对生物结皮空间分布影响的显著性。

3.2.2　生物结皮的空间分布特征

在黄土高原丘陵沟壑区样线上，生物结皮盖度的空间变异非常显著（图 3-3）。藻类结皮盖度沿着样线的变化非常剧烈［图 3-3（a）］，从样线最南端的 1.2%逐渐增大，到子洲达到最大值（53.0%），随后藻类盖度逐渐下降，到达样线最北端的鄂尔多斯，其盖度为 37.2%。统计分析结果表明，在黄土高原丘陵沟壑区南北样线上，各个监测点藻类结皮的盖度差异显著。不同植物带藻类结皮的盖度差异明显，森林区、森林-草原区及草原区的平均盖度分别为 1.2%、23.2%和 46.6%，说明在气候相对干旱的草原区，低等级的生物结皮生长非常旺盛，其盖度远大于森林区及森林-草原区。

地衣结皮实测盖度为 1.9%～7.3%，平均值为 3.6%，沿着黄土高原样线并没有明显的趋势性变化［图 3-3（b）］，草原区地衣结皮盖度最大（6.2%），显著大于森林区（3.8%）

和森林–草原区（1.3%）。苔藓结皮实测盖度变化在 28.0%～51.2%，平均值为 40.5%，在黄土高原南北样线上并没有明显的趋势性变化［图 3-3（c）］，森林区和森林–草原区苔藓结皮的平均盖度并没有明显差异，分别为 48.2%和 51.2%，而位于最北端的草原区，其苔藓结皮盖度的平均值显著小于南边的森林区和森林–草原区，仅为 33.2%。

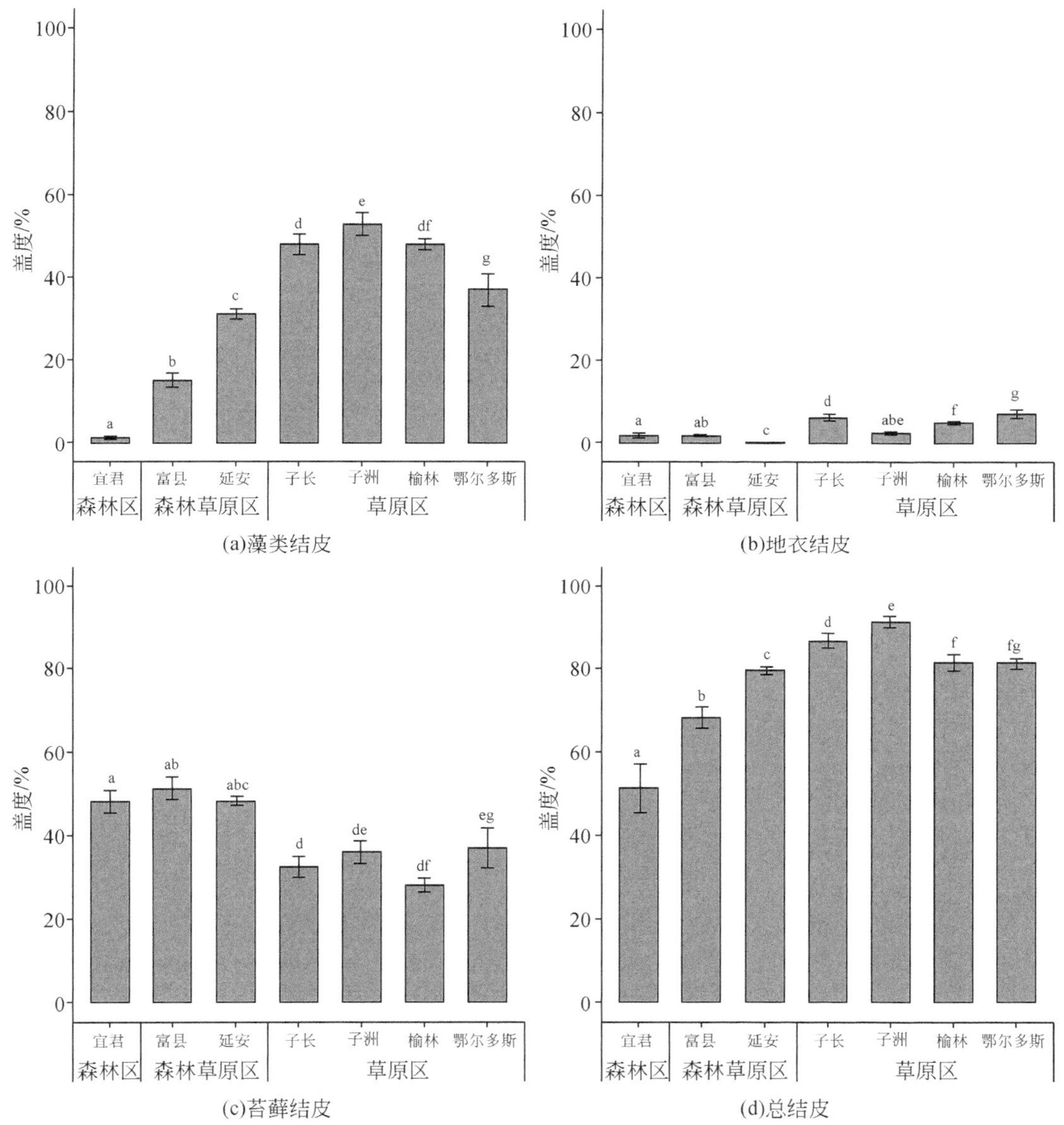

图 3-3　黄土高原样线上各样点生物结皮盖度变化

生物结皮总盖度的空间变化与藻类结皮非常相似，从最南边宜君的 51.3%，逐渐增大到子洲的 91.3%，随后逐渐降低，到达最北端的鄂尔多斯时，生物结皮总盖度下降到 81.2%［图 3-3（d）］，除了榆林和鄂尔多斯 2 个样点外，其他 5 个样点的生物结皮总盖度差异显著。

三个植被区的生物结皮总盖度也是差异显著，从森林-草原区的 51.3%，增大到草原区的 85.1%。

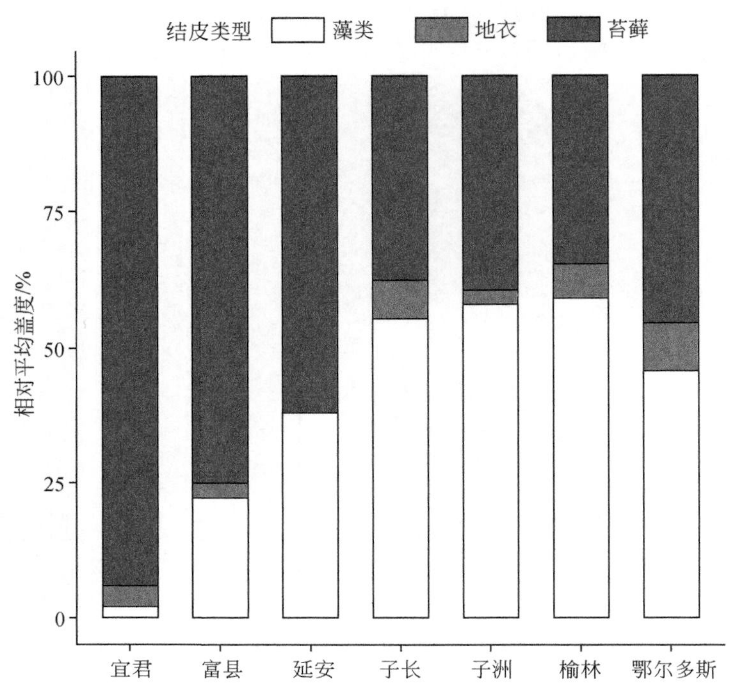

图 3-4　黄土高原样线相对平均盖度变化

沿着黄土高原样线，各个样点上不同生物结皮类型的盖度占总盖度的比例也在变化（图 3-4），地衣结皮所占比例相对比较稳定，变化在 0～9.0%，而藻类结皮的比例变化幅度非常大，在最南端的宜君仅占 2.2%，到北边的榆林藻类结皮的比例达到了 59.3%，随后向北稍有所下降，到达鄂尔多斯时藻类结皮的比例占 45.8%（图 3-4）。同样，苔藓结皮所占比例也是变化非常大，从最南边宜君的 94.0%，逐渐减少到榆林的 34.5%，随后向北又有所增加（图 3-4）。

受气候、植物等因素地带性变化的综合影响，黄土高原丘陵沟壑区生物结皮以藻类和苔藓结皮为主，地衣结皮分布较少。在南边降水相对比较丰沛的森林和森林-草原区，以演替后期的高等级苔藓结皮为主，而在气候比较干旱的草原区，生物结皮以演替初期的低等级藻类为主。

除了气候、植物等区域性因子外，生物结皮空间分布还受到局地地形条件的显著影响。不同坡向的生物结皮盖度差异明显（图 3-5）。对于黄土高原样线的 7 个调查样点而言，总生物结皮盖度和苔藓结皮盖度都是北坡（阴坡）大于南坡（阳坡）。而藻类生物结皮盖度表现出相反的趋势，南坡藻类生物结皮盖度明显大于北坡（图 3-5）。

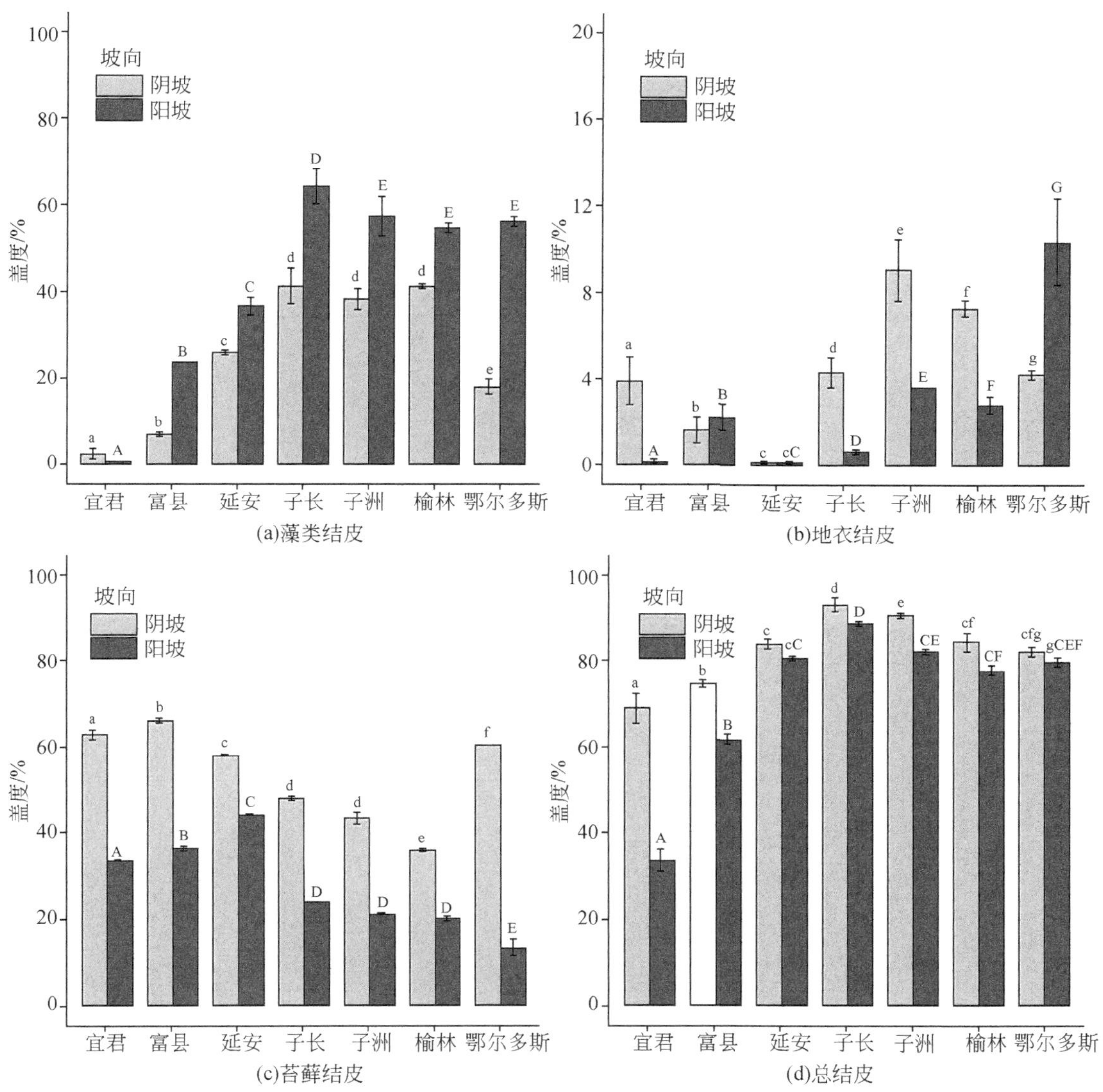

图 3-5　黄土高原样线上不同坡向的生物结皮盖度

3.2.3　土壤性质与植被特性的空间分异特征及其对生物结皮影响

在黄土高原样线上，从南端的宜君到北端的鄂尔多斯，土壤质地从粉壤土转变为壤土（表 3-1）。砂粒、粉粒和黏粒含量分别由 14.2%、48.9%和 40.9%变为 65.7%、10.2%和 24.8%。土壤 pH 从宜君的 8.4 逐渐增大，到榆林时达到最大值 8.9。7 个样点的土样均呈弱碱性。土壤有机质、全氮和全磷的变化范围分别为 0.36%～3.98%、0.04%～0.25%和 0.03%～0.21%。植被盖度由宜君的 95%降低到子洲的 60%，之后又逐渐由榆林的 82%增大到鄂尔多斯的 85%。植被地上生物量由宜君的 50.8 g/m^2 逐渐增大到鄂尔多斯的 154.2 g/m^2，最小值出现在延安，为 47.0 g/m^2。枯落物蓄积量的变化范围为 15.3～22.0 g/m^2，和年降水量沿监测样线的空间变化趋势间没有明显的相关关系（表 3-2）。

表 3-1　黄土高原样线上各样点的土壤属性

<table>
<tr><th rowspan="2">植被带</th><th rowspan="2">样点</th><th colspan="3">机械组成/%</th><th rowspan="2">pH</th><th rowspan="2">有机质/%</th><th rowspan="2">全氮/%</th><th rowspan="2">全磷/%</th></tr>
<tr><th>黏粒</th><th>粉粒</th><th>砂粒</th></tr>
<tr><td>森林区</td><td>宜君</td><td>24.81</td><td>59.49</td><td>15.71</td><td>8.39</td><td>3.98</td><td>0.25</td><td>0.21</td></tr>
<tr><td rowspan="2">森林-草原区</td><td>富县</td><td>20.16</td><td>65.69</td><td>14.15</td><td>8.66</td><td>1.47</td><td>0.05</td><td>0.09</td></tr>
<tr><td>延安</td><td>13.89</td><td>64.64</td><td>21.47</td><td>8.68</td><td>1.11</td><td>0.06</td><td>0.07</td></tr>
<tr><td rowspan="4">草原区</td><td>子长</td><td>11.13</td><td>57.85</td><td>31.02</td><td>8.83</td><td>0.67</td><td>0.06</td><td>0.05</td></tr>
<tr><td>子洲</td><td>12.86</td><td>63.20</td><td>23.94</td><td>8.88</td><td>0.57</td><td>0.06</td><td>0.04</td></tr>
<tr><td>榆林</td><td>10.24</td><td>49.00</td><td>40.76</td><td>8.88</td><td>0.46</td><td>0.05</td><td>0.03</td></tr>
<tr><td>鄂尔多斯</td><td>10.26</td><td>40.89</td><td>48.85</td><td>8.79</td><td>1.06</td><td>0.04</td><td>0.07</td></tr>
</table>

表 3-2　黄土高原样线上各样点的植被特性

<table>
<tr><th>植被带</th><th>样点</th><th>盖度/%</th><th>生物量/（g/m²）</th><th>枯落物蓄积量/%</th></tr>
<tr><td>森林区</td><td>宜君</td><td>3.98</td><td>0.25</td><td>0.21</td></tr>
<tr><td rowspan="2">森林-草原区</td><td>富县</td><td>1.47</td><td>0.05</td><td>0.09</td></tr>
<tr><td>延安</td><td>1.11</td><td>0.06</td><td>0.07</td></tr>
<tr><td rowspan="4">草原区</td><td>子长</td><td>0.67</td><td>0.06</td><td>0.05</td></tr>
<tr><td>子洲</td><td>0.57</td><td>0.06</td><td>0.04</td></tr>
<tr><td>榆林</td><td>0.46</td><td>0.05</td><td>0.03</td></tr>
<tr><td>鄂尔多斯</td><td>1.06</td><td>0.04</td><td>0.07</td></tr>
</table>

冗余分析（RDA）结果表明，藻类和苔藓结皮盖度沿黄土高原南北样线的空间变化与气候、土壤、地形及植被等因素密切相关（图 3-6）。前两个轴解释了数据变异的 66.9%，第一轴（水平）解释了 54.7%的生物结皮盖度-环境关系，而第二轴（垂直）解释了 12.2%的生物结皮盖度-环境关系。苔藓结皮盖度与年平均降水量、阴坡、土壤黏粒含量及植被盖度间呈显著正相关关系，而与土壤 pH 和土壤砂粒含量间呈负相关关系。藻类结皮盖度与土壤砂粒含量和土壤 pH 间呈显著正相关关系，与年均降水量、土壤粉粒含量、土壤 pH、阴坡、C∶N 比、植被盖度及其生物量间呈负相关关系；地衣结皮盖度沿黄土高原南北样线的变化较小，与环境及植物等因素间没有显著的相关关系（图 3-6）。蒙特卡洛检验结果表明，年均温度、海拔、土壤粉粒含量和枯落物蓄积量没有显著影响生物结皮的空间分布（表 3-3）。

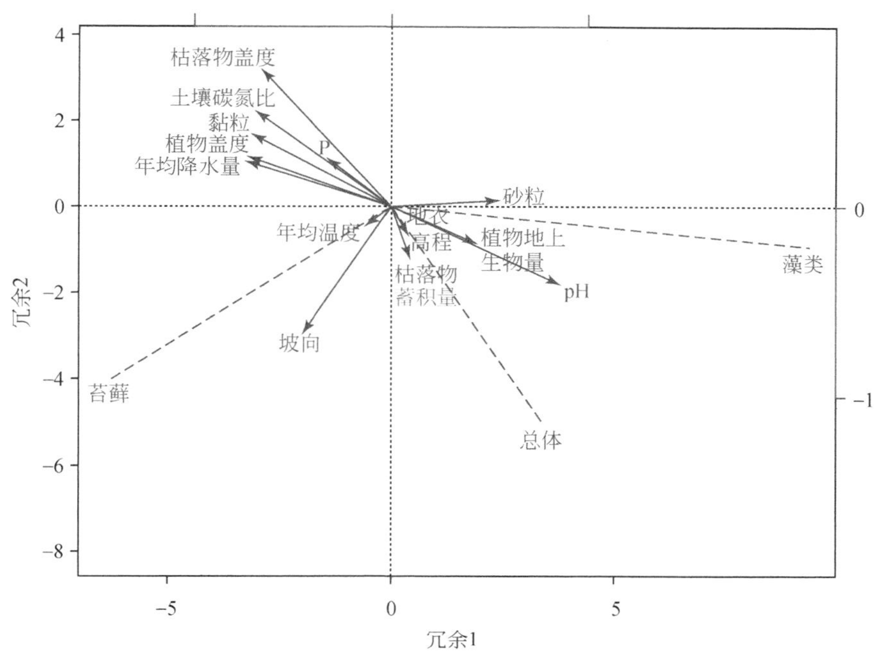

图 3-6 生物结皮盖度影响因素的冗余分析

表 3-3 冗余分析模型中解释变量对生物结皮盖度影响的显著性

解释变量	决定系数 R^2	p 值
降水量	0.57	0.001**
气温	0.02	0.695
坡向	0.54	0.001**
海拔	0.02	0.061
pH	0.82	0.001**
C∶N	0.68	0.001**
全磷	0.16	0.031*
黏粒	0.63	0.001**
沙粒	0.25	0.005**
粉粒	0.14	0.053
植被盖度	0.57	0.001**
枯落物盖度	0.90	0.001**
植被生物量	0.18	0.023*
枯落物蓄积量	0.08	0.201

3.3 生物结皮盖度对土壤分离过程的影响

生物结皮的生长发育，会提高土壤有机质含量，增加土壤团聚体数量和结构稳定性，同时会引起土壤质地的相应变化。生物结皮对土壤性质的影响，与生物结皮的类型及盖度密切相关，藻类结皮对土壤性质的影响，小于苔藓结皮，同时随着生物结皮盖度的增大，生物结皮对土壤性质的影响逐渐加强。土壤分离过程是坡面径流水动力学特性及土壤属性的函数，生物结皮对土壤性质的影响，自然会引起土壤分离过程的响应，因此，需要探究不同生物结皮类型及盖度对土壤分离过程的影响及其机制（Liu et al.，2016）。

3.3.1 试验材料与方法

试验在陕西省安塞区纸坊沟小流域进行，选择两个具有代表性的退耕地，一个以苔藓结皮为主，另一个为混合结皮（藻类与苔藓），土壤为典型的黄棉土（表 3-4），两个样地的坡度、坡向、坡位、前期扰动的类型与强度、植物类型与生长状况都比较接近，在生物结皮样地附近选择没有生物结皮覆盖的对照样地。为了分析生物结皮盖度对土壤分离过程的影响，将生物结皮盖度分为不同的等级（1%～20%、20%～40%、40%～60%、60%～80%和 80%～100%）分别采集土样。土样采集在各样地的表层进行，共采集 360 个土样。经过相关处理后，在试验水槽内测定土壤分离能力（Zhang et al.，2003），进而线性拟合获得土壤侵蚀阻力-细沟可蚀性和土壤临界剪切力（Nearing et al.，1989）。试验单宽流量为 0.004～0.01 m^2/s，试验坡度为 17.4%～42.3%，通过流量和坡度的组合获得 6 个不同的水流剪切力，分别为 7.2Pa、10.6Pa、13.8Pa、17.2Pa、20.0Pa 和 24.1 Pa（表 3-5）。为了分析生物结皮盖度对土壤分离过程的影响，用有生物结皮覆盖样地的土壤分离能力除以裸地的土壤分离能力，计算得到相对土壤分离能力，采用非参数 Mann-Whitney 方法分析生物结皮盖度及类型间土壤分离能力的差异，采用 GLM 分析生物结皮盖度对土壤侵蚀阻力的影响。

表 3-4 生物结皮对土壤分离过程影响样点的土壤性质

处理	土壤容重/（kg/m^3）	土壤黏结力/kPa	土壤质地/%			有机质/（g/kg）	水稳性团聚体（0～1）
			黏粒	粉粒	砂粒		
苔藓	1241	12.1	16.5	62.6	20.9	7.1	0.6
对照 1	1370	10.6	10.9	61.8	27.3	6.7	0.6
混合结皮	1028	11.6	15.1	63.4	21.6	7.3	0.5
对照 2	1103	8.6	12.4	63.3	24.4	6.4	0.4

表 3-5 生物结皮对土壤分离过程影响试验的坡面径流水动力学特性

单宽流量/（m^2/s）	坡度/%	流速/（m/s）	径流深度/mm	水流剪切力/Pa
0.0043	17.4	1.03	4.2	7.15
0.0086	17.4	1.38	6.2	10.62
0.0043	42.3	1.30	3.3	13.77
0.0086	34.2	1.68	5.1	17.22
0.0100	34.2	1.69	6.0	19.95
0.0100	42.3	1.73	5.8	24.08

3.3.2　生物结皮盖度及类型对土壤分离能力的影响

生物结皮盖度和类型均显著影响土壤分离能力，无论是苔藓结皮，还是混合结皮，土壤分离能力均随着生物结皮盖度的增大而减小（图 3-7）。对于苔藓结皮，土壤分离能力随着结皮盖度的增大，从 0.282 kg/（m^2·s）减小到 0.017 kg/（m^2·s），而对于混合结皮，土壤分离能力随着结皮盖度的增大，逐渐从 0.630 kg/（m^2·s）减小到 0.021 kg/（m^2·s）。裸地对照的土壤分离能力显著大于生物结皮覆盖样地的土壤分离能力，分别是苔藓结皮样地土壤分离能力的 2.9～48.4 倍，是混合结皮样地土壤分离能力的 4.9～149.6 倍（表 3-6）。说明生物结皮的生长发育，可以显著抑制坡面径流引起的土壤分离过程。生物结皮拥有大量的假根和菌丝，在表层土壤中呈网络状分布，可以将土壤颗粒紧密地捆绑在一起，即假根和菌丝的物理捆绑作用。假根和菌丝的分泌物也会将细小的土壤颗粒黏结在一起，提升土壤抗蚀能力，即假根和菌丝的化学吸附作用。生物结皮假根及菌丝物理捆绑作用与化学吸附作用的存在，会显著提升土壤侵蚀阻力，抑制土壤分离过程的发生及其强度。生物结皮的生长发育，还可以通过固碳效应，增加土壤有机碳含量，从而提升土壤黏结力，促进土壤团聚体的发育，进一步提升土壤结构稳定性。对比表 3-4 中生物结皮样地和对照样地的土壤黏结力，即可发现无论是苔藓结皮，还是混合结皮的生长发育，均可显著提升土壤黏结力。与裸地对照相比，混合结皮样地，其有机质含量和水稳性团聚体均显著增大。生物结皮生长发育导致的土壤理化性质变化，及由此驱动土壤侵蚀阻力的增大，是引起土壤分离能力下降的物理本质。

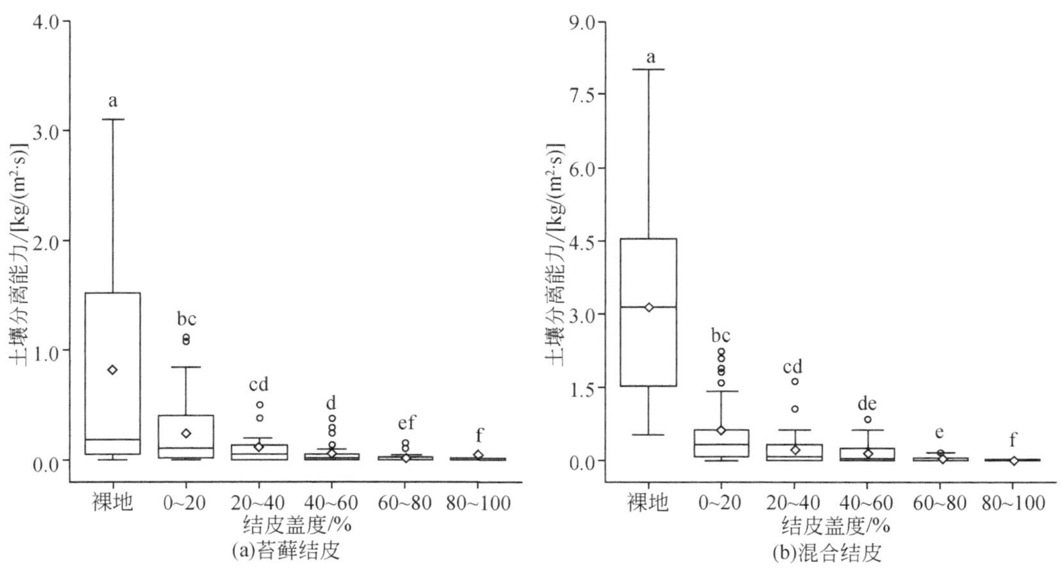

图 3-7　生物结皮盖度对土壤分离能力的影响

因为两个样地间有一定的距离，受土壤性质空间异质性的影响，混合结皮对照样地的土壤分离能力明显大于苔藓结皮对照样地（表 3-6），因而无法直接比较土壤分离能力随盖度的下降幅度。为了深刻理解生物结皮盖度对土壤分离能力的影响，同时为了和前期相关研究成果进行比较，将生物结皮覆盖样地的土壤分离能力与裸地对照的土壤分离能力相比，得到相对土壤分离能力（relative soil detachment capacity，RSD），进一步绘制生物结皮盖度与相对土壤分离能力的关系（图 3-8）。很明显，随着生物结皮盖度的增大相对土壤分离能力下降，当生物结皮盖度从 0 增大到 40%时，相对土壤分离能力迅速下降，土壤分离能力下降达到 80%，当生物结皮盖度大于 40%后，相对土壤分离能力下降比较缓慢，并逐渐趋于稳定。虽然和苔藓结皮样地相比，混合结皮的相对土壤分离能力随盖度增大而下降的速度更快（图 3-8），但统计检验结果表明它们间并没有显著的差异。

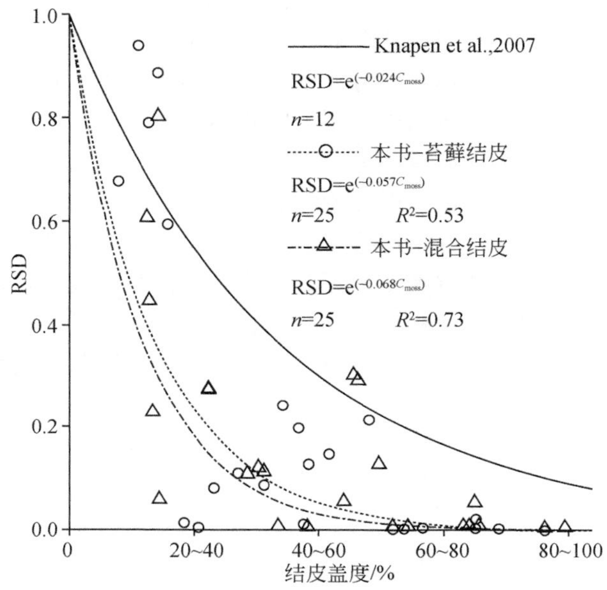

图 3-8 相对土壤分离能力随结皮盖度的变化

表 3-6 对照及不同盖度生物结皮样地土壤分离能力统计特征值

结皮类型	处理	最小值 /［kg/（m²·s）］	最大值 /［kg/（m²·s）］	平均值 /［kg/（m²·s）］	标准差 /［kg/（m²·s）］
苔藓结皮	对照 1	0.003	3.137	0.823	1.004
	1%～20%	0.002	1.127	0.282	0.390
	20%～40%	0.001	0.522	0.122	0.750
	40%～60%	0.002	0.386	0.064	0.099
	60%～80%	0.001	0.159	0.024	0.038
	80%～100%	0.001	0.076	0.017	0.016
混合结皮	对照 2	0.535	8.008	3.142	1.950
	1%～20%	0.001	2.256	0.630	0.783
	20%～40%	0.001	1.643	0.251	0.383

续表

结皮类型	处理	最小值 /［kg/（m²·s）］	最大值 /［kg/（m²·s）］	平均值 /［kg/（m²·s）］	标准差 /［kg/（m²·s）］
混合结皮	40%～60%	0.002	0.854	0.177	0.268
	60%～80%	0.001	0.195	0.052	0.055
	80%～100%	0.002	0.076	0.021	0.022

对于苔藓结皮和混合结皮，相对土壤分离能力均随着生物结皮盖度的增大，而呈指数函数减小，对于苔藓结皮：

$$\mathrm{RSD}_{\mathrm{moss}} = \mathrm{e}^{-0.057C_{\mathrm{moss}}} \qquad R^2 = 0.53 \tag{3-1}$$

式中，$\mathrm{RSD}_{\mathrm{moss}}$为苔藓结皮样地的相对土壤分离能力；$C_{\mathrm{moss}}$为苔藓结皮盖度。

对于混合结皮：

$$\mathrm{RSD}_{\mathrm{mixed}} = \mathrm{e}^{-0.068C_{\mathrm{mixed}}} \qquad R^2 = 0.73 \tag{3-2}$$

式中，$\mathrm{RSD}_{\mathrm{mixed}}$为混合结皮样地的相对土壤分离能力；$C_{\mathrm{mixed}}$为混合结皮盖度。

式（3-1）和式（3-2）中，回归指数-0.057 和-0.068 反映了生物结皮抑制土壤分离过程的有效性，很明显混合结皮抑制土壤分离过程的功能要大于苔藓结皮。这一差异由额外的藻类结皮覆盖引起，虽然与苔藓结皮相比，藻类结皮对土壤分离能力的影响相对较小，在同等盖度条件下，藻类结皮生长样地的土壤侵蚀速率为 15.3 g/m²，而苔藓结皮覆盖样地的土壤侵蚀速率为 6.3 g/m²，前者是后者的 2.4 倍（Chamizo et al.，2009），但藻类结皮的存在毕竟也会引起土壤分离能力的下降，因此，在同等盖度条件下，苔藓结皮对土壤分离能力的影响，小于混合结皮。与欧洲相关的研究成果相比（Knanpen et al.，2007），在同等盖度条件下，黄土高原地区生物结皮（无论是苔藓还是混合结皮）降低土壤分离能力的作用都比较强，这一差异主要由土壤性质及试验方法的差异引起，在欧洲比利时的相关研究中，其土壤容重比苔藓结皮和混合结皮样地大 25%，土壤容重越大，土壤越紧实，越不容易被径流侵蚀，则土壤分离能力的下降幅度偏小。比利时鲁汶大学 Poesen 研究组开展了大量土壤侵蚀机理研究工作，他们采用长度为 37 cm 的土样测定土壤分离能力，而本书采用直径为 10 cm 的土样环测定土壤分离能力，随着土样长度的增加，侵蚀泥沙增大，径流含沙量随着增大，径流输移泥沙消耗的能量增大，土壤分离能力减小，即泥沙输移对土壤分离的反馈效应（Zhang et al.，2009）。

除生物结皮盖度和类型外，土壤分离能力还受到坡面径流水流剪切力和土壤性质的影响。对土壤分离能力与水流剪切力、土壤黏结力、土壤容重、生物结皮盖度进行综合分析发现，无论是哪种生物结皮，都可以用水流剪切力、土壤黏结和生物结皮盖度的幂函数估算土壤分离能力（图 3-9）：

对于苔藓结皮：

$$D_{\mathrm{cmoss}} = \tau^{3.134}\mathrm{CH}^{-1.086}\mathrm{e}^{-0.028C_{\mathrm{moss}}} \qquad R^2 = 0.58 \tag{3-3}$$

式中，D_{cmoss} 为苔藓结皮样地的土壤分离能力［kg/（m²·s）］；τ为水流剪切力（Pa）；CH 为土壤黏结力（kPa）；C_{moss}为苔藓结皮盖度。

对于混合结皮：

$$D_{\text{cmixed}} = \tau^{3.448} \text{CH}^{-1.052} \text{e}^{-0.038 C_{\text{mixed}}} \qquad R^2 = 0.65 \tag{3-4}$$

式中，D_{cmixed}为混合生物结皮样地的土壤分离能力［kg/（m^2·s）］。式（3-3）和式（3-4）说明，生物结皮对土壤分离能力的影响，既通过其对土壤性质的影响（如土壤黏结力），又通过其盖度来实现。

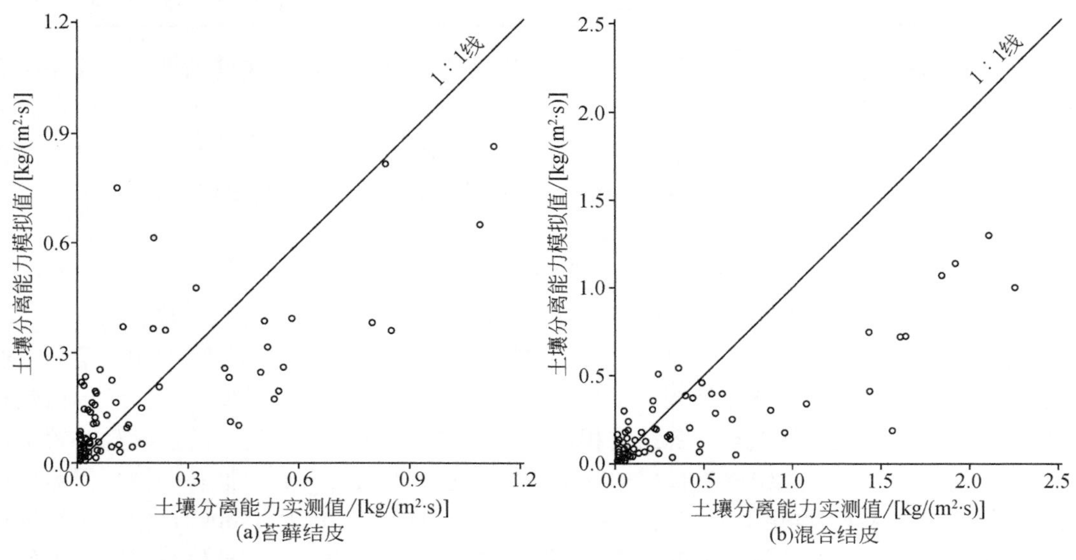

图 3-9　式（3-3）和式（3-4）土壤分离能力模拟值与实测值的比较

3.3.3　生物结皮盖度及类型对土壤侵蚀阻力的影响

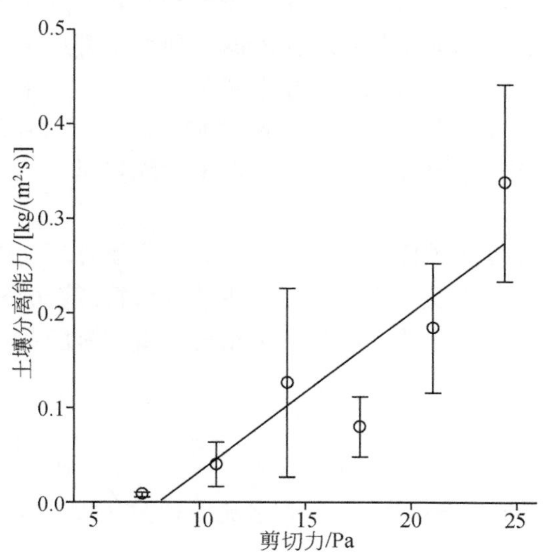

图 3-10　土壤侵蚀阻力拟合示意图

如前文所述，细沟可蚀性 K_{r}（s/m）和土壤临界剪切力τ_{c}（Pa）是表征土壤抵抗侵蚀的阻力特征，细沟可蚀性越大、土壤临界剪切力越小，则土壤越容易被侵蚀，反之，细沟可蚀性越小、土壤临界剪切力越大，则土壤抗蚀性能越强，土壤侵蚀越小。利用不同水流剪切力条件下测定的土壤分离能力，线性拟合即可得到细沟可蚀性和土壤临界剪切力（图 3-10），细沟可蚀性是拟合直线的斜率，而土壤临界剪切力是拟合直线在 X 轴上的截距。表 3-7 给出了不同生物结皮类型及盖度条件下的细沟可蚀性和土壤临界剪切力，苔藓结皮的细沟可蚀性随着结皮盖度的增大从 0.037 s/m 减小到 0.002 s/m，而混合结皮的细沟可蚀性随着结皮盖度的增大从 0.041 s/m 减小到 0.014 s/m。苔藓结皮的临界剪切力随着结皮盖度的增大从 3.78 Pa 增大到 9.72 Pa，而混合结皮的临界剪切力随着结皮盖度的增大从 1.78 Pa 增大到 9.61 Pa。

表 3-7　不同生物结皮类型及盖度条件下的土壤侵蚀阻力

结皮类型	处理	回归方程	细沟可蚀性/（s/m）	临界剪切力/Pa	R^2
苔藓结皮	对照 1	$D_c = 0.1116\tau - 0.9427$	0.1116	8.45	0.89
	1%～20%	$D_c = 0.0371\tau - 0.3297$	0.0371	8.88	0.77
	20%～40%	$D_c = 0.0167\tau - 0.1340$	0.0167	8.02	0.84
	40%～60%	$D_c = 0.0097\tau - 0.0940$	0.0097	9.72	0.78
	60%～80%	$D_c = 0.0036\tau - 0.0326$	0.0036	9.14	0.77
	80%～100%	$D_c = 0.0015\tau - 0.0055$	0.0015	3.78	0.49
混合结皮	对照 2	$D_c = 0.2316\tau - 0.4476$	0.2316	1.93	0.98
	1%～20%	$D_c = 0.1071\tau - 1.0114$	0.1071	9.45	0.80
	20%～40%	$D_c = 0.0406\tau - 0.3902$	0.0406	9.61	0.72
	40%～60%	$D_c = 0.0063\tau - 0.2139$	0.0239	8.95	0.65
	60%～80%	$D_c = 0.0063\tau - 0.0491$	0.0063	7.81	0.75
	80%～100%	$D_c = 0.0014\tau - 0.0025$	0.0014	1.78	0.54

苔藓结皮裸地对照样地的细沟可蚀性为 0.1116 s/m，是苔藓结皮不同盖度样地细沟可蚀性的 74 倍，而混合结皮裸地对照样地的细沟可蚀性是 0.2316 s/m，是混合结皮不同盖度样地细沟可蚀性的 165 倍，说明生物结皮可以显著降低细沟可蚀性，其作用随着生物结皮盖度的增大而增大，再次说明生物结皮可以利用其假根及菌丝，通过物理捆绑作用和化学吸附作用，提升土壤结构稳定性，增加土壤侵蚀阻力。同时，生物结皮对细沟可蚀性的影响，与生物结皮类型密切相关，广义线性模型（general linear model，GLM）分析结果说明，无论是生物结皮盖度，还是生物结皮类型，均显著影响细沟可蚀性（表 3-8）。

无论是苔藓结皮，还是混合结皮，细沟可蚀性均随着生物结皮盖度的增大呈指数函数减小（图 3-11）。对于苔藓结皮：

$$K_{\mathrm{rmoss}} = 0.085\mathrm{e}^{-0.0047C_{\mathrm{moss}}} \qquad R^2 = 0.98 \tag{3-5}$$

式中，K_{rmoss} 为苔藓样地的细沟可蚀性（s/m）；C_{moss} 为苔藓结皮的盖度。对于混合结皮：

$$K_{\mathrm{rmixed}} = 0.249\mathrm{e}^{-0.0057C_{\mathrm{mixed}}} \qquad R^2 = 0.97 \tag{3-6}$$

式中，K_{rmixed} 为混合结皮的细沟可蚀性（s/m）；C_{mixed} 为混合结皮的盖度。

表 3-8 生物结皮类型与盖度对细沟可蚀性影响的 GLM 分析结果

参数	估计值	标准误差	t 值	p
截距	−2.363	0.130	−18.117	0.000
生物结皮类型	0.961	0.113	8.473	0.000
生物结皮盖度	−0.856	0.052	−16.257	0.000

黄土高原的农耕地退耕后，随着苔藓生物结皮盖度的增大，土壤黏结力和有机质含量都会显著增大（Zhao et al.，2006），国际上的相关研究也表明，对于生物结皮发育良好的退耕地，团聚体稳定性显著大于物理结皮发育的耕地。表 3-4 也表明，在黄土高原退耕地上，苔藓结皮覆盖的样地其团聚体稳定性显著大于混合结皮覆盖的样地，土壤黏结力也是前者大于后者，但并不显著，因而可以认为土壤团聚体对细沟可蚀性的影响大于土壤黏结力，结果是细沟可蚀性随着生物结皮盖度的增大而呈指数函数减小（图 3-11）。

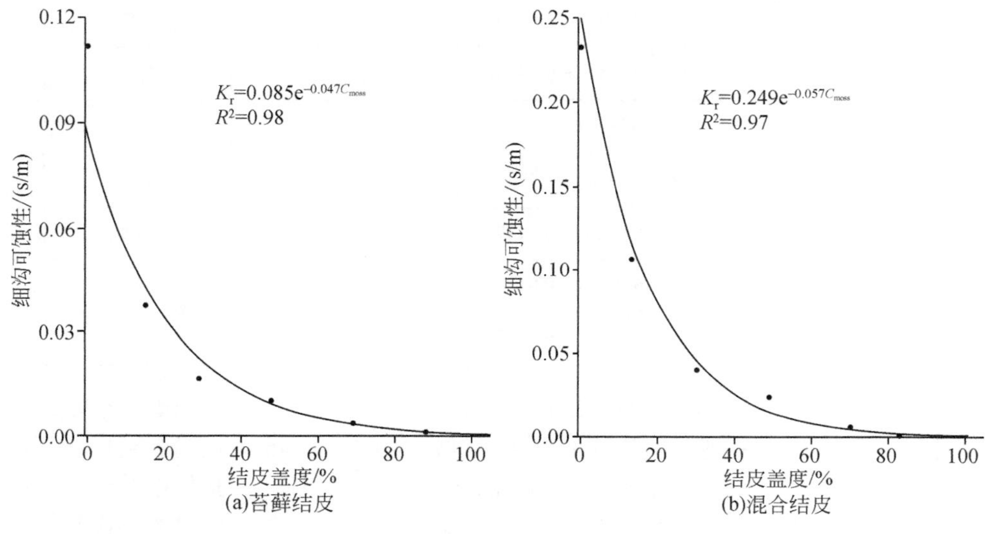

图 3-11 生物结皮盖度对细沟可蚀性的影响

3.4 生物结皮盖度季节变化及土壤分离过程的响应

受降水、温度等气候因素及土壤水分季节变化的影响，黄土高原地区的生物结皮盖度呈明显的季节变化，进而可能引起土壤理化性质的季节变化，进一步导致土壤分离过程出现相应的响应。研究生物结皮盖度季节变化及其对土壤分离过程的影响，对于揭示土壤侵蚀的动力过程、模拟土壤分离过程的动态变化具有重要意义。

3.4.1 试验材料与方法

试验在陕西省安塞区纸坊沟和县南沟小流域进行，选取以苔藓和藻类结皮为优势种的两块代表性退耕坡地，生物结皮盖度测定，从 2015 年 5 月上旬开始，至 10 月中旬结束，大体上以 25 天为间隔，共进行了 7 次监测，以无生物结皮覆盖的裸土为对照，采集表层土壤样品。每种类型生物结皮在不同时间点共采集 30 个土壤样品，同时在裸地对照上采集 30 个土壤样品，整个测定期共采集 420 个生物结皮土样和 420 个裸土土样，共采集 840 个原状土样测定土壤分离能力。

土壤分离能力在长 4 m、宽 0.35 m 的变坡水槽内进行，水槽的坡度可以根据实验需求设置，流量通过分水箱和阀门组控制，流量用量筒测定，流速用染色法测定，在测流断面进行多次测定，取其平均值。实验过程中测定水流温度，计算水流雷诺数，选择合理的修正系数，计算得到径流平均流速，进一步计算得到水流剪切力。通过流量和坡度的组合，获得 6 个不同的水流剪切力，分别为 7.2 Pa、10.6 Pa、13.8 Pa、17.2 Pa、20.0 Pa 和 24.1 Pa，每个水流剪切力下重复测定 5 个土壤样品，冲刷时间以土样冲刷深度为 2 cm 为标准进行调整，避免土样环对土壤分离能力测定的影响。土壤分离能力定义为单位面积单位时间的土壤流失量，将 5 个土样测定的结果平均，获得该流量和坡度条件下的土壤分离能力。以水流剪切力为横坐标、以实测土壤分离能力为纵坐标，进行线性拟合得到细沟可蚀性 K_r 和土壤临界剪切力 τ_c，进一步分析土壤侵蚀阻力的季节变化特征。

在测定土壤分离能力土样采集点附近，采集测定土壤理化性质的样品，在不同的监测时间点，用环刀法重复 5 次测定两类生物结皮及其对照组的土壤容重和土壤水分。选取地形平坦，生物结皮生长发育良好的样地（避开高等植物根系的影响），用黏结力仪测定不同类型生物结皮及其对照组的土壤黏结力，每个监测时间点均测定 15 次，取其平均值。采集生物结皮（0～5 cm）混合样及其裸土对照组混合土样，测定土壤质地和有机质含量。在不同监测时间点，用铝盒取生物结皮及其对照组原状土样，测定土壤水稳性团聚体。

生物结皮盖度测定采用网格法（图 3-2），将每个样点上 5 个样地的平均盖度作为该样点生物结皮盖度。运用广义线性模型（GLM）分析不同监测时间点上，生物结皮对相对土壤可蚀性和相对土壤临界剪切力的影响。采用单因素方差分析（ANOVA）不同监测时间点上，生物结皮盖度及相关土壤性状的差异性；利用 Pearson 相关分析方法确定土壤黏结力与生物结皮间的定量关系；使用非线性回归建立土壤黏结力模拟方程。为了定量分析不同监测时间点生物结皮减小细沟可蚀性的潜在能力，引入相对细沟可蚀性：

$$\mathrm{RK}_r = \frac{K_{r-\mathrm{crust}}}{K_{r-\mathrm{bare}}} \tag{3-7}$$

式中，RK_r 为相对细沟可蚀性；$K_{r-\mathrm{crust}}$ 为生物结皮覆盖样地的细沟可蚀性（s/m）；$K_{r-\mathrm{bare}}$ 为裸土对照样地的细沟可蚀性（s/m）。利用非线性回归方法建立细沟可蚀性和生物结皮盖度间的定量关系，模拟精度用决定系数 R^2 评价。

3.4.2　生物结皮盖度季节变化特征

在整个监测期，降水和温度的变化幅度都比较大（图 3-12），充分反映了季风气候区的最大特点。生物结皮是土壤微生物和隐花植物与土壤相结合的复合体，土壤水分及热量的季节波动，会显著影响生物结皮的组成成分，从而改变生物结皮盖度和群落结构特征。生物结皮可以吸收降水，湿润后会膨胀，引起生物结皮盖度的变化，黄土高原降水的季节性波动，自然会引起生物结皮盖度的季节变化。对黄土高原生物结皮的长期观测发现（李金峰等，2014），苔藓结皮样地的盖度在雨季逐渐增大，在雨季末期达到最大值。通过网格法测定生物结皮盖度发现，在整个生长季，随着时间的延长，降水量的增大和温度逐渐升高（图 3-12），以藻类结皮为优势种的样地，生物结皮盖度逐渐增大，从 5 月初到 7 月下旬，藻类结皮的盖度增加非常迅速，从 7 月下旬到 8 月中旬，藻类结皮的盖度增加速度较为缓慢，随后到 9 月中旬，结皮盖度再次迅速增大，并达到整个生长季的最大值，然后藻类结皮盖度开始下降［图 3-13（a）］；与藻类结皮盖度的季节变化特征非常类似，在整个生长季，苔藓结皮的盖度也出现了明显的季节波动，随着降水量和温度的增加而逐渐增大，从 5 月初到 9 月中旬，苔藓结皮盖度呈逐渐增大的变化趋势，并于 9 月中旬达到最大值，然后苔藓结皮的盖度开始下降［图 3-13（b）］。在干旱与半干旱地区，降水是生物结皮生长发育的主要驱动力，黄土高原水热同期的特点，使得雨季成为黄土高原生物结皮生长的适宜阶段，生物结皮的固氮速率最大，效率最高，因而生物结皮的生物量在雨季最大。

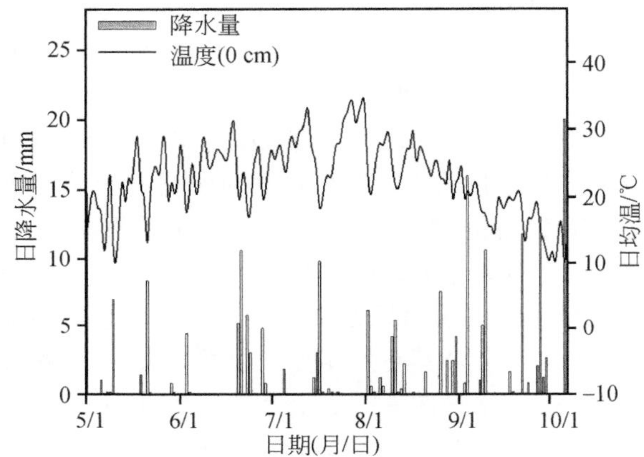

图 3-12　监测期日降水量与温度分布图（2015 年）

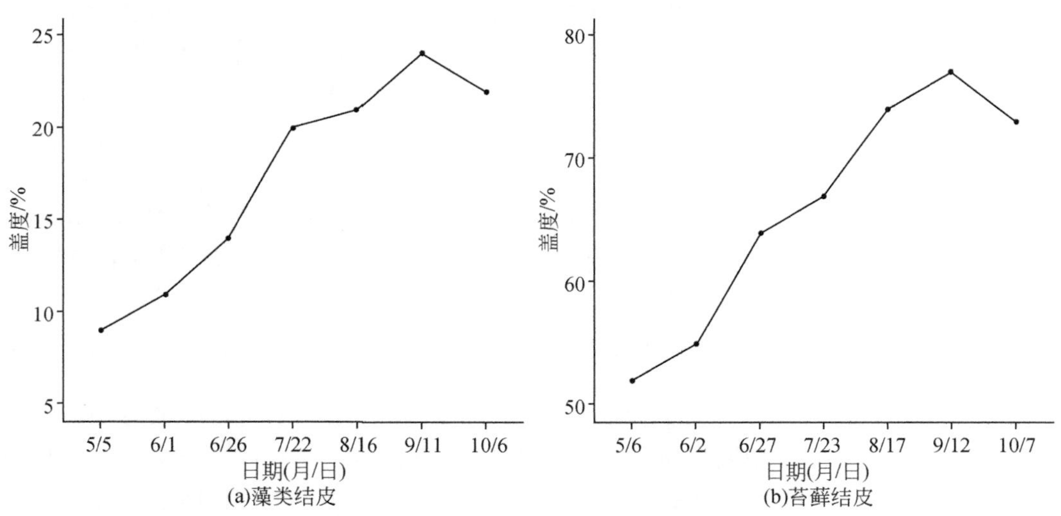

图 3-13　生物结皮盖度的季节变化（2015 年）

3.4.3 生物结皮盖度季节变化对土壤侵蚀阻力的影响

生物结皮盖度的季节变化，势必会引起土壤性质的季节波动，进而引起土壤侵蚀阻力的季节变化。表 3-9 给出了由实测土壤分离能力和水流剪切力线性拟合估算的细沟可蚀性和土壤临界剪切力，随着年内时间的延长，生物结皮生长发育样地的细沟可蚀性，总体上呈逐渐减小的变化趋势，其中藻类结皮样地细沟可蚀性为 0.1318～0.2055 s/m，而苔藓结皮样地的细沟可蚀性为 0.0089～0.0120 s/m。随着年内时间的延长，土壤临界剪切力并未表现出明显的趋势性变化，藻类结皮样地的临界剪切力为 6.77～9.01 Pa，而苔藓结皮样地的为 7.43～9.08 Pa。

表 3-9　不同类型生物结皮覆盖下细沟可蚀性与临界剪切力的季节变化

结皮类型	日期（月/日）	回归方程	细沟可蚀性/（s/m）	临界剪切力/Pa	R^2
藻类结皮	5/5	$D_c = 0.2055\tau - 1.6686$	0.2055	8.12	0.89
	6/1	$D_c = 0.1936\tau - 1.5856$	0.1936	8.19	0.81
	6/26	$D_c = 0.1872\tau - 1.6193$	0.1872	8.65	0.88
	7/22	$D_c = 0.1530\tau - 1.2011$	0.1530	7.85	0.92
	8/16	$D_c = 0.1318\tau - 0.8923$	0.1318	6.77	0.96
	9/11	$D_c = 0.1334\tau - 1.2493$	0.1334	9.33	0.76
	10/6	$D_c = 0.1352\tau - 1.2182$	0.1352	9.01	0.75
苔藓结皮	5/5	$D_c = 0.0120\tau - 0.0980$	0.0120	8.17	0.87
	6/1	$D_c = 0.0107\tau - 0.0817$	0.0107	7.64	0.93
	6/26	$D_c = 0.0108\tau - 0.0981$	0.0108	9.08	0.84
	7/22	$D_c = 0.0104\tau - 0.0828$	0.0104	7.96	0.89
	8/16	$D_c = 0.0092\tau - 0.0684$	0.0092	7.43	0.91
	9/11	$D_c = 0.0096\tau - 0.0728$	0.0096	7.58	0.87

生物结皮类型及其盖度的季节变化显著影响细沟可蚀性，而对土壤临界剪切力的影响并不显著（表 3-10）。表明细沟可蚀性比土壤临界剪切力更合适表征生物结皮覆盖条件下的土壤侵蚀阻力。与裸土对照相比，藻类结皮样地的细沟可蚀性降低了 22.8%，而苔藓结皮样地的细沟可蚀性降低了 81.2%。再次表明生物结皮的生长发育可以显著提升土壤侵蚀阻力、降低细沟可蚀性，与演替初期的藻类结皮相比，演替后期的苔藓结皮抵抗径流侵蚀的能力更强。生物结皮吸水后可以膨胀，促使生物结皮更加密实，增加地表糙率的同时削弱了径流能量，从而有效降低土壤分离能力。苔藓结皮的假根与菌丝等地下组织，可以通过捆绑土壤颗粒的物理作用，也可以通过其分泌物吸附土壤颗粒，通过其化学作用提升土壤稳定性，这是生物结皮生长发育提升土壤侵蚀阻力的本质。

表 3-10　生物结皮盖度季节变化对土壤侵蚀阻力的影响

参数	细沟可蚀性/（s/m）				土壤临界剪切力/Pa			
	预测	标准误	t 值	p 值	预测	标准误	t 值	p 值
截距	−7.030	0.155	−45.360	0.000	2.167	0.093	23.314	0.000
结皮类型	−0.083	0.009	−9.010	0.000	0.002	0.013	−0.152	0.882
时间	2.767	0.077	35.760	0.000	−0.046	0.050	−0.923	0.376

为了消除土壤性质空间异质性的影响，系统分析生物结皮样地细沟可蚀性的季节变化特征，引入相对细沟可蚀性 RK_r（生物结皮发育样地细沟可蚀性与裸地对照细沟可蚀性的比值），图 3-14 给出了生物结皮样地相对细沟可蚀性的季节变化特征。由图可知，生物结

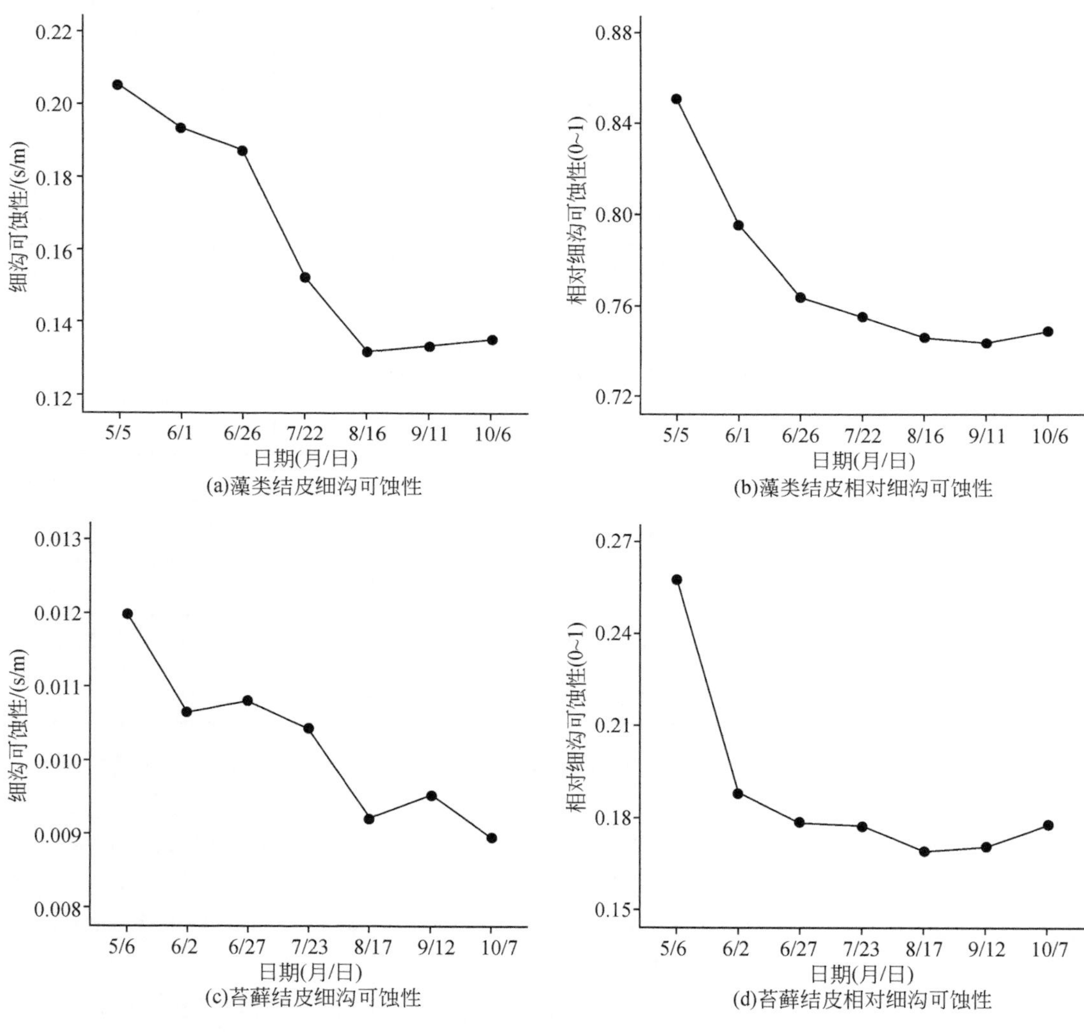

图 3-14　生物结皮样地细沟可蚀性及相对细沟可蚀性季节变化（2015 年）

皮生长发育条件下的相对细沟可蚀性随着季节的变化呈现明显的下降趋势。藻类结皮样地5 月初的相对细沟可蚀性最大，达到 0.85，随后迅速下降，从 6 月下旬后下降速度变缓，到 9 月上旬达到最小值 0.74，随后略有增加，为 0.75［图 3-14（b）］。苔藓结皮样地的相对细沟可蚀性的季节变化与藻类结皮比较相似，5 月初最大，为 0.26，随后随着生物结皮的生长发育而逐渐下降，在 8 月中旬达到最小值，为 0.17，之后逐渐增加，在 10 月达到 0.18［图 3-14（d）］。

3.4.4　影响土壤侵蚀阻力季节变化的因素

土壤侵蚀阻力的季节变化，是生物结皮季节变化驱动土壤性质季节变化的必然结果。但在年尺度上，除土壤黏结力以外，其他土壤性质（如土壤质地、土壤容重、土壤有机质和土壤团聚体及其稳定性）均无显著的季节变化。土壤黏结力反映了土壤的紧实程度，是衡量土壤抗蚀性能的重要指标之一，是次降雨土壤侵蚀过程模型（如 LISEM 模型，De Roo et al.，1996）的重要输入参数。藻类结皮和苔藓结皮样地土壤黏结力的季节变化趋势非常接近，5 月初最低，随后到 6 月下旬迅速增大，从 6 月下旬到 9 月中旬增大相对缓慢，9 月中旬达到最大值，之后在 10 月初有所下降（图 3-15）。

土壤黏结力的季节变化与生物结皮盖度的季节变化密切相关，随着藻类结皮和苔藓结皮盖度的增大，土壤黏结力呈显著的线性函数增大（图 3-16），对于藻类结皮而言：

$$\mathrm{CH_c} = 7.857C_\mathrm{c} + 8.590 \qquad R^2 = 0.94 \tag{3-8}$$

式中，$\mathrm{CH_c}$ 为藻类结皮样地的土壤黏结力（kPa）；C_c 为藻类结皮盖度。对于苔藓结皮而言：

$$\mathrm{CH_m} = 4.429C_\mathrm{m} + 10.389 \qquad R^2 = 0.97 \tag{3-9}$$

式中，$\mathrm{CH_m}$ 为苔藓结皮的土壤黏结力（kPa）；C_m 为苔藓结皮盖度。

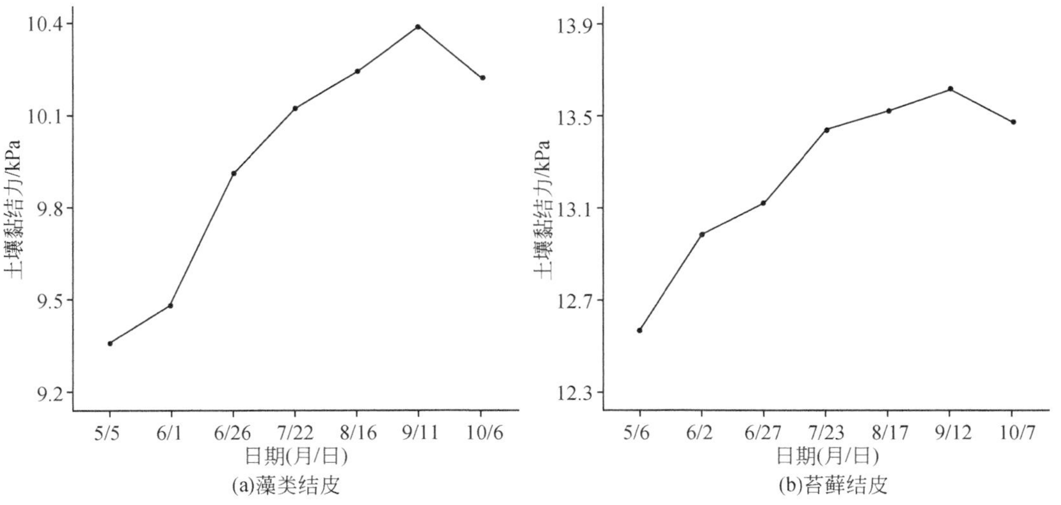

图 3-15　生物结皮样地土壤黏结力季节变化（2015 年）

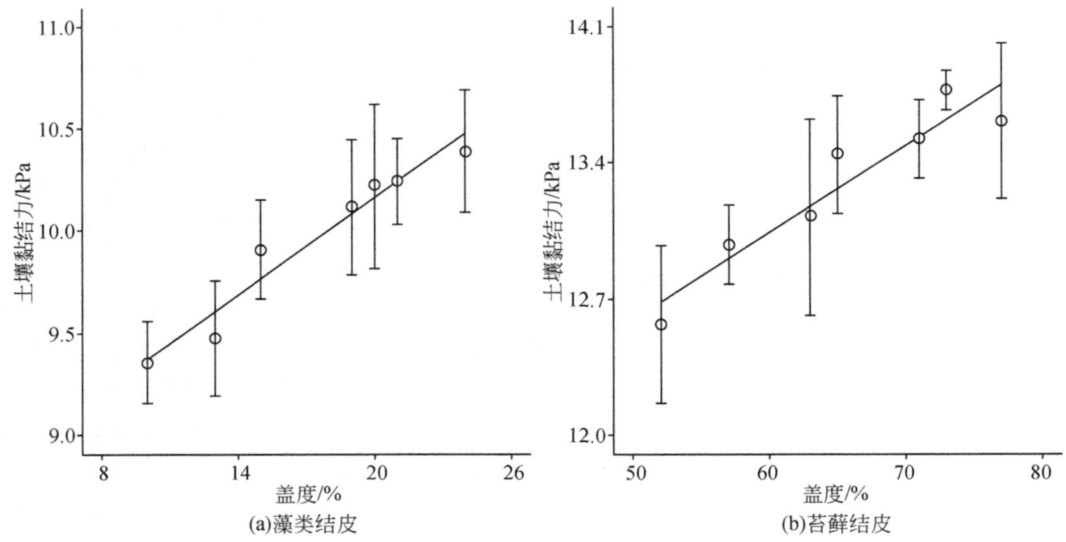

图 3-16　生物结皮盖度与土壤黏结力间的关系

生物结皮生长发育的季节性变化，导致土壤黏结力出现相应的季节波动，进而引起土壤侵蚀阻力的响应。分析结果表明随着土壤黏结力的增大，生物结皮发育样地的细沟可蚀性呈显著的指数函数下降（图 3-17）。对于藻类结皮：

$$K_{rc} = e^{2.510-0.436CH_c} \qquad R^2 = 0.91 \tag{3-10}$$

式中，K_{rc} 为藻类结皮样地的细沟可蚀性（s/m）。对于苔藓结皮：

$$K_{rm} = e^{-1.384-0.242CH_m} \qquad R^2 = 0.79 \tag{3-11}$$

式中，K_{rm} 为苔藓结皮样地的细沟可蚀性（s/m）。

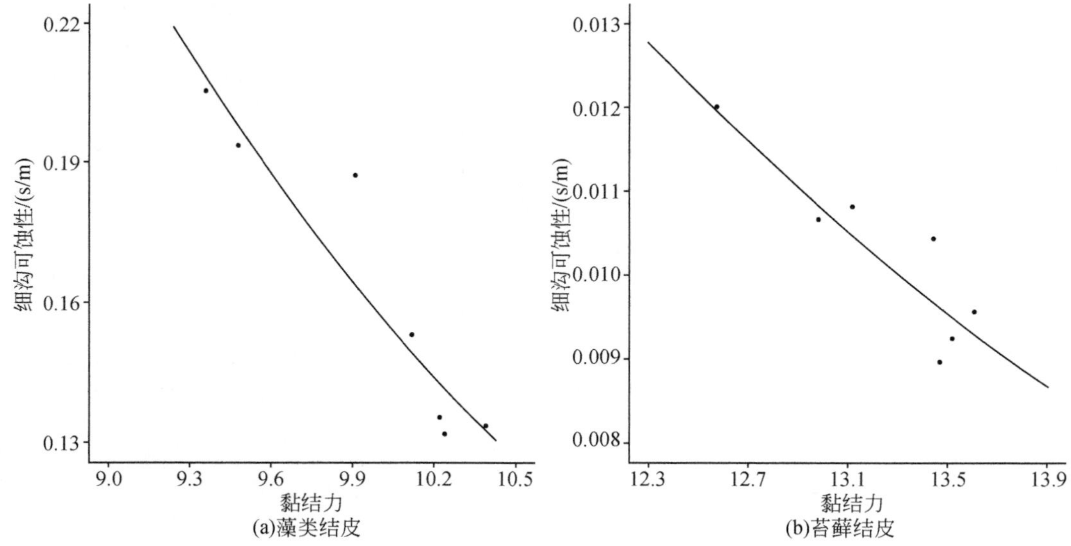

图 3-17　生物结皮样地细沟可蚀性与土壤黏结力的关系

3.5　生物结皮覆盖、捆绑及吸附作用抑制土壤分离过程的相对大小

生物结皮对土壤侵蚀的影响，可能与生物结皮的地表覆盖作用有关，也可能与生物结皮的假根、菌丝的物理捆绑作用及其化学吸附作用有关，那么生物结皮地表覆盖作用与物理捆绑作用及化学吸附作用的相对大小，可能与生物结皮的类型及盖度有关，研究不同生物结皮类型及其盖度条件下生物结皮地表覆盖作用与其假根、菌丝物理捆绑作用及其化学吸附作用的相对大小，对于揭示生物结皮抑制土壤侵蚀的动力机制，具有重要的物理学意义。

3.5.1　试验材料与方法

试验在陕西省安塞区纸坊沟小流域进行，选择以藻类生物结皮为主的坡面和以苔藓生物结皮为主的退耕坡面，为了消除样地差异对试验结果的影响，尽量保证样地地形条件、前期土地利用的类型及其强度等基本性状的相似，测定样地主要的土壤理化性质（表 3-11）。为了分析生物结皮地表覆盖与其假根、菌丝的物理捆绑作用及其化学吸附作用的相对大小，试验设计 3 个处理：处理 1 为裸露黄土对照（削除表层 3 cm 的生物结皮层、去除生物结皮的影响）；生物结皮的生长发育会显著影响表层土壤性质、从而很难区分其假根、菌丝物理捆绑与化学吸附作用的大小，因此，处理 2 为消除地表的生物结皮层；处理 3 为生物结皮发育良好未扰动的生物结皮样地，将各处理依次相减，即可得到生物结皮覆盖与物理捆绑及化学吸附作用对土壤分离能力影响的相对大小。

生物结皮覆盖与物理捆绑及化学吸附作用对土壤侵蚀阻力影响相对大小的计算过程与土壤分离能力的计算类似（Liu et al.，2017）。在选定的样地上，采集原状土样，在变坡实验水槽内进行径流冲刷试验，测定土壤分离能力。试验单宽流量为 0.0043～0.0100 m^2/s，而坡度为 17.4%～42.3%，通过坡度和流量的组合，获得 6 个不同的侵蚀动力，即 6.65 Pa、9.45 Pa、12.46 Pa、15.12 Pa、17.98 Pa 和 21.21 Pa（表 3-12）。

表 3-11　生物结皮覆盖与物理捆绑及化学吸附作用大小样地的土壤性质

结皮类型	黏结力/kPa	土壤质地/%			有机质含量/（g/kg）	水稳性团聚体（0～1）
		黏粒	粉粒	砂粒		
藻类结皮	10.56	15.05	63.37	21.59	7.38	0.45
裸地对照	8.71	13.23	62.18	24.29	6.14	0.40
苔藓结皮	12.75	16.52	62.61	20.88	7.41	0.67
裸地对照	9.23	11.83	62.23	25.94	6.62	0.53

表 3-12 生物结皮覆盖与物理捆绑及化学吸附作用大小试验的水动力学特性

单宽流量/（m^2/s）	坡度/%	流速/（m/s）	径流深度/mm	水流剪切力/Pa
0.0043	17.4	1.11	3.9	6.65
0.0071	17.4	1.30	5.6	9.45
0.0043	42.3	1.44	3.0	12.46
0.0057	42.3	1.58	3.7	15.12
0.0100	34.2	1.88	5.4	17.98
0.0100	42.3	1.96	5.1	21.21

假根及菌丝物理捆绑与化学吸附作用：

$$D_{\mathrm{cBB}} = D_{\mathrm{c}T_0} - D_{\mathrm{c}T_1} \tag{3-12}$$

式中，D_{cBB} 为生物结皮物理捆绑与化学吸附作用对土壤分离能力的影响；$D_{\mathrm{c}T_0}$ 为处理 1 的土壤分离能力［kg/（m^2 • s）］；$D_{\mathrm{c}T_1}$ 为处理 2 的土壤分离能力［kg/（m^2 • s）］。

生物结皮地表覆盖作用：

$$D_{\mathrm{cc}} = D_{\mathrm{c}T_1} - D_{\mathrm{c}T_2} \tag{3-13}$$

式中，D_{cc} 为生物结皮覆盖作用对土壤分离能力的影响；$D_{\mathrm{c}T_2}$ 为处理 3 的土壤分离能力［kg/（m^2 • s）］。而生物结皮降低土壤分离能力的总量为

$$D_{\mathrm{cBSC}} = D_{\mathrm{c}T_1} - D_{\mathrm{c}T_3} \tag{3-14}$$

式中：D_{cBSC} 为生物结皮降低土壤分离能力的总量（kg/m^2 • s）。不同处理条件下生物结皮提升土壤侵蚀阻力的算法与土壤分离能力的算法类似，不再赘述。

不同处理下的相对影响分别为

$$C_{\mathrm{BSC}} = \frac{D_{\mathrm{cBSC}}}{D_{\mathrm{c}T_0}} \times 100\% \tag{3-15}$$

式中，C_{BSC} 为生物结皮降低土壤分离能力的贡献率。

$$C_{\mathrm{BB}} = \frac{D_{\mathrm{CBB}}}{D_{\mathrm{c}T_0}} \times 100\% \tag{3-16}$$

式中，C_{BB} 为生物结皮假根、菌丝物理捆绑和化学吸附作用降低土壤分离能力的贡献率。

$$C_{\mathrm{c}} = \frac{D_{\mathrm{cc}}}{D_{\mathrm{c}T_1}} \times 100\% \tag{3-17}$$

式中，C_{c} 为生物结皮覆盖作用降低土壤分离能力的贡献率。

3.5.2 生物结皮覆盖与物理捆绑及化学吸附作用对土壤分离能力的影响

生物结皮的生长发育显著影响坡面径流驱动的土壤分离能力（图 3-18）。表 3-13 给出了不同处理下土壤分离能力的统计特征值。裸地对照的土壤分离能力最大，藻类结皮处理下裸地对照的土壤分离能力为 2.997 kg/（m^2 • s），而处理 2 和处理 3 下的土壤分离能力平均下降 40.4%和 69.2%。生物结皮影响土壤分离能力的大小，与生物结皮的类型密切相关，演替后期的苔藓结皮，其裸地对照的土壤分离能力为 0.593 kg/（m^2 • s），而对应处理 2 和

处理 3 的土壤分离能力平均下降 26.2%和 89.8%。

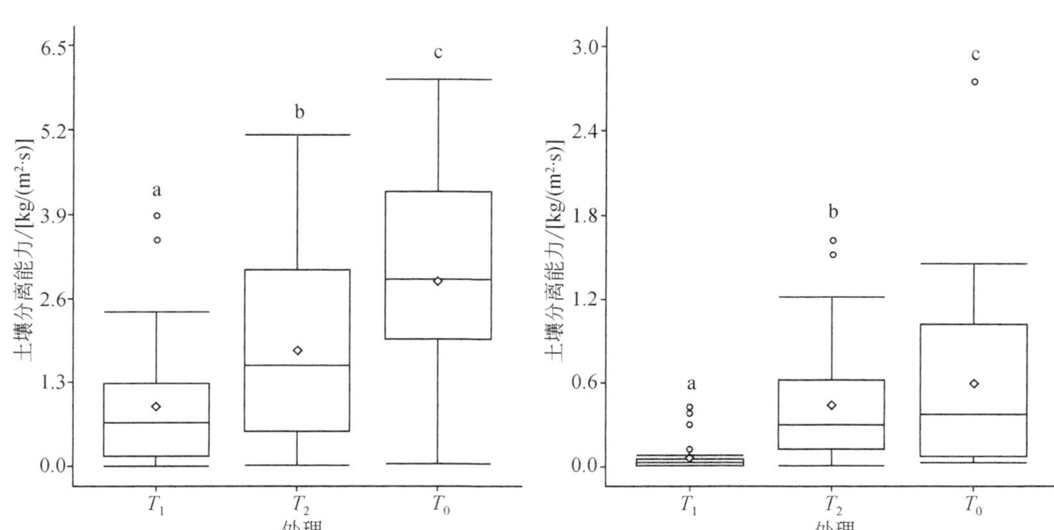

图 3-18　生物结皮覆盖、物理捆绑及化学吸附作用对土壤分离能力的影响

表 3-13　生物结皮覆盖与物理捆绑及化学吸附作用下土壤分离能力统计特征值［单位：kg/（m^2·s)］

结皮类型	处理	最小值	最大值	平均值	标准差
藻类	T_1	0.006	3.897	0.922	0.042
	T_2	0.018	5.112	1.787	0.783
	T_0	0.031	6.212	2.906	1.768
苔藓	T_1	0.002	0.424	0.060	0.394
	T_2	0.002	1.627	0.438	0.750
	T_0	0.003	2.760	0.593	1.041

生物结皮覆盖作用和假根与菌丝物理捆绑及化学吸附作用降低土壤分离能力的贡献差异显著（表 3-14），对于藻类结皮而言，不同处理条件下土壤分离能力下降在 0.865～2.075 kg/（m^2·s），而苔藓结皮不同处理条件下土壤分离能力下降在 0.155～0.534 kg/（m^2·s），说明生物结皮的覆盖和其假根与菌丝的物理捆绑及化学吸附作用，均可有效提升土壤抗蚀性能。作为植物群落重要的近地表层组成成分，生物结皮覆盖可以有效保护地表，避免地表土壤直接被坡面径流分离。同时，生物结皮的存在，可以增大地表糙率，降低坡面径流流速，显著降低坡面径流的侵蚀动力，从而降低土壤分离能力。分布于近地表的生物结皮，其假根及菌丝可以缠绕、捆绑土壤颗粒，提升表层土壤的稳定性，同时生物结皮的假根及菌丝的分泌物，可以将细小的土壤颗粒吸附在假根及菌丝周围，进一步提升土壤抗蚀性能，导致土壤分离能力下降。

表 3-14　生物结皮覆盖与物理捆绑及化学吸附作用引起的土壤分离能力下降

处理	土壤分离能力下降量/［kg/（m²·s）］	
	藻类结皮	苔藓结皮
地表覆盖作用	0.865	0.377
物理捆绑与化学吸附作用	1.210	2.559
总效应	2.075	2.936

不同处理条件下生物结皮降低土壤分离能力的作用，随着生物结皮类型的不同而发生变化（图 3-19）。对于藻类结皮而言，与裸地对照相比，生物结皮生长样地的土壤分离能力降低了 69.2%，其中 37.7%由生物结皮地表覆盖作用引起，而另外的 31.5%则由生物结皮假根、菌丝物理捆绑及化学吸附作用引起，说明对于发育初期的藻类结皮，地表覆盖作用对土壤分离过程的抑制作用，大于生物结皮假根、菌丝物理捆绑及化学吸附作用对土壤分离过程的抑制作用。对于苔藓结皮而言，与裸地对照相比，生物结皮发育样地的土壤分离能力降低了 89.8%，其中 68.9%由生物结皮地表覆盖作用引起，而剩余的 20.9%则由生物结皮假根、菌丝物理捆绑及化学吸附作用引起。说明随着生物结皮的演替，地表覆盖及生物量不断增大，从而使得演替后期的苔藓结皮，其地表覆盖作用的贡献率明显增大，如苔藓结皮地表覆盖作用是藻类结皮地表覆盖作用的 1.8 倍左右。

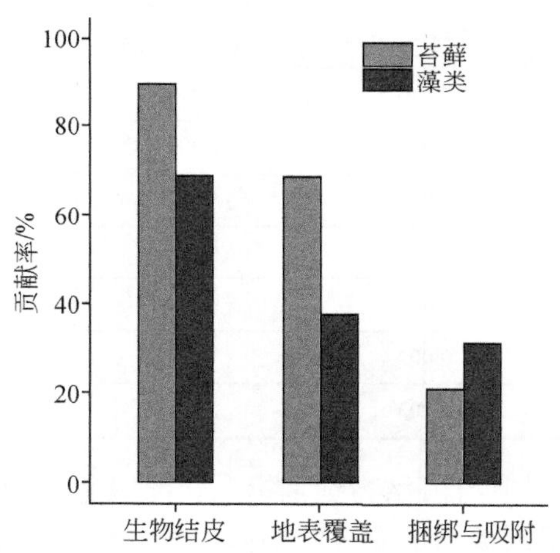

图 3-19　生物结皮不同处理降低土壤分离能力的相对大小

3.5.3　生物结皮覆盖与物理捆绑及化学吸附作用对土壤侵蚀阻力的影响

利用水流剪切力和实测的土壤分离能力，进行线性回归即可得到不同处理下的土壤侵蚀阻力特征（图 3-20、表 3-15）。从表 3-15 可知，生物结皮类型显著影响土壤侵蚀阻力，无论什么处理，苔藓结皮样地的细沟可蚀性显著小于藻类结皮样地，说明发育后期的苔藓结皮抗蚀性能显著大于发育初期的藻类结皮。未受干扰藻类结皮样地的细沟可蚀性为 0.1513 s/m，去除地上部分后，细沟可蚀性增大为 0.2590 s/m，完全消除结皮层后，细沟可蚀性高达 0.3404 s/m。未受干扰的苔藓结皮样地的细沟可蚀性为 0.0095 s/m，去除生物结皮地上部分后其细沟可蚀性显著增大，达到 0.0781 s/m，完全消除生物结皮层后细沟可蚀性达到 0.1106 s/m。与细沟可蚀性的变化趋势相反，不同处理下藻类结皮的土壤临界剪切力为 5.61～7.72 Pa，而不同处理下苔藓结皮的土壤临界剪切力为 6.47～8.04 Pa。对于藻类结皮，与裸地对照相比，存在生物结皮假根与菌丝物理捆绑作用和化学吸附作用后，细沟可蚀性减小 23.9%，而当叠加生物结皮的覆盖作用后，细沟可蚀性减小 55.6%。而对于苔藓结皮，与裸地对照相比，当有生物结皮假根与菌丝物理捆绑和化学吸附作用后，细沟可蚀性减小 29.4%，当叠加生物结皮的覆盖作用后，细沟可蚀性减小 91.4%。对于藻类结皮，与裸地对照相比，当有生物结皮假根及菌丝物理捆绑和化学吸附作用后，土壤临界剪切力增大 23.2%，当继续叠加生物结皮地表覆盖作用后，土壤临界剪切力增大 37.6%。对于苔藓结皮，与裸地对照相比，当有生物结皮假根与菌丝物理捆绑作用和化学吸附作用后，土壤临界剪切力增大 16.3%，而继续叠加生物结皮地表覆盖作用后，土壤临界剪切力增大 24.3%。说明随着生物结皮覆盖作用、假根及菌丝物理捆绑作用和化学吸附作用的依次减少，细沟可蚀性逐渐增大、而土壤临界剪切力逐渐减小，说明随着生物结皮作用的减少，土壤抗蚀性能逐渐降低，在同样的侵蚀动力条件下，土壤侵蚀更为剧烈。反言之，随着生物结皮地表覆盖作用、假根与菌丝的物理捆绑作用和化学吸附作用的逐个叠加，土壤抗蚀性能加强，同等侵蚀动力条件下，土壤侵蚀更轻微，生物结皮的水土保持效应更为显著。

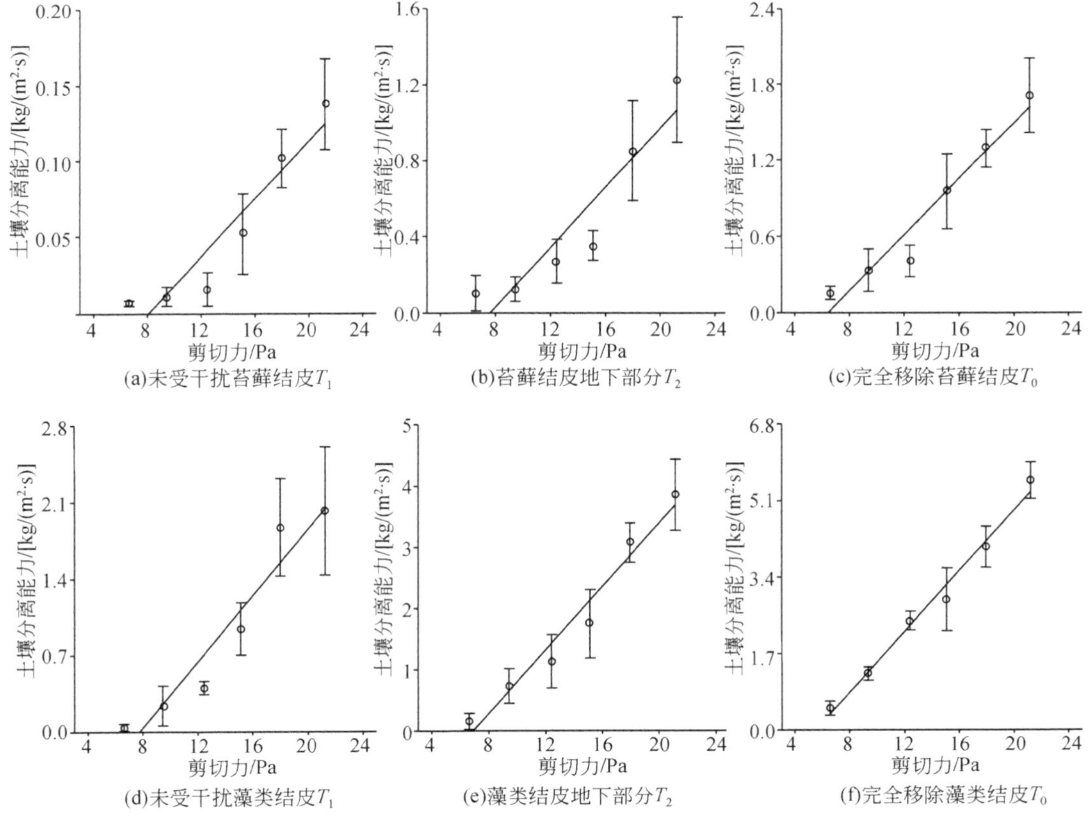

图 3-20　生物结皮不同处理下水流剪切力与土壤分离能力间的关系

表 3-15　生物结皮不同处理下的土壤侵蚀阻力

结皮类型	处理	回归方程	细沟可蚀性/（s/m）	临界剪切力/Pa	R^2
藻类	T_1	$D_c = 0.1513\tau - 1.1676$	0.1513	7.72	0.92
	T_2	$D_c = 0.2590\tau - 1.7900$	0.2590	6.91	0.96
	T_0	$D_c = 0.3404\tau - 1.9111$	0.3404	5.61	0.96
苔藓	T_1	$D_c = 0.0095\tau - 0.0763$	0.0095	8.04	0.89
	T_2	$D_c = 0.0.0781\tau - 0.5875$	0.0781	7.52	0.87
	T_0	$D_c = 0.1106\tau - 0.7157$	0.1106	6.47	0.92

广义线性模型分析结果表明，不同程度的干扰都会显著影响细沟可蚀性和土壤临界剪切力，而结皮类型仅显著影响细沟可蚀性（表 3-16），再次说明细沟可蚀性比土壤临界剪切力更适合反映生物结皮覆盖条件下的土壤侵蚀阻力特征，该内容不属于本章的重点内容，这里并不详述。生物结皮对土壤侵蚀阻力特征的影响，与生物结皮生长发育导致的土壤理化性质的变化密切相关，由于生物结皮的生长发育，导致表层土壤中的有机质含量增大，进而促进土壤团聚体数量的增大及其稳定性的改善，从而提升土壤侵蚀阻力，细沟可蚀性下降、土壤临界剪切力增大，土壤更不容易被侵蚀。

表 3-16　生物结皮覆盖与物理捆绑及化学吸附作用对土壤侵蚀阻力影响的 GLM 分析结果

参数	细沟可蚀性/（s/m）				土壤临界剪切力/Pa			
	预测	标准误	t 值	p	预测	标准误	t 值	p
截距	−2.411	0.348	−6.930	0.006	2.165	0.047	46.267	0.000
结皮类型	−1.332	0.268	−4.962	0.016	0.085	0.034	2.498	0.088
处理	0.476	0.141	3.370	0.043	−0.131	0.021	−6.282	0.008

在野外自然条件下，生物结皮的盖度、高度、生物量等均会出现明显的季节变化，特别在干旱与半干旱地区，受降水年内季节分配的影响，生物结皮的生长发育具有典型的季节变化特征和明显的年际波动；在高纬度与高海拔地区，受温度季节性变化的影响，生物结皮的生长发育也具有典型的季节变化规律。受气候类型、地形条件、土壤类型、生物结皮演替阶段等多种因素的综合影响，表土层中生物结皮的假根与菌丝的数量和空间分布，存在着显著的时空变异特征。同时，很多人类活动，如放牧、农事活动等，都会引起生物结皮地表覆盖的变化，甚至导致表土中生物结皮假根和菌丝数量与分布的显著变化，进而影响生物结皮地表覆盖、假根与菌丝的物理捆绑作用和化学吸附作用的相对大小。因此，需要尽量减少人类社会活动对生物结皮的干扰，最大限度维持生物结皮的生物量和多样性，发挥生物结皮的生态水文及水土保持效应，提升生态系统整体的生态服务功能。

参 考 文 献

李金峰，孟杰，叶菁，等. 2014. 陕北水蚀风蚀交错区生物结皮的形成过程与发育特征. 自然资源学报，(01):

67-79

李新荣，贾玉奎，龙利群，等. 2001. 干旱半干旱地区土壤微生物结皮的生态学意义及若干研究进展. 中国沙漠，（1）：7-14

李新荣，张元明，赵允格. 2009. 生物土壤结皮研究：进展、前沿与展望. 地球科学进展，（01）：11-24

刘法. 2016. 黄土丘陵区生物结皮对土壤分离过程的影响. 北京：北京师范大学博士学位论文

赵允格，许明祥，王全九. 2006. 黄土丘陵区退耕地生物结皮理化性状初报. 应用生态学报，（08）：1429-1434

Belnap J. 2006. The potential roles of biological soil crusts in dryland hydrologic cycles. Hydrological Processes，20（15）：3159-3178

Chamizo S，Cantan Y，Afana A，et al. 2009. How development and disturbance of biological soil crust do affect runoff and erosion in drylands. María Asunción Romero Díaz，203-206

Chamizo S，Cantan Y，Miralles I，et al. 2012. Biological soil crust development affects physicochemical characteristics of soil surface in semiarid ecosystems. Soil Biology & Biochemistry，49（6）：96-105

De Roo A P，Wesseling C G，Ritsema C J. 1996. LISEM：A single-event physically based hydrological and soil erosion model for drainage basins：I：theory，input and output. Hydrological Processes，10（8）：1107-1117

Eldridge D. 2003. Biological soil crusts and water relations in Australian deserts. Biological soil crusts：Structure，function，and management. Springer：315-325

Eldridge D，Greene R. 1994. Assessment of sediment yield by splash erosion on a semi-arid soil with varying cryptogam cover. Journal of Arid Environments，26（3）：221-232

Knapen A，Poesen J，Galindo-Morales P，et al. 2007. Effects of microbiotic crusts under cropland in temperate environments on soil erodibility during concentrated flow. Earth Surface Processes and Landforms，32（12）：1884-1901

Li X R，He M Z，Zerbe S，et al. 2010. Micro-geomorphology determines community structure of biological soil crusts at small scales. Earth Surface Processes and Landforms，35（8）：932-940

Liu F，Zhang G H，Sun L，et al. 2017. Quantifying the surface covering，binding and bonding effects of biological soil crusts on soil detachment by overland flow. Earth Surface Processes and Landform，42：2640-2648

Liu F，Zhang G H，Wang H. 2016. Effects of biological soil crusts on soil detachment process by overland flow in the Loess Plateau of China. Earth Surface Processes and Landforms，41：875-883

Nearing M A，Foster G R，Lane L J，et al. 1989. A process-based soil erosion model for USDA-Water Erosion Prediction Project Technology. Transactions of the American Society of Agricultural Engineers，35（5）：1587-1695

Zhang G H，Liu B Y，Liu G B，et al. 2003. Detachment of undisturbed soil by shallow flow. Soil Science Society of America Journal，67：713-719

Zhang G H，Liu Y M，Han Y F，et al. 2009. Sediment transport and soil detachment on steep slopes：II. Sediment feedback relationship. Soil Science Society of America Journal，73（4）：1298-1304

Zhao Y，Xu M，Wang Q，et al. 2006. Physical and Chemical properties of soil bio-crust on rehabilitated grassland in hilly Loess Plateau of China. The Journal of Applied Ecology，17（8）：1429-1434

第 4 章　枯落物对土壤分离过程的影响与机理

枯落物是指植物群落中植物的部分器官、组织因死亡而枯落并归还到土壤中，作为分解者和某些消费者物质和能量来源的有机物质的总称，包括落枝、落叶、落皮、枯落的繁殖器官，以及枯死的根等，它对维持植被生态系统的物质循环、能量流动、信息传递具有重要作用（刘强和彭少麟，2010）。作为典型的地表覆盖，枯落物直接影响降水在地表的再分配，进而影响坡面水文过程。松软的枯枝落叶层不但可以有效缓冲、拦截与蓄积降水，而且还有利于保持土壤水分和温度，促进微生物活动，促进枯落物分解，释放大量有机碳，增加土壤有机质含量，改善土壤结构，提升土壤水库蓄水功能，调节地表径流，改善地表水文过程（吴钦孝和赵鸿雁，2001）。枯落物不但可以覆盖地表，还可以通过不同的途径与表土混合，提升土壤抗蚀性能，降低土壤侵蚀强度。

4.1　枯落物蓄积量及其水文水保功效

枯落物是重要的近地表组成成分，具有很强的生态、水文及水保功能。枯落物可以用多种指标定量表征，且具有强烈的时空变异特征，受到多种因素的影响，明确枯落物量化指标、测量方法、明晰枯落物蓄积量的影响因素、量化枯落物层的持水性能及其水文水保功能，具有重要的意义（栾莉莉，2016）。

4.1.1　枯落物量化指标及其测定方法

枯落物凋落速率和枯落物蓄积量是量化枯落物的两个重要指标，可以从质量、厚度和盖度等多个角度进行定量表征。枯落物的多少通常用单位面积枯落物的干重来表示，单位为 g/m^2。因新鲜的枯落物中含有大量水分，显著影响枯落物质量，所以一般采用烘干质量，也有人使用风干重（放在通风处，用手触摸无潮湿感时的质量）表达。监测枯落物凋落速率或蓄积量时，通常选择有代表性的样方，样方大小根据植物群落类型的不同而有所差异，一般乔木林可以采用 1 m×1 m 的样方，而灌木和草本可以采用 0.5 m×0.5 m 的样方。样方的选择需要有代表性，同时需要设置多个重复，进行多次测定的平均，代表整个群落的凋落速率和蓄积量。凋落速率一般是在一定时间内，收集样方内全部的枯落物凋落量，除以时间即可得到凋落速率。而蓄积量是指某个时间段内样方中枯落物的总量。在调查枯落物时，通常会调查其厚度，可用钢尺或游标卡尺进行多次测量，取其平均值即可。

枯落物盖度测量包括目估法、正交网格法和照相法。目估法是直接用眼睛估计枯落物盖度的简易方法，监测者必须要有一定的经验，否则测定误差较大。当枯落物盖度较小或者较大时，估算误差较大，需要慎重（张光辉和梁一民，1995）。正交网格法是将一定尺寸（50 cm×50 cm）的测量样框放置在测定样方上，测量样框上用较细的尼伦线织成 1 cm×1 cm

的网格，当网格内枯落物覆盖大于一半时，计为有枯落物覆盖，然后统计有枯落物网格占测定样框内所有网格的百分数，即为枯落物盖度（Dunkerley et al.，2001）。也可以对放置测量样框的样方拍照，通过统计有枯落物覆盖的网格数目，估算样方内枯落物盖度（Dunkerley，2003）。通过多个监测样方的测定，取其平均值即可得到植物群落的枯落物盖度。照相法是在测定样区拍摄多张照片，利用图像分析软件（如 PCOVER 软件）计算测定样方的枯落物盖度，通过多个样点的计算，取其平均值得到植物群落的枯落物盖度。

全球森林年枯落物蓄积量为 $1.6\times10^3\sim9.2\times10^3$ kg/hm^2，其中落叶枯落物蓄积量为 $1.4\times10^3\sim5.8\times10^3$ kg/hm^2，其他组分（包括枝、皮、繁殖器官、叶鞘、动物残骸等）的枯落物蓄积量为 $0.6\times10^3\sim3.8\times10^3$ kg/hm^2。由此可见，在全球森林生态系统枯落物组成中，落叶占绝对优势，占枯落物总量的 50%～100%。而枯枝占枯落物总量的 0～37%，果实占枯落物总量的 0～32%，其他组分占 10%左右（Bray and Gorham，1964）。随着植物群落的演替，枯落物组成会发生相应的变化，叶凋落量占总凋落量的 59%～78%、枝凋落量占 8%～24%、花果等凋落量占 5%～24%，叶凋落物的比例随着植物群落的正向演替而逐渐减少，而枝凋落量随着植物群落的正向演替而逐渐增大（熊红福等，2013）。枯落物蓄积量及其组成成分，具有典型的空间分异特征，在荒漠草原典型植物群落中（李学斌等，2012），叶枯落物（59%）明显大于枝落物（31%）和其他枯落物（10%）。

4.1.2　枯落物蓄积量的影响因素

受植物群落类型、环境条件、人为因素、分解过程等多种因素的综合影响，枯落物蓄积量具有典型的时空变化特征。枯落物蓄积量受林分组成、密度及林龄等多个因素的影响，在干旱与半干旱的黄土高原地区，混交林的枯落物蓄积量显著大于针叶林和阔叶林（丁绍兰等，2009）；在干旱的荒漠草原区，蒙古冰草群落的枯落物蓄积量最大，其次为甘草群落、赖草群落和沙蒿群落（李学斌等，2012）。对于人工林，枯落物蓄积量随着林分密度的增大而增大（张家武和李锦芳，1993）。随着林龄的增长，从幼林到成林，枯落物蓄积量逐渐增大（马祥庆，1997）。植物群落的枯落物来自地上植物的生长，因而与地上植物的生长状况密切相关，枯落物蓄积量大小与群落类型和生产力高低有着直接联系，群落光合效率越高，固定的有机物就越多，相应凋落的枯落物也越多。与林龄、胸径和生物量密度相比，落叶松地表枯落物总量与树高间的相关性最高，树高每增长 1 m，凋落物增大 76.27 g/m^2，而地表枯落物总量与胸径间的相关性也较为显著（王洪岩等，2012）。

影响枯落物蓄积量的环境因子包括通过光、温、水间接起作用的纬度因子和海拔因子，同时还包括直接作用的土壤因子和地形因子等（栾莉莉，2016）。随着温度的升高，枯落物分解速度加快，因而随年均温的升高枯落物蓄积量总体呈降低趋势，寒温带枯落物蓄积量最大，其次为温带、亚热带和热带（Bray and Gorham，1964）。随着海拔的升高，年均气温降低，同时降水也会发生相应的变化，因而会引起枯落物蓄积量的趋势性变化。海拔较低时，枯落物蓄积量随海拔的升高而迅速减少，而后趋于平缓，但总体呈下降趋势（Bray and Gorham，1964）。

土壤类型及其质地显著影响土壤的通气性、透水性、持水性，进而影响土壤的水热特性和微生物活动，改变枯落物分解速度和强度，导致枯落物蓄积量发生变化。在干旱与半干旱的黄土高原地区，土壤水分直接影响植物生长状况，枯落物蓄积量与土壤水分间呈显著的正相关关系，随着土壤水分的增大枯落物蓄积量增大（刘中奇等，2010）。地形条件尤其是坡度和坡向会显著影响降水的分布、土壤入渗、坡面水文及侵蚀过程。枯落物蓄积量与坡度间呈二次函数相关关系，当坡度为 26°时，枯落物蓄积量最小。阴坡和阳坡的气候、土壤和植被特征差异显著，因而会影响枯落物蓄积量，一般而言在黄土高原地区，阴坡枯落物蓄积量明显大于阳坡。而沟坡的水分状况明显优于梁峁坡，因而随着地貌部位的不同，枯落物蓄积量也明显不同，阴沟坡枯落物蓄积量最大，依次为峁顶、阳沟坡、阴沟坡和阳梁峁坡（寇萌，2013）。

人为活动显著影响植被枯落物蓄积量，包括各种经营措施、经济活动及文化娱乐等对植被及其枯落物的直接影响。乱砍滥伐、长期放牧、搂取枯落物及过度修枝等人为干扰，会导致森林枯落物量的减少（栾莉莉，2016）。疏伐后的第二年，柳杉人工林枯落物凋落量明显下降，在一定密度范围内，疏伐会降低森林的凋落量。此外，人为施肥、锄草、翻耕、灌溉等活动均会影响植物群落的枯落物蓄积量（王凤友，1989）。

分解过程是影响枯落物蓄积量的关键因素，蓄积量是枯落物凋落速率与分解速率的动态平衡。枯落物的分解包括：淋溶过程，枯落物中可溶物质被降水或径流淋溶；粉碎过程，通过动物摄食、土壤干湿交替、冰冻、解冻等途径，使得枯落物逐渐变小；代谢过程，通过微生物将复杂的有机物转化为简单分子。这些过程同时发生，并以土壤微生物的影响为主导。影响枯落物分解的因素主要包括枯落物自身特性、生物因素、环境因素和人类活动与全球变化等。枯落物特性是本质要素，生物是分解的主导因素，而环境等外部因素也起到重要作用（武海涛等，2006）。枯落物特性取决于枯落物自身的组织结构、营养元素及有机化合物的种类和含量。枯落物非溶解物质主要通过微生物和土壤动物进行降解，主要包括细菌、真菌和无脊椎动物。环境因素主要包括温度、湿度、周围环境中营养物质浓度和人类活动。从区域尺度来看，随着纬度降低、温度升高和降水增加，枯落物分解速率加快，枯落物周转快，枯落物累积较少（武海涛等，2006）。湿地等湿生植物枯落物分解过程还受 pH、氧化还原电位、溶解氧浓度、盐度等非生物因素的影响（高俊琴等，2004）。

4.1.3 枯落物的持水性

枯落物疏松多孔，降水、地表径流等水分可以充满空隙、并依靠表面张力维持在枯落物中，因而，枯落物具有较强的持水能力（庞学勇等，2005）。枯落物持水性的强弱可用最大持水量、最大持水率或最大吸湿比表征。最大持水量是指枯落物浸泡 24 h 后的持水量，最大持水率是指最大持水量与枯落物风干重的比值，最大吸湿比是指枯落物浸水 24 h 后的湿重与枯落物干重的比值（刘宇等，2013）。最大持水率和最大吸湿比的差异是前者采用枯落物风干重，而后者采用枯落物干重，差异并不显著，可以替换使用。

枯落物吸水速率随着浸泡时间的延长而会逐渐减小，一般在前 3 h 内，吸水速率较大，3～12 h 吸水速率趋于减缓，当浸泡时间大于 24 h 后，吸水速率相对比较稳定，并且很小。吸水速率随时间的变化趋势与枯落物类型有关，但均可以表示为幂函数或者对数函数（孙艳红等，2009）。

枯落物持水性与植被类型及枯落物分解程度密切相关。混交林枯落物的最大持水量最大，阔叶林次之，而针叶林最小。杨树林枯落物的最大持水量明显大于油松林和刺槐林，而刺槐林枯落物的最大吸湿比却明显大于杨树林和油松林（丁绍兰等，2009）。对于黄土高原典型的蒙古冰草群落、甘草群落和沙蒿群落，其枯落物最大持水量差异显著，分别相当于 0.93 mm、074 mm、0.66 mm 和 0.23 mm 的降水量，相当于其自身质量的 2.5～3.7 倍（李学斌等，2012）。枯落物的分解程度显著影响其持水性能，随着枯落物的逐渐分解，枯落物层的密度和空隙会发生明显变化，从而引起其持水性能的响应（Sato et al.，2004）。未分解枯落物吸水速率随时间的下降速度明显大于处于半分解状态的枯落物，说明分解程度高的枯落物吸水过程更长。分解程度越高，处于半分解状态的枯落物所占比例会越大，则枯落物持水能力越强（孙艳红等，2009）。

枯落物的持水性能还受到枯落物蓄积量、林龄、立地条件及降水特性等其他因素的影响。枯落物持水量随着其蓄积量的增大而增大，随着林龄的增大，枯落物层更为发育，处于半分解和已分解状态枯落物的比重增大，因而枯落物的持水性能随着加强（刘中奇等，2010）。在天然降雨条件下，随着降雨历时的延长，其持水速率迅速下降，枯落物的持水作用主要表现在降雨的前 2 h 以内，尤其是降雨的前半个小时（王云琦等，2004）。

4.1.4　枯落物的水文水保功效

枯落物作为植物群落重要的近地表组成成分，具有强大的水文水保功能，特别是在改善土壤结构、截留降雨、抑制土壤蒸发、降低土壤溅蚀、延缓径流流动、促进降水入渗和提升土壤抗蚀性能等诸多方面起到非常重要的作用（张光辉，2017）。

随着植被的恢复，受植被枯落物分解、根系固氮、根系的穿插作用、根系的死亡等众多因素的综合影响，土壤有机质含量增大，土壤容重降低，土壤孔隙度特别是毛管孔隙度显著增大（徐学华等，2013）。土壤性质的改善，特别是毛管孔隙及大孔隙数量的增大，会改善土壤中孔隙的连通性，从而提升土壤入渗性能，强化降水的就地入渗能力，有效减少地表径流量（任宗萍等，2012）。枯落物分解后将植物体内的营养物质归还给土壤，促进土壤全 N、全 P、全 K 及有效 N、有效 P、有效 K 含量的不断增加，增加的幅度与植物类型、枯落物蓄积量密切相关（Matsushima and Chang，2007）。

枯落物覆盖地表，可有效截留降雨，延阻径流流动，抑制土壤蒸发。截留量的大小与枯落物类型、蓄积量、分解程度，以及降水特性密切相关。黄土高原广泛分布的油松林，其枯枝落叶层的截留量可以达到降水量的 10%（刘向东等，1994）。在一定的降水量范围内，枯落物截留量随着降雨强度的增大而增大，而阔叶林的枯落物截留量显著大于针叶林（Sato et al.，2004）。枯落物的存在，会增大地表糙率，增加坡面径流的阻力，坡面径流流速明显减小，为 0.15～1.35 m/s。流速减小的幅度与降雨特性、坡度、植被类型、盖度、群落结构及其空间配置等因素密切相关（郭雨华等，2006；曹颖等，2011；张光辉，2017）。枯落物的覆盖，可有效抑制土壤蒸发。以裸露土壤为基准，枯落物层抑制土壤蒸发的效应随枯落物层厚度的增加而增大，特别是在 1 cm 以内效果更明显。当土壤水分增大时，抑制效应更大（朱金兆等，2002）。

枯落物覆盖地表，可有效消减降雨动能、抑制土壤溅蚀，提升土壤抗蚀性能。对于黄土高原的山杨林和油松林，随枯枝落叶层厚度的增大，土壤溅蚀量急剧减少，山杨林下枯枝落叶层累积大于 1 cm、油松林枯落物层累积到 2 cm 时没有溅蚀发生，起到了非常好的保持水土的作用（韩冰等，1994）。纵横交错呈叠砌状的枯落物使坡面径流受到多重阻碍，小股径流也因此改变方向而缓慢流动，降低了坡面径流冲刷能力及其挟沙力，可以很好地抑制水流对土壤的冲刷，从而保护土壤，提高土壤的抗蚀性能（王丹丹等，2013），进一步减少坡面侵蚀。

枯落物对坡面侵蚀过程的影响，与枯落物的类型、蓄积量、分解程度及其空间分布有关，当然其水文水保功能的发挥，与降水特性、地形条件密切相关，一般而言在小降雨条件下，枯落物的水文和水保功能比较明显，但在暴雨或者特大暴雨条件下，其水文与水保功能会迅速下降。与此类似，在缓坡条件下，枯落物的水文与水保功能比较强，但随着坡度的增大，其水文和水保功能逐渐降低，当坡度达到一定程度后，其水文及水保功能会非常低下，甚至消失。当然枯落物的水文与水保功能也具有典型的地带性变化规律，在气候干旱、植物群落生长相对较弱的干旱与半干旱地区，枯落物的水文与水保功能相对比较强，而在降水量比较大、温度较高、植被生长繁茂的湿润地区，植物生态系统结构复杂，枯落物的水文与水保功能就会相对下降。

4.2 黄土丘陵区枯落物蓄积量空间变化及其持水性能

在干旱与半干旱的黄土高原丘陵沟壑区，受气候、地形、土壤、土地利用等多种因素的综合影响，植物群落枯落物的蓄积量可能具有典型的空间分异特征，同时其持水性能也可能因植物类型的不同而有所差异，研究黄土高原丘陵沟壑区枯落物蓄积量的空间变化特征及其影响因素，以及枯落物的持水性能，对于理解枯落物水文与水保功能的空间变异特征、揭示枯落物水土保持效应的动力机制，具有重要的意义。

4.2.1 试验材料与方法

黄土高原丘陵沟壑区枯落物蓄积量空间变化的研究在黄土高原的样线上进行，基于多年平均降水量（MAP）数据，沿降水量梯度近等间距选取 7 个调查样点，从南到北依次是宜君县、富县、延安市、子长县、子洲县、榆林市、鄂尔多斯市（图 4-1），各样点间的间距接近 50 km，年降水量从 591 mm（宜君）减少到 368 mm（鄂尔多斯），样线总长度为 508 km，共包含 3 个植被带，其中宜君属森林植被带（MAP>550 mm），富县、延安属森林草原植被带（450 mm<MAP<550 mm），子长、子洲、榆林、鄂尔多斯属草原植被带（300 mm< MAP<450 mm）；7 个调查样点温度变化不大，年均气温最大为 9.9℃（富县），最小为 6.7℃（鄂尔多斯）；土壤质地从南到北逐渐变粗，宜君、富县、延安、子长、子洲为粉壤土，榆林和鄂尔多斯为砂壤土（栾莉莉等，2015a）。

在各采样点上选择林龄、密度、郁闭度或盖度等相似的乔木群落、灌木群落，以及退耕年限相近的草本群落作为调查样地，乔木选取黄土高原常见的刺槐，灌木选取柠条，草本以蒿类为主（表 4-1）。在每个样地分别于坡顶、阳坡坡中、阳坡坡下、阴坡坡中、阴坡坡下 5 个不同的地貌单元选取样方，进行枯落物蓄积量的调查。乔木群落调查样方大小为 10 m×10 m，灌木群落为 5 m×5 m，而草本群落样方为 3 m×3 m，调查内容包括

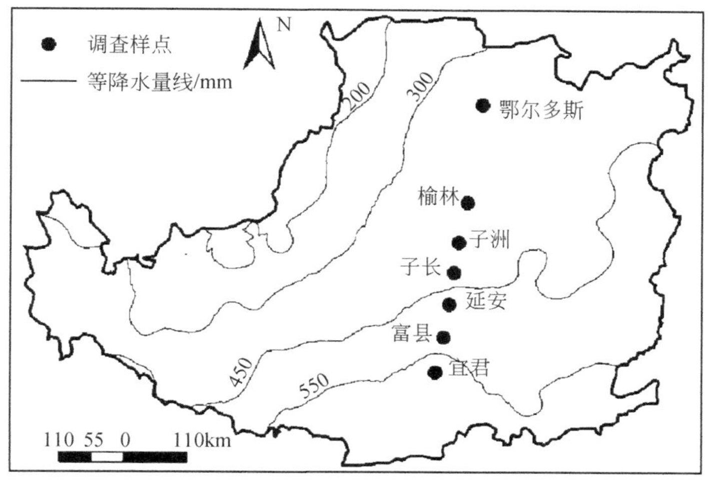

图 4-1 黄土高原丘陵区枯落物蓄积量调查样点分布图

草种、高度、盖度、地上生物量和枯落物等。为了分析退耕模式对枯落物蓄积量的影响，在陕西省安塞区纸坊沟小流域选择立地条件相似、退耕年限均为 37 年的柠条（CKK）、刺槐（RP）、油松（PT）、油松+紫穗槐（PA）4 种不同退耕模式林地作为调查对象，郁闭度分别为 0.65、0.40、0.50、0.60，同时选取退耕年限一致的撂荒地（CK）作为对照，采用 3 m×3 m 的样方调查枯落物蓄积量（师阳阳等，2012）。

表 4-1 黄土高原样线上枯落物蓄积量调查样点主要植物类型

调查样点	宜君	富县	延安	子长	子洲	榆林	鄂尔多斯
乔木	刺槐	刺槐	刺槐	刺槐	刺槐	刺槐	杨树
灌木	黄蔷薇	黄蔷薇	柠条	柠条	柠条	柠条	柠条
草本	铁杆蒿、达乌里胡枝子、岩败酱	铁杆蒿、达乌里胡枝子、茵陈蒿	铁杆蒿、达乌里胡枝子、茵陈蒿	野艾蒿、铁杆蒿、冰草	茵陈蒿、长芒草、早熟禾	铁杆蒿、长芒草、达乌里胡枝子	油蒿、长芒草、早熟禾

地上生物量测定：草本群落采用全部收获法，灌木群落采用标准枝法，收割带回后在 85℃恒温下烘干称重。枯落物蓄积量测定：在样方内沿对角线取 3 个面积为 50 cm×50 cm 的样方，测定枯落物层厚度，采集枯落物，带回室内迅速称量，然后放入烘箱烘干（85 ℃恒温烘 24 h）称其干质量，用单位面积干质量表征蓄积量。

枯落物持水量和吸水速率测定：采用室内浸泡法测定枯落物持水能力与过程。将采集的枯落物阴干 3 天，将称重后的枯落物放入细孔纱网袋，完全浸水 0.25 h、0.50 h、1 h、2 h、3 h、5 h、8 h、12 h 和 24 h，将枯落物连同纱网袋一并取出，静置约 5 min，保证枯落物不滴水后，迅速称重并记录。浸泡实验结束后将枯落物烘干（85 ℃，24 h），称取干重。不同浸水时间枯落物持水量为相应时间称取的枯落物湿重与浸水前干重的差值，持水量与浸水时间的比值即为该时刻枯落物的吸水速率。

用最大持水率会高估枯落物对降雨的拦蓄能力，因为当降雨达到 20～30 mm 时，无论枯落物含水量高低，实际持水率约为最大持水率的 85%，所以通常采用有效拦蓄量估算枯

落物对降雨的实际拦蓄量（栾莉莉等，2015b），即

$$W = (0.85R_{\mathrm{m}} - R_0)M \tag{4-1}$$

式中，W为有效拦蓄量（t/hm²）；R_{m}、R_0 分别为最大持水率和初始含水量（%）；M 为枯落物蓄积量（t/hm²）。

4.2.2 枯落物蓄积量的空间变化

植物群落类型显著影响枯落物蓄积量，乔木群落与灌木群落、乔木群落与草本群落、灌木群落与草本群落间的枯落物蓄积量差异显著，乔木群落的枯落物蓄积量最大，各样点间为 441～840 g/m²，灌木群落的枯落物蓄积量次之，为 106～218 g/m²，草本群落的枯落物蓄积量最小，各样点间为 12～68 g/m²。植物群落类型影响枯落物的根本原因在于地上生物量的差异，在黄土高原地区，乔木和灌木的地上冠层发达、生长繁茂，因而枯落物凋落量显著大于草本群落，导致其枯落物蓄积量显著大于草本群落。枯落物厚度也受到植物群落类型的显著影响，乔木群落最大，各样点间为 0.6～2.9 cm，灌木群落次之，为 0.6～1.0 cm，草本最小，各样点变化在 0.1～0.7 cm。与冀北山地天然林枯落物蓄积量相比（344～2301 g/m²），各样点乔木群落的枯落物蓄积量相对较小，而各样点草本群落的枯落物也小于典型草原植物群落的枯落物蓄积量（51～396 g/m²）。如前文所述，枯落物蓄积量受到很多因素的综合影响，特别是植物群落类型、林龄或恢复年限、枯落物凋落量、分解速度及样地的水热等立地条件。黄土高原地区植被稀疏、恢复年限较短，很多植被都是在 1999 年大面积实施“退耕还林（草）”工程后逐渐恢复的，枯落物的积累年限较短，同时降水量偏低，植被恢复缓慢，因而植被的枯落物蓄积量偏小。同时在黄土高原地区，受降水、温度季节变化的影响，植被生长具有典型的季节变化特征，导致枯落物凋落量也具有典型的季节变化特征，集中出现在秋末冬初，而本书调查时间为 7～8 月，各样点的枯落物蓄积量本来就相对较少。

在黄土高原样线尺度上，枯落物蓄积量变化显著（图 4-2）。对于乔木群落，枯落物蓄积量最大值出现在监测样线南端的富县（840 g/m²），随后向北，乔木枯落物蓄积量逐渐减小，最小值出现在榆林（441 g/m²），继续往北到鄂尔多斯乔木枯落物蓄积量出现了轻微的

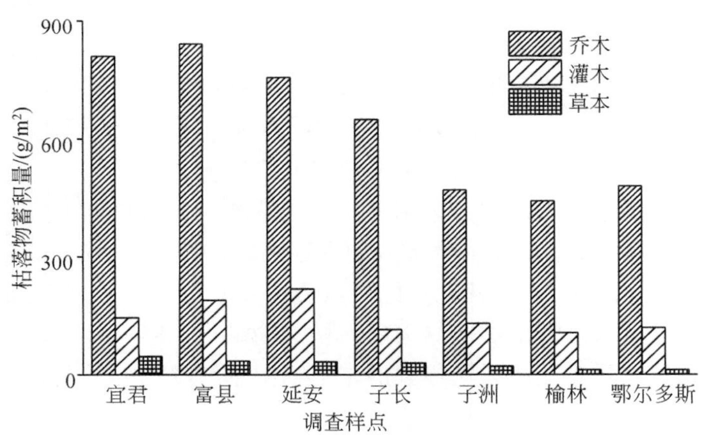

图 4-2 黄土高原样线上不同植物群落枯落物蓄积量

增大，这一变化可能与乔木群落的种类有关。从宜君到榆林 6 个样点的乔木林都是刺槐，而鄂尔多斯没有刺槐林，因而选择了杨树作为调查对象，树种的差异自然会引起枯落物蓄积量的差异。对于灌木群落，枯落物蓄量最大值出现在监测样点中部的延安（218 g/m^2），最小值出现在榆林（106 g/m^2），从最南端的宜君往北到延安依次增大，从子长到鄂尔多斯没有明显的差异。对于草本群落，枯落物蓄积量最大值出现在监测样线最南端的宜君（68 g/m^2），最小值出现在监测样线最北端的鄂尔多斯（12 g/m^2），从南到北枯落物蓄积量呈现逐渐减小的变化趋势。总体来看，3 种植物群落的枯落物蓄积量从南到北逐渐减小，乔木群落从 840 g/m^2 减小到 441 g/m^2，灌木群落从 218 g/m^2 减小到 106 g/m^2，草本群落从 68 g/m^2 减小到 12 g/m^2。

地形条件显著影响枯落物蓄积量，不同坡位条件下的枯落物蓄积量差异显著（图 4-3），坡顶蓄积量最小，其次为阳坡中、阴坡中、阳坡下和阴坡下。光照条件和土壤水分是影响黄土高原植物生长的关键因素，坡位的差异，会引起光照和土壤水分的差异，进而引起植被生长的不同，导致枯落物凋落量的差异。同时土壤水分及土壤温度是控制枯落物分解的主导因素，坡位差异引起的土壤水分及温度差异，自然也会引起枯落物分解速率的差异。枯落物凋落量和分解速率的差异，最终体现为不同坡位枯落物蓄积量的差异。

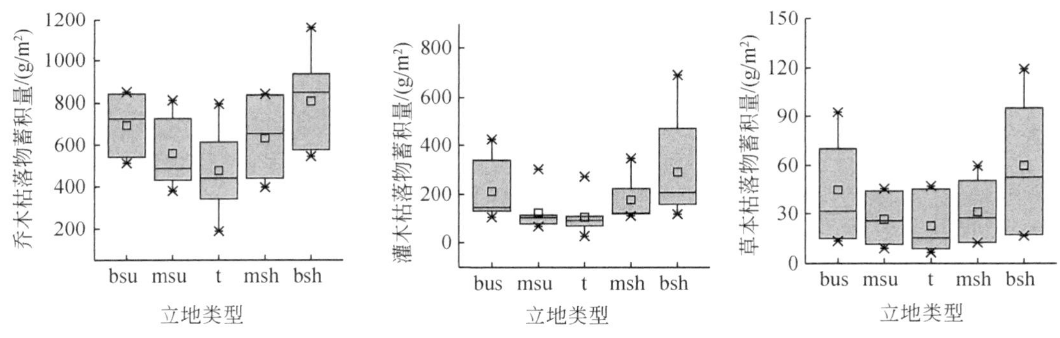

图 4-3　黄土高原样线上不同坡位条件下枯落物蓄积量

bsu 为阳坡下；msu 为阳坡中；t 为坡顶；msh 为阴坡中； bsh 为阴坡下，余同

坡向显著影响枯落物蓄积量，就平均值而言，乔木群落、灌木群落和草本群落阴坡的枯落物比阳坡分别大 15%、39%和 28%，其中阴坡下枯落物比阳坡下分别大 17%、37%和 34%，阴坡中枯落物比阳坡中分别大 7%、44%和 17%。黄土高原的阴坡太阳辐射明显弱于阳坡，土壤蒸发及植物蒸腾相对较小，土壤含水量较高，土壤水分是黄土高原植物生长的限制性环境因素，坡向导致的土壤水分差异，势必会促进阴坡植被的生长发育，增大枯落物凋落量。同时阴坡土壤温度较低，枯落物分解速度较慢，抑制了枯落物的分解。凋落量的增大和分解速率的下降，最终导致黄土高原阴坡的枯落物蓄积量显著大于阳坡。

坡位同样影响黄土高原的枯落物蓄积量，乔木群落、灌木群落和草本群落的枯落物蓄积量坡下比坡中分别大 27%、68%和 81%。不同坡位间枯落物蓄积量的差异，也与坡向密切相关，对于阴坡，乔木群落坡下枯落物蓄积量比坡中和坡顶分别高 20%和 70%，灌木群落坡下枯落物蓄积量比坡中与坡顶分别高 64%和 175%，草本群落坡下枯落物蓄积量比坡中与坡顶分别高 92%和 165%。而对于阳坡，乔木群落坡下枯落物蓄积量比坡中和坡顶分别高 18%和 46%，灌木群落坡下枯落物蓄积量比坡中与坡顶分别高 73%和 102%，草本群落坡下枯落物蓄积量比坡中与坡顶分别高 68%和 98%。不同植物群落的枯落物蓄积量均表现为坡下最大、坡顶最小的“V”形变化特征。枯落物蓄积量受到风力、径流冲刷、重力等多种因素的影响，在这些因素的综合影响下，枯落物会从上坡向下坡移动，在黄土高原地区，风力强劲，受下伏地形的影响，坡顶或峁顶的风力最强，随着海拔的降低，地形引起的糙率增大，阻力随着增大，风速下降。坡面径流的侵蚀动力随着坡长的增大而加强，但随着坡度的下降而降低，黄土高原坡陡沟深的地形条件，非常有利于径流对枯落物的冲刷与输移，但到坡下特别是坡脚后，坡度下降，引起径流冲刷动力及其挟沙力降低，在侵蚀泥沙沉积的同时会引起枯落物的局地沉积与聚集。风力和水力随坡位的变化，加剧了不同坡位枯落物蓄积量的差异。

黄土高原不同植物群落枯落物蓄积量的空间变化，受到降水、温度、林分等气候因素和群落因素的显著影响。随着年均降水量、年均温度、郁闭度、林地密度的增大，乔木群落枯落物蓄积量显著增大，而随着海拔的增高，温度降低，乔木群落枯落物蓄积量显著下降。随着年均降水量、年均温度、林分密度和地上生物量的增大，灌木群落枯落物蓄积量显著增大，随着海拔的增高，灌木群落枯落物蓄积量显著减小。随着年均降水量、年均温度和地上生物量的增大，草本群落枯落物蓄积量显著增大，而随着海拔的增高，草本群落枯落物蓄积量显著降低。在黄土高原地区，从南到北，年均降水量和年均温度逐渐下降，海拔呈上升趋势，从而导致从南到北黄土高原植物群落枯落物蓄积量呈逐渐减小的变化趋势。

对于黄土高原不同的植物群落，其枯落物蓄积量均随着年均降水量的增大呈线性函数增大（图 4-4），年均降水量对乔木群落、灌木群落和草本群落枯落物蓄积量空间变化的解释分别为 0.52、0.17 和 0.65，再次说明在干旱与半干旱的黄土高原地区，年均降水量是限制植物生长的核心因素，在很大程度上决定了植物群落枯落物蓄积量的多少。

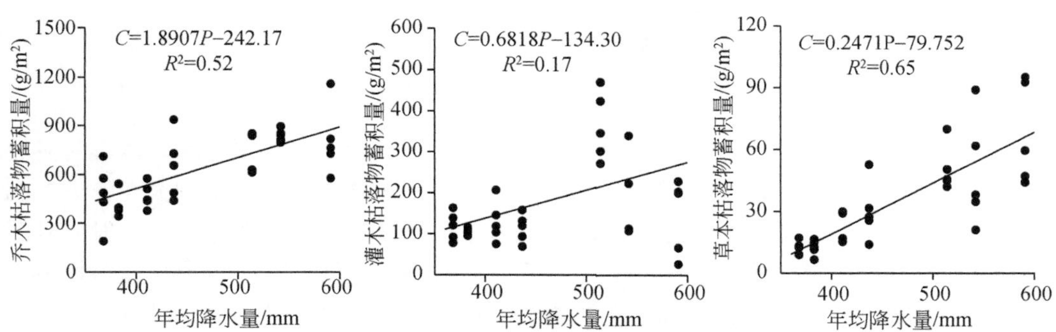

图 4-4 黄土高原样线上不同植物群落枯落物蓄积量与年均降水量的关系

黄土高原不同植物群落的枯落物蓄积量，均可以用气候、植物相关的因素进行较好地模拟，对于乔木群落：

$$C = 1.088P - 11.767T + 786.513Y + 25.690M + 0.142H - 318.715 \qquad R^2 = 0.63 \tag{4-2}$$

式中，C 为枯落物蓄积量（g/m^2）；P 为年均降水量（mm）；T 为年均温度（℃）；Y 为乔木林郁闭度；M 为林分密度（个/hm^2）；H 为海拔（m）。

对于灌木群落：

$$C = 0.374P + 7.500T + 2.652S + 482.766M + 0.229H - 677.541 \quad R^2 = 0.66 \tag{4-3}$$

式中，S 为地上生物量（g/m^2）。

对于草本群落：

$$C = 0.033P - 0.051T + 0.334S - 0.015H - 10.600 \quad R^2 = 0.66 \tag{4-4}$$

式（4-2）～式（4-4）中，年均温度和海拔对枯落物蓄积量的影响不尽相同，对于乔木群落和草本群落而言，年均温度对枯落物蓄积量的影响为负，而对于灌木群落而言，年均温度的影响为正；对于乔木群落和灌木群落而言，海拔的影响为正，而对于草本群落而言，海拔对枯落物蓄积量的影响为负。这些差异主要来源于年均降水量、年均温度和海拔间的交互作用，在黄土高原样线上，从南到北年均降水量和年均温度下降，而海拔大体上呈上升趋势，但随着海拔的增高，温度下降，在一定的海拔范围内，降水量随着海拔的升高而增大，但当超出一定的海拔后，降水量会随着海拔的升高而减小，因此，降水量和海拔间的关系比较复杂，年均降水量和年均温度与海拔间存在着显著的交互作用，这种交互作用又会影响年均气温和海拔与枯落物蓄积量间的模拟关系。从整体来看，式（4-2）～式（4-4）可以较好地模拟乔木群落、灌木群落和草本群落的枯落物蓄积量（图 4-5），模拟值与实测值比较接近，比较均匀地分布在 1∶1 线的两侧，模型效率系数分别达到 0.63、0.61 和 0.74。

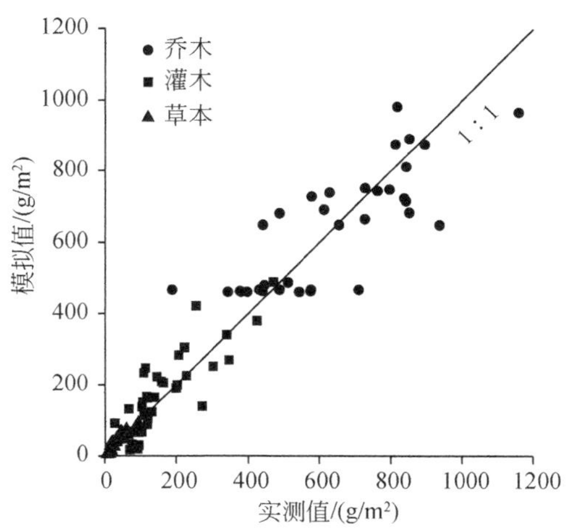

图 4-5　黄土高原样线上枯落物蓄积量实测值与模拟值比较

4.2.3　退耕模式对枯落物蓄积量的影响

植被是影响土壤侵蚀的关键因素，它可以通过冠层截留、消减降雨动能、改善土壤入渗性能、增加入渗、减少地表径流、增大地表糙率、延阻径流、延长径流入渗时间、固化土壤、提升土壤抗蚀性能等多个途径，影响坡面水文和侵蚀过程。植被恢复是控制区域水土流失的重要措施，可以选择自然植被恢复，也可以根据立地条件的异同，因地制宜地人工种植草本、灌木或乔木。在干旱和半干旱的黄土高原地区，由于降水稀少，植被自然恢复比较缓慢，因而，人工种植植被则是快速恢复植被的有效手段。撂荒地属于黄土高原广泛分布的自然恢复的植被，多以草本为主。柠条和沙棘是黄土高原种植面积最广泛的水土保持灌木，而刺槐、油松及油松与紫穗槐混交林是黄土高原大面积种植的乔木树种及种植模式，因而，比较撂荒地、柠条、刺槐、油松及油松+紫穗槐混交林的枯落物蓄积量，在黄土高原具有非常好的代表性。

退耕模式显著影响林下草本的生长特性，退耕 37 年的撂荒地、柠条和刺槐林地，其林下草本的盖度比较接近，都在 60%以上，而油松林和油松+紫穗槐林下草本的盖度明显偏低，都在 46%左右。草本地上生物量也受到退耕模式的显著影响，油松林最低，而撂荒地最大，为 92.9～318.2 g/m^2，说明在黄土高原地区乔木和草本的生长存在着明显的水分和养分竞争关系，高大乔木林的生长，吸收大量的土壤水分，在一定程度上抑制了林下草本的生长。枯落物蓄积量也受到退耕模式的显著影响，刺槐林地的枯落物蓄积量最小，而油松+紫穗槐混交林的枯落物蓄积量最大，从小到大依次分别为刺槐、撂荒地、油松、柠条和油松+紫穗槐。退耕模式同样影响到林下草本的根系系统，不同退耕模式下草本根冠比为 1.65～7.42，撂荒地最小，而油松+紫穗槐最大，从小到大依次为撂荒地、刺槐、柠条、油松、油松+紫穗槐。枯落物蓄积量与根冠比之间存在明显的正相关关系，说明在黄土高原地区，降水量偏低，要维持繁茂的地上植物生长，必须要有发达的根系系统保障水分及养分的供应。林下草本具有强大的水土保持功能，仅从林下草本的生长状况而言，撂荒地是黄土高原地区最佳的退耕模式（表 4-2）。

表 4-2　黄土高原不同退耕模式林下草本生长特性

退耕模式	盖度/%	地上生物量/（g/m^2）	枯落物蓄积量/（g/m^2）	根冠比
撂荒地	63	318.2	750.5	1.65
柠条	63	201.2	1091.0	3.16
刺槐	61	244.6	587.6	1.86
油松	46	92.9	846.2	6.29
油松+紫穗槐	47	104.6	1377.9	7.42

4.2.4　枯落物持水性能

松散的枯落物覆盖在地表，具有很强的蓄水功能，可以拦截、蓄存一定数量的降水。枯落物最大持水量受植物群落类型的显著影响（表 4-3），乔木群落枯落物最大持水量最大，为 1500～3233 g/m^2，均值为 2294 g/m^2，灌木群落次之，为 263～689 g/m^2，均值为 407 g/m^2，草本群落最小，变化于 44～153 g/m^2，均值为 93 g/m^2。从空间变化来看，乔木群落枯落物最大持水量从南端的宜君到最北端的鄂尔多斯，大体上呈逐渐减小的变化趋势，最大值出现在南边的富县，最小值出现在北端的榆林。灌木群落枯落物最大持水量由南到北，也呈逐渐减小趋势，最大值也出现在南边的富县，而最小值出现在子长。草本群落枯落物最大持水量从南到北逐渐减小，最南端的宜君最大，而最北端的鄂尔多斯最小。不同植物群落枯落物最大持水量的空间变化，主要和枯落物蓄积量的空间变化密切相关（图 4-2），蓄积量与最大持水量间呈显著的正相关关系。

表 4-3　黄土高原样线不同植物群落枯落物最大持水量与最大吸湿比

样点	最大持水量/（g/m^2）			最大吸湿比		
	乔木	灌木	草本	乔木	灌木	草本
宜君	3151	557	153	4.90	4.84	4.24
富县	3233	689	122	4.85	4.64	4.46
延安	2644	470	103	4.50	3.16	4.10
子长	2264	263	93	4.49	3.29	4.08
子洲	1553	312	88	4.31	3.39	5.11
榆林	1500	266	47	4.40	3.51	4.79
鄂尔多斯	1710	290	44	4.57	3.45	4.62
平均	2294	407	93	4.57	3.75	4.49

枯落物最大吸湿比指的是枯落物达到最大持水量后，其湿重与干重的比值，是表征枯落物吸水能力的常用指标。在黄土高原地区，不同植物群落类型间的最大吸湿比差异明显（表 4-3），乔木群落枯落物的最大吸湿比最大，均值达到 4.57，其次为草本群落，均值为 4.49，而灌木群落最小，均值仅为 3.75。乔木群落枯落物最大吸湿比从南到北逐渐减小，最南端的宜君最大，从南向北逐渐减小，到子洲达到最小值，随后向北又出现了一定幅度的增大。除了鄂尔多斯为杨树外，其余各个样点的乔木林全为刺槐，刺槐叶子小、密度小，导致枯落物孔隙度大，利于持水。而杨树叶子大，同时叶子表面粘有一层蜡质，具有一定的斥水性能，在一定程度上会影响枯落物的持水性能。对于灌木群落，南边的宜君和富县枯落物的最大吸湿比明显大于北部其他各个监测样点，宜君和富县的灌木为黄蔷薇，而其他各个监测点的灌木为柠条，因而灌木群落枯落物最大吸湿比的空间变化，主要由灌木类型的差异引起。草本群落枯落物最大吸湿比为 4.10～5.11，均值为 4.49，从南到北，没有明显的趋势性变化规律，可能与各个样点草本群落草种组成的多样性有关。枯落物吸水性能与其形态特征密切相关，铁杆蒿的叶肉为全栅型，靠近上、下表皮都存在栅栏组织，利于枯落物持水。长芒草靠近下表皮的纤维组织连成一片，不利于枯落物持水。达乌里胡枝子叶片的海绵组织中分布有一层黏液细胞，具有明显的促进吸水和持水的功能。

不同植物群落枯落物的持水量随时间的变化趋势比较相似（图 4-6），随着浸泡时间的延长，持水量增大的速度减缓，并逐渐趋于稳定，但不同植物群落枯落物持水量的变化速度存在一定的差异。乔木群落枯落物持水量在 0～3 h 内迅速增大，持水量达到最大持水量的 90%以上，当浸泡时间达到 6 h 时，持水量基本达到最大持水量，持水量趋于稳定。虽然各样点的持水量随时间的变化趋势显著相关，但其持水量差异显著，刺槐林枯落物的持水量从最南端的宜君到子洲呈减小趋势，榆林刺槐林枯落物的持水量介于延安和子长之间，这些差异可能与刺槐枯落物的分解程度有关，黄土高原南边降水量大、温度高，有利于枯落物的分解，枯落物分解程度高，枯落物细小，孔隙度大，所以吸水速率高。而鄂尔多斯的杨树枯落物其持水速率明显低于南边的刺槐林枯落物。灌木群落枯落物持水量随时间的变化趋势与乔木林类似（图 4-6），持水量也是在前 3 h 内快速增大，随后减缓，6 h 后基本达到最大持水量。各个样点间的持水量随时间的变化趋势高度相关，但从总量来看，仍然是南边的宜君和富县，因研究的对象是黄蔷薇，所以其持水总量远远大于北部的其他各个样点。草本群落枯落物的持水速度明显小于乔木群落和灌木群落，当浸泡时间小于 6 h 时，持水速率快速增大，当浸泡时间达到 12 h 时，持水量达到最大持水量的 97%以上，基本上趋于稳定（图 4-6）。各个样点的持水量随时间的变化趋势也是高度相似，但数值间差异显著，因草本种类的差异，并没有明显的空间变化规律。

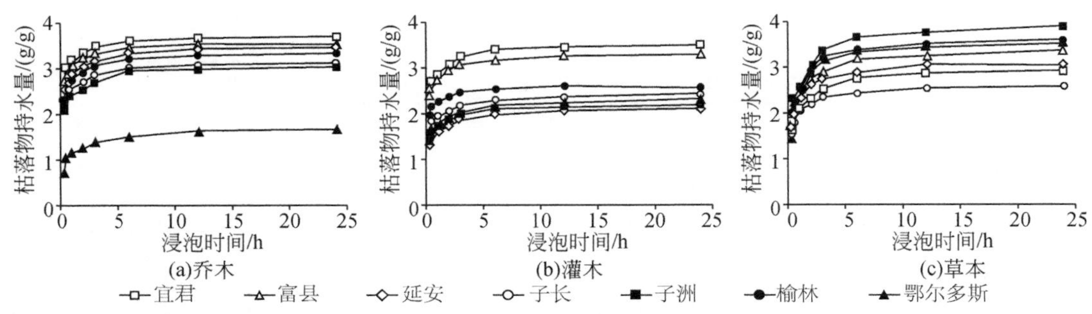

图 4-6　黄土高原不同植物群落枯落物持水量随着时间的变化过程

将不同植物群落枯落物持水量随着时间的变化进行拟合发现，随着时间的延长，持水量呈对数函数分布：

$$Q = \alpha \ln t + b \tag{4-5}$$

式中，Q 为枯落物持水量（g/g）；t 为浸泡时间（h）；α 和 b 分别为拟合方程的系数和常数项。表 4-4 给出了各个样点不同植物群落枯落物持水量与浸泡时间对数拟合方程的系数和常数项。式（4-5）对枯落物持水量随时间变化的模拟效果较好，回归方程的决定系数都在 0.92 以上。

表 4-4　黄土高原样线上枯落物持水量与浸泡时间拟合方程的系数

样点	乔木			灌木			草本		
	α	b	R^2	α	b	R^2	α	b	R^2
宜君	0.226	3.667	0.94	0.235	2.879	0.95	0.301	2.100	0.96
富县	0.206	3.443	0.96	0.213	2.722	0.95	0.303	2.504	0.97
延安	0.233	2.860	0.97	0.178	1.597	0.96	0.277	2.326	0.95
子长	0.116	2.879	0.93	0.173	1.932	0.97	0.228	1.967	0.94
子洲	0.271	2.299	0.96	0.180	1.704	0.95	0.437	2.690	0.96
榆林	0.222	3.448	0.92	0.143	2.231	0.94	0.382	2.588	0.94
鄂尔多斯	0.226	1.052	0.93	0.162	1.821	0.99	0.445	2.393	0.92

枯落物持水量随时间的变化，可以用枯落物吸水速率表征，即单位时间内的吸水量。不同植物群落枯落物的吸水速率随时间的变化规律基本一致，浸泡初期（0～0.25 h）吸水速率最大，随后（0.25～0.5 h）枯落物吸水速率迅速下降，当浸泡时间达到 6 h 后，吸水速率的减小速度减缓，当浸泡时间达到 24 h 后，吸水速率接近 0。枯落物吸水速率随浸泡时间延长而下降的根本原因在于，浸泡初期枯落物比较干燥，含水量较低，当将其浸泡于水中后，干湿导致的水力梯度最大，所以驱动水分迅速进入枯落物间的孔隙及细胞内部，随着浸泡时间的延长，水力梯度下降，则枯落物吸水速率自然下降，随着枯落物的逐渐饱和，吸水速率逐渐接近 0。在黄土高原样线上，当浸泡时间小于 0.25 h 时，不同植物类型枯落物的吸水速率差异较为明显，为 2.2～13.8 g/（h • g），当浸泡时间达到 6 h 时，吸水速率明显减小，为 0.3～0.8 g/（h • g），当浸泡时间达到 24 h 时，各个样点枯落物的吸水速率均小于 0.2 g/（h • g）。

对图 4-6 中枯落物持水量随时间的变化关系进行求导，即可得到枯落物的吸水速率。不同植物群落枯落物的吸水速率随着浸泡时间的延长，均呈幂函数下降：

$$R_{\text{lw}} = \alpha t^{b} \tag{4-6}$$

式中，R_{lw} 为枯落物吸水速率[g/（g • h）]；t 为浸泡时间（h）；α 和 b 分别为回归方程的系数和指数。表 4-5 给出了黄土高原样线不同植物群落枯落物吸水速率随时间变化的幂函数拟合结果，从整体模拟结果来看，幂函数可以较好地模拟枯落物吸水速率与浸水时间的关系，决定系数均大于 0.98。无论是乔木群落，还是灌木和草本群落，回归系数α沿着各监测样点的变幅较大，而拟合方程的指数 b 的变化幅度较小。

表 4-5　黄土高原样线上枯落物吸水速率与浸泡时间拟合方程的系数

样点	乔木			灌木			草本		
	α	b	R^2	α	b	R^2	α	b	R^2
宜君	3.654	−0.941	0.99	2.860	−0.922	0.99	2.061	−0.866	0.99
富县	3.432	−0.942	0.99	2.706	−0.925	0.99	2.472	−0.886	0.99
延安	2.845	−0.923	0.99	1.579	−0.895	0.99	2.295	0.887	0.99
子长	2.874	−0.960	0.99	1.918	−0.915	0.99	1.940	−0.890	0.99
子洲	2.271	−0.889	0.99	1.687	−0.900	0.99	2.631	−0.851	0.99
榆林	3.432	−0.937	0.99	2.222	−0.938	0.99	2.534	−0.861	0.99
鄂尔多斯	0.991	−0.791	0.98	1.811	−0.917	0.99	2.292	−0.821	0.99

无论是枯落物最大持水量，还是枯落物最大吸湿比，都表征了特定枯落物的持水性能，但并不能表征天然降雨条件下枯落物的实际蓄存降水的能力，枯落物有效拦蓄量表征了枯落物对天然降雨的实际拦蓄量。植物群落类型显著影响枯落物的有效拦蓄量（图 4-7），乔木群落最大，均值为 15.8 t/hm^2，依次是灌木群落，均值为 2.9 t/hm^2，草本群落最小，均值为 0.7 t/hm^2，乔木群落枯落物有效拦截量约为灌木群落和草本群落的 6 倍和 22 倍，不同植物群落间有效拦蓄量差异的根本原因，在于枯落物蓄积量的差异，在黄土高原地区乔木群落的枯落物蓄积量，显著大于灌木群落和草本群落，因而引起有效拦蓄量在不同群落类型

间的差异。在黄土高原样线尺度上，从南到北乔木群落的有效拦蓄量逐渐减小，宜君最大（23.7 t/hm^2），榆林最小（9.7 t/hm^2）。对于灌木群落，枯落物有效拦蓄量从南到北逐渐减小，宜君最大（4.3 t/hm^2），鄂尔多斯最小（1.6 t/hm^2）。对于草本群落，其枯落物有效拦蓄量的空间变化与灌木群落完全一致（图 4-7），也是南边的宜君最大（1.2 t/hm^2），北边的鄂尔多斯最小（0.4 t/hm^2）。

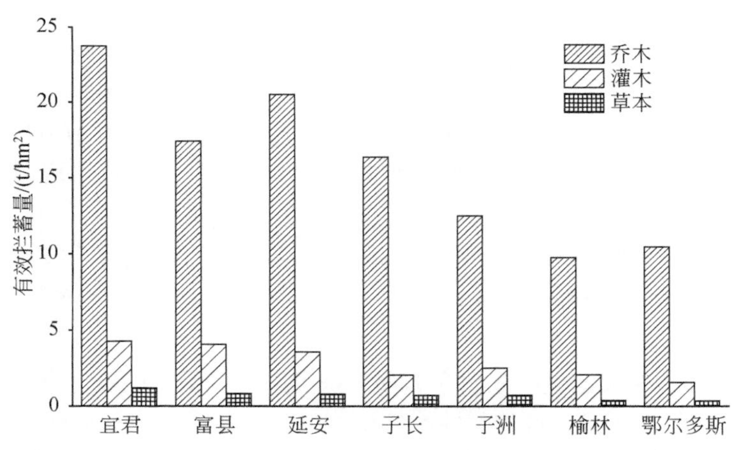

图 4-7　黄土高原样线不同植物群落枯落物有效拦蓄量

4.3　枯落物蓄积量及其持水性能的时间变化特征

黄土高原地区多以落叶植物为主，枯落物的凋落相对集中，多在秋末冬初。受降水、温度等气候条件的影响，黄土高原地区枯落物的分解速率，也具有典型的季节变化特征，在严寒而干燥的冬季，枯落物几乎不分解，而在湿热的夏季枯落物分解速率较高。受枯落物凋落量及分解速率季节变化的双重影响，枯落物蓄积量势必会存在显著的时间变化特性，研究黄土高原典型土地利用条件下枯落物蓄积量的时间变化特征，对于评估枯落物的生态水文及水土保持功能，分析“退耕还林（草）”工程的生态服务功能具有重要的意义。

4.3.1　试验材料与方法

试验在陕西省安塞区中国科学院水土保持综合试验站墩山试验场进行，在系统调查现有植被类型及其分布的基础上，选取地形、林龄、种群密度（盖度）等具有代表性的乔木林、灌木林和草本群落样地，确定合理的监测样方，乔木、灌木和草本群落的样方分别为 10 m×10 m、5 m×5 m 和 3 m×3 m，乔木群落调查内容包括海拔、经纬度、坡度、坡向、树种、林分密度、郁闭度、林龄、树高、胸径、冠幅；灌木群落调查指标包括海拔、经纬度、坡度、坡向、树种、林分密度；草本群落调查项目包括海拔、经纬度、坡度、坡向、优势草种、高度、盖度等。

选取黄土高原丘陵沟壑区常见的侧柏、油松和刺槐 3 种乔木林地，监测枯落物蓄积量及持水性能的时间变化特征。侧柏林龄约 15 年，林下植被较少，只生长少量冰草；油松林龄 23 年，长势较好，覆盖有较厚的枯落物层，林下几乎无其他草本植被；刺槐林龄约 20 年，林下生长有部分苔草。灌木群落选取黄土高原最常见的柠条和沙棘。柠条样地处在阳坡，生长时间 6 年左右，林下披针苔草等草本植物生长良好；沙棘样地也处于阳坡，生长时间 10 年左右，林下生长有长芒草和白羊草等草本植物。草本群落选取铁杆蒿、披针苔草和铁杆蒿与披针苔草的混合群落。草本样地均处于阴坡，其中铁杆蒿群落伴生有少量茭蒿；披针苔草群落生长较好，几乎没有杂草；铁杆蒿和披针苔草的混合群落中伴生有少量长芒草和茭蒿。

枯落物主要监测其厚度和蓄积量。在每个乔木、灌木和草本样方内沿对角线选取面积为 50 cm×50 cm 的 3 个小样方，选取枯落物断面用游标卡尺测定枯落物层厚度，每个小样方测定 10 次，并采集枯落物，带回实验室迅速称其湿重，然后烘干（85℃，24h）至恒重后称重，计算蓄积量（单位面积枯落物的质量，g/m^2）。试验从 2015 年 5 月中旬开始，至 10 月中旬结束，历时 5 个月，动态观测枯落蓄积量的时间变化特征。试验初期的监测间隔为 20 天左右，但到 9 月以后，植被叶片开始凋落，随后每隔 10 天左右调查 1 次枯落物蓄积量。

从监测样方上收集的枯落物，对其烘干称重后，选择部分测定其持水性能。具体试验过程如上文所述，不再赘述。主要用最大持水量、最大吸湿比、吸水速率等指标定量表征枯落物的持水特性，其监测期及频次与枯落物蓄积量调查相同。

枯落物蓄积量会随着林龄的增大而发生变化，在纸坊沟小流域选择不同林龄的刺槐林地，林龄分别为 10 年、15 年、20 年、30 年、40 年，采用样方调查其林下地表枯落物的蓄积量，分析枯落物蓄积量随林龄的变化趋势。

4.3.2　枯落物蓄积量

植物群落类型显著影响枯落物蓄积量的时间变化。侧柏、刺槐和油松的枯落物蓄积量从 5 月中旬到 10 月中旬呈现明显的增加趋势（图 4-8），侧柏枯落物蓄积量从 546 g/m^2 增大到 679 g/m^2，刺槐枯落物蓄积量从 458 g/m^2 增大到 674 g/m^2，而油松枯落物蓄积量从 926 g/m^2 增大到 1043 g/m^2，在整个监测期内侧柏、刺槐和油松林下枯落物蓄积量分别增加了 28%、47%和 13%，油松枯落物蓄积量增大幅度最小、侧柏居中、刺槐最大。枯落物蓄积量在监测期结束时具有持续快速增大的趋势。在黄土高原，特别是黄土高原丘陵沟壑区，10 月下旬、11 月上、中旬是乔木林枝叶凋落的鼎盛期，因而枯落物蓄积量的最大值可能会出现在 11 月上中旬。黄土高原的冬季干冷、风力强劲，强烈的冻融作用会引起枯落物的破碎，同时强劲的风力会导致枯落物的再分布，枯落物会向低洼及背风处聚集，引起乔木林下枯落物蓄积量的迅速下降，从而出现周而复始的循环。当然黄土高原乔木群落枯落物蓄积量的季节变化特征，自然会受到气候年际变化的影响，在湿润多雨的丰水年份，乔木林生长旺盛，枝叶繁茂，自然会产生更多的枯落物，引起枯落物蓄积量的短期大幅度增大；而在干旱少雨的干旱年份，乔木林生长欠佳，枝叶稀少，产生的枯落物必然偏少，引起枯落物蓄积量的短期大幅度降低。黄土高原气候干旱，乔木林对气候的年际变化更为敏感，则乔木群落枯落物蓄积量的年际波动幅度可能会更大。

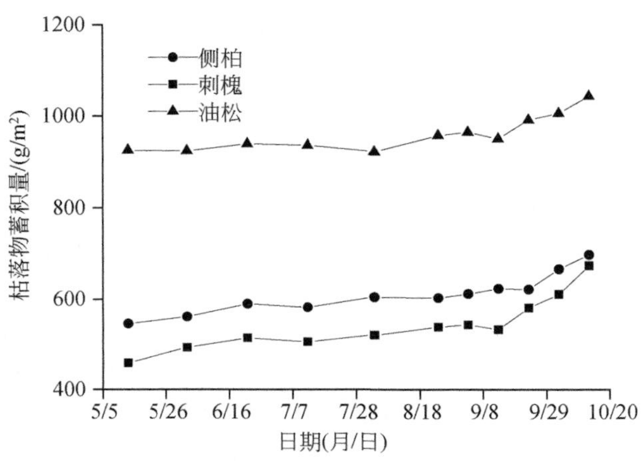

图 4-8 黄土高原乔木群落枯落物蓄积量时间变化

枯落物蓄积量受凋落量的显著影响，在年内季节尺度上，乔木群落枯落物凋落量整体上呈现波动性逐渐增大的变化特征（表 4-6），但不同乔木群落间存在着明显的差异。从 5 月中旬到 6 月下旬，侧柏枯落物凋落量比较大，7 月中、下旬凋落量也明显较高，到 9 月下旬、10 月上、中旬枯落物凋落量再次迅速增大。从 5 月中旬到 6 月下旬，刺槐枯落物凋落量较高，但整体呈下降趋势，6 月下旬、7 月上旬凋落量很少，从 7 月中旬到 8 月下旬，枯落物凋落比较明显，从 9 月中旬开始，刺槐的枯落物凋落量再次迅速增大。5 月中下旬，油松的枯落物凋落量很小，6 月和 8 月相对比较高，从 9 月开始到 10 月中旬，油松的枯落物凋落量也呈波动性增加趋势（表 4-6）。受微地形空间变异、人工扰动及测定误差的综合影响，表 4-6 的部分测定结果出现了负值，虽然枯落物凋落量本身并不会出现负值，但最少说明在这段时间枯落物的凋落量非常小，几乎为 0。

表 4-6 黄土高原乔木群落枯落物凋落量的时间变化

日期（月/日）	间隔天数	侧柏/g	刺槐/g	油松/g
5/13～6/2	20	15.36	34.39	−1.68
6/2～6/22	20	29.07	20.83	15.04
6/22～7/12	20	−8.12	−8.24	−3.08
7/12～8/3	22	23.27	15.52	−13.52
8/3～8/24	21	−2.01	18.01	35.24
8/24～9/4	11	9.09	4.93	−7.72
9/4～9/14	10	11.13	−10.63	18.92
9/14～9/24	10	−1.57	48.01	22.32
9/24～10/4	10	44.23	29.63	14.75
10/4～10/14	10	31.33	62.60	37.57

灌木群落枯落物蓄积量也具有明显的时间变化特征（图 4-9），在整个监测期内也是呈波动性增加趋势，但不同类型的灌木林间也存在着明显的差异。沙棘的枯落物蓄积量（246～298 g/m^2）显著大于柠条的枯落物蓄积量（135～174 g/m^2），这种差异可能与两种灌木的林

龄有关，沙棘生长时间（10 年）大于柠条（6 年），沙棘的冠层郁闭度及地上生物量都明显大于柠条，同时可能与林下草本群落的类型也有一定关系。从 5 月中旬到 8 月初，沙棘的枯落物蓄积量没有明显的变化，维持在一个相对稳定的水平，8 月上中旬略有增加，然后轻微下降，从 9 月中旬到 10 月中旬，沙棘的枯落物蓄积量迅速增大。而对于柠条，枯落物蓄积量从 5 月中旬到 7 月上旬呈缓慢的增加趋势，从 7 月中旬到 9 月初基本维持相对稳定的状态，从 9 月中旬开始迅速增大，直到监测期结束。

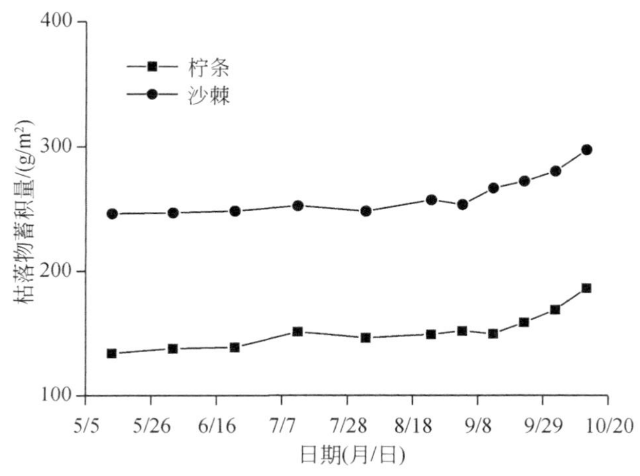

图 4-9　黄土高原灌木群落枯落物蓄积量时间变化

灌木群落枯落物蓄积量的时间变化，也是枯落物凋落量与其分解量的动态平衡。在整个监测期内，柠条和沙棘的枯落物凋落量也是呈明显的波动性变化（表 4-7）。对于柠条群落，从 5 月中旬到 6 月下旬，枯落物凋落量呈下降趋势，6 月下旬到 7 月上旬呈现明显的增大，而从 7 月中旬到 9 月上旬，大体上呈相对平衡的状态，从 9 月中旬到 10 月初，凋落量快速增大，到 10 月下旬又有所下降（表 4-7）。对于沙棘群落，其枯落物凋落量从 5 月中旬到 7 月初呈缓慢增大趋势，从 7 月中旬到 9 月上旬呈现较为明显的波动，9 月上旬凋落量明显增大，随后有所下降，9 月下旬到 10 月中旬，再次呈现快速增大趋势（表 4-7）。

表 4-7　黄土高原灌木群落枯落物凋落量的时间变化

日期（月/日）	间隔天数	柠条/g	沙棘/g
5/13～6/2	20	3.70	0.77
6/2～6/22	20	1.08	1.49
6/22～7/12	20	12.41	4.25
7/12～8/3	22	−4.75	−4.29
8/3～8/24	21	2.84	9.08
8/24～9/4	11	2.67	−3.67
9/4～9/14	10	−2.23	13.25
9/14～9/24	10	9.03	5.64
9/24～10/4	10	10.36	7.79
10/4～10/14	10	3.91	17.37

与乔木群落和灌木群落类似，草本群落的枯落物蓄积量也具有明显的时间变化特征，但就其蓄积量平均水平而言，远远小于乔木群落和灌木群落，这与不同植物群落地上生物量的差异密切相关，不同草本类型枯落物蓄积量的时间变化也存在一定的差异（图 4-10）。铁杆蒿和披针苔草的枯落物蓄积量显著小于其混合群落，这是 3 种草本群落地上生物量差异的结果。从 5 月中旬到 7 月上旬，铁杆蒿枯落物蓄积量呈缓慢增加趋势，随后略有下降，从 8 月初到 9 月初明显增加，从 9 月中旬开始，迅速增大直到监测期结束（图 4-10）。从 5 月中旬到 7 月初，披针苔草枯落物蓄积量没有明显变化，从 7 月中旬到 9 月初，蓄积量呈缓慢增加趋势，然后从 9 月中旬快速增大直到监测期结束（图 4-10）。铁杆蒿与披针苔草混合群落的枯落物蓄积量，从 5 月中旬到 7 月初大体上保持稳定水平，从 7 月中旬到 8 月下旬呈缓慢增长趋势，从 8 月下旬到 9 月下旬基本稳定，从 10 月初到 10 月中旬迅速增加（图 4-10）。铁杆蒿群落枯落物蓄积量从 28 g/m^2 增大到 40 g/m^2，增加了 43%。披针苔草群落从 23 g/m^2 增大到 34 g/m^2，增加了 51%。铁杆蒿和披针苔草的混合群落从 50 g/m^2 增大到 64 g/m^2，增加了 27%。

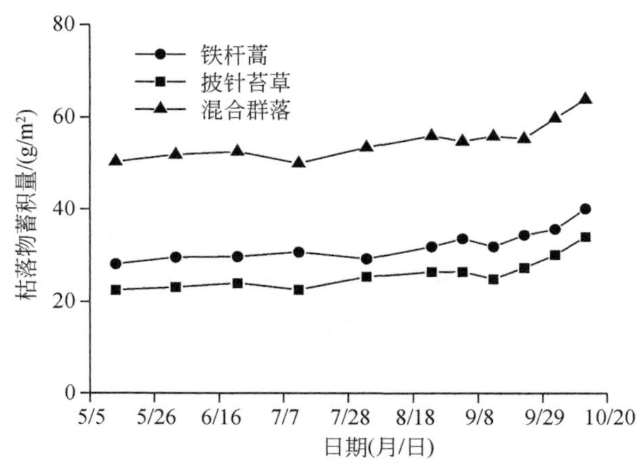

图 4-10　黄土高原草本群落枯落物蓄积量时间变化

草本群落枯落物蓄积量的时间变化，也是枯落物凋落量与分解量动态平衡的结果。不同类型的草本群落，其枯落物凋落量均呈现出明显的时间变化特征（表 4-8）。从 5 月中旬到 6 月下旬，铁杆蒿枯落物凋落量呈下降趋势，7 月上旬呈增加趋势，随后呈现明显的波动，直到 9 月中旬，从 9 月下旬到监测期结束呈明显的波动性上升趋势（表 4-8）。对于披针苔草，从 5 月中旬到 7 月上旬，其枯落物凋落量呈明显的下降趋势，从 7 月中旬到 8 月下旬，呈缓慢的增加趋势，9 月初到 9 月下旬，呈现波动性上升趋势，从 9 月下旬到监测期结束，呈现快速增加趋势（表 4-8）。对于铁杆蒿与披针苔草混合群落，其枯落物凋落量从 5 月中旬到 7 月上旬呈缓慢下降趋势，7 月中旬到 8 月下旬呈明显的增加趋势，随后下降，从 9 月中旬到监测期结束，呈快速上升趋势（表 4-8）。

表 4-8　黄土高原草本群落枯落物凋落量的时间变化

日期（月/日）	间隔天数	铁杆蒿/g	披针苔草/g	混合群落/g
5/13～6/2	20	1.43	0.60	1.47
6/2～6/22	20	0.12	0.85	0.64
6/22～7/12	20	0.97	-1.40	-2.49
7/12～8/3	22	-1.43	1.53	3.43
8/3～8/24	21	2.61	2.25	2.49
8/24～9/4	11	0.41	0.07	-1.17
9/4～9/14	10	-0.39	-1.57	1.09
9/14～9/24	10	2.56	2.40	-0.53
9/24～10/4	10	1.32	2.47	4.44
10/4～10/14	10	4.55	4.27	4.08

在黄土高原丘陵沟壑区，无论是乔木群落，还是灌木群落及草本群落，其枯落物蓄积量及凋落量都具有明显的时间变化特征，从整体来看，在整个生长季，枯落物蓄积量呈增大趋势，秋末冬初迅速增大。而枯落物凋落量从春季到夏季呈明显的下降趋势，夏季呈现波动性的相对稳定状态，秋末到冬初，呈现迅速的增加趋势。不同植物群落类型之间存在一定的差异，主要和植物枝叶自身的物理、化学及生物特性有关，同时和植物群落的生长状况有关。

枯落物蓄积量随着刺槐林林龄的增长整体呈增大趋势，当林龄较小时，枯落物蓄积量随着林龄的增大快速增大，当林龄增大到一定程度后，枯落物蓄积量趋于稳定。不同林龄刺槐林的枯落物蓄积量间的差异显著（图 4-11），相邻林龄处理间差异并不显著，林龄 10 年与 20 年的枯落物蓄积量差异显著，但 20 年与 30 年、30 年与 40 年间的枯落物蓄积量差异并不显著，说明枯落物蓄积量的增长相比前 20 年有所减缓。林龄为 10 年、15 年、20 年、30 年、40 年的刺槐林枯落物蓄积量分别为 0.33 kg/m^2、0.49 kg/m^2、0.60 kg/m^2、0.71 kg/m^2、0.80 kg/m^2，均值为 0.59 kg/m^2。Logistic 生长曲线可以很好地模拟枯落物蓄积量（L_a，kg/m^2）与林龄（t_a，a）的关系（图 4-11）：

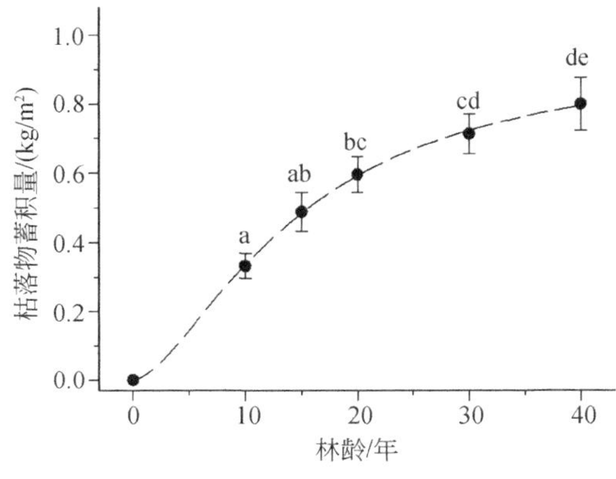

图 4-11　刺槐枯落物蓄积量随林龄的变化

$$L_a = -0.00032 + \frac{0.95568}{\left(1+\frac{t_a}{14.68047}\right)^{-1.59481}} \qquad R^2 = 0.99 \tag{4-7}$$

4.3.3 枯落物最大持水量和最大吸湿比

最大持水量表征了干燥枯落物持水的最大能力。在黄土高原丘陵沟壑区，不同植物群落枯落物的最大持水量均具有明显的时间变化特征，且不同群落类型间差异明显。对于侧柏，其枯落物最大持水量变化在 1484～1909 g/m^2，变异系数为 0.09，属于弱变异。5 月初期最大持水量最低，随后到 7 月中旬呈现缓慢增大趋势，7 月中旬到 8 月初迅速增大，随后出现明显的降低，从 8 月下旬到 9 月下旬呈现快速增加趋势，并达到最大值，随后保持相对稳定的状态直到监测期结束（图 4-12）。油松枯落物最大持水量为 1374～1951 g/m^2，变异系数为 0.10，属于弱变异。从 5 月中旬到 6 月下旬，油松枯落物最大持水量呈明显的下降趋势，随后快速增大，从 7 月中旬到 8 月初快速下降，达到最小值，从 8 月初到 10 月中旬，呈现持续性的快速升高，至 10 月中旬达到最大值（图 4-10）。刺槐枯落物最大持水量为 822～1295 g/m^2，变异系数为 0.15，属于弱变异。从 5 月中旬到 6 月初，刺槐枯落物的最大持水量呈快速增大趋势，随后迅速下降并达到最小值，从 6 月下旬到 7 月上旬迅速增大，随后维持相对稳定的状态，8 月初到 10 月中旬，保持稳定的增长趋势，于 10 月上旬达到最大值（图 4-12）。

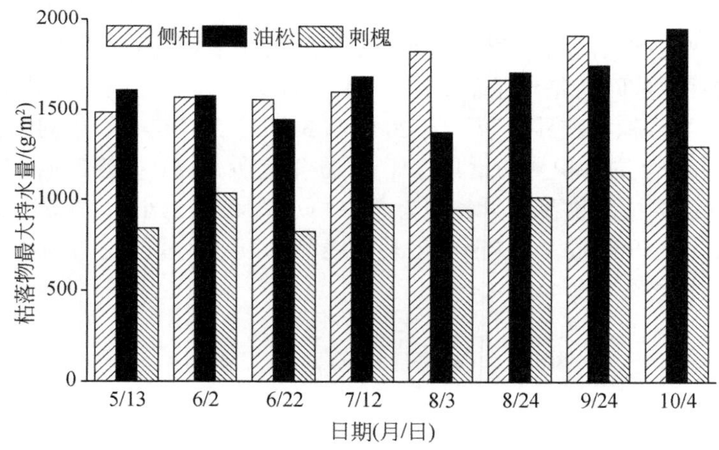

图 4-12 黄土高原乔木群落枯落物最大持水量时间变化

对于灌木群落，柠条群落枯落物最大持水量为 304～438 g/m^2，变异系数为 0.13，属于弱变异。从 5 月中旬开始，柠条枯落物最大持水量缓慢上升，从 6 月下旬到 8 月初，最大持水量没有明显的变化，8 月下旬到 9 月下旬，最大持水量快速增大，并达到最大值，随后出现了轻微的下降。沙棘群落枯落物最大持水量为 460～680 g/m^2，变异系数为 0.12，属于弱变异。从 5 月中旬开始，最大持水量持续增大，从 6 月下旬到 8 月初，最大持水量明显下降，随后再次快速上升，从 9 月下旬到 10 月初，最大持水量再次快速增大，并达到最大值（图 4-13）。

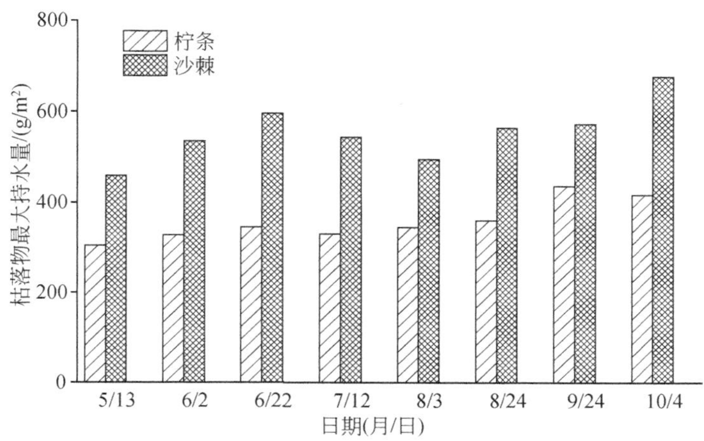

图 4-13　黄土高原灌木群落枯落物最大持水量时间变化

对于黄土高原分布极广的 3 种草本群落，其枯落物最大持水量也具有一定的时间变化特征，变化的幅度与草本群落的类型有一定关系。铁杆蒿枯落物最大持水量为 58～85 g/m^2，变异系数为 0.12，属于弱变异。从 5 月中旬到 6 月初，铁杆蒿枯落物最大持水量呈下降趋势，从 6 月初到 6 月下旬，最大持水量呈增大趋势，随后一直到 9 月下旬，最大持水量基本保持不变，随后到 10 月上旬，最大持水量增大，并达到最大值（图 4-14）。披针苔草群落枯落物最大持水量在整个监测期变化幅度较小，变化在 54～75 g/m^2，变异系数为 0.12，属于弱变异。5 月中旬，其枯落物最大持水量最小，到 6 月下旬，最大持水量持续增大，随后明显下降，然后从 7 月中旬到 10 月初，再次持续增大，并于 10 月初达到最大值（图 4-14）。铁杆蒿与披针苔草混合群落枯落物最大持水量变化在 112～159 g/m^2，变异系数为 0.11，属于弱变异。从 5 月中旬到 6 月初，其枯落物最大持水量呈下降趋势，整个 6 月最大持水量明显增大，随后相对稳定，直到 8 月下旬，9 月枯落物最大持水量明显减小，随后到 10 月初，迅速增大，并达到最大值（图 4-14）。

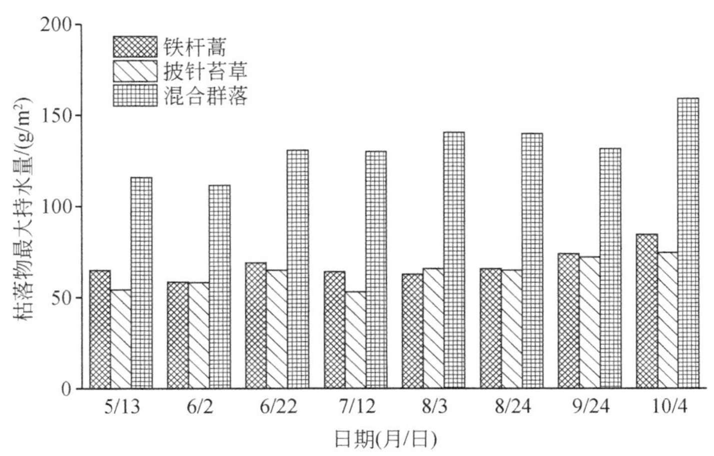

图 4-14　黄土高原草本群落枯落物最大持水量时间变化

最大吸湿比是表征枯落物水理性质的另一个常见参数，不同植物群落枯落物最大吸湿比存在显著差异，且具有明显的时间变化特征（表 4-9）。对于乔木的刺槐群落，其枯落物最大吸湿比变化在 3.64～4.07，均值为 3.82，变异系数为 0.04，属于弱变异。从 5 月中旬到 6 月初，最大吸湿比呈上升趋势，随后下降，从 7 月中旬到 8 月初，明显增大，8 月下旬再次下降，9 月下旬增大，然后再次下降，在整个监测期内，其最大吸湿比整体呈波动性上升趋势。侧柏枯落物的最大吸湿比明显小于刺槐，均值仅为 2.72，也存在明显的季节波动，为 2.49～2.94，变异系数为 0.06，属于弱变异。从 5 月中旬到 6 月下旬，最大吸湿比呈明显的下降趋势，然后在 7 月上旬增大，从 7 月中旬到 8 月初，呈明显的下降趋势，从 8 月初到 9 月下旬，整体比较稳定，10 月上旬迅速增大，并达到最大值（表 4-9）。油松枯落物的最大吸湿比明显小于刺槐，但大于侧柏，均值为 2.91，变异系数为 0.06，属于弱变异，整个监测期变化在 2.60～3.12。从 5 月中旬到 6 月初，最大吸湿比快速上升，随后显著下降，从 6 月下旬到 7 月中旬呈上升趋势，从 7 月中旬到 9 月下旬，虽有一定的波动，但整体变化不大，从 9 月下旬到 10 月初，最大吸湿比快速增大，并达到最大值（表 4-9）。

对于黄土高原常见的 2 种灌木群落，其枯落物最大吸湿比都比较大，明显大于乔木群落的侧柏和油松，说明灌木群落的枯落物，具有较强的持水性能。在整个监测期，柠条枯落物最大吸湿比为 3.18～3.75，均值为 3.41，变异系数为 0.06，属于弱变异。从 5 月初到 6 月下旬，最大吸湿比呈明显的上升趋势，随后快速减小，从 7 月中旬到 9 月下旬，最大吸湿比呈明显的增大趋势，并达到最大值。从 9 月下旬到 10 月初，吸湿比再次下降（表 4-9）。在整个监测期，沙棘枯落物最大吸湿比也呈现了明显的时间变化，为 2.87～3.42，均值为 3.17，变异系数为 0.07，属于弱变异。从 5 月中旬到 6 月下旬，最大吸湿比呈快速增大趋势，随后持续下降到 8 月初，然后呈波动状态，从 9 月下旬到 10 月初，再次快速上升，并达到最大值（表 4-9）。

表 4-9　黄土高原不同植物群落枯落物最大吸湿比时间变化

日期（月/日）	乔木群落			灌木群落		草本群落		
	刺槐	侧柏	油松	柠条	沙棘	铁杆蒿	苔草	混合
5/13	3.72	2.74	2.83	3.26	2.87	3.31	3.41	3.30
6/2	3.80	2.71	3.10	3.37	3.17	2.98	3.52	3.15
6/22	3.64	2.54	2.60	3.48	3.40	3.33	3.71	3.49
7/12	3.75	2.80	2.92	3.18	3.16	3.09	3.35	3.60
8/3	4.01	2.49	2.81	3.35	3.00	3.15	3.60	3.63
8/24	3.76	2.78	2.88	3.41	3.20	3.07	3.46	3.50
9/24	4.07	2.76	2.98	3.75	3.11	3.15	3.65	3.38
10/4	3.83	2.94	3.12	3.47	3.42	3.37	3.49	3.66
均值	3.82	2.72	2.91	3.41	3.17	3.18	3.52	3.46
变异系数	0.04	0.06	0.06	0.06	0.07	0.05	0.04	0.06

对于黄土高原常见的 3 种草本群落，其枯落物最大吸湿比都明显大于油松群落，尤其披针苔草和铁杆蒿与披针苔草混合群落枯落物的最大吸湿比，仅低于刺槐林，说明黄土高原草本群落的枯落物，具有很强的吸水能力。在整个监测期，铁杆蒿枯落物最大吸湿比具

有明显的时间变化特征，为 2.98～3.37，均值为 3.18，变异系数为 0.05，属于弱变异。从 5 月中旬到 6 月初，枯落物最大吸湿比快速下降，达到最小值，然后快速增大，随后持续波动，直到 9 月下旬，从 9 月下旬到 10 月初，快速升高并达到最大值（表 4-9）。披针苔草枯落物最大吸湿比变化在 3.35～3.71，均值为 3.52，变异系数为 0.04，属于弱变异。从 5 月中旬到 6 月下旬，最大吸湿比快速上升，达到最大值，随后显著下降到最小值，从 7 月中旬到 8 月初，迅速上升，然后呈波动状态，持续到监测期结束（表 4-9）。对于铁杆蒿和披针苔草的混合群落，其枯落物最大吸湿比变化在 3.15～3.66，均值为 3.46，变异系数为 0.06，属于弱变异。从 5 月中旬到 6 月初，最大吸湿比明显下降，从 6 月下旬到 8 月初，最大吸湿比持续增大，随后直到 9 月下旬，持续下降，从 9 月下旬到 10 月初，再次快速增大，并达到最大值（表 4-9）。

4.3.4　枯落物持水过程

无论是乔木的刺槐、侧柏、油松群落，还是灌木的柠条、沙棘群落和草本的铁杆蒿、披针苔草群落及铁杆蒿与披针苔草的混合群落，其枯落物持水过程均存在着明显的时间变化特征，而且变化比较类似，因而，仅以刺槐、柠条和铁杆蒿持水过程的时间变化做以说明（栾莉莉，2016）。

不同时间点测定的刺槐枯落物持水过程线比较类似（图 4-15），在浸水的前 3 h 内，枯落物持水量迅速增大，在 3～6 h 内，持水量缓慢增大，当浸水时间达到 12 h 后，持水量比较稳定。不同时间点测定的持水曲线存在明显的差异，9 月下旬采集的枯落物其持水量最大，而 6 月下旬采集的枯落物，其持水量最小，其他时间采集的枯落物其持水量差异并不显著，出现了波动性变化，没有确定性的时间变化规律。

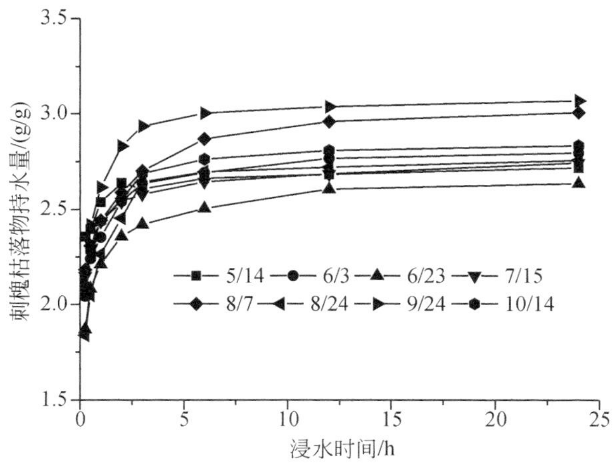

图 4-15　刺槐枯落物持水过程线时间变化

与刺槐林枯落物持水过程线类似，不同时间点测定的柠条枯落物持水过程线非常相似（图 4-16），在浸水的前 3 h 之内，枯落物持水速度非常高，持水量快速增加，当浸水时间在 3～6 h 内，枯落物持水速率快速减小。持水量缓慢增大，当浸水时间达到 12 h 后，枯落物持水速率非常小，持水量比较稳定并达到最大值。不同时间点测定的枯落物持水过程线之间差异明显，9 月下旬测定的枯落物持水量最大，而 7 月中旬测定的枯落物持水量最小，其他各个时间点测定的枯落物持水过程线非常接近，并有部分交叉，随着年内时间的延长，枯落物持水过程线并没有明显的确定性的变化特征。

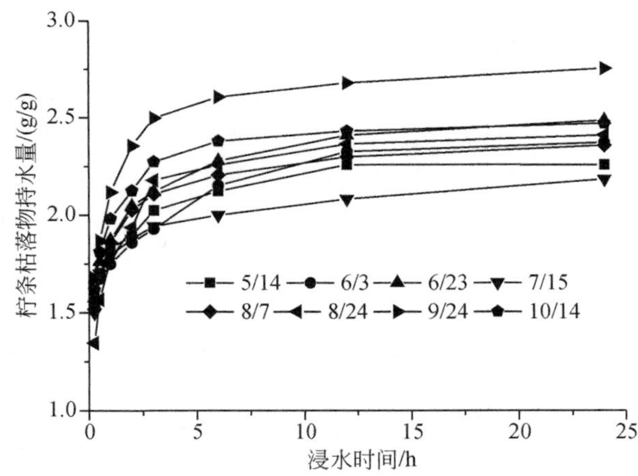

图 4-16　柠条枯落物持水过程线时间变化

与乔木和灌木群落不同，草本群落枯落物持水量的增加速度相对较小，达到最大持水量所需时间较长（图 4-17）。不同时间点测定的铁杆蒿枯落物持水过程线高度相似，在浸水前 3 h 内，枯落物吸水速度高、持水量快速增大，当浸水时间在 3～6 h 时，枯落物吸水速度明显下降，持水量缓慢增加，当浸水时间在 6～12 h 时，虽然枯落物吸水速率很低，但持水量仍然具有明显的上升趋势，当浸水时间达到 12 h 后，枯落物吸水速率基本为 0，持水量达到最大。5 月中旬采集的枯落物，其持水量最大，而 10 月中旬采集的枯落物，其持水量最小，其他各个时间点采集的枯落物，其持水过程线差异不明显，且部分交叉。随着监测时间的延长，枯落物持水量出现了波动性的下降趋势。

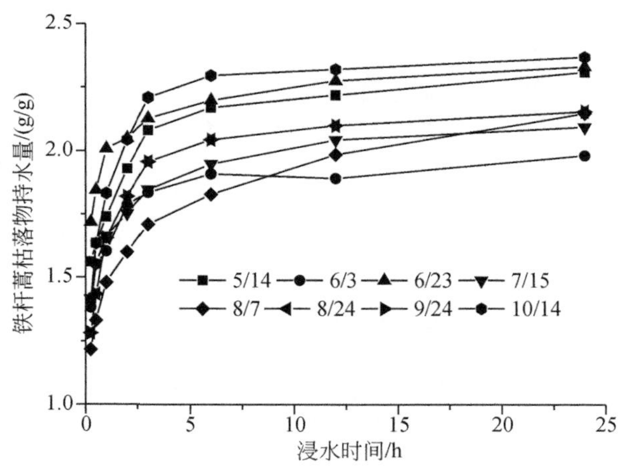

图 4-17　铁杆蒿枯落物持水过程线时间变化

4.4　枯落物与表土混合量对土壤分离过程的影响

作为植物群落近地表重要组成的枯落物，不但可以覆盖地表，起到强大的水文水保功能，而且可以通过降水击溅、径流输移与沉积、沟头与沟壁崩塌，以及土鼠动物的活动等多种途径，与表层土壤混合（Geddes and Dunkerley，1999）。在黄土高原丘陵沟壑区浅沟发育的 20 年的刺槐林地，表层土壤（5 cm）内枯落物混合密度为 0.07～1.08 kg/m^2，平均值为 0.32 kg/m^2，变异系数为 0.54，具有较强的空间变异（Li et al.，2015）。枯落物与表层土壤的混合，不但会改变土壤孔隙等特征，影响降水入渗过程，还可能因其强大的抗拉和抗剪功能，通过物理捆绑作用影响土壤分离过程，而影响的大小可能与枯落物的类型及与表土的混合密度相关，因而，研究枯落物与表土混合对土壤分离过程的影响，对于揭示枯落物影响土壤侵蚀的物理机制，具有重要的意义。

4.4.1　试验材料与方法

在陕西省安塞区纸坊沟小流域，选择林龄为 10 年、15 年、20 年、30 年、40 年的刺槐林地，为调查表土中枯落物的混合量，同时选择林龄约为 20 年的刺槐林坡面，利用样方调查表层土壤中枯落物混合量。枯落物混合对土壤分离过程影响的试验在陕西省安塞区中国科学院水土保持综合试验站墩山的梯田内进行，试验地撂荒 1 年，土壤为典型的黄绵土，为粉壤土，黏粒、粉粒和砂粒含量分别为 12.6%、60.6%和 26.8%，有机质含量为 0.76%，大团聚体（>0.25 mm）含量为 75.3%，水稳性团聚体（>0.25 mm）含量为 25.1%。试验前清除地表枯落物及杂草，翻耕并清除表层 10 cm 土壤层内的根系及枯落物，修建 16 个 3 m×1.5 m 的小区，收集刺槐、沙棘和狗尾草的枯落物，风干并与小区内表层 10 cm 土壤均匀混合，混合密度分别为 0.10 kg/m^2、0.35 kg/m^2、0.60 kg/m^2、0.85 kg/m^2 和 1.10 kg/m^2，将混合后的土壤和枯落物填回小区，并进行整平。

为了分析枯落物形状对土壤分离过程的潜在影响，采用枯落物形状系数（枯落物长、宽、厚的乘积除以枯落物体积）：

$$S_1 = \sum_{i=1}^{n} \frac{p_i l_i w_i h_i}{V_i} \tag{4-8}$$

式中，S_1 为枯落物的形状系数；p_i 为不同枯落物组分（枝、叶、杆等）体积占枯落物总体积的比例；l_i 为第 i 个枯落物的长度（mm）；w_i 为第 i 个枯落物的宽度（mm）；h_i 为第 i 各枯落物的厚度（mm）；V_i 为第 i 个枯落物的体积（mm^3）；i 为枯落物个数，不同枯落物类型各测定 20 次，取其平均值。刺槐、沙棘和狗尾草枯落物的形状系数分别为 0.14、0.22 和 0.56。

枯落物混合时间为 2014 年 11 月，混合后静置数月，于 2015 年 4 月开始取样测定土壤分离能力，期间累积降水量为 41.2 mm，平均温度为 0.2℃（图 4-18），混合的枯落物在静置期间分解减少 2.1%。土壤分离能力测定在安塞站变坡实验水槽内进行，土样为采自小区的土壤与枯落物混合物的原状土样，设置不同的流量和坡度 6 个组合（10°-1.0×10^{-3}m^3/s、10°-2.0×10^{-3}m^3/s、15°-2.0×10^{-3}m^3/s、25°-1.5×10^{-3}m^3/s、25°-2.0×10^{-3}m^3/s 和 25°-2.5×10^{-3}m^3/s），测定径流流速和深度，计算得到 6 个不同的水流剪切力，为 5.7～17.8 Pa，共冲刷 480 个土样。同时测定土壤容重、黏结力、有机质、水稳性团聚体等土壤理化参数。以水流剪切力为横坐标，以实测土壤分离能力为纵坐标，进行线性拟合，拟合直线的斜率即为细沟可蚀性，而拟合直线在横轴上的截距即为土壤临界剪切力。无论是细沟可蚀性，还是土壤临界剪切力，均表征了土壤理化性质对土壤侵蚀的影响，为典型的土壤侵蚀阻力特征参数。

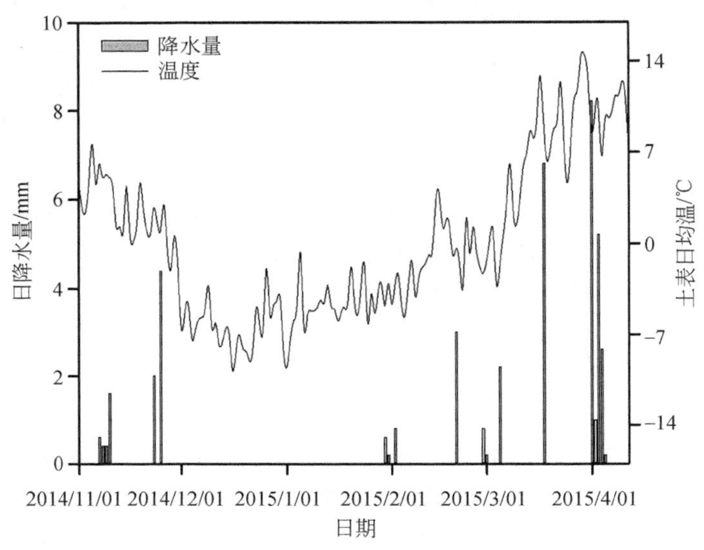

图 4-18　枯落物混合后静置期间降水量和温度

4.4.2　表土中枯落物混合量

在黄土高原丘陵沟壑区，枯落物与表土混合是一种非常普遍的现象，无论是地表还是表层土壤里，均有大量枯落物分布（图 4-19）。混入表土的枯落物随着退耕年限的延长，呈现先增加后减小的变化趋势（图 4-20）。10 年、15 年、20 年刺槐林下表土中枯落物密度差异显著，表明在退耕的前 20 年内，随着地表枯落物蓄积量的增大，枯落物与表土混合比较强烈，且随着枯落物蓄积量的增大而增大。当退耕年限为 20～30 年时，表土中枯落物混合密度差异不显著，达到相对稳定阶段，说明在这个阶段，枯落物混入表土与其分解速率达到了动态平衡状态。当退耕年限达到 30 年后，地表枯落物蓄积量不断增大，其覆盖度、盖度及厚度都呈明显增大，大部分地表被厚厚的枯落物覆盖，从而会抑制降水击溅作用导致的枯落物与表土混合过程。同时随着退耕年限的延长，刺槐林地上部分迅速生长，其水土保持功能迅速提升，侵蚀强度快速下降，无论是细沟间侵蚀，还是细沟侵蚀都呈下降趋势，径流量降低，引起枯落物汇集及被泥沙掩埋的机会下降。因此，出现了植被恢复足够长后，表土中枯落物密度下降的趋势（孙龙，2016）。

林龄为 10 年、15 年、20 年、30 年、40 年的刺槐林，表土中（5 cm）枯落物密度分别为 0.06 kg/m^2、0.17 kg/m^2、0.32 kg/m^2、0.29 kg/m^2 和 0.17 kg/m^2，均值为 0.20 kg/m^2。表土中枯落物密度（L_d，kg/m^2）与林龄（t_a，a）的关系可以用峰值曲线很好地模拟（图 4-20 中的虚线）。

图 4-19　黄土高原枯落物在地表和表层土壤中的分布

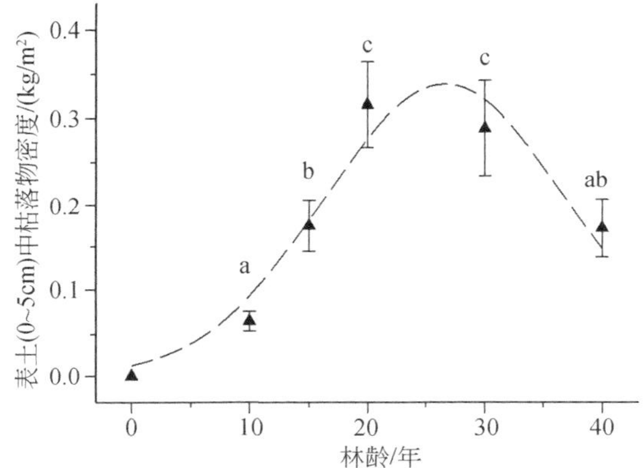

图 4-20　刺槐枯落物与表土混合密度随时间变化

$$L_{\mathrm{d}} = 0.339\exp\left[-0.500\left(\frac{t_a - 26.619}{10.340}\right)^2\right] \qquad R^2 = 0.94 \tag{4-9}$$

从图 4-20 可以看出，刺槐林地表土中枯落物密度的最大值出现在退耕 26 年左右。在浅沟发育的 20 年的刺槐林地坡面上，表土（5 cm）中存在大量枯落物，枯落物密度在 0.07～1.08 kg/m²，均值为 0.32 kg/m²。坡顶表土中枯落物密度较大（图 4-21），坡顶地表的枯落物较为松散，经常受风力吹蚀并输移，导致枯落物在地表分布的空间异质性较大，在降水击溅作用下，促进了泥沙与枯落物的混合。沟底表土中的枯落物密度并没有明显大于上坡沟底或其他部位表土中的枯落物密度。说明刺槐林及其林下草本植物群落生长较好，坡面径流并不发育，土壤侵蚀强度显著下降，径流输移枯落物并导致其与侵蚀泥沙混合的作用并不明显，而降雨击溅作用是该坡面枯落物混入表土的主要途径。

坡位显著影响表土中枯落物密度（图 4-22），坡顶表土中枯落物密度（0.46 kg/m²）显著大于坡底（0.27 kg/m²）和坡上（0.38 kg/m²），与坡中枯落物密度（0.42 kg/m²）间没有显著差异，坡底表土枯落物密度显著小于坡中。从坡顶向下到坡上，表土中枯落物密度迅

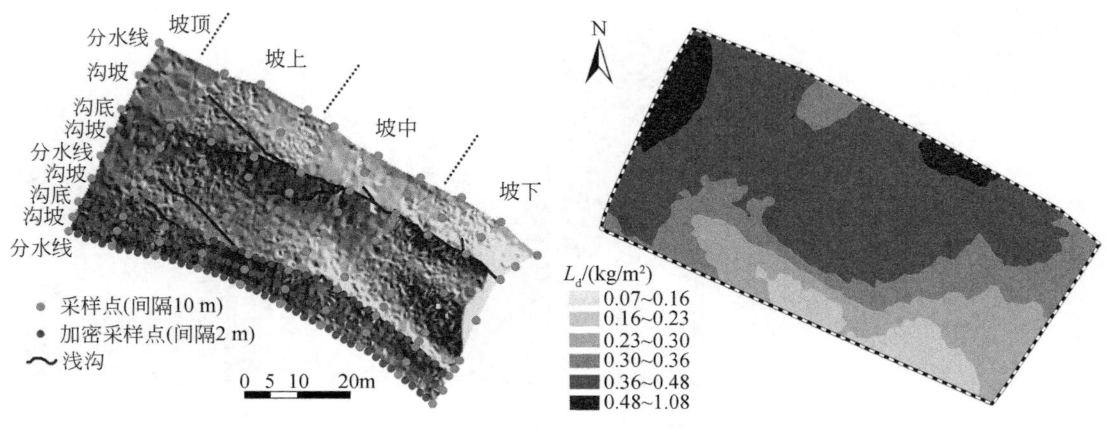

图 4-21　浅沟发育刺槐坡面表土中枯落物密度空间分布

速减少，然后到坡中，呈缓慢上升趋势，然后再次迅速下降，并达到最低值[图 4-22（a）]，这样的空间分布特征，与上述讨论的该坡面枯落物与表土混合的机制有关。前期发育的浅沟，对表土中枯落物密度没有显著影响，但受局地地形条件的影响，浅沟不同部位的枯落物密度仍然存在明显的差异，沟底表土中枯落物密度最大（0.36 kg/m^2），然后是沟坡（0.31 kg/m^2），而分水线表土中的枯落物密度最小（0.30 kg/m^2）。

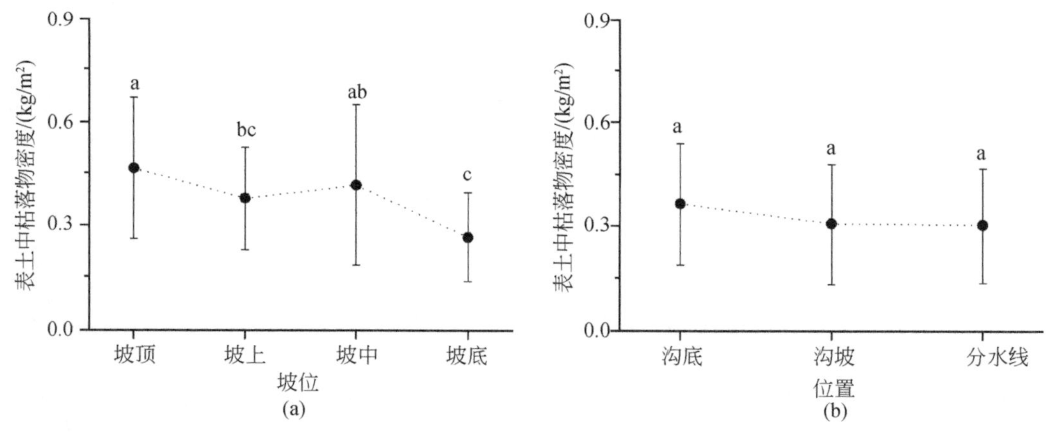

图 4-22　坡位对浅沟发育刺槐坡面表土中枯落物密度的影响

4.4.3　枯落物混合密度对土壤分离能力的影响

无论是刺槐、沙棘，还是狗尾草的枯落物，与表土混合后，都会显著影响土壤分离能力（图 4-23）。空白对照的实测土壤分离分离整体大于不同枯落物类型及混合密度的土壤分离能力，但无论是刺槐（0.10 kg/m^2）、沙棘（0.10 kg/m^2），还是狗尾草（0.10 kg/m^2）的少数实测土壤分离能力稍微大于空白对照。枯落物与表层土壤混合后，部分枯落物不可避免地会出露地表，抑制地表物理结皮的形成和发育，同时会降低降雨雨滴打击作用引起的表土固化过程，导致空白对照的土壤黏结力大于枯落物混合密度为 0.10 kg/m^2 的小区，从而减小了土壤侵蚀阻力，土壤分离能力偏大。同时说明枯落物混合驱动的土壤侵蚀阻力增大，在某些情况下无法抵消土壤结构变化对土壤侵蚀阻力的影响（Sun et al.，2016a）。

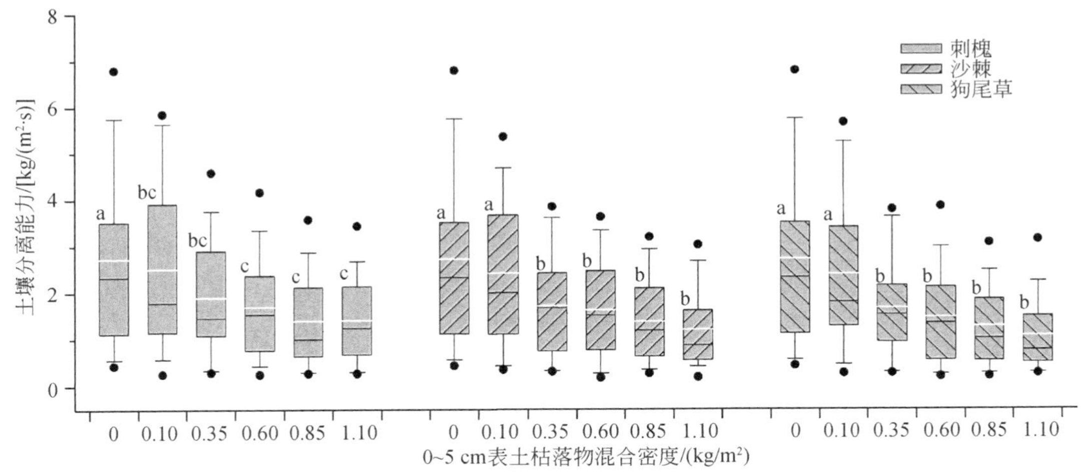

图 4-23　不同类型枯落物与表土枯落物混合密度对土壤分离能力的影响

随着枯落物混合密度的增大，土壤分离能力均呈明显的下降趋势（图 4-23），均显著小于裸地对照，刺槐、沙棘和狗尾草枯落物混合条件下的土壤分离能力分别为 1.41～2.51 kg/（m^2·s）、1.20～2.43 kg/（m^2·s）和 1.06～2.40 kg/（m^2·s），均值分别为 1.78 kg/（m^2·s）、1.67 kg/（m^2·s）和 1.57 kg/（m^2·s）。刺槐、沙棘和狗尾草的相对土壤分离能力（有枯落物混合处理与裸地对照的比值）分别为 0.52～0.92、0.44～0.89 和 0.39～0.88。与裸地对照相比，最大枯落物混合密度条件下，刺槐、沙棘和狗尾草的土壤分离能力分别减小了 48%、56%和 61%。

对于三种类型的枯落物，当混合密度小于 0.10 kg/m^2 时，各处理的土壤分离都和裸地对照间没有显著差异，但当枯落物混合密度为 0.10～0.35 kg/m^2 时，各处理的土壤分离能力均显著小于裸地对照。当枯落物混合密度大于 0.35 kg/m^2 时，各混合密度条件下的土壤分离能力均无显著差异（图 4-23），说明当枯落物混合密度大于 0.35 kg/m^2 时，枯落物对土壤分离能力的影响比较接近。上述结果表明枯落物与表土混合对土壤分离能力的影响，存在着临界混合密度，对不同枯落物类型而言，其临界混合密度均为 0.10～0.35 kg/m^2。枯落物与表土混合对土壤分离过程的影响，与枯落物对土壤的物理捆绑作用直接相关，也与枯落物分解引起土壤理化性质的变化有关，本研究周期很短，且试验期温度很低（图 4-18），表土中枯落物的分解量会非常小，因而其临界混合密度比较稳定。但在黄土高原地区，随着夏季的来临，降水量增大，气温升高，土壤水分和温度都会显著增大，会显著提升枯落物的分解速率，导致枯落物的物理性质发生变化，从而引起枯落物临界混合密度发生变化，从理论上讲应该是趋于增大。

随着枯落物混合密度的增大，相对土壤分离能力呈指数函数下降（图 4-24），刺槐、沙棘和狗尾草枯落物的拟合指数分别为−0.737、−0.841 和−0.961。相对土壤分离能力随枯落物混合密度下降的指数，可能随着枯落物类型、分解速率和土壤性质的不同而有所差异，本书中枯落物分解非常缓慢，土壤性质很均一，因而回归指数的差异基本由枯落物类型的差异引起，特别是其形态特征和自身的物理、生物属性。刺槐、沙棘和狗尾草枯落物的形状系数分别为 0.14、0.22 和 0.56，说明枯落物越短、形状越匀称，和土壤的接触面积就越大，抑制土壤分离过程的功能就越强。

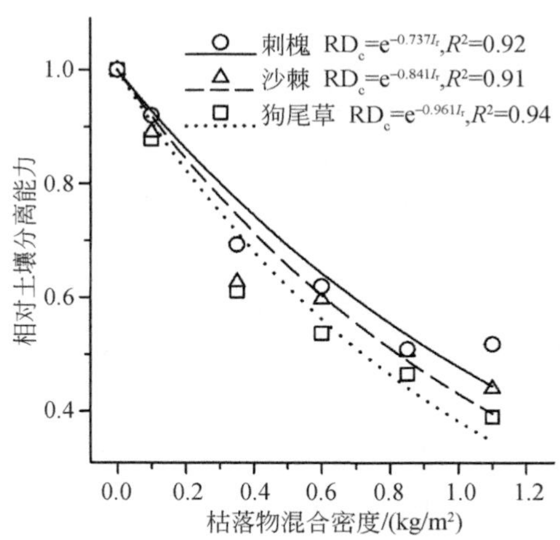

图 4-24　不同枯落物混合密度对相对土壤分离能力的影响

4.4.4　枯落物混合密度对土壤侵蚀阻力的影响

土壤侵蚀阻力也受到枯落物混合密度及其类型的显著影响（表 4-10），对于 3 种枯落物而言，细沟可蚀性与枯落物混合密度显著相关，刺槐、沙棘和狗尾草的相关系数分别为−0.97、−0.95 和−0.99。当枯落物混合密度变化在 0～1.10 kg/m^2 时，刺槐、沙棘和狗尾草的细沟可蚀性分别变化在 0.19～0.31 s/m、0.17～0.30 s/m 和 0.15～0.30 s/m。当枯落物混合密度最大时，与裸地对照相比，刺槐、沙棘和狗尾草的细沟可蚀性分别减小了 47%、50%和 59%。裸地对照的细沟可蚀性为 0.35 s/m，受表土固化和物理结皮发育的综合影响，略小于黄土高原新翻耕地的细沟可蚀性（Yu et al.，2014）。当枯落物混合量最大时，3 种枯落物类型下的细沟可蚀性为 0.15～0.19 s/m，与黄土高原原状土样的细沟可蚀性比较接近（Zhang et al.，2008）。

表 4-10　不同枯落物混合密度条件下的土壤侵蚀阻力

处理	混合密度 /(kg/m^2)	回归方程	细沟可蚀性 /(s/m)	临界剪切力 /Pa	R^2
对照	0	D_c=0.3520τ−1.4453	0.35	4.11	0.99
刺槐	0.10	D_c=0.3131τ−1.2008	0.31	3.84	0.96
	0.35	D_c=0.2630τ−1.2284	0.26	4.67	0.96
	0.60	D_c=0.2415τ−1.1748	0.24	4.87	0.98
	0.85	D_c=0.2057τ−1.0487	0.21	5.10	0.89
	1.10	D_c=0.1862τ−0.7952	0.19	4.27	0.91

续表

处理	混合密度 /(kg/m^2)	回归方程	细沟可蚀性 /(s/m)	临界剪切力 /Pa	R^2
沙棘	0.10	D_c=0.3013τ−1.1417	0.30	3.79	0.96
	0.35	D_c=0.2437τ−1.1798	0.24	4.84	0.92
	0.60	D_c=0.2216τ−0.9993	0.22	4.51	0.97
	0.85	D_c=0.1913τ−0.8899	0.19	4.65	0.93
	1.10	D_c=0.1749τ−0.8729	0.17	4.99	0.94
狗尾草	0.10	D_c=0.2973τ−1.1277	0.30	3.79	0.97
	0.35	D_c=0.2212τ−0.9556	0.22	4.33	0.89
	0.60	D_c=0.1833τ−0.7083	0.18	3.86	0.93
	0.85	D_c=0.1758τ−0.8144	0.18	4.63	0.96
	1.10	D_c=0.1451τ−0.6546	0.15	4.51	0.92

刺槐、沙棘和狗尾草的相对细沟可蚀性（枯落物混合小区与裸地对照小区细沟可蚀性之比）分别为 0.53～0.89、0.50～0.86 和 0.41～0.84，随着枯落物混合密度增大，3 种枯落物的相对细沟可蚀性均呈良好的指数函数下降，决定系数均在 0.90 及以上（图 4-25），负指数表明随着枯落物混合密度的增大，土壤抗蚀性能加强，这符合一般性的认知，刺槐、沙棘和狗尾草的回归指数分别为−0.627、−0.727 和−0.923，与残茬掩埋相关研究的结果比较接近，但它们显著大于土壤侵蚀过程模型 WEPP（water erosion prediction project，Nearing et al.，1989）中对残茬的修正系数（−0.40），这一差异可能与气候类型、土壤属性、枯落物或残茬类型及其在土壤剖面中的分布等密切相关，无论是降水、气温、土壤质地、枯落物类型及其分布特征，都会影响残茬或枯落物的分解情况，从而改变枯落物或残茬的物理性质，进而改变其水土保持功能。

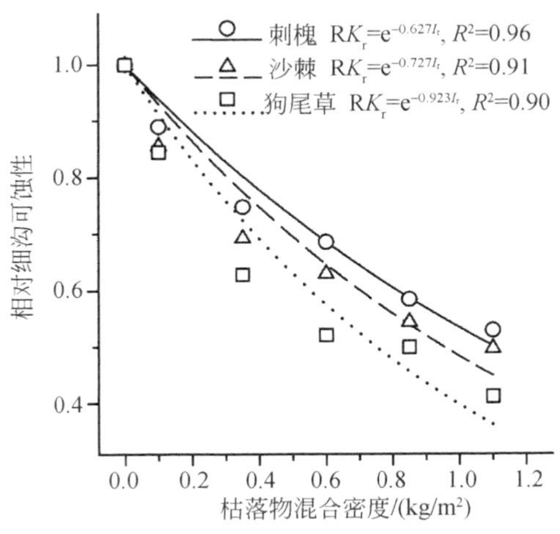

图 4-25　不同枯落物类型的相对细沟可蚀性与混合密度的关系

土壤临界剪切力也受到枯落物混合密度及其类型的显著影响（表 4-10），为 3.79～5.10 Pa，随着枯落物混合密度的增大，土壤临界剪切力增大（图 4-26），与细沟可蚀性相比，土壤临界剪切力与枯落物混合密度间的相关性较弱，特别是刺槐更是如此，决定系数仅为 0.27，枯落物与表土的混合，不但会影响土壤的力学性质，同时会引起部分出露地表而影响地表随机糙率，进而对土壤物理结皮的形成和发育产生影响，从而降低了枯落物混合密度与土壤临界剪切力间的相关性。受地表物理结皮发育及降水雨滴打击引起土壤固化作用的双重影响（Knapen et al.，2007），土壤临界剪切力最小值并没有出现在裸地对照小区，而是出现在枯落物混合密度为 0.10 kg/m^2 的刺槐小区。

随着枯落物混合密度的增大，枯落物缠绕、捆绑土壤颗粒的作用会逐渐加强，土壤结构会趋于更为稳定，土壤剪切力更大，土壤抗蚀性能更强，则土壤临界剪切力增加。分析数据表明，随着枯落物混合密度的增大，3 种枯落物混合条件下的土壤临界剪切力均呈线性增大趋势（图 4-27），但回归结果并不显著，刺槐、沙棘和狗尾草的决定系数分别为 0.56、0.62 和 0.61。与细沟可蚀性相比，土壤临界剪切力与枯落物混合密度间的关系更为松散，说明用土壤临界剪切力表征枯落物与表土混合条件下的土壤侵蚀阻力的能力相对较差，原因比较复杂，可能与土壤侵蚀阻力获取的方法有关，从物理本质上讲，细沟可蚀性和土壤临界剪切力都是反映土壤抗蚀性能的阻力特征参数，它们之间应呈相反的变化趋势，其获取方法应该相互独立，但目前采用线性拟合方法估算，导致它们间相互依赖。与细沟可蚀性相比，土壤临界剪切力可能更多地受土壤表层性质的影响，而表土的性质又具有显著的时空变化特征，导致土壤临界力具有更强的时空异质性，要准确测定更为困难。

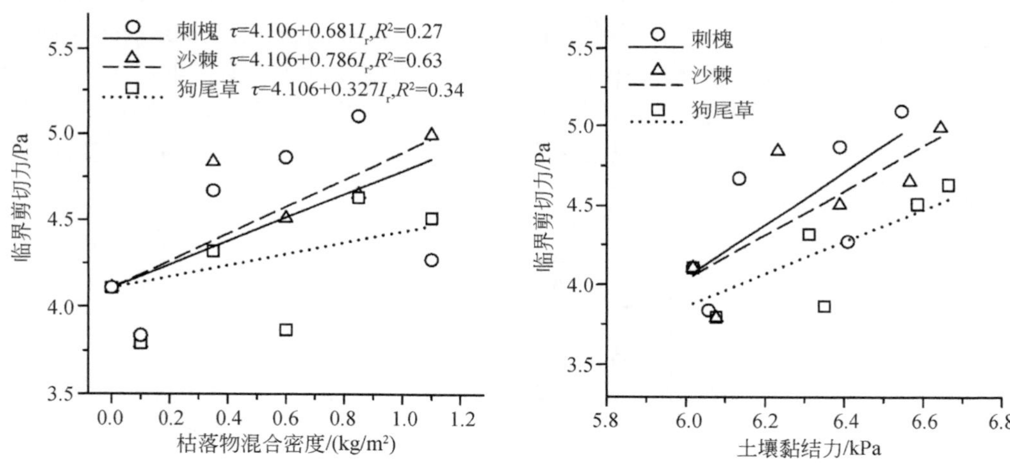

图 4-26　枯落物混合密度与临界剪切力关系　　图 4-27　土壤黏结力与临界剪切力关系

4.5　枯落物混合对土壤分离过程影响的时间变化特征

通过不同途径混合于表层土壤中的枯落物，在土壤微生物的作用下会逐渐分解，在年时间尺度上，可能引起表土中枯落物混合密度暂时性的下降，从而使得其对土壤分离过程的影响出现季节性变化特征，研究枯落物混合对土壤分离过程影响的时间变化特征，对于模拟不同土地利用条件下土壤侵蚀的动态变化特征、揭示其动力机制，具有重要的意义。

4.5.1　试验材料与方法

试验在陕西省安塞区中国科学院水土保持综合试验站墩山试验场进行，选择修建 21 年典型的梯田，2014 年 5 月先后翻耕两次，耕作深度为 25～34 cm，静置至 11 月，然后修建 4 个 12 m×3 m 的小区，收集新鲜的刺槐、沙棘和狗尾草枯落物，刺槐和沙棘的枯落物以叶为主，长度约为 3 cm，而狗尾草的枯落物以茎秆为主，长度较长，因而将其剪成长度约为 3 cm 枯落物。试验前将枯落物风干至干重，再次翻耕小区内的土壤，并在表层土壤（5 cm）层内均匀地混合 0.35 kg/m^2 的枯落物，将小区耙平，再次静置至 2015 年 4 月开始试验。期间累积降雨与温度情况见图 4-28。

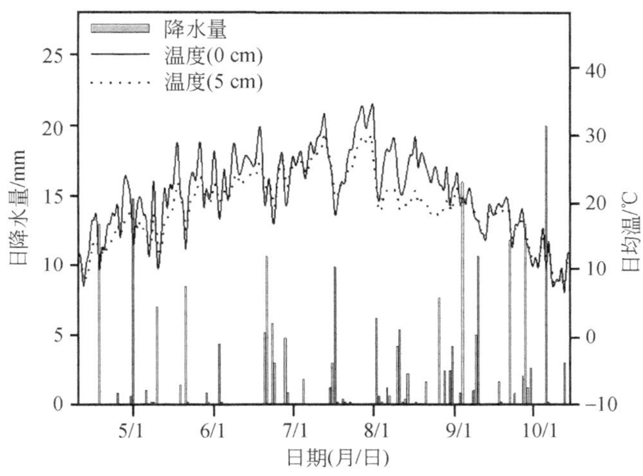

图 4-28　枯落物混合对土壤分离过程影响季节变化试验期间降水与温度变化（2015 年）

从 2015 年 4 月 19 日开始，到 10 月 5 日，大约以 20 天为间隔，分别在 4 个小区内采集原状土样，共采集 1200 个土样，进行径流冲刷试验，测定土壤分离能力。整个监测期，累积降水量 206 mm、大于 10℃积温 3828 ℃。在采样的同时，测定土壤含水量、容重、黏结力、水稳性团聚体，以及表土中枯落物密度。

土壤分离能力在安塞站内变坡实验水槽内进行，坡度和流量的组合分别为 10°-1.0×10^{-3}m^3/s、10°-2.0×10^{-3}m^3/s、15°-2.0×10^{-3}m^3/s、25°-1.5×10^{-3}m^3/s、25°-2.0×10^{-3}m^3/s 和 25°-2.5×10^{-3}m^3/s，实验过程中测定流速、水温，计算水深和水流剪切力（5.3～17.7 Pa）。土壤分离能力定义为单位面积单位时间的土壤流失量，为了消除土样冲刷深度及土样环边壁对测定结果的影响，均以土样冲刷深度为 2 cm 控制试验时间。利用实测的土壤分离能力和计算的水流剪切力，即可估算得到土壤侵蚀阻力特征-细沟可蚀性和土壤临界剪切力。

4.5.2　枯落物分解

枯落物的分解过程伴随着矿质化作用，枯落物体积变小、碳的浓度降低。枯落物分解过程主要受控于枯落物本身的基质质量和外在环境因素。因此，在特定气候和土壤条件下，某一特定质量枯落物的分解速度主要受控于环境的水热状况（孙龙，2016）。

枯落物是 2014 年 11 月混入表土，混合密度均为 0.35 kg/m^2。2014 年 11 月至 2015 年 4 月期间静置，静置期间的累积降水量仅为 41.2 mm，平均温度为 0.2℃。2015 年 4～10 月监测枯落物混合对土壤分离过程影响的季节变化期间，同步监测表土中枯落物密度的变化（图 4-29）。因静置期降水量少，且温度非常低，土壤微生物活动微弱，因而静置期间各小区的枯落物分解都很少，4 月中旬开始试验时，枯落物密度与初始混合密度非常接近，仅降低 2.1%。从 4 月中旬到 6 月下旬，3 种枯落物的分解相对比较缓慢，且 3 者间没有显著的差异。从 6 月下旬到 9 月初，黄土高原的雨季来临，土壤水分和温度快速上升，土壤微生物活动强烈，因而枯落物分解迅速，表土中枯落物密度迅速下降。从 9 月初到 10 月中旬，黄土高原地区降水偏少、且气温及土壤温度快速下降，土壤微生物的活动强度逐渐降低，枯落物分解速度再次变缓（图 4-29）。经过一个生长季的分解，表土中刺槐、沙棘、狗尾草枯落物密度分别下降了 18.9%、17.2%和 13.7%，说明在黄土高原干旱的气候条件下，枯落物分解速度整体偏低，不到 1/5。受枯落物自身物理、化学及生物特性，以及枯落物形态特征的综合影响，不同类型的枯落物其分解速度具有一定差异，乔木刺槐枯落物的分解速度最快，而草本狗尾草枯落物的分解速度最慢（图 4-29）。

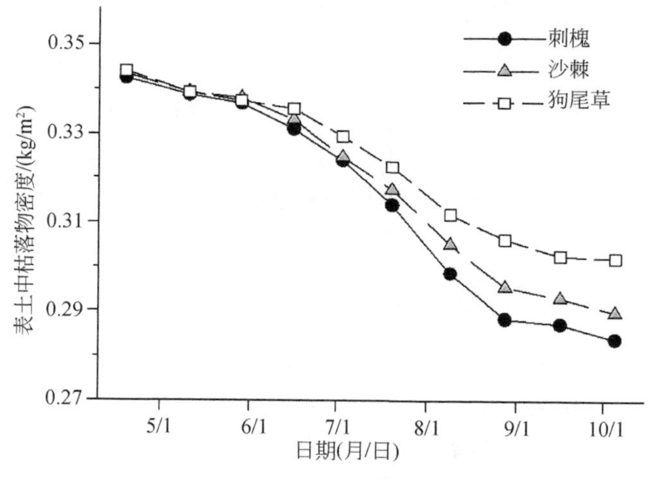

图 4-29　表土中枯落物密度随时间的变化

4.5.3　土壤分离能力

与对照相比，绝大多数测定时间枯落物混合处理下的土壤分离能力差异显著。从整个监测期来看，刺槐和狗尾草处理下的土壤分离能力差异不显著，而沙棘与刺槐、狗尾草处理下的土壤分离能力间差异显著。这一差异可能由枯落物结构形态、基质质量等差异引起。

在整个监测期内，随时间的延长土壤分离能力呈逐渐减少的趋势（图 4-30）。不同采样时间裸地对照、刺槐、沙棘和狗尾草枯落物混合条件下的土壤分离能力分别为 1.50～2.73 kg/（m^2·s）、1.14～1.95 kg/（m^2·s）、1.05～1.73 kg/（m^2·s）和 1.14～1.82 kg/（m^2·s）。裸地对照、刺槐、沙棘和狗尾草枯落物混合条件下的土壤分离能力平均值分别为 1.95 kg/（m^2·s）、1.48 kg/（m^2·s）、1.37 kg/（m^2·s）和 1.43 kg/（m^2·s）。裸地对照的土壤分离能力分别比刺槐、沙棘、狗尾草枯落物混合条件下的土壤分离能力大 24.1%、29.7%和 26.7%，说明在年时间尺度上，枯落物与表土的混合，仍然能够有效地抑制土壤分离过程，降低土壤分离能力。

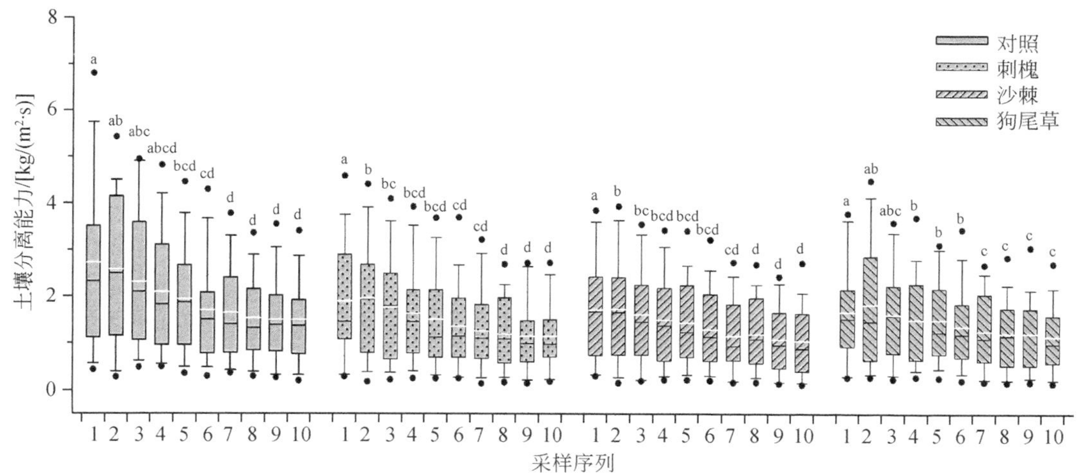

图 4-30　不同枯落物与表土混合处理下土壤分离能力随时间变化

同一处理条件下相邻采样时间点之间的土壤分离能力差异并不显著（图 4-30），说明由降水打击、枯落物分解等作用驱动的土壤分离能力下降是一个相对缓慢的过程。不同类型枯落物与表土的混合，其土壤分离能力随时间的变化趋势基本一致。对于裸地对照，从 4 月中旬到 5 月初，土壤分离能力明显增大，随后快速下降，从 8 月下旬到 9 月初出现了波动，随后继续缓慢下降。刺槐枯落物混合处理的土壤分离能力，从 4 月初到监测期结束，基本上呈下降趋势，9 月中旬出现了一次明显的波动。在整个监测期，沙棘枯落物处理的土壤分离能力整体呈缓慢下降趋势。狗尾草枯落物处理的土壤分离能力，在监测期的整体变化幅度并不大，从 4 月中旬到 5 月初，土壤分离能力明显增大，之后迅速下降，然后出现波动性的持续下降，直到监测期结束（图 4-30）。

土壤分离能力的季节变化，主要受控于农事活动（耕作、播种、锄草、施肥、收获等）、土壤固化过程、物理结皮的形成与发育及植物根系系统的生长等（Zhang et al.，2009）。在上述处理中，没有农事活动的影响，不同枯落物混合条件下土壤分离能力的季节变化，主要受降水击溅引起的土壤固化、物理结皮形成与发育和枯落物分解过程的综合影响，前二者导致土壤更紧密、结构更稳定，土壤抗蚀能力增强。随着时间的延长，混合于表土中的枯落物逐渐分解，枯落物密度下降（图 4-29），枯落物对土壤的物理缠绕和捆绑作用逐渐下降，土壤抗蚀性能降低，土壤分离能力增大。不同处理条件土壤分离能力随时间呈下降趋势（图 4-30）的结果说明，当枯落物混合密度为 0.35 kg/m^2 时，枯落物对土壤分离能力的影响，小于土壤固化及物理结皮形成与发育对土壤分离能力的影响。

4.5.4　细沟可蚀性

不同处理间细沟可蚀性差异显著，裸地对照、刺槐、沙棘和狗尾草枯落物混合小区的细沟可蚀性，分别为 0.22～0.35 s/m、0.18～0.27 s/m、0.17～0.24 s/m 和 0.17～0.24 s/m，均值分别为 0.27 s/m、0.22 s/m、0.20 s/m 和 0.20 s/m。与黄土高原相关研究的结果比较接近（Yu et al.，2014；Li et al.，2015），除沙棘和狗尾草枯落物处理外，其他各处理间都差异显著。与裸地对照相比，刺槐、沙棘和狗尾草枯落物混合处理小区的细沟可蚀性，分别降低 24%、34%和 35%。说明在年时间尺度上，枯落物与表层土壤的混合，可以有效提升土壤侵蚀阻力。与刺槐林的枯落物相比，沙棘和狗尾草枯落物与表土混合，提升土壤抗蚀性能的功能更强，这一差异可能由枯落物自身物理特性及其分解速率的差异引起。

无论是裸地对照小区，还是不同枯落物与表土混合小区，细沟可蚀性均随着时间的延长而逐渐下降（图 4-31）。对于裸地对照小区，从 4 月下旬到 8 月底，细沟可蚀性迅速下降，随后缓慢降低。对于三个枯落物与表土混合小区，从 4 月下旬到 5 月初，细沟可蚀性轻微增大，然后持续降低直到 8 月底，随后出现轻微的波动（图 4-31）。回归分析结果表明，无论是裸地对照小区，还是 3 种枯落物与表土混合小区，其细沟可蚀性均随着时间的延长呈指数函数下降，裸地对照、刺槐、沙棘和狗尾草枯落物混合小区的决定系数分别为 0.96、0.97、0.96 和 0.92。

细沟可蚀性随时间的变化，自然是土壤属性随时间变化的结果，同时也是枯落物随时间分解的结果。为了区分枯落物分解与土壤属性变化对细沟可蚀性时间变化的影响，界定了相对细沟可蚀性（有枯落物混合与裸地对照小区细沟可蚀性的比值），并绘制了其随时间的变化趋势（图 4-32）。3 种不同枯落物条件下的相对细沟可蚀性随时间的变化趋势非常相似，在整个监测期内，3 种枯落物与表土混合条件的相对细沟可蚀性全呈增大趋势，虽然增大的幅度稍微有所差别，狗尾草处理下的增大明显偏大，这种差异可能由不同枯落物分解速度的差异引起。回归分析结果表明，随着时间的延长，3 种枯落物与表土混合处理下的相对细沟可蚀性均呈幂函数增大，刺槐、沙棘和狗尾草枯落物处理下的决定系数分别为 0.46、0.70 和 0.87。相对细沟可蚀性已经消除了土壤性质随时间变化（如土壤固化、物理结皮的形成与发育等）对细沟可蚀性的影响，仅考虑了枯落物分解对细沟可蚀性的影响，上述结果说明随着时间的延长，枯落物分解量逐渐增大，表土中枯落物密度逐渐降低，从而使得枯落物对细沟可蚀性的抑制作用逐渐降低，导致相对细沟可蚀性随时间呈增大趋势（图 4-32）。

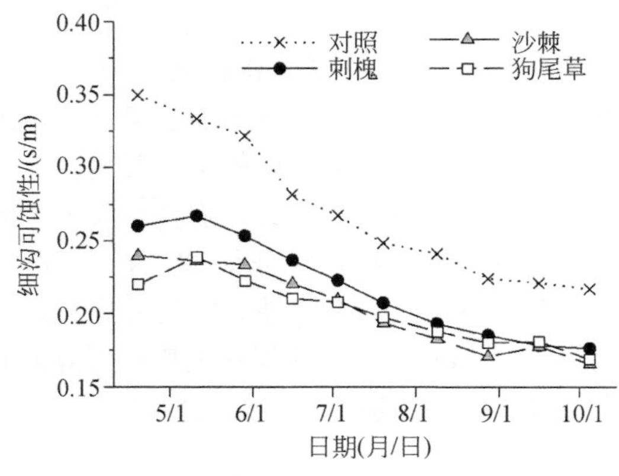

图 4-31 枯落物混合处理下细沟可蚀性随时间变化（2015 年）

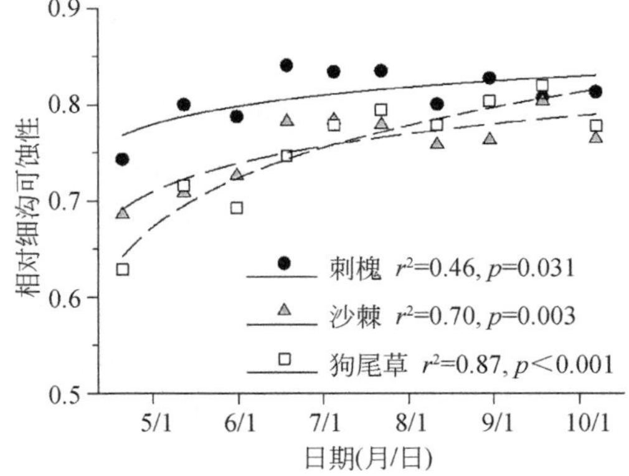

图 4-32 枯落物混合处理下相对细沟可蚀性随时间变化（2015 年）

细沟可蚀性随时间的变化是土壤性质和枯落物混合密度随时间变化的综合结果。在降水打击和重力作用下，翻耕或其他扰动后的表层土壤会整体固化（consolidation），土壤变得紧实、结构稳定性上升，抗蚀性能提升，而固化效应的大小可以用表层土壤容重和黏结力的时间变化来直接反映。在整个监测期，不同小区的土壤容重及黏结力，均呈明显的增大趋势（图 4-33），土壤固化的结果必然是细沟可蚀性随时间的降低。

随着土壤容重的增大，裸地对照及枯落物混合小区的细沟可蚀性均呈指数函数减小[图 4-34（a）]，裸地对照、刺槐、沙棘和狗尾草枯落物混合小区的决定系数分别为 0.94、0.93、0.93 和 0.77。除狗尾草枯落物混合小区外，其他各个小区的细沟可蚀性均随土壤黏结力的增大呈指数函数减小[图 4-34（b）]，裸地对照、刺槐和沙棘枯落物混合小区的决定系数分别为 0.94、0.71 和 0.84。

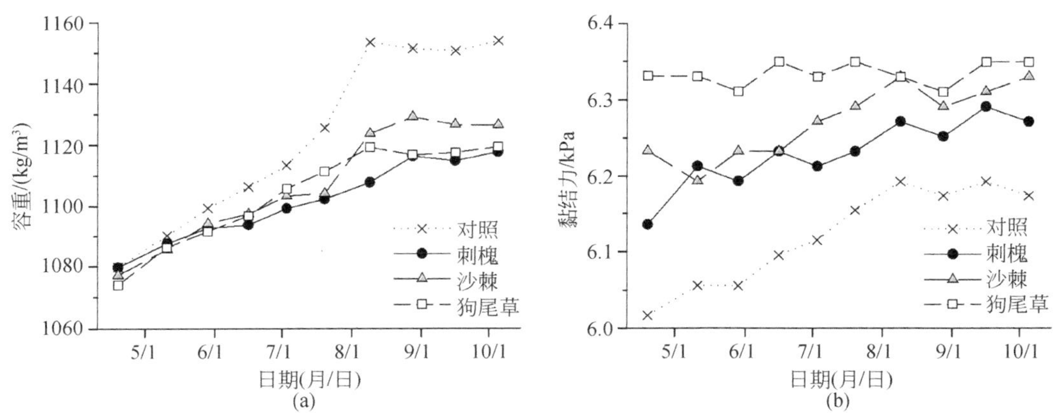

图 4-33　枯落物混合处理下土壤容重及黏结力随时间的变化（2015 年）

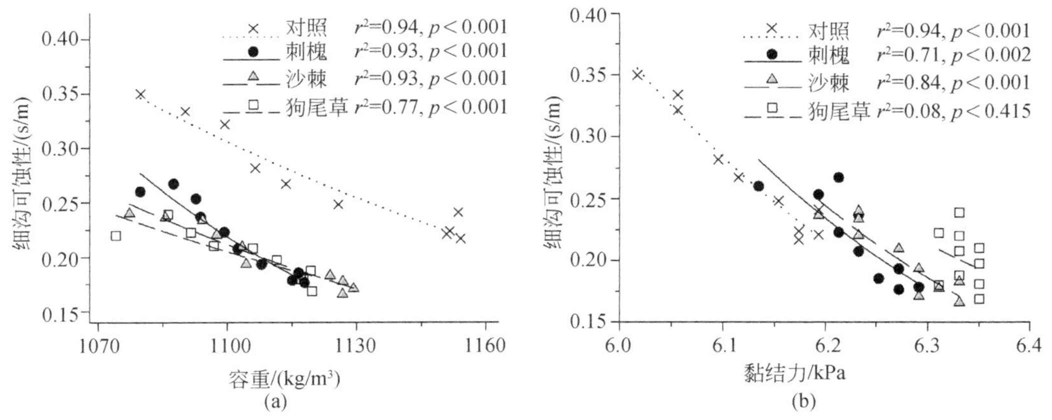

图 4-34　枯落物混合处理下细沟可蚀性与土壤容重和黏结力关系

在整个监测期内，土壤水稳性团聚体含量整体呈增大趋势，不同处理间增大的速度稍有差异[图 4-35（a）]，裸地对照与刺槐及狗尾草枯落物混合小区间的水稳性团聚差异显著。水稳性团聚体含量随时间的增大，说明土壤结构稳定性随着时间的延长在逐渐加强，土壤抗蚀性能提升，细沟可蚀性必然下降。分析发现随着土壤水稳性团聚体的增大，细沟可蚀性呈指数函数下降[图 4-35（b）]。与裸地对照相比，当团聚体含量比较接近时，有枯落物混合的小区其细沟可蚀性明显偏低，间接证明了枯落物与表土混合主要是通过物理捆绑作用对土壤分离过程产生影响。

混合于表土中的枯落物随着时间的延长而逐渐分解，导致在整个监测期内，枯落物混合小区的枯落物密度随时间呈明显的下降趋势（图 4-29），6 月中旬以前不同类型枯落物的分解速率比较接近，随后不同类型枯落物的分解速度出现了明显的差异，刺槐林枯落物的分解速度明显大于其他两种枯落物，这一差异可能由枯落物本身物理属性及小区微环境引起的微生物活动强度差异引起。随着表土中残余枯落物密度的增大，相对细沟可蚀性呈指数函数下降（图 4-36）。

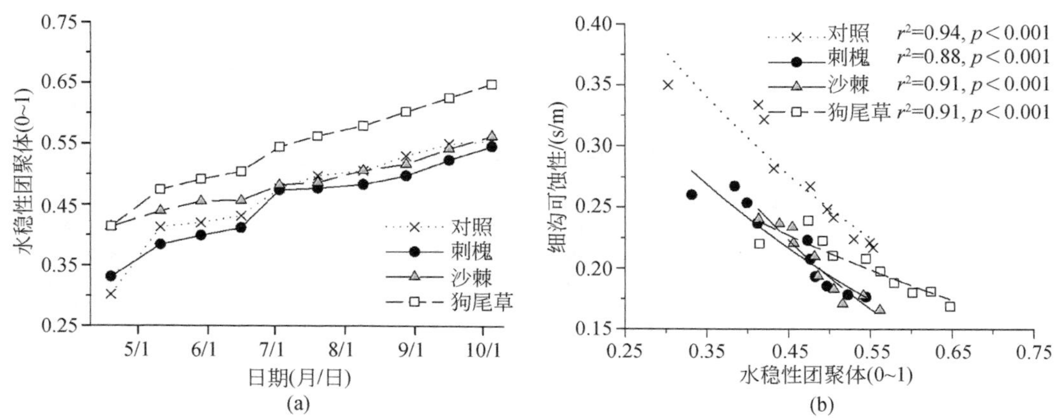

图 4-35 枯落物混合处理下水稳性团聚体的时间变化及细沟可蚀性的响应（2015 年）

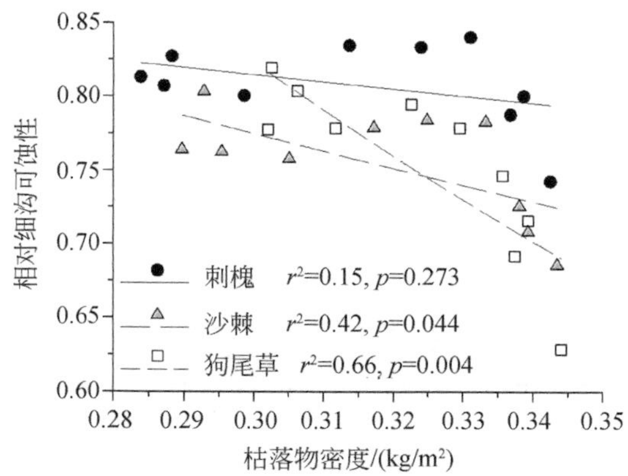

图 4-36 相对细沟可蚀性与枯落物密度间的关系

4.5.5 土壤临界剪切力

在整个监测期内，所有小区的土壤临界剪切力均出现了明显的波动（图 4-37）。对于裸地对照小区，从 4 月中旬到 5 月底其临界剪切力缓慢增大，随后迅速减小至最小值，7 月中旬快速增大，随后缓慢增大至监测期结束。刺槐和沙棘枯落物混合的小区，其临界剪切力的时间变化特征比较相似，从 4 月中旬到 6 月初，其临界剪切力降低，随后持续波动性增大，直到监测期结束。狗尾草枯落物混合小区，其土壤临界剪切力从 4 月中旬到 6 月初呈逐渐减小的趋势，随后持续增大直到监测期结束（图 4-37）。除刺槐和沙棘枯落物混合小区外，其他各个处理之间的临界剪切力差异显著，不同枯落物混合处理小区土壤临界剪切力时间变化的差异，必然由土壤性质的季节变化以及枯落物的分解速率引起，和各个处理细沟可蚀性的变化幅度相比，土壤临界剪切力的时间变化幅度相对较小。

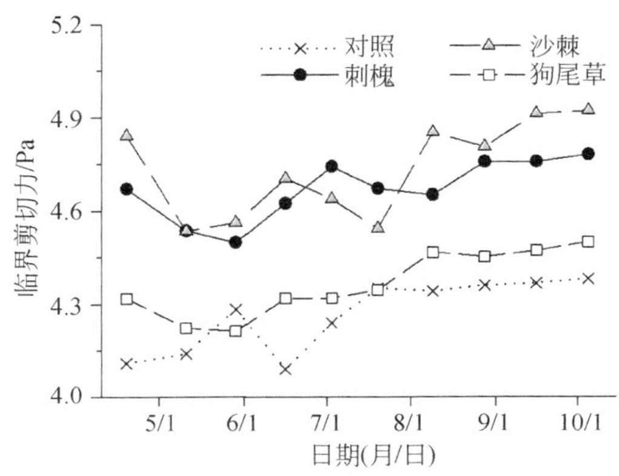

图 4-37 枯落物混合处理下临界剪切力随时间变化

除沙棘枯落物混合小区外，土壤临界剪切力与土壤容重显著相关，裸地对照、刺槐和狗尾草枯落物混合小区的相关系数，分别为 0.86、0.69 和 0.81，土壤临界剪切力随着土壤容重的增大而增大[图 4-38（a）]。随着土壤黏结力的增大，土壤临界剪切力呈明显的增大趋势[图 4-38（b）]，但仅裸地对照和沙棘枯落物混合小区呈显著增大，决定系数分别为 0.70 和 0.42。除沙棘枯落物混合小区外，其他各小区土壤临界剪切力与土壤水稳性团聚体含量密切相关，裸地对照、刺槐和狗尾草枯落物混合小区的相关系数，分别为 0.85、0.71 和 0.82，随着土壤水稳性团聚体含量的增大，土壤临界剪切力增大[图 4-38（c）]。从理论上讲，土壤临界剪切力应该随着表土中枯落物密度的增大而增大，但本书的结果却是随着表土中枯落物密度的增大，土壤临界剪切力下降[图 4-38（d）]，这一结果可能与临界剪切力的获取方法有关，前文已经论述，这里不再赘述。为了消除土壤性质季节变化对土壤临界剪切力的影响，计算相对土壤临界剪切力（枯落物混合与裸地对照小区土壤临界剪切力的比值），进一步分析相对土壤临界剪切力与枯落物密度间的关系发现，相对土壤临界剪切力与枯落物密度间没有显著的相关关系，再次证明当枯落物混合密度仅为 0.35 kg/m^2 时，枯落物与表土混合对土壤侵蚀阻力季节变化的影响，小于土壤固化、物理结皮形成发育对土壤侵蚀阻力季节变化的影响。

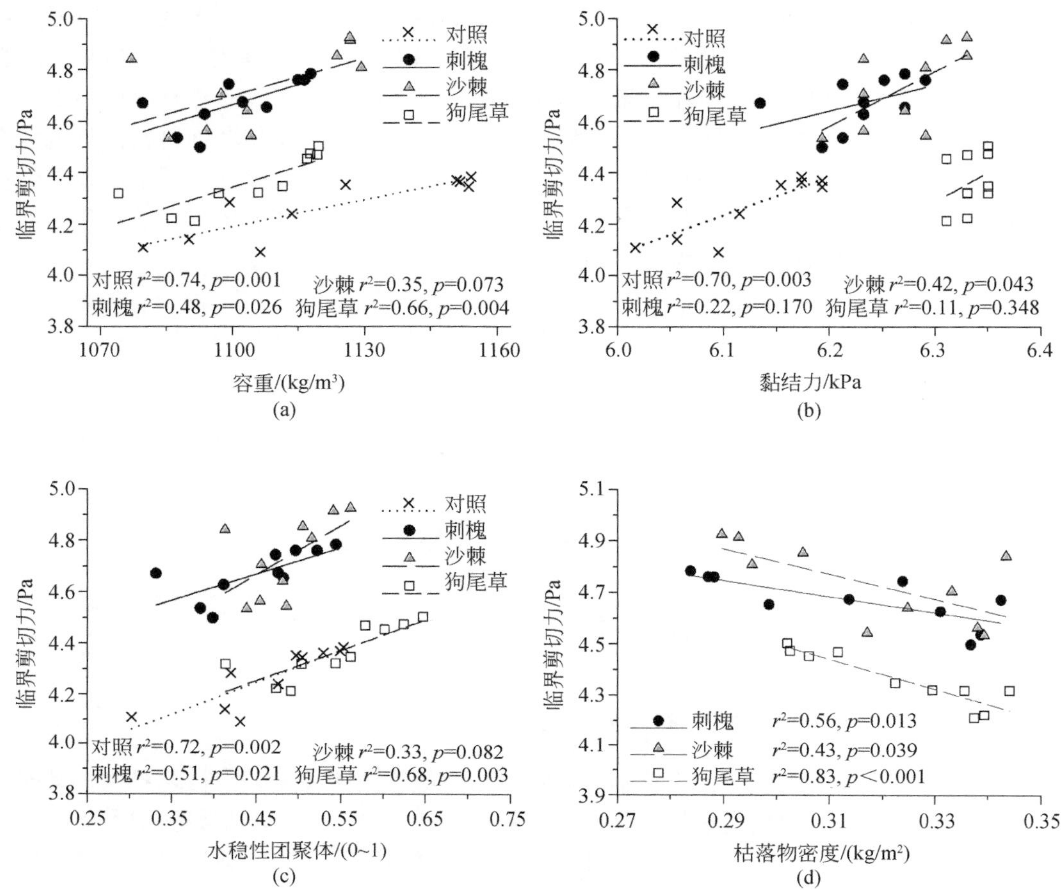

图 4-38 土壤临界剪切力与土壤性质及枯落物密度间的关系

4.6 枯落物与表土混合对土壤侵蚀的影响

土壤侵蚀包括土壤分离、泥沙输移和泥沙沉积三个子过程，坡面土壤侵蚀是三个子过程综合作用的结果（张光辉，2001）。虽然枯落物与表土混合显著影响土壤分离过程，但其对坡面侵蚀的整体影响仍有待深入研究，因而，研究枯落物与表土混合对土壤侵蚀的影响，对全面评估枯落物的水土保持效应，具有重要意义。

4.6.1 试验材料与方法

试验在北京师范大学房山实验基地人工模拟降雨大厅内进行，采用槽式人工模拟降雨器（张光辉等，2007）进行降雨，设计降雨强度为 80 mm/h，实际降雨强度每次试验后直接测定。降雨产流后持续降雨 60 min，记录产流历时，每隔 5 min 接收一次水沙全样，烘干称重即可得到土壤侵蚀量。整体实验方法与 2.6 节中的实验方法相同，所以这里仅介绍与土壤侵蚀相关的内容。收集黄土高原广泛分布的刺槐林枯落物作为试验材料，与变坡水槽内表层 5 cm 土壤均匀混合，混合密度分别为 0 kg/m^2、0.05 kg/m^2、0.10 kg/m^2、0.20 kg/m^2、0.35 kg/m^2 和 0.50 kg/m^2，试验坡度分别为 9%、18%、29%、36%和 47%，共进行 65 场人工模拟降雨。混合于表土中的枯落物，部分出露地表，出露地表的枯落物盖度与混合密度间呈显著的指数函数，随着枯落物混合密度的增大，枯落物出露地表的盖度增大（图 4-39）。

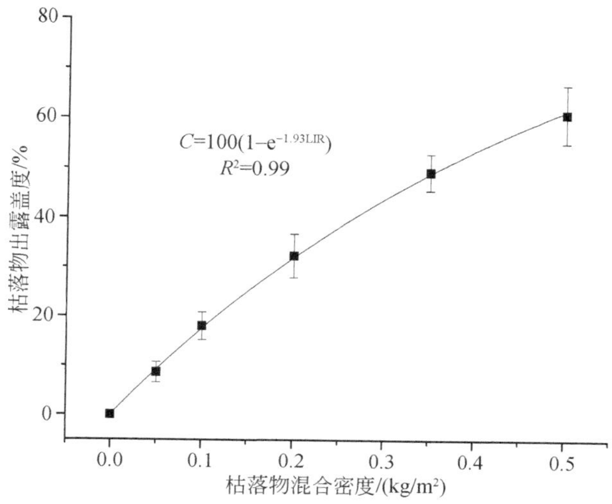

图 4-39　枯落物混合密度与出露盖度的关系

土壤侵蚀与降水特性密切相关，特别是降雨侵蚀力（降水引起土壤侵蚀的潜力），采用 RUSLE（revised universal soil loss equation，Renard et al.，1997）模型中降雨侵蚀力的计算方法计算降水侵蚀力，具体计算见式（2-2）和式（2-3）。土壤侵蚀与坡面径流的水动力学特性密切相关，可以用水流功率很好地模拟，水流功率的计算见式（1-7）。

为评价枯落物与表土混合对土壤侵蚀的影响，将特定坡度下枯落物混合小区土壤流失速率的减少量与裸地对照小区的土壤流失速率之比，定义为枯落物混合的水土保持效益（ELI）：

$$\mathrm{ELI}=\frac{\mathrm{SLR_b}-\mathrm{SLR_l}}{\mathrm{SLR_b}} \tag{4-10}$$

式中，$\mathrm{SLR_b}$ 为裸地对照的土壤流失速率[g/(m^2 • min)]；$\mathrm{SLR_l}$ 为枯落物混合小区的土壤流失速率[g/(m^2 • min)]。

4.6.2　土壤侵蚀随降雨历时的变化特征

所有处理下产流时间的均值仅为 91 s，前 10 min 内产流迅速增大，20 min 产流基本上达到相对稳定阶段，因而，将土壤侵蚀过程划分产流后前 20 min（前期）和 21～60 min（后期）两个阶段进行分析（表 4-11）。在前一个阶段，土壤侵蚀速率随降雨历时的增大而迅速增大，土壤侵蚀速率增大的幅度随着坡度的增大而增大。而在第二个阶段，对于枯落物混合密度小于 0.20 kg/m^2 的 3 个处理，土壤侵蚀速率随着降雨历时的延长而持续增大，而对于枯落物混合密度大于和等于 0.20 kg/m^2 的 3 个处理，土壤侵蚀速率达到相对稳定状态，甚至随着降水历时的延长而轻微下降（表 4-11）。

表 4-11　土壤侵蚀速率随侵蚀阶段的变化情况

侵蚀阶段	坡度/%	枯落物混合密度/（kg/m²）					
		0.00	0.05	0.10	0.20	0.35	0.50
前期	9	17.77	12.17	16.54	15.05	20.30	10.36
	18	28.27	19.43	35.46	24.60	22.80	19.00
	27	36.02	21.05	31.34	27.61	32.31	24.13
	36	43.82	41.41	46.56	42.75	41.83	38.16
	47	29.37	29.67	34.89	36.01	44.96	54.40
	平均值	31.05	24.75	32.96	29.21	32.44	29.21
	标准差	9.68	11.20	10.81	10.65	11.01	17.32
后期	9	28.70	16.03	16.77	18.12	22.61	11.47
	18	36.06	36.66	33.08	29.85	25.17	27.20
	27	38.22	26.64	28.52	26.79	34.35	30.41
	36	44.55	54.04	39.91	44.99	40.72	38.96
	47	67.92	72.18	69.95	56.99	53.12	53.13
	平均值	43.09	41.11	37.65	35.35	35.19	32.24
	标准差	15.00	22.31	19.93	15.50	12.36	15.34

4.6.3　枯落物混合密度对土壤侵蚀的影响

在相同降水量（72 mm）条件下，土壤侵蚀速率随着枯落物混合密度的增大而减小，但不同坡度间存在一定的差异，当坡度为 9%、18%、27%和 36%时，土壤侵蚀速率随着表土中枯落物混合密度的增大呈指数函数下降（图 4-40），与裸地对照相比，最大的土壤侵蚀速率减少率分别为 41%、23%、30%和 13%。但当坡度为 47%时，土壤侵蚀速率随着表土中枯落物混合密度的增大而呈指数函数增大（图 4-40），与裸地对照相比，最大的土壤侵蚀增加幅度是枯落物混合密度为 0.50 kg/m² 时的 22%。

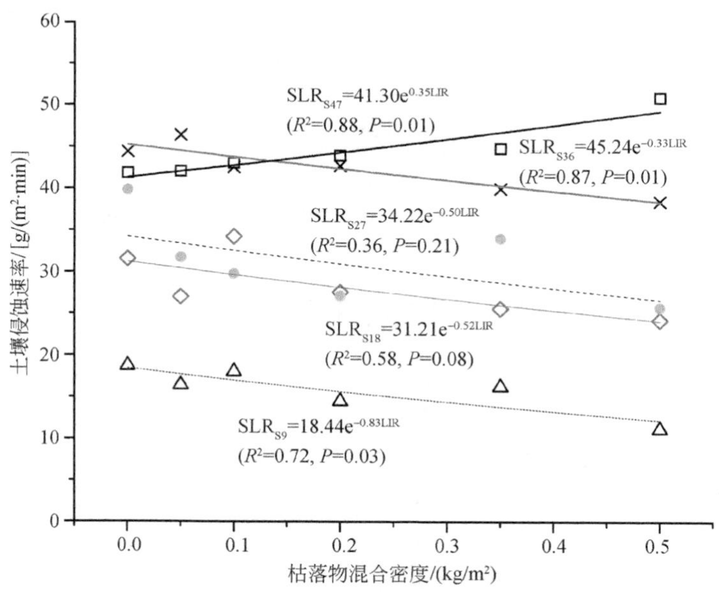

图 4-40　土壤侵蚀速率随枯落物混合密度的变化

说明通过不同途径混合于表土中的枯落物，对土壤侵蚀的影响与坡度密切相关，在相对较缓的坡面上，表土中枯落物的混合具有明显的抑制土壤侵蚀的作用，而当坡度很陡时，枯落物在表土中的混合反而会起到加剧侵蚀的作用。混合于表土中的枯落物，通过侵蚀过程中出露地表影响土壤侵蚀，其可能的影响机理包括保护地表降低降雨雨滴的直接打击作用、增大地表糙率延阻坡面径流流速从而降低坡面径流的侵蚀动能、改变土壤可蚀性，以及直接拦截泥沙等几个方面。本书中采用的土槽长度仅为 2 m，没有细沟侵蚀发生的必要条件，在试验过程中也没有发现明显的细沟，因而本实验过程以细沟间侵蚀为主。雨滴溅蚀控制着细沟间侵蚀的土壤分离过程，而薄层坡面径流控制着泥沙的输移过程（Meyer，1981）。但因降雨强度的变幅很小，降雨强度与土壤侵蚀速率间没有显著的相关关系[图 4-41（a）]，而与坡面径流的水流功率间显著相关，且随着坡面径流水流功率的增大，土壤侵蚀呈幂函数增大[图 4-41（b）]，说明在试验条件下坡面侵蚀由泥沙输移过程控制（transport-limited）。

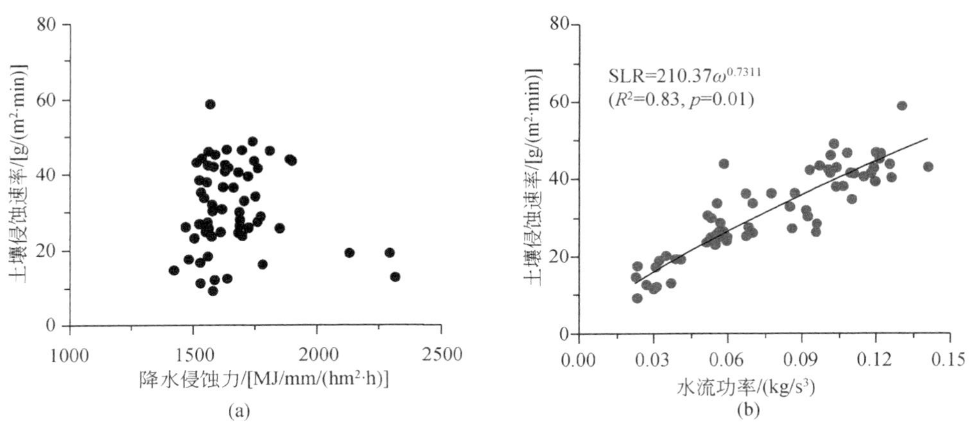

图 4-41　土壤侵蚀速率与降水侵蚀力及水流功率间的关系

随着降雨持续、土壤侵蚀加剧，更多表土中的枯落物出露，增加地表糙率，坡面径流流速下降。随着表土中枯落物混合密度的增大，枯落物出露对坡面径流的影响会越大，坡面径流流速随着枯落物混合密度的增大呈指数函数下降（表 4-12），导致坡面径流挟沙力下降。枯落物混合于表土后，会通过其缠绕及捆绑作用改变土壤可蚀性。随着枯落物混合密度的增大，枯落物对土壤可蚀性的影响逐渐加强，引起土壤侵蚀速率降低。出露地表的枯落物会拦截泥沙，这是其影响坡面侵蚀的重要途径，特别当枯落物相互缠绕，在坡面径流流路上形成微小的“拦沙坝”后，上述效应更为明显。枯落物出露地表的盖度是其混合密度的函数，随着枯落物在表土中混合密度的增大，地表出露的枯落物盖度呈指数函数增大（图 4-39），导致土壤侵蚀速率（R^2=0.73）和含沙量（R^2=0.75）显著下降，说明枯落物出露通过影响泥沙输移过程，进而影响土壤侵蚀过程。但随着坡度和降雨强度的增大，枯落物出露对土壤侵蚀的影响会逐渐降低。

当坡度陡到一定程度后，侵蚀过程中枯落物出露甚至会促进坡面侵蚀的发育，出露地表的枯落物会保护地表，避免地表直接遭受降雨的打击，从而具有抑制土壤物理结皮形成

表 4-12　不同枯落物混合密度条件下的坡面径流与侵蚀特征

枯落物混合密度 /（kg/m^2）	产流历时 /s	产流速率 /（mm/min）	稳定产流速率 /（mm/min）	坡面径流流速 /（m/s）	土壤侵蚀速率 /[g/（m^2·min）]	含沙量 /（g/L）
0.00	87	0.97	1.09	0.162	35.26	41.52
0.05	111	0.84	0.99	0.149	32.71	42.75
0.10	80	1.00	1.09	0.142	33.51	36.93
0.20	80	1.01	1.12	0.128	31.17	33.96
0.35	85	1.04	1.14	0.113	32.10	34.39
0.50	110	0.89	1.00	0.100	30.08	34.38

发育的功能，但没有土壤物理结皮层的保护，雨滴溅击驱动的土壤分离过程更强烈，提高土壤侵蚀强度。枯落物与表土的混合及其在侵蚀过程中的出露，会导致表土层中大孔隙或裂隙数量的增加，有利于降雨入渗，导致表土快速饱和，以及土壤次表层中径流的横向流动，降低土壤抗蚀性能，促进土壤侵蚀发育。侵蚀过程中枯落物的出露，会促进地表径流的横向汇聚，引起局部坡面径流流量、深度及流速的迅速增大，从而提高坡面径流的挟沙能力，促进坡面侵蚀。

4.6.4　枯落物与表土混合对土壤侵蚀影响随坡度的变化

枯落物与表土混合对侵蚀的影响会随着坡度的变化而变化。枯落物混合的水土保持效益（ELI）为−22%～41%，均值为 11%（图 4-42），当坡度变化在 9%～36%时，枯落物在表土中的混合具有明显的抑制土壤侵蚀的功能，但当坡度为 47%时，5 种不同混合密度条件下的枯落物都具有明显的促进土壤侵蚀的作用。从整体趋势来看，随着坡度的增大，枯落物混合的水土保持效益呈线性函数降低（图 4-42）。

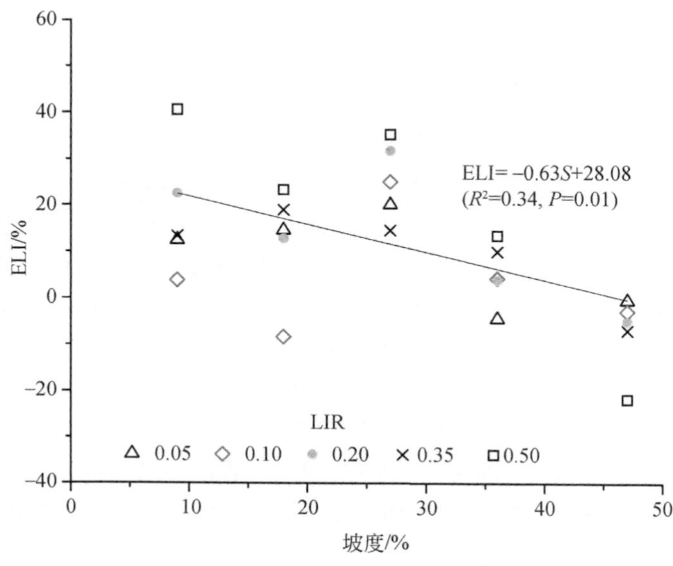

图 4-42　枯落物混合水土保持效益随坡度变化

不同枯落物混合密度条件下，土壤侵蚀速率与坡度间的关系也存在差异（图 4-43），对于 3 个较低的枯落物混合密度（0 kg/m^2、0.05 kg/m^2 和 0.10 kg/m^2），土壤侵蚀速率随着坡度的增大而增大，直至坡度达到 36%，随后增速降低或轻微下降[图 4-43（a）]。但对于 3 个较大的枯落物混合密度（0.20 kg/m^2、0.35 kg/m^2 和 0.50 kg/m^2），土壤侵蚀速率随着坡度的增大而持续增大[图 4-43（b）]。用幂函数拟合土壤侵蚀速率（SLR）和坡度（S）间的关系发现，当枯落物混合密度为 0 kg/m^2、0.05 kg/m^2、0.10 kg/m^2、0.20 kg/m^2、0.35 kg/m^2 和 0.50 kg/m^2 时，拟合的 b 值分别为 0.512、0.609、0.499、0.659、0.615 和 0.857，均值为 0.625（表 4-13）。

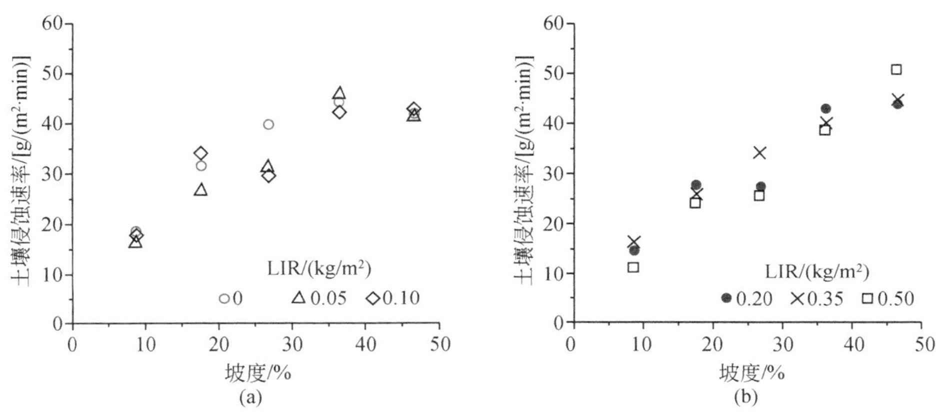

图 4-43　不同枯落物混合密度条件下土壤侵蚀速率与坡度的关系

表 4-13　不同枯落物混合密度条件下土壤侵蚀速率与坡度的幂函数关系（SLR=aS^b）

枯落物混合密度/（kg/m^2）	a	b	R^2	P
0	6.707	0.512	0.91	0.01
0.05	4.512	0.609	0.95	0.01
0.10	6.637	0.499	0.85	0.03
0.20	3.630	0.659	0.93	0.01
0.35	4.343	0.615	0.99	0.00
0.50	1.791	0.857	0.96	0.00

枯落物在表土中的混合会影响土壤侵蚀速率，但其影响随着坡度的变化而变化，随着坡度的增大，混合于表土中的枯落物抑制侵蚀的功能下降，说明坡度是影响表土中枯落物抑制土壤侵蚀的关键因素。表土中枯落物抑制土壤侵蚀作用随坡度的下降，可以从两个同时发生但结果截然相反的机制进行解释。在缓坡上，混合于表土中的枯落物以抑制土壤为主，土壤侵蚀速率必然随着枯落物混合密度的增大而减小，但随着坡度的增大，坡面侵蚀泥沙及枯落物的稳定性都会下降，则枯落物的捆绑作用及拦截泥沙的作用降低，同时随着坡度的增大，坡面径流的挟沙力增大，必然会引起侵蚀强度的加强。随着坡度的增大，促进土壤侵蚀的机制占据主导，结果当坡度达到 47%时，土壤侵蚀速率随着枯落物混合密度

的增大而增大。

不同枯落物混合密度条件下，土壤侵蚀速率与坡度间幂函数关系指数的平均值为 0.68，与残茬和表土混合条件下土壤侵蚀与坡度间幂函数的指数 0.67 非常接近，说明枯落物与表土混合对土壤侵蚀的影响，和残茬的作用比较类似（王伦江，2019）。随着坡度的增大，承雨面积逐渐减小，因而存在着临界坡度的概念，也就是说当坡度小于临界坡度时，土壤侵蚀随着坡度的增大而增大，但当坡度大于临界坡度时，土壤侵蚀随着坡度的增大而减小，临界坡度为 40%～49%（胡世雄和靳长兴，1999）。当枯落物在表土中的混合密度小于 0.20 kg/m^2 时，土壤侵蚀与坡度间也存在着临界坡度，为 36%～47%。

4.6.5 土壤侵蚀对枯落物混合密度及坡度的综合响应

枯落物与表土混合对细沟间侵蚀的影响随着坡度的变化而变化，为了综合理解枯落物混合密度及坡度对土壤侵蚀的影响，采用非线性逐步回归的方法，建立土壤侵蚀与枯落物混合密度及坡度间的关系：

$$\mathrm{SLR} = 81.696 S^{0.633} \mathrm{e}^{-0.384\mathrm{LIR}} \qquad R^2 = 0.84 \tag{4-11}$$

式中，SLR 为土壤侵蚀速率[$g/(m^2 \cdot min)$]；S 为坡度（m/m）；LIR 为枯落物与表土的混合密度（kg/m^2）。坡度和枯落物混合密度的标准回归系数分别为 0.91 和−0.16，说明坡度对土壤侵蚀的影响，明显大于枯落物与表土混合对侵蚀的影响。

枯落物与表土混合对土壤侵蚀的影响，还与枯落物的类型、形状特征密切相关。不同类型的枯落物因其长度、厚度、组分等属性的差异，在降雨侵蚀过程中出露的比例会明显不同（图 4-44），当枯落物混合密度为 0.20 kg/m^2 时，刺槐、油松、柠条和柳枝稷出露的盖度分别为 33%、11%、8%和 50%。不同类型枯落物出露比例的差异，自然会引起坡面径流的水动力学特性的差异，同时会引起地表溅蚀过程及土壤物理结皮的形成和发育，引起土壤侵蚀速率的差异。

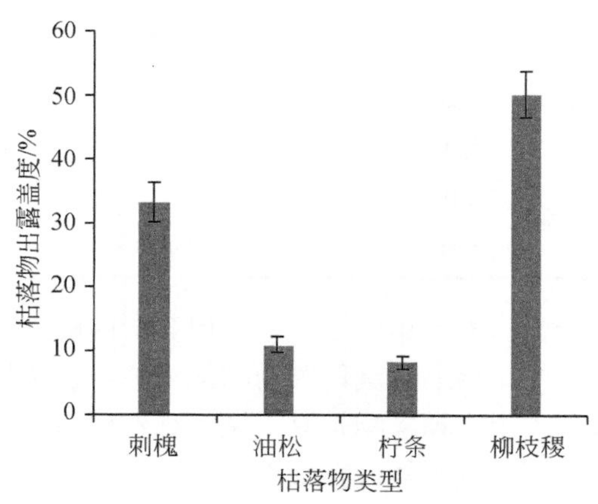

图 4-44 不同枯落物类型出露的盖度

枯落物类型显著影响其与表土混合的水土保持效应。刺槐、油松、柠条和柳枝稷枯落物与表土混合条件下的土壤侵蚀速率均值分别为 27.9 $g/(m^2 \cdot min)$、18.1 g/（$m^2 \cdot min$）、26.5 g/

（m^2 · min）和 19.5 g/（m^2 · min），与裸地对照相比，刺槐、油松、柠条和柳枝稷枯落物与表土混合条件下，土壤侵蚀速率分别降低 13%、43%、17%和 39%，油松枯落物与表土混合的土壤侵蚀速率显著小于裸地对照，也就是说，当枯落物混合密度相同时，油松抑制土壤侵蚀的作用最强，其次为柳枝稷、柠条和刺槐。枯落物类型对其与表土混合的水土保持效应的影响，与枯落物的性质密切相关，随着枯落物长度的增大，其出露后对坡面径流流速的影响会更为强烈，坡面径流流速随着枯落物长度的增大呈指数函数下降[图 4-45（a）]，随着枯落物中叶片长度的增大，土壤侵蚀速率呈线性函数降低[图 4-45（b）]。

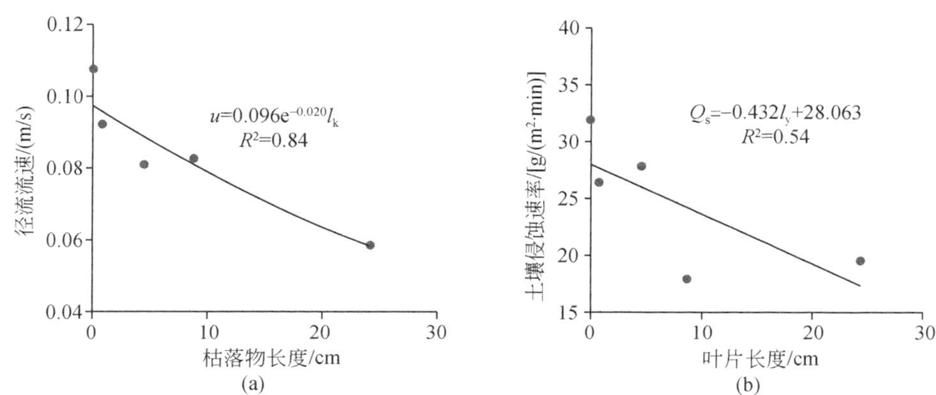

图 4-45　枯落物长度及叶片长度对坡面径流流速及土壤侵蚀速率的影响

4.7　枯落物覆盖与表土混合对侵蚀影响的对比

作为植物群落重要组成成分的枯落物，既可以覆盖于地表，也可以通过不同途径与表土混合，无论是覆盖于地表，还是混合于表土，枯落物都具有明显的水文及水保功能，但其作用机制存在差异，在同样的蓄积量和混合量条件下，枯落物覆盖地表和与表土混合对土壤侵蚀的影响大小需要进一步研究，量化枯落物地表覆盖及与表土混合对土壤侵蚀影响的相对大小，对于全面评估枯落物的水土保持功能，具有重要的理论和实践意义。

4.7.1　试验材料与方法

试验在北京师范大学房山实验基地人工模拟降雨大厅进行，为了对比分析枯落物覆盖及与表土混合对侵蚀过程的影响，试验同时设置枯落物在地表覆盖和与表土混合两种处理，枯落物覆盖量和混合密度均为 0.20 kg/m^2，混合深度为 5 cm，枯落物类型包括刺槐、油松、柠条和柳枝稷，以裸地为对照，试验坡度 10°和 20°。人工模拟降雨也采用槽式下喷式降雨器，降雨历时是开始产流后持续 60 min，降雨强度分别为 40 mm/h 和 80 mm/h，产流后收集径流和泥沙，监测侵蚀产沙过程。从入渗过程、入渗速率、产流过程、产沙过程、平均产沙速率等多个角度比较枯落物覆盖及与表土混合对侵蚀过程的影响。

4.7.2 枯落物覆盖及与表土混合对产流过程影响的对比

随着降雨时间的延长，土壤入渗速率呈快速下降趋势，当降雨时间达到 45 min 以后，土壤入渗速率趋于稳定，但枯落物不同处理间存在着一定的差异（图 4-46）。因没有枯落物的保护，降雨雨滴直接打击地表，形成部分物理结皮，因而裸地对照的土壤入渗速率随时间的延长下降最快，且稳定入渗速率相对较小。

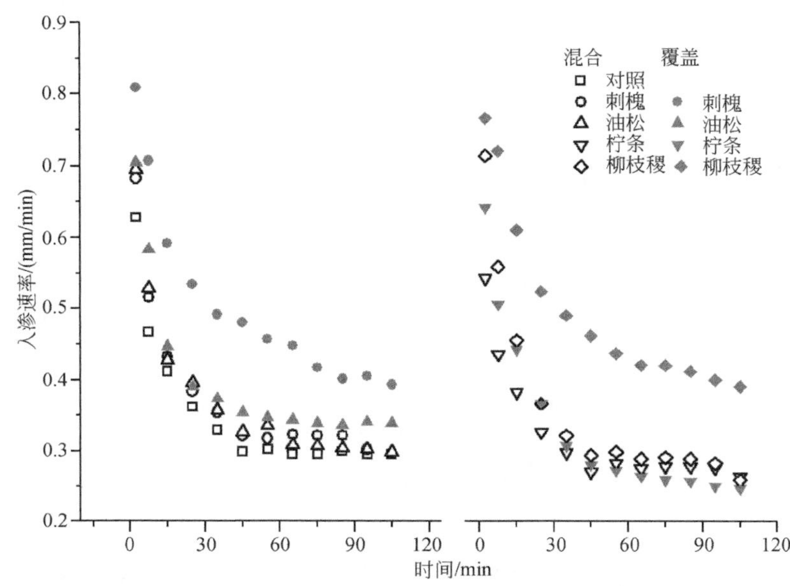

图 4-46 枯落物覆盖及与表土混合对入渗速率的影响

在同样枯落物密度条件下，覆盖于地表枯落物对土壤入渗的影响显著大于混合表土，将枯落物覆盖在地表，枯落物可以有效保护地表，避免雨滴直接打击，避免形成物理结皮，因此，枯落物与表土混合条件下的土壤入渗速率显著小于枯落物覆盖于表土处理，且不同枯落物类型间差异明显。对于刺槐和油松，其覆盖和混合处理间的差异尤为明显，这一差异与枯落物的形状有关（图 4-46）。

不同处理条件下，平均入渗速率差异明显（图 4-47）。除 10°、80 mm/h 处理以外，裸地对照的平均入渗速率都小于枯落物覆盖和混合条件下的平均入渗速率。同时覆盖条件下的土壤平均入渗速率显著大于枯落物与表土的混合处理，10° 和 40 mm/h、10° 和 80 mm/h、20° 和 40 mm/h、20° 和 80 mm/h 条件下的枯落物覆盖处理的土壤平均入渗速率，分别是枯落物混合处理的 1.34 倍、1.44 倍、1.32 倍和 1.52 倍。降雨强度较小时，枯落物覆盖处理与混合处理的平均入渗速率差异相对较小，而当降雨强度较大时，枯落物覆盖处理与混合处理的平均入渗速率差异更为明显，说明枯落物覆盖和混合处理对土壤入渗的影响与降雨强度有关，降雨强度越大，降雨动能越大，对地表的击溅作用越强，则不同处理间土壤入渗速率的差异越明显，当然，枯落物覆盖和混合处理下的土壤入渗速率变化与枯落物类型有关，就平均水平而言，刺槐、油松、柠条和柳枝稷覆盖条件下的土壤入渗速率，分别是混合处理下土壤入渗速率的 1.85 倍、1.08 倍、1.05 倍和 1.64 倍，说明刺槐枯落物覆盖的作用最强，其次为柳枝稷、油松和柠条。

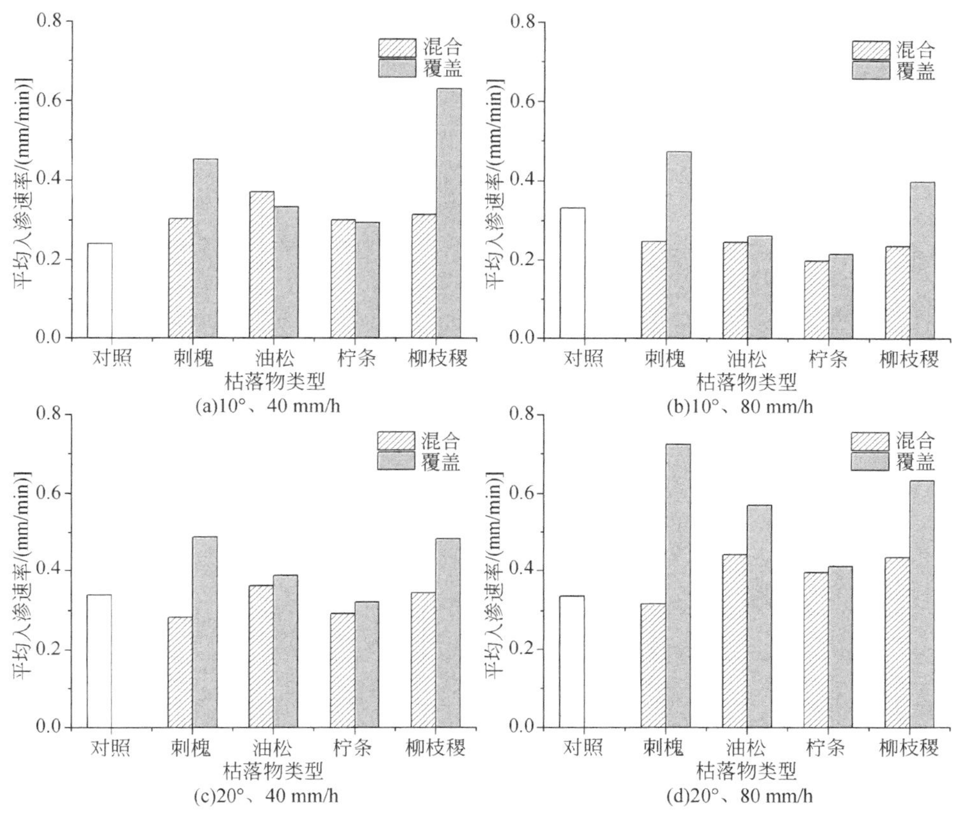

图 4-47　枯落物覆盖和与表土混合对平均入渗速率的影响

不同处理下的坡面产流过程存在明显的差异(图 4-48)，产流后，随着降雨历时的延长，不同处理条件下的产流速率迅速增大，当降雨历时达到 45 min 后，不同处理下的产流速率均趋于稳定。但不同处理间产流过程存在显著差异，受土壤入渗速率差异的影响，裸地对照的产流速率最大，达到稳定的时间最快。枯落物与表土的混合，由于降雨过程中枯落物的逐渐出露，地表糙率增大，同时枯落物出露也会保护地表，抑制土壤物理结皮的形成和发育，导致坡面产流速率小于裸地对照。同等密度的枯落物覆盖地表，则对地表的保护作用更强，受枯落物本身的蓄水功能、糙率增大等多种因素的综合影响，枯落物覆盖于地表处理的产流速率最小。

就平均水平而言，不同处理间的平均产流速率的差异受坡度、降雨强度的综合影响，10° 和 40 mm/h、10° 和 80 mm/h、20° 和 40 mm/h、20° 和 80 mm/h 条件下，枯落物覆盖地表的平均产流速率，分别是与表土混合处理下的 0.87 倍、0.91 倍、0.85 倍和 0.90 倍。枯落物类型也影响不同处理间平均产流速率的差异，刺槐、油松、柠条和柳枝稷枯落物覆盖地表处理的平均产流速率，分别是枯落物与表土混合处理的 0.80 倍、1.02 倍、1.04 倍和 0.68 倍（图 4-49）。

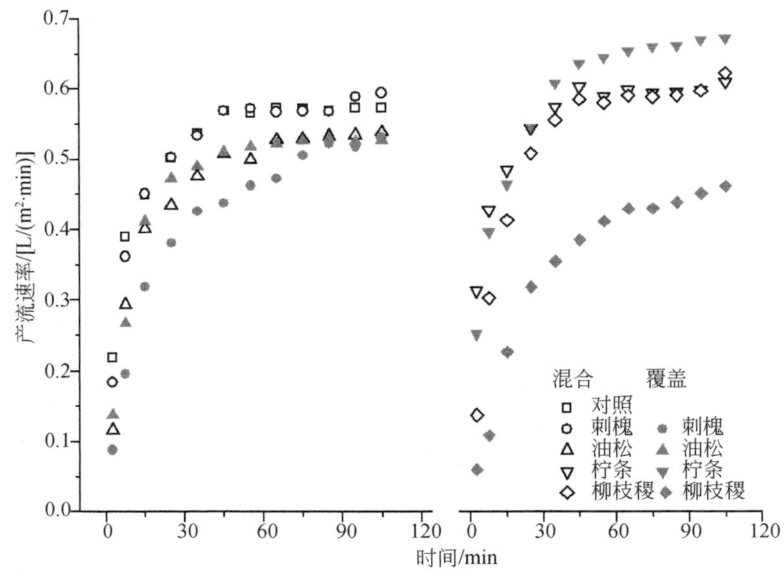

图 4-48　枯落物覆盖和与表土混合对产流速率的影响

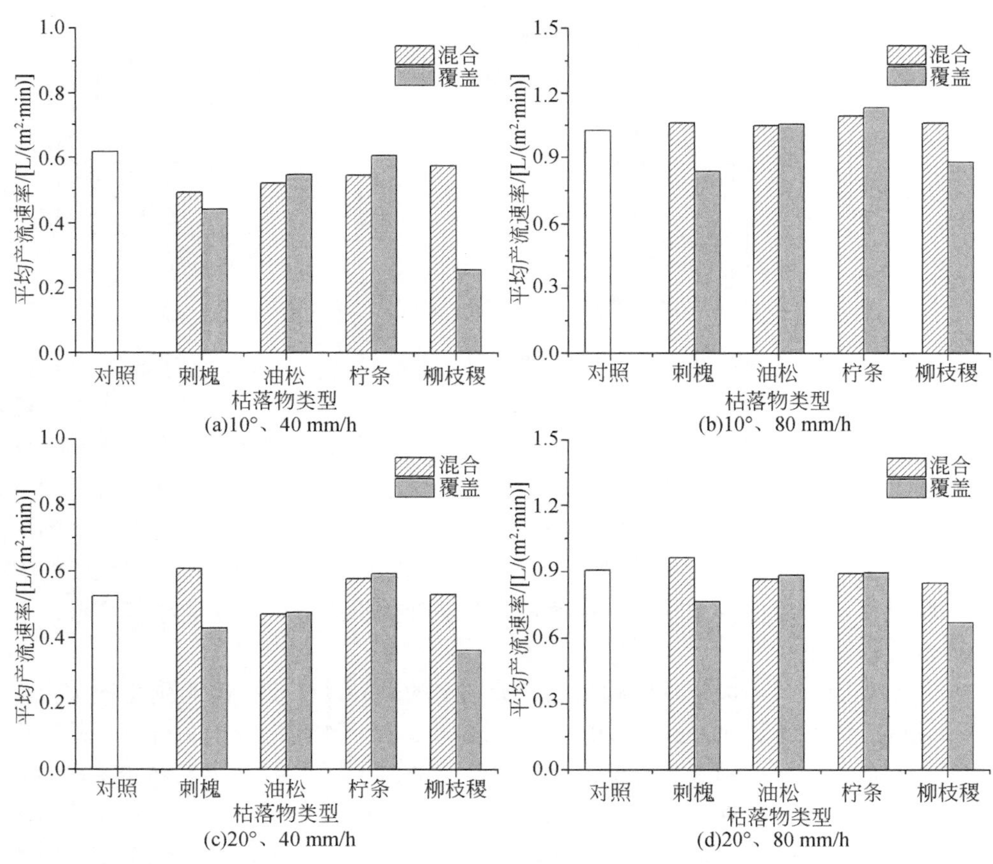

图 4-49　枯落物覆盖和与表土混合对平均产流速率的影响

4.7.3　枯落物覆盖及与表土混合对侵蚀影响的对比

不同处理间产沙过程差异明显（图 4-50），产流后随着降雨历时的延长，产流速率迅速增大，当降雨历时达到 15～45 min 时，各个处理的产沙速率均达到相对稳定阶段，同时部分处理条件下的产沙速率有所下降。就平均产沙速率而言，枯落物覆盖条件下的产沙速率明显小于枯落物与表土混合处理（图 4-51），在 10°和 40 mm/h、10°和 80 mm/h、20°和 40 mm/h、20°和 80 mm/h 条件下，枯落物于表土混合处理的产沙速率，分别是枯落物覆盖处理的 5.36 倍、6.35 倍、6.02 倍、3.73 倍。枯落物覆盖地表和与表土混合处理间产沙速率的差异受枯落物类型的显著影响，刺槐、油松、柠条和柳枝稷枯落物与表土混合处理的产沙速率，分别是枯落物覆盖条件下的 11.08 倍、1.00 倍、3.72 倍和 5.67 倍。

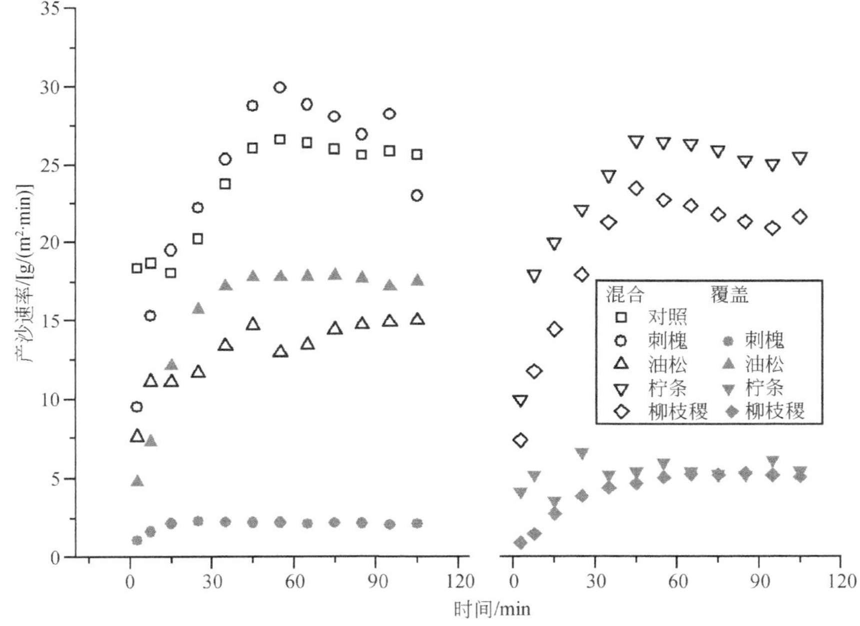

图 4-50　枯落物覆盖和与表土混合对产沙速率的影响

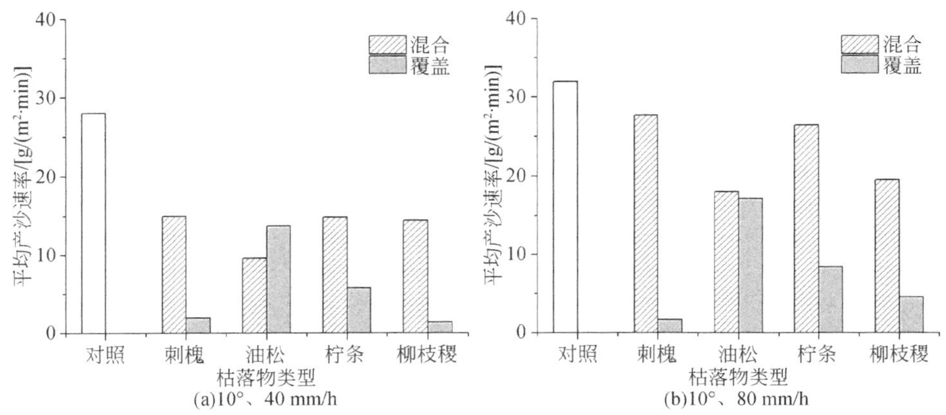

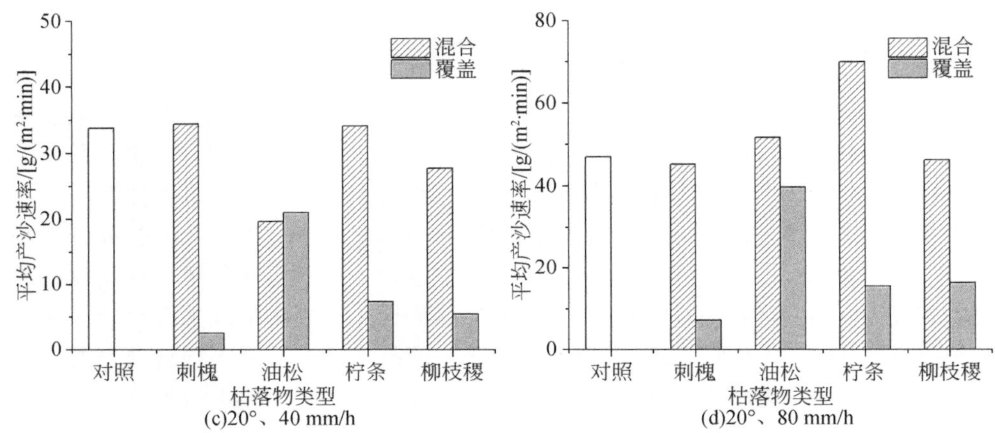

图 4-51　枯落物覆盖和与表土混合对平均产沙速率的影响

枯落物覆盖或与表土混合对坡面侵蚀过程的影响，与地表枯落物盖度或枯落物出露盖度间呈显著的相关关系，随着枯落物地表盖度的增大，产沙速率呈显著的线性函数减小（图 4-52）。枯落物覆盖或出露地表，均会引起坡面径流流速的减小（图 4-53），在 10° 和 40 mm/h、10° 和 80 mm/h、20° 和 40 mm/h、20° 和 80 mm/h 处理条件下，枯落物混合与表土处理的坡面径流流速，分别是枯落物覆盖地表处理的 2.07 倍、1.98 倍、1.85 倍和 1.88 倍。枯落物覆盖或与表土混合处理条件下对坡面径流流速的影响与枯落物类型密切相关，就平均水平而言，刺槐、油松、柠条和柳枝稷混合与表土处理的坡面径流流速，分别是枯落物覆盖地表处理的 2.78 倍、1.46 倍、1.95 倍和 1.58 倍。

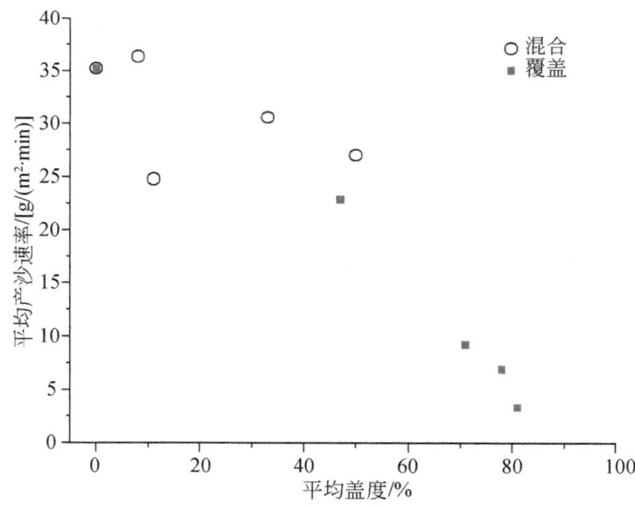

图 4-52　枯落物盖度对平均产沙速率的影响

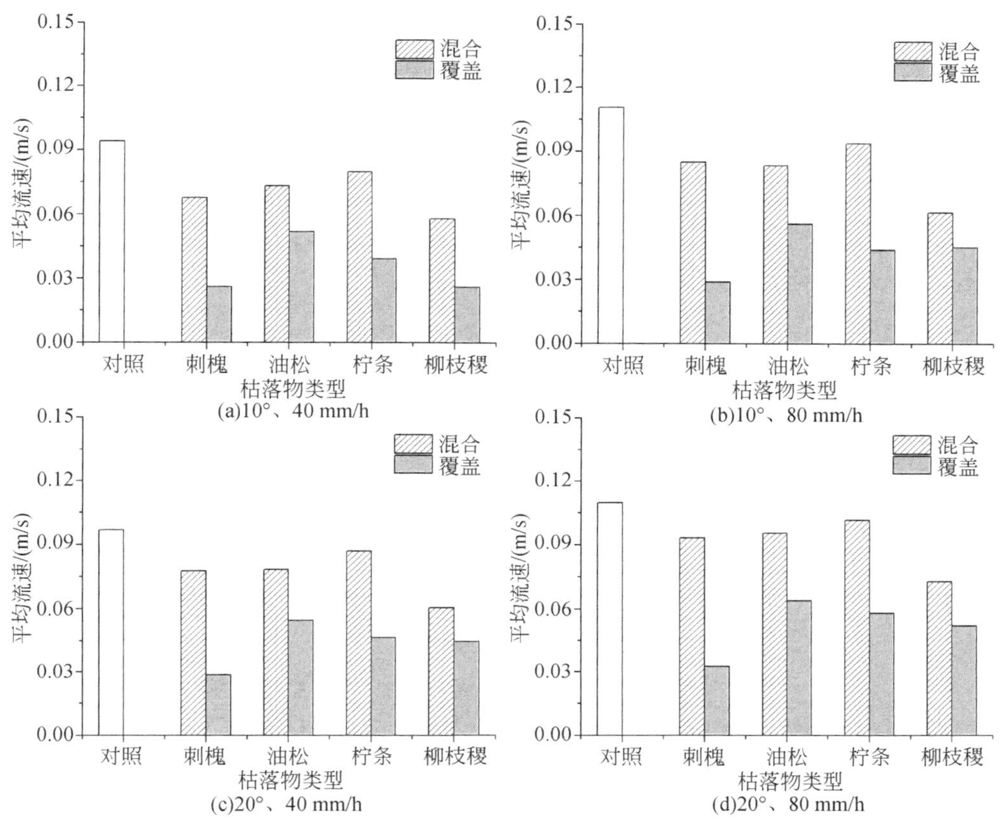

图 4-53　枯落物覆盖和与表土混合对坡面径流流速的影响

坡面径流流速的减小，自然会引起坡面径流侵蚀动力的降低，从而导致不同处理下土壤侵蚀速率的下降（图 4-54）。无论是枯落物覆盖于地表，还是枯落物与表土混合，土壤侵

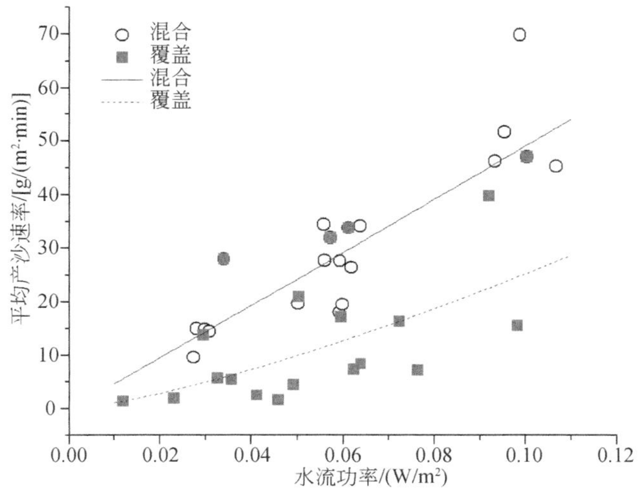

图 4-54　枯落物覆盖和与表土混合条件下水流功率与产沙速率的关系

蚀均随着水流功率的增大而增大，说明在本处理条件下，坡面径流的动能与侵蚀速率间存在着密切的关系，试验过程以细沟间侵蚀为主导，坡面径流水流功率与侵蚀速率间显著的关系再次说明，在本实验处理条件下土壤侵蚀仍处于 Transport-limited 状态，侵蚀量的大小由坡面径流泥沙输移过程控制。

在同样密度条件下，枯落物覆盖于地表抑制坡面径流及侵蚀的作用，显著大于枯落物混合与表土，要维持枯落物强大的生态水文及水土保持功能，需要尽量保持枯落物在地表的覆盖、减少人类活动对地表枯落物的扰动。

参 考 文 献

曹颖，张光辉，唐科明，等. 2011.地表覆盖对坡面流流速影响的模拟试验. 山地学报，29（6）：654-659

丁绍兰，杨乔媚，赵串串，等. 2009.黄土丘陵区不同林分类型枯落物层及其林下土壤持水能力研究. 水土保持学报，23（05）：104-108

高俊琴，欧阳华，吕宪国，等. 2004.三江平原小叶章湿地枯落物分解及其影响因子研究. 水土保持学报，18（4）：121-124

郭雨华，赵廷宁，孙保平，等. 2006.草地坡面水动力学特性及其阻延地表径流机制研究. 水土保持研究，13（4）：255-267

韩冰，吴钦孝，刘向东，等. 1994.林地枯枝落叶层对溅蚀影响的研究. 防护林科技，（02）：7-10

胡世雄，靳长兴. 1999.坡面土壤侵蚀临界坡度问题的理论与实验研究. 地理学报，54（4）：347-356

寇萌. 2013.黄土丘陵沟壑区植物改善土壤侵蚀环境的群落生态学特性. 咸阳：西北农林科技大学学位论文

李学斌，陈林，张硕新，等. 2012.围封条件下荒漠草原 4 种典型植物群落枯落物枯落量及其蓄积动态. 生态学报，（20）：6575-6583

刘强，彭少麟. 2010. 植物凋落物生态学. 北京：科学出版社

刘向东，吴钦孝，汪有科，等. 1994.油松林枯枝落叶层截留与蒸发的研究. 水土保持研究，1（3）：19-23

刘宇，张洪江，张友焱，等. 2013.晋西黄土丘陵区不同人工林枯落物持水特性研究. 水土保持通报，33（6）：69-74

刘中奇，朱清科，邝高明，等. 2010.半干旱黄土丘陵沟壑区封禁流域植被枯落物分布规律研究. 草业科学，27（4）：20-24

栾莉莉. 2016.黄土丘陵区典型植被枯落物蓄积量时空变化特征. 北京：北京师范大学学位论文

栾莉莉，张光辉，孙龙，等. 2015a.黄土丘陵区典型植被枯落物蓄积量空间变化特征. 中国水土保持科学，13（6）：48-53

栾莉莉，张光辉，孙龙，等. 2015b.黄土丘陵区典型植被枯落物持水性能空间变化特性. 水土保持学报，29（3）：225-230

马祥庆. 1997.杉木幼林生态系统凋落物及其分解作用研究. 植物生态学报，21（6）：564-570

庞学勇，包维楷，张咏梅. 2005.岷江上游中山区低效林改造对枯落物水文作用的影响. 水土保持学报，19（4）：119-122

任宗萍，张光辉，王兵，等. 2012.双环直径对土壤入渗速率的影响. 水土保持学报，26（4）：94-97，103

师阳阳，张光辉，陈云明，等. 2012.黄土丘陵区不同退耕模式林下草本变化特征.中国水土保持科学，10（5）：64-70

孙龙. 2016.枯落物对土壤分离过程的影响及其季节变化特征.北京：中国科学院教育部水土保持与生态环境研究中心学位论文

孙艳红，张洪江，杜士才，等. 2009.四面山不同林地类型土壤特性及其水源涵养功能. 水土保持学报，（5）：109-112

熊红福，王世杰，容丽，等. 2013.普定喀斯特地区不同演替阶段植物群落凋落物动态. 生态学杂志，（4）：802-806

徐学华，张慧，王海东，等. 2013.太行山前南峪旅游区 3 种典型林分枯落物持水特性的研究. 水土保持学报，27（6）：108-112

王丹丹，张建军，茹豪，等. 2013.晋西黄土高原不同地类土壤抗冲性研究. 水土保持学报，27（3）：28-32

王凤友. 1989.森林凋落量研究综述. 生态学进展，6（2）：82-89

王洪岩，王文杰，邱岭，等. 2012.兴安落叶松林生物量，地表枯落物量及土壤有机碳储量随林分生长的变化差异. 生态学报，32（3）：833-843

王伦江. 2019. 枯落物与表土混合对坡面产流及侵蚀过程的影响. 北京：北京师范大学博士学位论文

王云琦，王玉杰，张洪江，等. 2004.重庆缙云山几种典型植被枯落物水文特性研究. 水土保持学报，18（3）：41-44

吴钦孝，赵鸿雁. 2001.植被保持水土的基本规律和总结. 水土保持学报，15（4）：13-15

武海涛，吕宪国，杨青. 2006.湿地草本植物枯落物分解的影响因素. 生态学杂志，（11）：1405-1411

张光辉. 2001.坡面水蚀过程水动力学研究进展. 水科学进展，12（3）：395-402

张光辉. 2017.退耕驱动的近地表特性变化对土壤侵蚀的潜在影响. 中国水土保持科学，15（4）：143-154

张光辉，梁一民. 1995.黄土丘陵区人工草地盖度季动态及其水保效益. 水土保持通报，15（2）：38-43

张光辉，刘宝元，李平康. 2007.槽式人工模拟降雨机的工作原理与特性. 水土保持通报，27（6）：12-17

张家武，李锦芳. 1993.马尾松火力楠混交林凋落物动态及其对土壤养分的影响. 应用生态学报，4（4）：359-363

朱金兆，刘建军，朱清科，等. 2002.森林凋落物层水文生态功能研究. 北京林业大学学报，（6）：30-34

Bray J R，Gorham E. 1964.Litter production in forests of the world. Advances in Ecological Research，2：101-157

Dunkerley D. 2003.Organic litter：Dominance over stones as a source of interrill flow roughness on low-gradient desert slopes at Fowlers Gap，arid western NSW，Australia. Earth Surface Processes and Landforms，28（1）：15-29

Dunkerley D，Domelow P，Tooth D. 2001.Frictional retardation of laminar flow by plant litter and surface stones on dryland surfaces：a laboratory study. Water Resources Research，37（5）：1417-1423

Geddes N，Dunkerley D. 1999.The influence of organic litter on the erosive effects of raindrops and of gravity drops released from desert shrubs. Catena，36（4）：303-313

Knapen A，Poesen J，Baets S De. 2007.Seasonal variations in soil erosion resistance during concentrated flow for a loess-derived soil under two contrasting tillage practices. Soil & Tillage Research，94（2）：425-440

Li Z W，Zhang G H，Geng R，et al. 2015.Spatial heterogeneity of soil detachment capacity by overland flow at a hillslope with ephemeral gullies on the Loess Plateau. Geomorphology，248：264-272

Matsushima M，Chang S X. 2007.Effects of understory removal，N fertilization，and litter layer removal on soil N cycling in a 13-year-old white spruce plantation infested with Canada bluejoint grass. Plant and Soil，

292（1-2）：243-258

Meyer L D. 1981.How rain intensity affects interrill erosion. Transactions of the American Society of Agricultural Engineers，24：1472

Nearing M，Foster G，Lane L，et al. 1989.A process-based soil erosion model for USDA-water erosion prediction project technology. Transactions of the American Society of Agricultural Engineers，32（5）：1587-1593

Renard K G，Foster G R，Weesies G A，et al. 1997. Predicting soil erosion by water：A guide to conservation planning with the Revised Universal Soil Loss Equation （RUSLE）. Washington D C，United States Department of Agriculture，24-26

Sato Y，Kumagai T，Kume A，et al. 2004.Experimental analysis of moisture dynamics of litter layers—the effects of rainfall conditions and leaf shapes. Hydrological Processes，18（16）：3007-3018

Sun L，Zhang G H，Liu F，et al. 2016a. Effects of incorporated plant litter on soil resistance to flowing water erosion in the Loess Plateau of China. Biosystems Engineering，147：238-247

Sun L，Zhang G H，Luan L L，et al. 2016b. Temporal variation in soil resistance to flowing water erosion for soil incorporated with plant litters in the Loess Plateau of China. Catena，145：239-245

Yu Y C，Zhang G H，Geng R，et al. 2014.Temporal variation in soil rill erodibility to concentrated flow detachment under four typical croplands in the Loess Plateau of China. Journal of Soil and Water Conservation，69（4）：352-363

Zhang G H，Liu G B，Tang K M，et al. 2008.Flow detachment of soils under different land uses in the Loess Plateau of China. Transactions of the American Society of Agricultural and Biological Engineers，51（3）：883-890

Zhang G H，Tang K M，Zhang X C. 2009.Temporal variation in soil detachment under different land uses in the Loess Plateau of China. Earth Surface Processes and Landforms，34：1302-1309

第 5 章　根系系统对土壤分离过程的影响与机制

根系系统是植物群落重要的组成部分，具有强大的生态、水文和水保功能，受气候类型、地形条件、土壤性质、植被类型、土地利用等多种因素的综合影响，根系系统具有典型的时空变异特征，势必会改变根系系统影响土壤分离过程的强度，因此，在不同条件下系统研究根系系统的时间变异特征，进一步分析其对土壤分离过程的影响与机制，对于量化植被的水土保持功能、评价植被的生态服务价值、优化植被措施的配置模式等诸多方面，具有重要的意义。

5.1　黄土丘陵区植被根系特征对退耕年限与模式的响应

植被是影响水土流失的重要因素之一，因而退耕是治理区域强烈水土流失最为有效的水土保持措施。为了控制黄土高原强烈的水土流失，国家于 1999 年实施了退耕还林还草工程，黄土高原的植被覆盖发生了重大改变，作为生态系统重要组成的根系系统，自然也会发生显著变化。退耕可以选择不同的模式，可以根据局地的立地条件，因地制宜地选择乔木、灌木或草本，或乔灌草复合系统。同时随着退耕年限的延长，植被生长会逐渐改变局地的水热条件，枯落物的逐渐积累与分解，也会逐渐改善土壤结构、提升土壤肥力，促进根系系统的生长发育，从而使得根系特征发生相应的变化，因而需要在不同退耕年限及模式条件下，深入研究植被根系特征，为明确植被根系的水土保持功能奠定基础。

5.1.1　试验材料与方法

试验在陕西省安塞区纸坊沟小流域进行，试验样地与枯落物调查样地相同。选取具有相似坡度、坡位、坡向的 5 块撂荒地，恢复年限分别为 3 年、10 年、18 年、28 年和 37 年，选取立地条件接近的坡耕地作为对照样地。选取坡度、坡位、坡向等立地条件相近，退耕年限都为 37 年的 5 块退耕地，土地利用类型分别为撂荒草地、柠条灌木林地、刺槐林地、油松纯林、油松+紫穗槐混交林地，同样以坡耕地为对照样地，各样地的基本情况见表 5-1。在每个调查样地，选择 6 个 1 m×1 m 的样方，进行土壤理化性质及植被地上生长状况的调查，根系调查采用根钻法，测定深度为 60 cm，分 4 层（0～10 cm、10～20 cm、20～40 cm、40～60 cm），每个样点重复测定 4 次。将根钻采集的土壤根系混合样品，采用水洗法测定根系。根系用生物量、根冠比、根长密度等参数定量表达（师阳阳等，2012）。不同样地的优势群落存在一定的差异，具体情况见表 5-2。

表 5-1　退耕年限及模式对根系影响调查样点基本信息表

退耕模式	退耕年限/年	坡度/%	坡向	海拔/m
坡耕地	0	8.7	阴坡	1194
撂荒地	3	14.0	阴坡	1184
撂荒地	10	12.2	阴坡	1089
撂荒地	18	14.0	阴坡	1342
撂荒地	28	17.5	阴坡	1167
撂荒地/CK	37	10.5	阴坡	1213
柠条林/CKK	37	20.8	阴坡	1136
刺槐林/RP	37	14.8	阴坡	1210
油松林/PT	37	15.6	阴坡	1203
油松+紫穗槐林/PA	37	19.1	阴坡	1164

表 5-2　不同退耕年限及模式调查样地优势种

退耕模式	退耕年限/年	优势种
坡耕地	0	紫花苜蓿+牵牛花+苦苣菜
撂荒地	3	早熟禾+茵陈蒿+二裂委菱菜
撂荒地	10	茭蒿+铁杆蒿+异叶败酱
撂荒地	18	铁杆蒿+长芒草+达乌里胡枝子
撂荒地	28	铁杆蒿+异叶败酱
撂荒地/CK	37	长芒草+铁杆蒿+达乌里胡枝子
柠条林/CKK	37	铁杆蒿+茭蒿
刺槐林/RP	37	铁杆蒿+甘青针茅
油松林/PT	37	铁杆蒿+甘青针茅
油松+紫穗槐林/PA	37	铁杆蒿+异叶败酱+披针苔草

5.1.2　退耕年限

虽然退耕年限无法显著改变土壤质地，不同退耕年限样地的土壤质地均属于粉壤土，但随着退耕年限的延长，土壤黏粒含量趋于减小，而砂粒含量趋于增大（表 5-3）。从理论上讲，随着退耕年限的延长，植被生长越茂密，对地表的保护作用越强，则土壤发生侵蚀的概率越低，土壤趋于沙化的机会越小。而测定结果显示了相反的变化趋势，说明在黄土丘陵区植被恢复对土壤质地的影响很小，这一结果也与黄土质地空间异质性很小密切相关。

表 5-3　不同退耕年限下不同深度土壤质地组成

退耕年限/年	土层深度/cm	黏粒/%	粉粒/%	砂粒/%
0	0～20	17.9	67.5	14.6
	20～40	17.9	67.7	14.4
	40～60	17.9	67.6	14.5

续表

退耕年限/年	土层深度/cm	黏粒/%	粉粒/%	砂粒/%
3	0～20	16.0	57.9	26.2
	20～40	14.0	59.8	26.2
	40～60	14.0	59.8	26.3
10	0～20	15.9	61.7	22.3
	20～40	16.0	61.8	22.2
	40～60	17.9	59.7	22.4
18	0～20	11.9	59.7	28.4
	20～40	12.0	59.8	28.3
	40～60	12.0	59.8	28.2
28	0～20	10.0	63.8	26.2
	20～40	10.0	63.8	26.2
	40～60	10.0	61.7	28.4
37	0～20	12.0	59.7	28.3
	20～40	11.9	59.5	28.6
	40～60	11.9	61.4	26.8

随着退耕年限的增大，其他土壤物理性质也随着发生变化。无论是退耕年限如何，随着土壤深度的增大，土壤容重都呈明显的增大趋势；与农地相比，不同退耕年限退耕地的土壤容重，随着退耕年限的延长，虽具有一定的减小趋势，但并不显著（表 5-4）。说明退耕后随着人类扰动频次及强度的减小、土壤有机质积累的增大、土壤结构的改善，土壤容重具有一定的减小趋势。但农地的土壤容重具有典型的季节变化特征，强烈的农事活动、降雨及重力引起的土壤固化过程及土壤物理结皮的形成与发育，都可能引起表层土壤容重的显著变化（张光辉和刘国彬，2001；耿韧等，2014）。

土壤孔隙是表征土壤结构的重要指标，孔隙的大小、多少和联通状况，直接影响土壤入渗性能的大小，从而决定着坡面径流的强度和侵蚀动力的高低。从整体趋势来看，土壤毛管孔隙变化幅度较大，从土壤表层向下，毛管孔隙大体上呈逐渐减小的趋势，而随着退耕年限的延长，土壤毛管孔隙大体上具有增大的趋势，但增大的幅度并不大（表 5-4）。与土壤容重类似，土壤孔隙从另外一个角度反映土壤的紧实程度，具有强烈的时空变化特征，特别是受农事活动强烈干扰的农耕地耕作层更是如此。

土壤黏结力表征了土壤结构的稳定性，土壤颗粒可以通过物理、化学及生物的胶结作用黏结在一起，从而具有相对稳定的土壤结构。无论哪种侵蚀形式，要将土壤变成泥沙，必须消耗一定的能量，这是土壤具有黏结力的直接证据，也是泥沙有别于土壤的根本区别。从土壤表层到下层，土壤黏结力呈明显的增大趋势，也就是说表层土壤的结构相对比较松散，而土壤下层的结构相对比较稳定。随着退耕年限的延长，土壤有机质积累越来越多，必然会促进土壤团聚体的快速发育，其结果是土壤黏结力随着退耕年限的增大，呈逐渐增大的趋势（表 5-4）。在坡面尺度，土壤黏结力主要受海拔、黏粒含量、砂粒含量及土壤容重的影响，土壤黏结力与海拔、黏粒含量、砂粒含量及土壤容重间存在着显著的空间自相关性和交互相关关系（李振炜等，2015）。

表 5-4　不同退耕年限下不同深度主要土壤物理性质

退耕年限/年	土层深度/cm	土壤容重/（kg/m^3）	毛管孔隙/%	土壤黏结力/kPa
0	0～20	1250	45.4	8.9
	20～40	1297	43.4	10.5
	40～60	1333	42.2	11.7
3	0～20	1186	48.0	7.1
	20～40	1378	44.3	8.4
	40～60	1426	44.5	9.4
10	0～20	1270	26.3	6.7
	20～40	1253	46.6	9.4
	40～60	1377	28.0	9.7
18	0～20	1238	47.8	9.8
	20～40	1280	47.1	9.3
	40～60	1286	47.2	9.2
28	0～20	1190	27.7	5.8
	20～40	1243	37.9	7.6
	40～60	1290	37.7	10.3
37	0～20	1187	47.7	9.4
	20～40	1343	29.3	11.5
	40～60	1270	44.5	12.5

随着退耕年限的延长，土壤理化性质发生一定的变化，局地的水热等立地条件随之发生变化，自然会导致植物群落生长特性发生相应的变化（师阳阳，2013）。整体来看，随着退耕年限的延长，Margalef 丰富度指数、Simpson 多样性指数、Shannon-wiener 多样性指数、Pielou 均匀度指数呈现增大—减小—增大的变化趋势。退耕 0～10 年，受前期长期高强度耕作及施肥管理的影响，刚退耕的坡耕地表层土壤养分含量较高，牵牛花、苦苣菜、狗尾草等一年生草本植被生长茂盛，物种较多。随着群落生境的逐步改善，使得一些适应性强的茵陈蒿等多年生草本植被开始生长，而一年生草本植被的竞争力逐渐减弱，慢慢向多年生草本演替，在这个过程中物种丰富度和均匀度有所增大。随着植被的进一步恢复，当退耕年限在 10～30 年间时，不断有铁杆蒿、达乌里胡枝子、长芒草等物种侵入，物种间竞争加剧，多年生草本逐渐代替一年生草本，多年生草本生长占优势，导致植物群落物种丰富度及均匀度有所下降。当退耕年限达到 30～40 年时，植物群落逐渐达到相对稳定，物种丰富度及均匀度又逐渐上升，而均匀度指数仍有所下降。

植被盖度是反映植被生长茂密程度的重要指标，常用于表征植物群落生长的好坏，与植被的水土保持功能密切相关，一般而言，随着植被盖度的增大，土壤侵蚀呈指数函数下降（张光辉和梁一民，1995，1996）。随着退耕年限的延长，植被盖度呈波动性上升趋势，由退耕 3 年的 40%上升到退耕 37 年的 63%，增幅在 20%左右。植被的不断恢复，自然会引起地上生物量的响应。随着退耕年限的增大，样地地上生物量呈显著的增大趋势，由坡耕地的 132.13 g/m^2 逐渐增大到退耕 3 年、10 年、18 年、28 年和 37 年的 165.44 g/m^2、147.47 g/m^2、286.43 g/m^2、335.94 g/m^2 和 344.90 g/m^2，增幅分别为 25%、12%、117%、154%和 161%。植被地上生长状况随退耕年限的变化，自然会在植被根系系统得以充分的反映。

植被根系特征可以从根系生物量、根系密度（根重密度或根长密度）及根冠比等不同角度进行定量分析。对于不同退耕年限的撂荒地而言，根系生物量随着土层深度的增大而迅速减小（图 5-1），大部分根系集中分布在近地表的 10 cm 土壤层中，占 60 cm 深土壤层根系系统总生物量的 50%～70%。当土壤深度大于 10 cm 后，根系生物量迅速减小，当土层深度达到 40 cm 时，其上层根系生物量占到 60 cm 土壤层根系总量的 90%以上；当土层深度超过 40 cm 时，根系分布稀疏。除退耕 28 年的样地外，其余各个退耕年限的样地各土层根系生物量差异显著或极显著。说明对于黄土高原退耕恢复的草本植物而言，其根系分布较浅，而且具有明显的表聚现象，这一现象与黄土高原降水比较稀少、气候干旱、地下水埋藏比较深密切相关。除退耕 28 年的样地外，随着退耕年限的增大植被根系生物量呈现显著的增大趋势，依次为 0 年＜3 年＜10 年＜18 年＜37 年＜28 年。

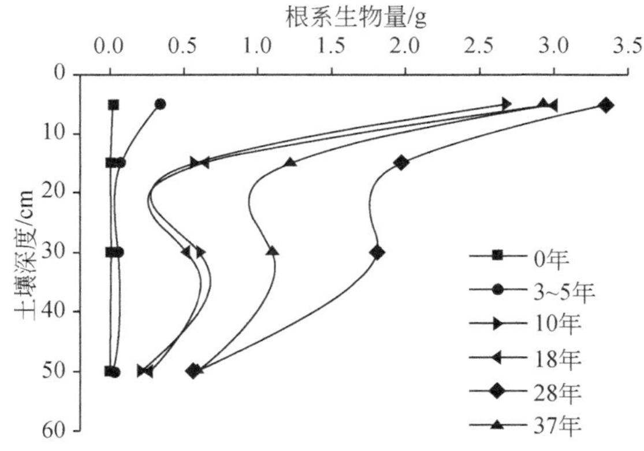

图 5-1　不同退耕年限样地的根系生物量垂直分布

根系密度可以用根长密度表示，也可以用根重密度来表征。前者是指单位土体内根系的长度（km/m^3），而后者是指单位土体内根系的干重（kg/m^3）。无论是根长密度还是根重密度，都表示土体中根系的密集程度，当然从实用的角度来看，测定根长密度非常困难，尤其对于根系较细的草本植被而言更是如此，而根重密度的测定比较简单，因此更为常用。

随着退耕年限的延长，根长密度的变化趋势比较复杂（图 5-2），与物种多样性随退耕年限的变化趋势比较接近，呈增大—减小—增大的变化趋势。不同退耕年限的样地，根长密度的垂直分布特征，与根系生物量的垂直分布特性比较类似，随着土层深度的增大，根长密度显著减小。同时各土层根长密度随退耕年限的变化，存在一定的差异，对于表层（0～10 cm）土壤而言，根长密度与退耕年限间的关系相对比较松散，而对于深层（40～60 cm）

的土壤而言，根长密度随着退耕年限的延长呈持续性增大。统计检验发现，不同退耕年限间同一土层深度处的根长密度差异显著，说明在黄土高原地区，经过 37 年的退耕，其根系系统仍然没有达到稳定状态，这一结果与退耕植被地上部分的生长存在明显的差异。与植被地上部分相比，根系系统的恢复更为缓慢。

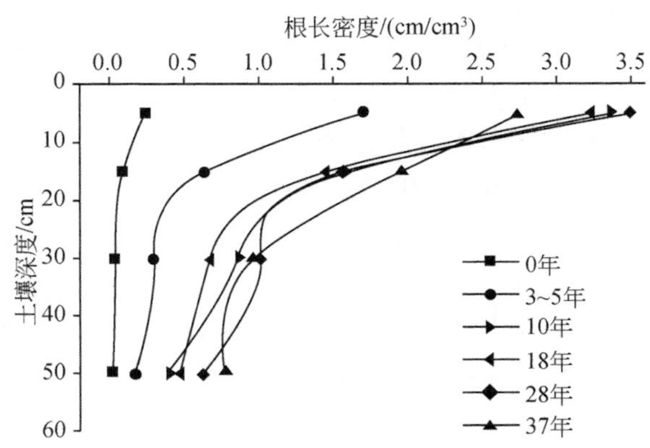

图 5-2　不同退耕年限样地根长密度垂直分布

一般而言，植物根系的垂直分布，可以用下式进行模拟：

$$Y = 1 - \beta^{d} \tag{5-1}$$

式中，Y 为一定土层深度内根系累计比例（%）；d 为土层深度（cm）；β为消退系数。β值反映根系在土层中的分布比例，β值越大，根系越集中分布于深层土壤，β值越小，根系在表层土壤分布越多。表 5-5 给出了根系生物量和根长密度随深度的拟合结果（虽然土壤深度上仅有 4 个监测数据，并不符合数学拟合的基本要求，本书仅为了展示其变化趋势，并不用于模拟）。

表 5-5　不同退耕年限条件下根系特征随深度的消退系数

退耕年限/年	根系生物量/g			根长密度/（cm/cm³）		
	Y（d=20 cm）/%	1−Y	β	Y（d=20 cm）/%	1−Y	β
0	73.9	0.261	0.935	85.4	0.146	0.908
3	82.7	0.173	0.916	83.6	0.165	0.914
10	80.0	0.200	0.923	80.0	0.200	0.923
18	82.0	0.180	0.918	80.4	0.196	0.922
28	29.2	0.308	0.943	75.6	0.244	0.932
37	71.1	0.289	0.940	73.0	0.270	0.937

受农事活动强烈扰动的影响，农地根系生物量随深度的消退系数明显大于退耕初期的撂荒地，当然这一结果与农作物类型有关，不同类型的农作物其根系分布差异显著。除农地外，对于其他不同退耕年限的撂荒地而言，消退系数随着退耕年限的延长呈明显的增大趋势。与根系生物量相比，根长密度随深度的消退系数与退耕年限紧密相关，随着退耕年限的延长，消退系数呈显著的线性函数增大：

$$\beta = 0.0007a + 0.9111 \quad R^2 = 0.94 \tag{5-2}$$

式中，a 为退耕年限（年）。再次说明退耕年限在 37 年之内时，植物根系呈持续性的增大趋势，说明退耕年限越长，土壤深层的根系比例越大，尚未达到相对稳定的阶段。

5.1.3　退耕模式

表 5-6 给出了不同退耕模式下不同深度处的土壤质地组成，从表中可以明显看出，退耕模式并不会显著影响土壤质地组成，在不同退耕模式及不同土层深度处，土壤黏粒含量最少、砂粒含量次之、粉粒含量最大，土壤质地全为粉壤土。不同退耕模式和不同深度处土壤黏粒含量变化范围很小，为 11.9%～14.0%，粉粒含量变化范围较大，为 59.5%～67.8%，对于撂荒地、柠条、油松和紫穗槐而言，粉粒含量随着土层深度的增大而增大，而对于另外两种退耕模式粉粒含量随深度的变化不大，呈轻微的下降趋势。就平均水平而言，油松+紫穗槐的粉粒含量最大，其次为油松。砂粒含量为 20.2%～28.6%，随着土壤深度的增大，砂粒含量呈下降趋势或者相对稳定状态，说明在黄土高原地区，即便是在退耕 37 年以后，表层土壤仍然存在着一定的粗化现象，可能主要由退耕前强烈土壤侵蚀及其分选性引起。

表 5-6　不同退耕模式下不同深度处土壤质地组成

退耕模式	土层深度/cm	土壤粒径比例/%		
		黏粒	粉粒	砂粒
撂荒地	0～20	12.0	59.7	28.3
	20～40	11.9	59.5	28.6
	40～60	11.9	61.4	26.8
柠条	0～20	12.0	63.7	24.3
	20～40	11.9	65.6	22.4
	40～60	12.0	65.8	22.2
刺槐	0～20	12.0	59.9	28.2
	20～40	12.0	59.8	28.2
	40～60	11.9	59.6	28.5
油松	0～20	12.0	61.8	26.2
	20～40	12.0	61.9	26.1
	40～60	14.0	59.9	26.1
油松+紫穗槐	0～20	12.0	65.8	22.3
	20～40	11.9	67.5	20.6
	40～60	12.0	67.8	20.2

表 5-7 给出了不同退耕模式下主要土壤物理性质的变化情况，从表中可以明显的看出，无论是哪种退耕模式，土壤容重都随着土层深度的增大而增大，除刺槐外，其他几个模式条件下土壤容重随深度增大的幅度比较接近，而刺槐样地 40～60 cm 土层的土壤容重出现了明显的增大。土壤毛管孔隙随退耕模式的变化趋势比较复杂，除了油松+紫穗槐模式外，

其他 4 种退耕模式下毛管孔隙均随着土层深度的增大而减小，但不同模式间减小的幅度存在一定的差异，而油松+紫穗槐样地的毛管孔隙随着土壤深度的增大呈现明显的增大趋势，这一结果与土壤物理性质研究的深度相对比较浅有关，同时与植物群落根系分布特征有关。除刺槐外，其他 4 种退耕模式的样地，其土壤黏结力均随着土壤深度的增大而增大，但不同模式间增大的幅度存在一定的差异，总体来看撂荒地的变化幅度较大，而油松样地的变化幅度较小。对于刺槐样地，不同土层深度处的土壤黏结力基本保持稳定。

表 5-7　不同退耕模式下不同深度主要土壤物理性质

退耕模式	土层深度/cm	土壤容重/（kg/m^3）	毛管孔隙/%	土壤黏结力/kPa
撂荒地	0～20	1187	47.7	9.4
	20～40	1253	46.6	11.5
	40～60	1270	44.5	12.5
柠条	0～20	1227	47.6	11.0
	20～40	1260	47.1	12.5
	40～60	1273	47.2	13.5
刺槐	0～20	1213	46.7	10.7
	20～40	1223	46.5	10.7
	40～60	1316	46.5	10.6
油松	0～20	1230	48.9	9.6
	20～40	1243	47.4	11.0
	40～60	1273	47.8	11.5
油松+紫穗槐	0～20	1233	47.6	11.3
	20～40	1267	48.0	12.3
	40～60	1283	49.0	13.8

经过多年演替，不同退耕模式的林下草本植物以铁杆蒿为主，但物种组成及多样性存在一定的差异。撂荒地草本植被的 Margalef 丰富度指数为 3.20，介于 4 种林地之间，从大到小依次为：油松+紫穗槐混交林、油松、撂荒地、刺槐和柠条。柠条林、刺槐林在该区生长旺盛、茎秆密度和郁闭度都比较大，受土壤水分及养分竞争的影响，林下草本物种相对较少，其 Margalef 丰富度指数分别为 2.80 和 3.13。撂荒地的物种均匀度远大于其他 4 种退耕模式，是其他 4 种退耕模式的 1.90～2.50 倍，从大到小依次为：撂荒地、油松+紫穗槐混交林、油松、刺槐和柠条。不同退耕模式的物种多样性也存在着一定差异，其大小顺序与丰富度指数一致（师阳阳，2013）。

不同退耕模式样地的植被盖度差异明显，盖度从大到小依次为：撂荒地、柠条、刺槐、油松+紫穗槐混交林和油松，撂荒地的盖度约为 63%，而其他几个退耕模式林下草本植被盖度为 46%～63%，虽然退耕模式对植被盖度有一定影响，但其影响并没有达到显著水平。受植被盖度等植被生长特性的影响，不同退耕模式样地的生物量也存在差异，且达到了显著水平。撂荒地生物量最大，达到 318 g/m^2，是其他几个退耕模式的 1.3～3.4 倍。

不同退耕模式下草本植物根系生物量的垂直分布特征比较类似（图 5-3），根系生物量均随着土层深度的增大而迅速减少，表层 0～20 cm 土层中根系生物量占总生物量的 65%～87%，说明在黄土高原地区，经过 37 年的退耕以后，不同退耕模式下的草本植物根系大部分集中分布在表层土壤，具有明显的表聚现象。统计检验结果表明，不同退耕模式样地 0～20 cm 土层中根系生物量差异显著。

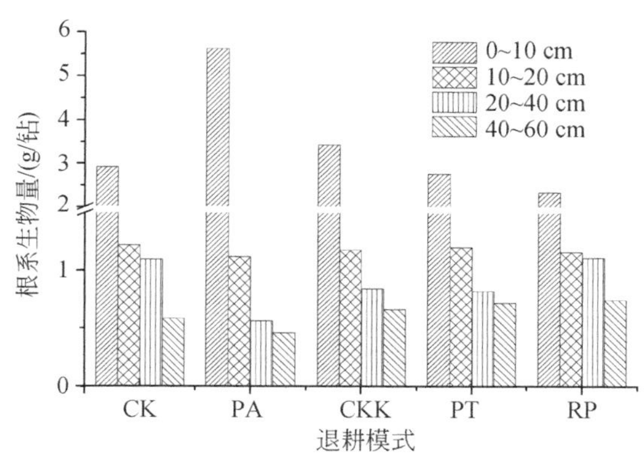

图 5-3　不同退耕模式下根系生物量垂直分布

CK 为撂荒地；PA 为油松+紫穗槐混交林；CKK 为柠条林；PT 为油松林；RP 为刺槐林

不同退耕模式条件下，林下草本植物根长密度的垂直变化与根系生物量的变化趋势基本一致，均随着土层深度的增加而减少（图 5-4）。统计检验结果表明，不同土层的根长密度差异显著。对不同退耕模式林下草本植物不同土层根长密度比较结果发现，根长密度的差异主要出现在表层的 0～20 cm，从大到小依次为：油松+紫穗槐混交、柠条、刺槐、油松和撂荒地，而深层，如 20～60 cm 土层的根长密度差异并不显著。

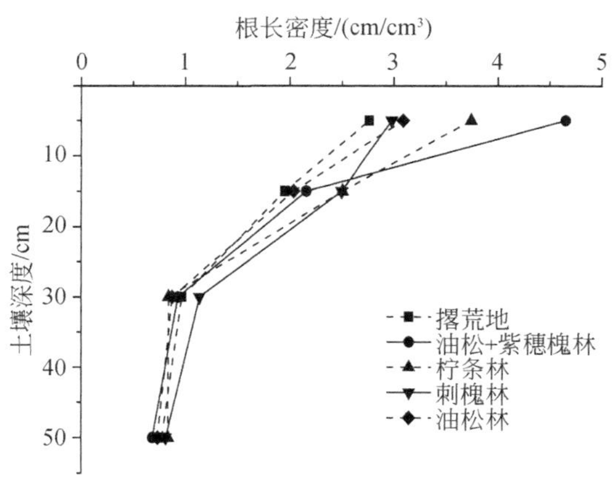

图 5-4　不同退耕模式下根长密度垂直分布

在黄土高原丘陵沟壑区，无论是退耕年限还是退耕模式，都显著影响植被根系生长特征，特别是表层土壤更是如此。土壤表层是土壤侵蚀发生非常活跃的界面，退耕导致的土壤表层根系特征的显著差异，势必会影响土壤侵蚀过程与强度，从而引起其水土保持效益的差异，因而在评价植被水土保持效益时，应充分分析植被根系系统，特别是表层根系生长特征的时空变异，对植被水土保持功能的潜在影响。

5.2 黄土丘陵区沟坡典型植物群落根系特征

黄土高原丘陵沟壑区以梁状丘陵和峁状丘陵为主，千沟万壑，地形十分破碎，切割深度一般在 100～150 m，少数超过 200 m。沟坡是黄土丘陵沟壑区梁峁坡下端沟缘线以下、沟道以上的区域，由沟道的下切侵蚀形成。沟坡地面破碎，坡度较陡，一般可达 30°～60°。在分析流域侵蚀泥沙来源时，一般将黄土丘陵沟壑区分为沟间地和沟谷地，再进一步将沟间地细分为塬面和梁峁坡，而将沟谷细分为沟坡和沟床（蒋德麒等，1966）。受陡峻和破碎的地形条件及上坡来水的综合影响，沟谷是流域内侵蚀泥沙的主要来源地，侵蚀泥沙可占流域侵蚀泥沙的 52%～82%（唐克丽，2004）。受立地条件的限制，黄土丘陵沟壑区沟坡植物群落的生长特征及其根系特性，可能存在一定的独特性。同时在沟坡上，受降水、陡坡等因素的综合影响，会发育众多的崩坍、滑坡体，原始植被遭到迅速破坏，随着时间的延长，会出现植物的自然恢复和演替，其生长特征及根系分布特性，也不明确，急需开展相关研究。

5.2.1 试验材料与方法

试验在陕西省安塞区纸坊沟小流域进行，在系统野外调查的基础上，在纸坊沟主沟道及支沟道的沟坡上选择 2 个灌木样地和 5 个草本样地，样地面积约为 30 m×20 m，灌木分别为柠条和沙棘，而草本分别为披针叶苔草、赖草、铁杆蒿、茭蒿和白羊草，样地的基本信息见表 5-8。在每个样地，选择 3 个样方，灌木样方 2 m×2 m，而草本样方为 1 m×1 m。在每个样方上测定植物种类、盖度、高度、多度、地上生物量和地下生物量及其垂直分布。对于不同滑坡体植物演替特征的调查，在对纸坊沟小流域 75 处滑坡体类型、规模和滑坡时间等进行系统调查的基础上，选择了人为干扰少、立地条件比较接近的 6 个浅层滑坡体，优势种分别为猪毛蒿+茭蒿、野菊花+早熟禾、杠柳+猪毛蒿、铁杆蒿+达乌里胡枝子+早熟禾、铁杆蒿+早熟禾和铁杆蒿+达乌里胡枝子，根据黄土高原植物演替的基本规律判断，各滑坡体的时间呈逐渐增大趋势（李宁宁等，2018），各样地调查的指标及调查方法与沟坡样点相同。沟坡典型植物群落生长特性的季节变化，从 2018 年 4 月下旬开始，10 月上旬结束，大概每隔三周监测一次，共监测了 7 次（杨寒月等，2019）。

表 5-8　沟坡植被生长特征调查样地基本信息表

植物群落	土壤类型	海拔/m	坡向/（°）	坡度/（°）
沙棘（SJ）	黄绵土+红胶土	1180	110	25.2
柠条（NT）	黄绵土	1330	105	34.4
苔草（TC）	黄绵土+红胶土	1125	350	35.8
赖草（LC）	黄绵土	1124	350	35.8
铁杆蒿（TGH）	黄绵土	1320	103	37.0
茭蒿（JH）	黄绵土	1250	80	27.2
白羊草（BYC）	黄绵土+红胶土	1230	101	33.0

5.2.2　沟坡典型植物群落生长及根系特征

对沟坡样方的调查结果表明，纸坊沟小流域沟坡上共有 33 种植物，属于 15 科。其中，灌木 5 科 6 种，草本 10 科 27 种，其中菊科 9 种、禾本科 6 种、蔷薇科 4 种、豆科 3 种，共占总物种数的 67%。铁杆蒿、茭蒿、白羊草、达乌里胡枝子和委陵菜是黄土丘陵沟壑区沟坡上最常见的草本，而杠柳、柠条和狼牙刺是沟坡上最普遍的灌木。不同生活型物种数大小排序分别为：多年生草本（17 种，占 52%)、灌木及半灌木（10 种，占 30.2%)、一年生草本（6 种，18.2%)。与附近的梁峁坡相比（杨丽霞等，2014)，由于沟坡的立地条件更恶劣，黄土丘陵沟壑区沟坡上的植物物种总数小，几乎没有高大乔木的生长发育。

物种多样性是指一定时间、一定空间中全部生物或者某一生物群落的物种数目与各个物种的个体分布特点，不但反映群落的物种组成和结构特征，而且可以体现群落的组织水平、发展阶段和稳定程度。不同植物群落的 Simpson 多样性指数差异明显，沙棘最大，其次为赖草、白羊草、柠条、苔草、茭蒿和铁杆蒿，铁杆蒿群落的 Simpson 多样性指数显著小于白羊草、赖草、沙棘和柠条群落。不同群落的生物多样性差异，与其生境条件和生物学特性密切相关，沙棘是典型的耐寒、耐旱、耐贫瘠灌木，是非常优良的水土保持灌木，具有分蘖快、生长迅速等多个优点，受沙棘生理生态学特征的影响，沙棘在黄土高原丘陵沟壑区具有明显的生长优势，因而其林下的物种多样性较高。赖草喜阴喜湿，多分布在阴坡下部土壤水分较好的地方，相对较好的立地条件适合许多植物的生长发育，因而赖草群落的生物多样性比较高。白羊草喜阳，多在阳坡或半阳坡生长，通常为黄土高原丘陵沟壑区阳坡等干旱劣地顶级群落中的优势种，可以和多种植物伴生，维持较为稳定的群落状态，因而生物多样性相对较高。铁杆蒿是黄土高原丘陵沟壑区优势群落，植株高大、呈簇状生长，具有竞争土壤水分和养分的优势，因而铁杆蒿群落的生物多样性相对比较低。

各群落的 Margalef 丰富度指数也存在明显差异，它用群落内物种数量和总个体数表征植物群落的丰富程度。在 7 种监测的植物群落中，赖草的丰富度指数最大，从大到小分别为：赖草、白羊草、茭蒿、苔草、铁杆蒿、沙棘和柠条，柠条群落的丰富度与赖草、白羊草、茭蒿和苔草群落差异显著。Pielou 均匀度指数表征了群落中各物种个体数目分配的均匀程度，对于黄土高原丘陵沟壑区沟坡的典型植物群落而言，其均匀度指数变化明显，以沙棘群落最大，从大到小的顺序为：沙棘、柠条、白羊草、赖草、苔草、茭蒿和铁杆蒿，铁杆蒿群落的均匀度指数显著小于其他六种群落，而茭蒿群落的均匀度指数显著小于白羊草、柠条和沙棘群落。受土壤水分及养分的限制，黄土高原丘陵沟壑区沟坡典型植物群落的生物多样性指数和物种丰富度指数小于梁峁坡相应的植物群落。

沟坡典型植物群落的地上生物量差异明显，特别是灌木和草本之间差异显著（图 5-5)，灌木群落地上生物量为 1.53～5.85 kg/m^2，而草本群落的地上生物量为 0.17～0.41 kg/m^2。柠条的地上生物量明显大于沙棘，是沙棘群落地上生物量的 3.9 倍。不同草本群落间的地上生物量差异并不显著，从大到小的顺序为：赖草、铁杆蒿、茭蒿、白羊草和苔草，最大的赖草群落地上生物量是最小的苔草群落的 2.3 倍。

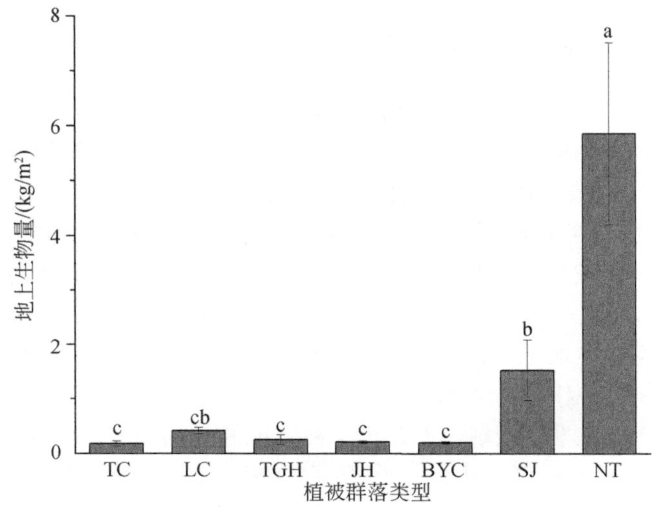

图 5-5 沟坡典型植物群落地上生物量

TC 为苔草；LC 为赖草；TGH 为铁杆蒿；JH 为茭蒿；BYC 为白羊草；SJ 为沙棘；NT 为柠条，下同

沟坡不同植物群落的盖度差异明显（图 5-6），从整体情况来看，7 种典型植物群落的盖度都在 50%以上，盖度最大的为赖草群落，达到 83%，其次为苔草、沙棘、白羊草、柠条、铁杆蒿和茭蒿，赖草群落的盖度是茭蒿群落的 1.6 倍，茭蒿群落的盖度显著低于其他六种植物群落，苔草的盖度显著大于铁杆蒿和茭蒿，赖草群落盖度也明显大于铁杆蒿、柠条和白羊草，再次说明在黄土高原丘陵沟壑区的沟坡上，土壤水分是植物群落生长发育的决定性因素，不同坡向上土壤水分的差异，决定了植物群落生长的优劣。

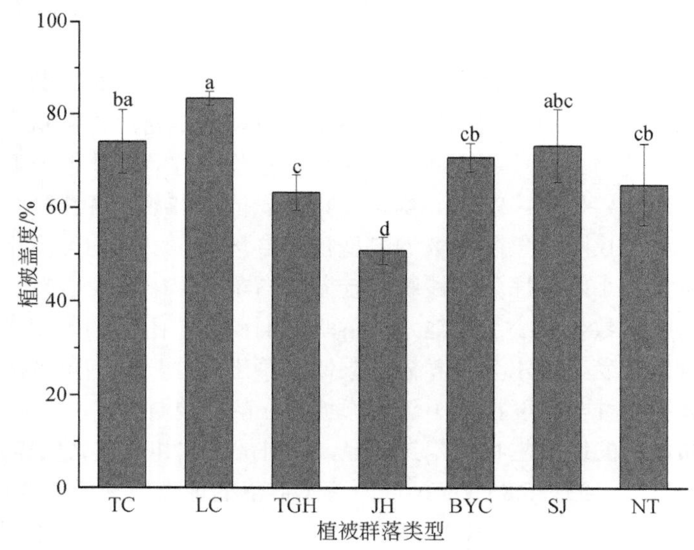

图 5-6 沟坡典型植物群落盖度比较

图 5-7 给出了黄土高原丘陵沟壑区典型植物群落根系质量密度随深度的分布特征，从

图中可以看出，虽然赖草根系质量密度也是表层大、下层小，但上下层间的差异并不十分明显，在 0～45 cm 的土层范围内，根系密度整体比较稳定，而其他 6 种植物群落，无论是草本还是灌木，根系质量密度均随着土壤深度的增大而迅速减小，说明对于这些植物群落而言，根系具有明显的表聚现象。同时发现，草本群落的根系质量密度远远小于灌木群落的根系质量密度，简单从数量级上来看，草本和灌木群落的根系质量密度相差两个数量级，在 5 个草本群落中，赖草的根系质量密度最小，而茭蒿最大。在两种灌木群落中，沙棘根系质量密度显著小于柠条根系质量密度。

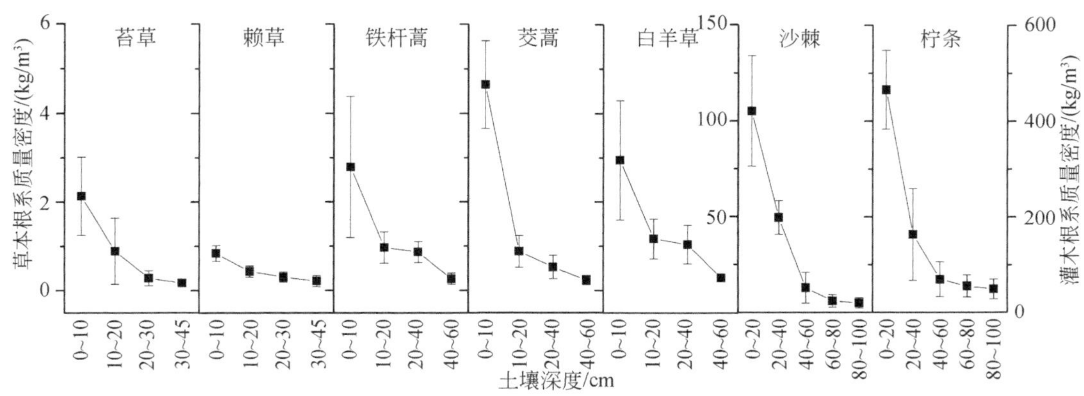

图 5-7　沟坡典型植物群落根系质量密度垂直分布

图 5-8 给出了沟坡典型植物群落根系长度密度随土壤深度的分布情况，从图中可以明显发现，从总体趋势来看，灌木群落的根系长度密度远大于草本群落，同时无论是草本群落，还是灌木群落，根系长度密度整体随着土层深度的增大而呈下降趋势，简单地从下降幅度来看，各个群落表层到次表层的下降幅度最大，随着土壤深度的增大，根系长度密度

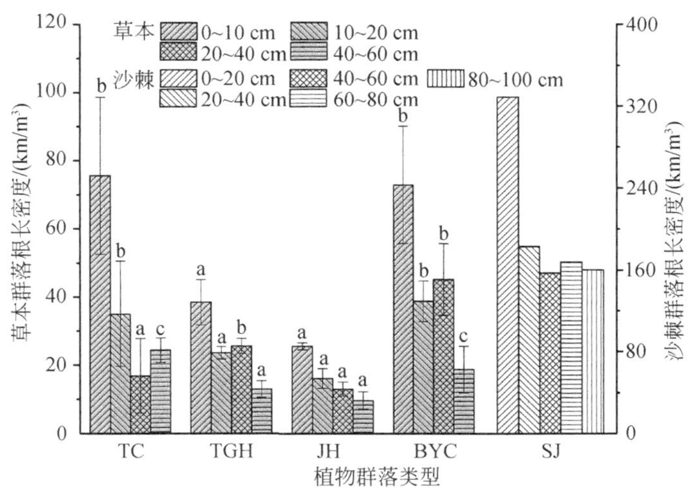

图 5-8　沟坡典型植物群落根长密度垂直分布

出现了一定的波动，或者趋于相对稳定，如当土壤深度在 40～100 cm 变化时，根系长度密度呈波动性变化趋势。而茭蒿的根长密度，虽然在整个土壤剖面上没有显著的差异，但从上到下整体呈现逐渐减小的变化趋势。

在根系生物量发生变化的同时，植物根系的形态特征也会发生变化。沟坡典型植物群落的根系长度随着土壤深度的增大大致呈减小趋势，但不同植物群落间存在一定的差异（图 5-9）。灌木的沙棘群落，其根系长度远大于草本群落，其根系总长度约为苔草的 6.6 倍，沙棘群落表层的根系长度显著大于其他各土壤层。对于草本群落的苔草和白羊草，其根系长度显著大于茭蒿和铁杆蒿群落，不同草本群落不同土壤深度处的根系长度均差异显著。与根系生物量的垂直分布特征相比，不同植物群落的根系长度垂直分布比较凌乱，可能受到土壤属性垂直分布、根系直径、根系结构等多种因素的综合影响。

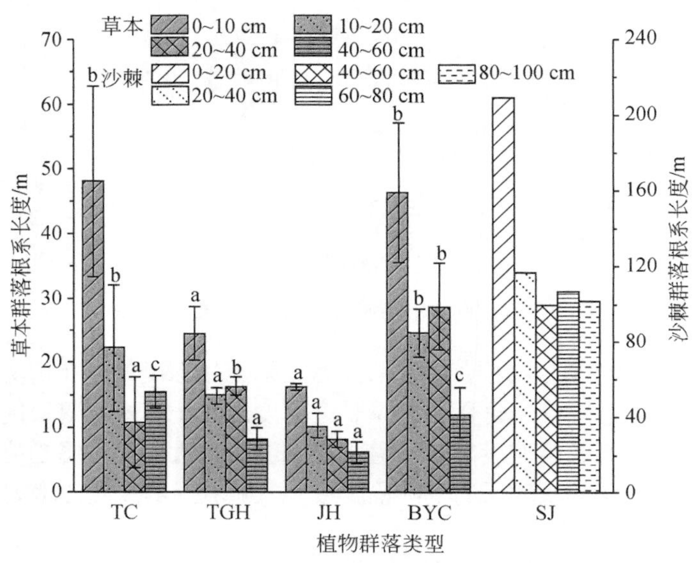

图 5-9　沟坡典型植物群落根系长度垂直分布

根系表面积是表征根系与土壤接触面积的重要指标，在同等根系生物量条件下，根系表面积越大，意味着根系与土壤的接触面积越大，那么根系对土壤性质及水文过程、侵蚀过程的影响可能就越大。图 5-10 给出了黄土高原丘陵沟壑区沟坡典型植物群落根系表面积随土壤深度的变化情况，从图中可以看出，根系表面积随土壤深度的变化趋势，与根系长度随土壤深度的变化趋势比较类似。灌木群落的根系表面积显著大于草本群落，而在几种典型的草本群落中，白羊草根系的表面积最大，然后是苔草、铁杆蒿和茭蒿。从整体趋势来看，随着土壤深度的增大，不同植物群落根系表面积都呈逐渐减小的变化趋势，各草本群落表层（0～10 cm）的根系表面积显著大于下层的根系表面积，而沙棘表层（0～20 cm）的根系表面积也是显著大于其他各层。

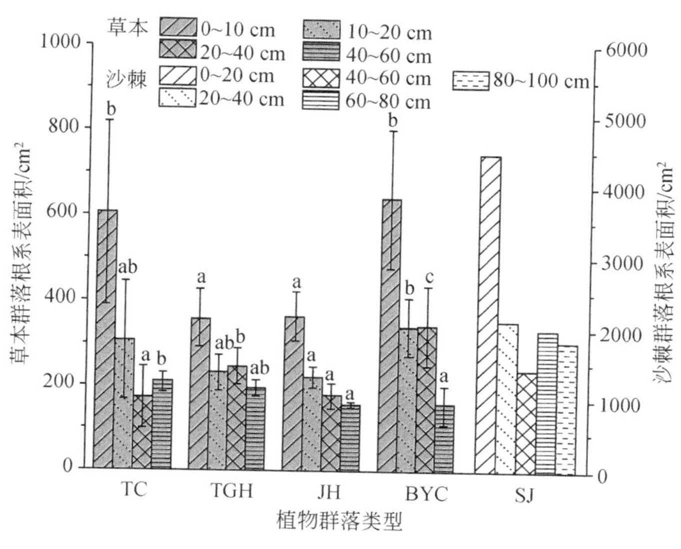

图 5-10　沟坡典型植物群落根系表面积垂直分布

植被根系直径也是表征根系特征的重要参数，同等根系生物量条件下，根系直径越大则其长度越小、根表面积越小，与土壤的接触机会就越小，对土壤结构的影响可能就会越小。图 5-11 给出了黄土高原丘陵沟壑区典型植物群落根系直径随土壤深度的变化情况，从图中可以清楚地看出，对于灌木群落和大部分的草本群落而言，表层土壤中的植物根系直径明显大于下层土壤中的植物根系直径，特别是苔草、白羊草和沙棘表现的特别明显。灌木的平均直径（4.5 mm）显著大于草本群落根系的平均值（0.59 mm），在四种典型的草本群落中，铁杆蒿根系的平均值大于其他三种草本群落的根系平均值。

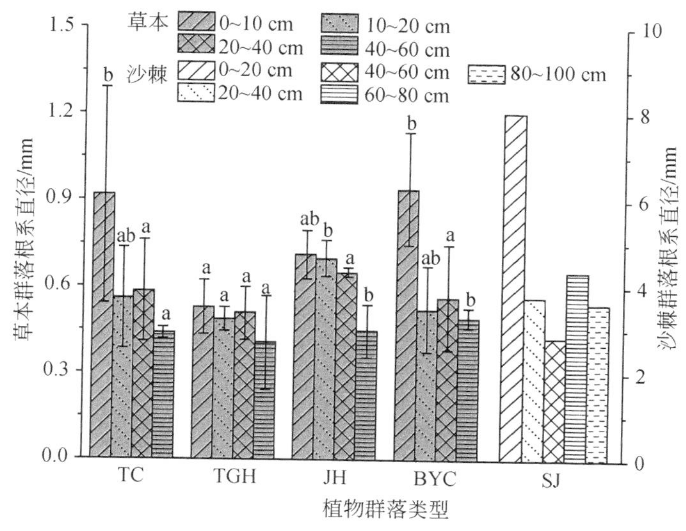

图 5-11　沟坡典型植物群落根系直径垂直分布

5.2.3 沟坡典型植物群落生长及根系特征季节变化

沟坡典型植物群落 Simpson 多样性指数为 0.31～0.75，沙棘群落最大，其次为柠条、苔草、茭蒿、铁杆蒿和白羊草，灌木群落的 Simpson 多样性指数显著大于草本群落，苔草和茭蒿群落的 Simpson 多样性指数显著大于铁杆蒿和白羊草群落。在一个生长季，灌木群落 Simpson 多样性指数的时间变化较小，从 5～7 月缓慢增大，随后波动性下降。而茭蒿和苔草 Simpson 多样性指数，在整个生长季呈持续性上升趋势，5 月增大比较明显，6～7 月稍微下降，随后持续增大。铁杆蒿群落 Simpson 多样性指数在 7 月以前呈波动性变化趋势，7 月以后保持相对稳定的状态。白羊草群落的 Simpson 多样性指数整体上呈下降趋势，7 月之前变化较为轻微，随后下降迅速（图 5-12）。

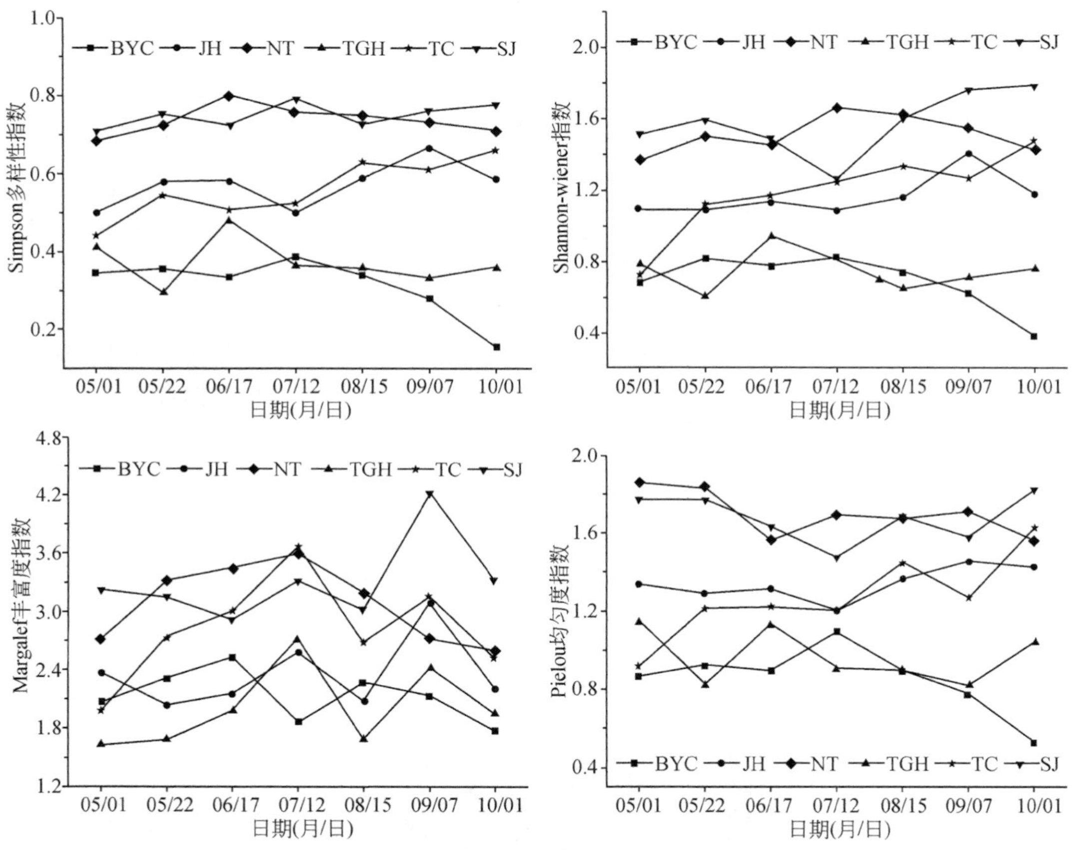

图 5-12 沟坡典型植物群落植物多样性季节变化特征

沟坡典型植物群落的 Shannon-wiener 多样性指数变化幅度较大，为 0.69～1.57，也是表现为沙棘最大，从大到小依次为：沙棘、柠条、苔草、茭蒿、铁杆蒿和白羊草（图 5-12），随植物群落类型的变化趋势与 Simpson 多样性指数完全一致。灌木群落的 Shannon-wiener 多样性指数显著大于草本群落，而在四种草本群落中，茭蒿、苔草群落的 Shannon-wiener 多样性指数显著大于铁杆蒿和白羊草群落。在一个生长季内，不同植物群落的

Shannon-wiener 多样性指数也存在明显变化趋势。沙棘群落的 Shannon-wiener 多样性指数在 7 月以前处于较低水平，到雨季后迅速增大，10 月达到峰值。柠条群落的 Shannon-wiener 多样性指数在整个生长季呈波动性上升趋势，7 月达到最大值。铁杆蒿群落的 Shannon-wiener 多样性指数呈先增大后减小的变化趋势，最大值出现在 7 月。茭蒿和苔草群落的 Shannon-wiener 多样性指数，在整个生长季呈持续性增大趋势，分别在 9 月和 10 月达到最大值。而白羊草群落的 Shannon-wiener 多样性指数在生长季前期缓慢增大，生长季后期持续降低，7 月最大，而 10 月最小（杨寒月等，2019）。

在整个生长季，沟坡典型植物群落的 Margalef 丰富度指数波动较大，为 1.99～3.30，不同植物群落间 Margalef 丰富度指数的变化情况与 Simpson 多样性指数和 Shannon-wiener 多样性指数比较类似，沙棘群落最大，其次为柠条、苔草、茭蒿、白羊草和铁杆蒿，两种灌木群落的 Margalef 丰富度指数显著大于草本群落（苔草群落除外），在草本群落中，苔草群落的 Margalef 丰富度指数显著大于其他三种群落。在一个生长季内，Margalef 丰富度指数也具有明显的变化趋势。多数植物群落的 Margalef 丰富度指数随时间的变化呈双峰形式，生长季前期先增大后减小，7 月达到第一个峰值，生长季后期再次增大后二次下降，9 月达到第二个峰值。和其他植物群落相比，白羊草群落的两个峰值都有所提前（图 5-12）。

在整个生长季，坡面典型植物群落的 Pielou 均匀度指数为 0.85～1.70，柠条群落的 Pielou 均匀度指数最大，其次为沙棘、茭蒿、苔草、铁杆蒿和白羊草，灌木群落的 Pielou 均匀度指数显著大于草本群落。草本群落中，苔草和茭蒿群落的 Pielou 均匀度指数显著大于铁杆蒿和白羊草群落，而铁杆蒿和白羊草群落间没有显著差异。灌木群落和草本群落 Pielou 均匀度指数的季节变化特征也存在一定差异，灌木群落的 Pielou 均匀度指数在整个生长季呈波动性轻微下降趋势，而苔草和茭蒿群落的 Pielou 均匀度指数呈波动性上升趋势，10 月达到峰值。铁杆蒿群落的 Pielou 均匀度指数在生长季前期呈先减小后增大的变化趋势，而生长季后期呈持续性降低趋势。白羊草群落的 Pielou 均匀度指数从 5～7 月呈增大趋势，随后迅速下降，最大值出现在 7 月，而最小值出现在 10 月（图 5-12）。

在黄土高原丘陵沟壑区沟坡上，无论是灌木群落还是草本群落，其植被盖度都具有明显的季节变化，从整体变化趋势来看，植被盖度从监测初期的 5 月，逐渐增大，到 8 月达到最大值，随后逐渐下降，但不同植物群落的具体变化存在一定的差异。整个监测期植被盖度的均值为 50%～75%，柠条群落最大，其次为沙棘、苔草、茭蒿、白羊草和铁杆蒿，灌木群落的植被盖度显著大于草本群落，而其季节变化小于草本群落（图 5-13）。

沟坡典型植被群落的地上生物量也存在明显的季节变化，灌木群落的地上生物量显著大于草本群落，前者平均为 639.6 g/m^2，而后者为 245.0 g/m^2，整个生长季地上生物量均值是柠条群落最大，其次为沙棘、苔草、白羊草、茭蒿和铁杆蒿，柠条群落地上生物量均值是铁杆蒿群落的 4.8 倍。不同植物群落地上生物量的季节变化特征比较相似，从 5 月初到 6 月中旬，各群落地上生物量缓慢增大，对于柠条和沙棘群落从 6 月下旬到 8 月中旬，其地上生物量呈快速增大趋势，随后持续性下降。对于四种草本群落，苔草、白羊草和铁杆蒿群落地上生物量，从 6 月下旬到 7 月上旬出现了轻微的下降趋势，而后快速增大，到 8 月中旬达到最大值，随后以不同的速率下降。而茭蒿群落地上生物量从 6 月下旬到 9 月初呈持续性上升趋势，到 9 月初达到了最大值，随后下降（图 5-14）。

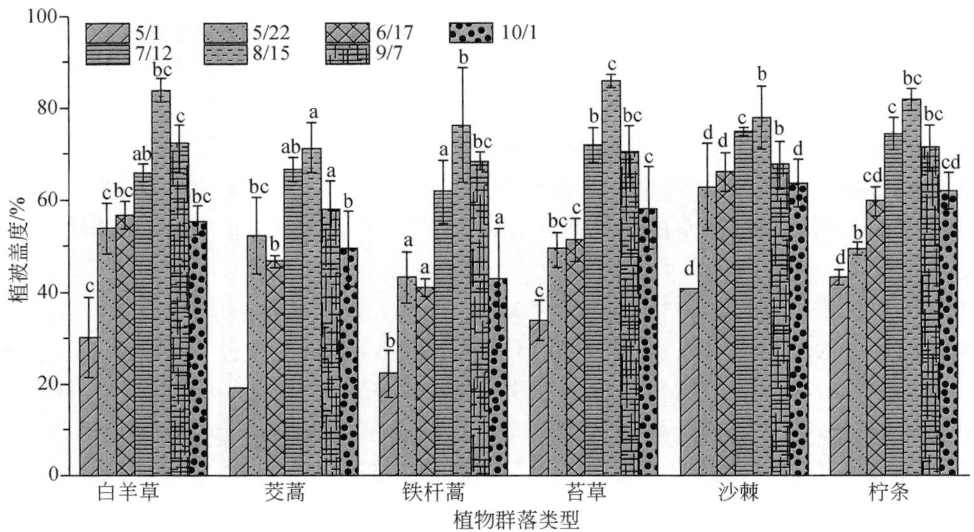

图 5-13　沟坡典型植物群落盖度季节变化

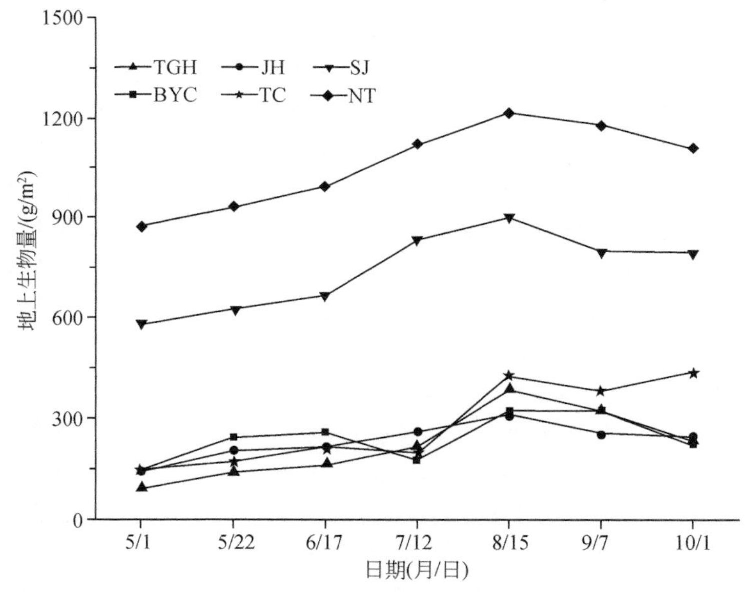

图 5-14　沟坡植物群落地上生物量季节变化

在黄土高原丘陵沟壑区，降水稀少、气候干旱，土壤水分是植被生长的限制性因子，而植被生长的水分全靠植被根系从土壤中吸收、供应，因此，植被地上生长特征的差异，与植被根系系统的生长特征密切相关。在垂直剖面上，沟坡典型植被群落根系的分布特征比较类似（图 5-15），就 60 cm 土层植被根系生物量的平均值而言，柠条林最大，其次分别为：沙棘、茭蒿、铁杆蒿、白羊草和苔草。随着土壤深度的增大，植被根系生物量迅速减小，大部分根系都分布在 0～20 cm 的表土层内，占到根系总生物量的 54%～82%。与草本群落相比，灌木群落的根系分布较深，当土壤深度达到 100 cm 时，灌木群落的根系已经非常稀疏，而当土壤深度达到 40 cm 时，草本群落的根系也非常稀少，不同群落的根系生物量，仅表层（0～10 cm）差异显著，而在不同深度上，0～10 cm 和 10～20 cm 土层内的根系生物量显著大于其他各层的根系生物量（图 5-15）。从图 5-15 还可以清楚地看出，越靠近表层，根系生物量的变化幅度越大，而土壤深度越大根系生物量的变化幅度越小。同时可以发现，沙棘群落从上到下根系生物量的差异，明显小于其他群落，特别是从表层到 40 cm 土层内的根系生物量变化幅度相对较小，和深层土壤的根系生物量间的差异也比较小。

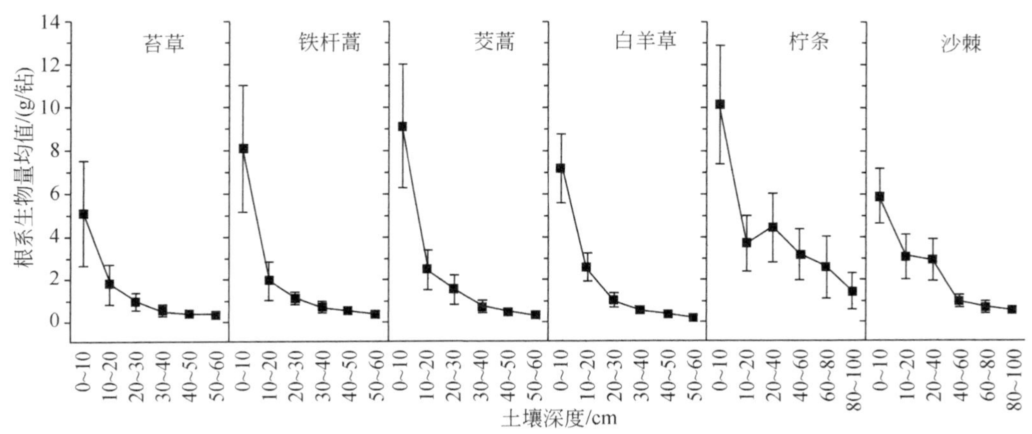

图 5-15　沟坡典型植物群落根系生物量均值的垂直分布特征

图 5-16 给出了黄土高原丘陵沟壑区沟坡典型植物群落根系生物量的季节变化，从图中可以清楚地看出，不同植物群落的根系生物量都具有明显的季节变化，从整体趋势来看，灌木群落 0～40 cm 土层内的根系生物量具有明显的季节变化，而草本群落 0～20 cm 土层内的根系生物量具有明显的季节变化，无论是灌木群落还是草本群落，都是表层的根系生物量季节变化明显大于深层。对于白羊草群落，其表层根系生物量从 5 月初到 5 月下旬快速增大，然后下降并维持一段比较稳定的状态，随后又快速增大，到 8 月中旬达到最大值，随后保持相对稳定状态到监测期末。从 5 月初到 7 月下旬，茭蒿表层根系生物量基本上保持相对稳定状态，随后随着雨季的来临，表层根系生物量迅速增大，到 8 月中旬达到最大值，而后持续性下降到监测期末。从 5 月初到 6 月中旬，铁杆蒿群落表层根系生物量呈现一定的波动，从 6 月中旬到 8 月中旬呈快速上升趋势，并达到峰值，随后缓慢下降，9 月上旬以后快速下降至监测期末。从 5 月初到 6 月中旬，苔草群落表层根系生物量呈波动性上升趋势，从 6 月中旬到 8 月中旬再次呈波动性上升趋势并达到最大值，随后稍有下降但基本上维持相对的稳定状态至监测期末。从 5 月初到 6 月中旬，沙棘表层根系生物量基本呈相对稳定状态，随后出现了一定幅度的下降，从 7 月中旬到 8 月中旬迅速增大并达到最大值，随后稳定至 9 月上旬，随后出现了一定幅度的下降。从 5 月初到 7 月中旬，柠条群落表层根系生物量呈波动性持续上升趋势，随后略有下降，从 8 月中旬至 9 月上旬快速增大，达到最大值，随后有所下降至监测期末（图 5-16）。

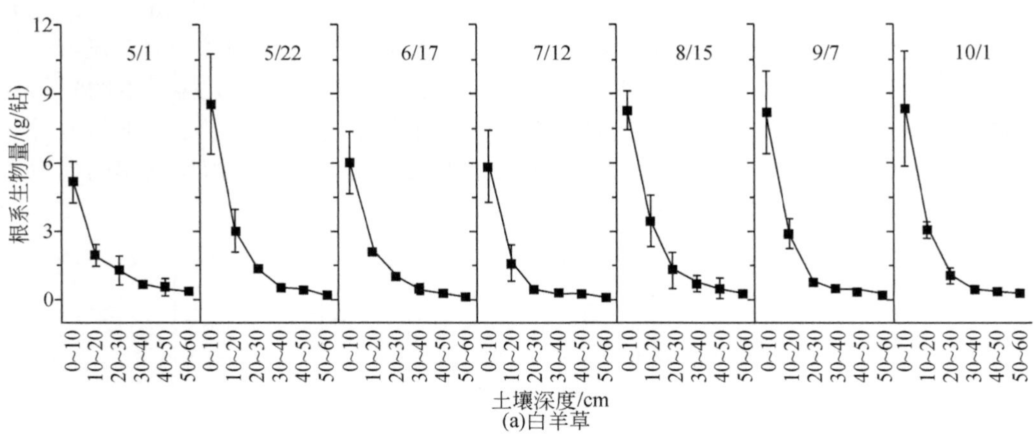

(a)白羊草

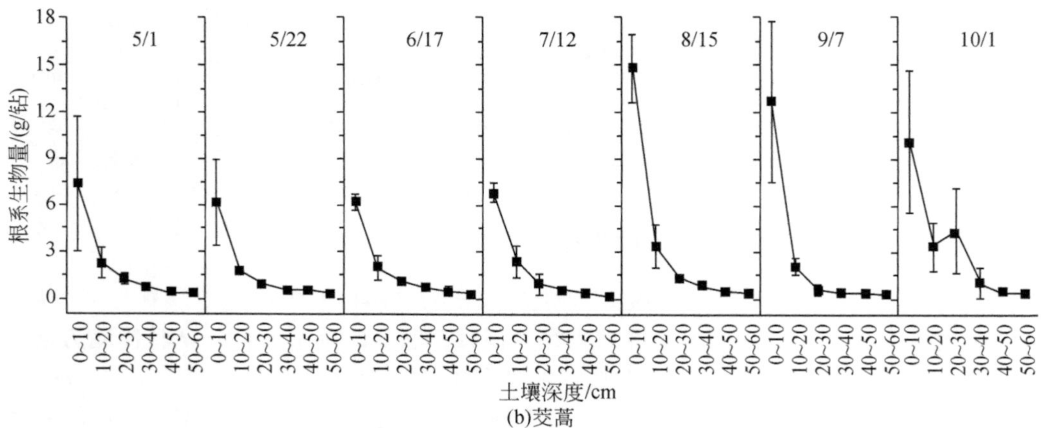

(b)茭蒿

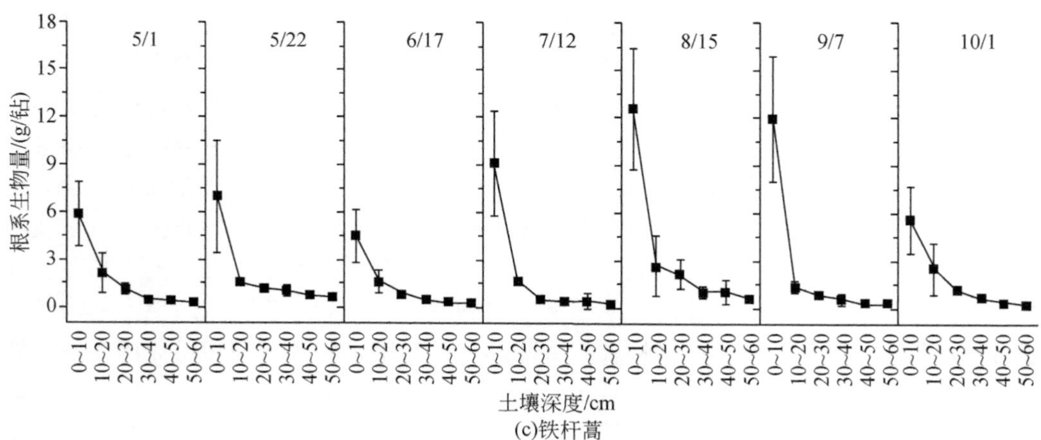

(c)铁杆蒿

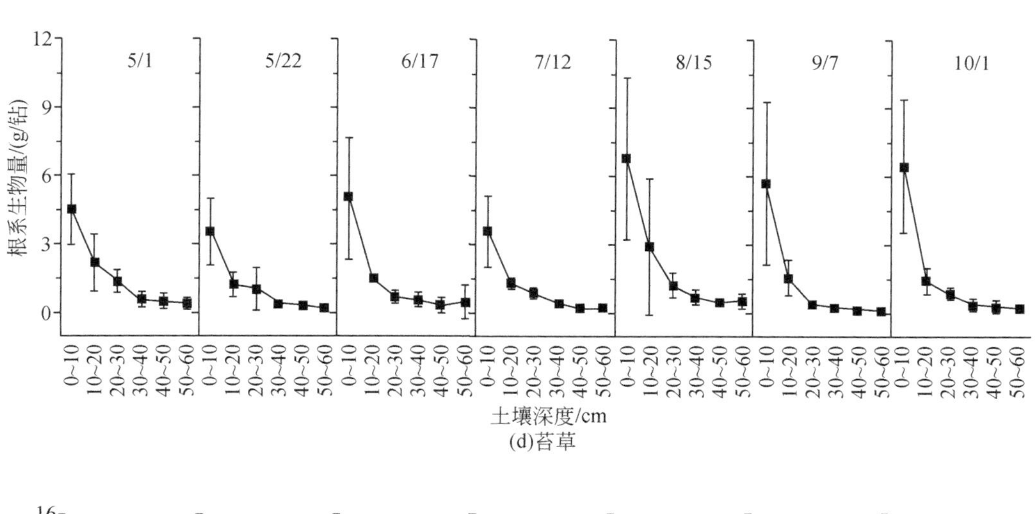

(d)苔草

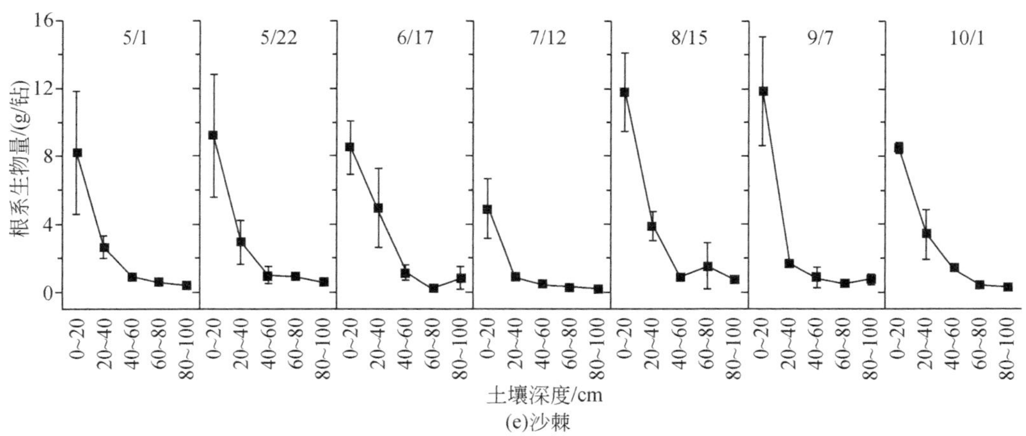

(e)沙棘

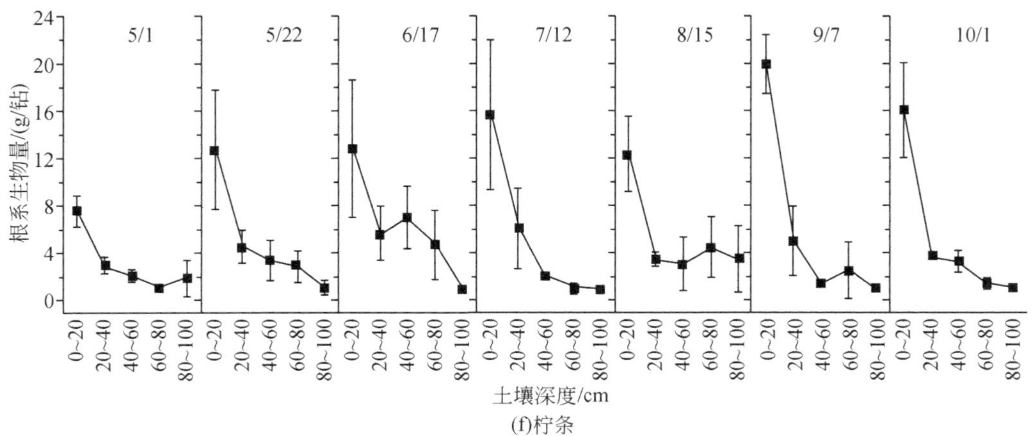

(f)柠条

图 5-16　典型植物群落根系生物量随季节变化特征

图中 5/1 指 5 月 1 日，5/22 指 5 月 22 日，余同

根据式（5-1）对不同植物群落、不同时间点根系生物量的垂直分布特征进行拟合，得到根系生物量消退系数（表 5-9），但不同植物群落间并没有趋势性的变化规律。

表 5-9 沟坡典型植物群落根系垂直分布消退系数β的季节变化

植物群落	β						
	5 月 1 日	5 月 22 日	6 月 17 日	7 月 12 日	8 月 15 日	9 月 7 日	10 月 1 日
白羊草	0.963	0.900	0.938	0.915	0.964	0.913	0.923
茭蒿	0.899	0.918	0.958	0.955	0.910	0.894	0.956
铁杆蒿	0.907	0.919	0.928	0.932	0.938	0.912	0.916
苔草	0.947	0.953	0.951	0.941	0.912	0.898	0.918
沙棘	0.930	0.951	0.982	0.941	0.967	0.934	0.992
柠条	0.981	0.964	0.973	0.954	0.984	0.982	0.946

5.2.4 浅层滑坡体植物群落生长状况及根系分布特征

浅层滑坡发生时原有植被会被瞬间破坏或被掩埋，随着时间的延长，土壤体逐渐沉积，水热等立地条件缓慢变化，逐渐适合植被生长，植被逐渐恢复并开始缓慢演替，在演替过程中植物群落生物多样性逐渐增大。随着演替年限的增大，Simpson 多样性指数呈减小—增大—减小的变化趋势（图 5-17），Shannon-wiener 多样性指数呈增大—减小—增大的变化趋势，Margalef 丰富度指数随植被演替年限的变化趋势，与 Simpson 多样性指数的变化趋势一致，而 Pielou 均匀度指数随演替年限的变化趋势，与 Shannon-wiener 多样性指数随演替年限的变化趋势一致。植被演替初期，植被以种子资源丰富、生长力旺盛的草本植物为主，物种多样性和丰富度指数都比较高，而均匀度指数比较低，物种以猪毛蒿和茭蒿为主。随着植物群落的进一步演替，植物物种逐渐被野菊花、早熟禾等替代，物种均匀性呈增大趋势。随着时间的进一步延长，植物群落中出现了多年生物种，对土壤水分、养分等的竞争能力较强，逐渐变成植物群落的优势种，物种均匀度指数呈下降趋势。到了植物群落演替的后期，群落结构相对比较稳定，形成了当地的顶级群落（铁杆蒿），植物群落的丰富度指数下降，而物种均匀度指数有所上升（图 5-17）。

随着植物群落的逐渐演替，植被盖度也会发生明显变化，从总体趋势来看，随着植物演替年限的延长，植被盖度呈逐渐增大的变化趋势，演替初期植被盖度增大较快，而演替后期植被盖度的增大幅度逐渐降低，并逐渐趋向于稳定状态（图 5-18），当然个别植物群落的盖度也会出现比较凌乱的变化情况，如图中演替第三阶段杠柳+猪毛蒿群落的盖度明显偏低。统计结果表明，演替初期（铁杆蒿+达乌里胡枝子群落以前）植被盖度的变化幅度呈显著水平，后期各个阶段的植被盖度间没有显著差异（图 5-18）。

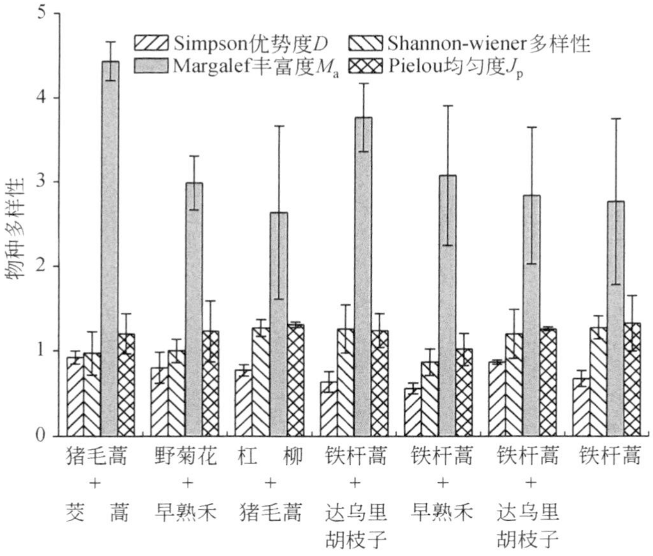

图 5-17　浅层滑坡体植物群落生物多样性变化特征

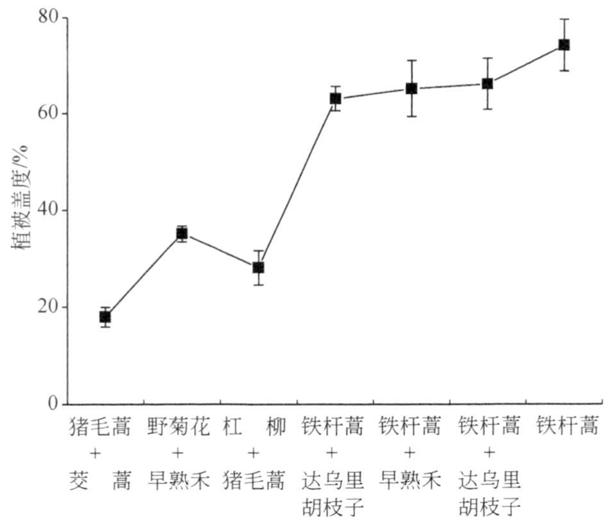

图 5-18　浅层滑坡体植被盖度随演替阶段的变化趋势

与植被盖度类似，浅层滑坡体植被恢复过程中，植物群落地上生物量也呈逐渐增大趋势，从演替初期的猪毛蒿+茭蒿到野菊花+早熟禾群落，其生物量快速增大，随着植物群落被杠柳+猪毛蒿替代，地上生物量呈明显的下降趋势。随着植物演替的进一步进行，杠柳+猪毛蒿群落逐渐被铁杆蒿+达乌里胡枝子群落替代，地上生物量迅速增大，随后植物群落都以铁杆蒿为优势种，伴生植物逐渐从早熟禾、转变为达乌里胡枝子，最后演替为纯铁杆蒿，在此过程中地上生物量呈缓慢的增加趋势（图 5-19）。就浅层滑坡体植物群落地上生物量的平均水平（190 g/m^2）而言，浅层滑坡体上恢复的植被，其地上生物量相对偏低，说明其立地条件相对比较贫瘠。

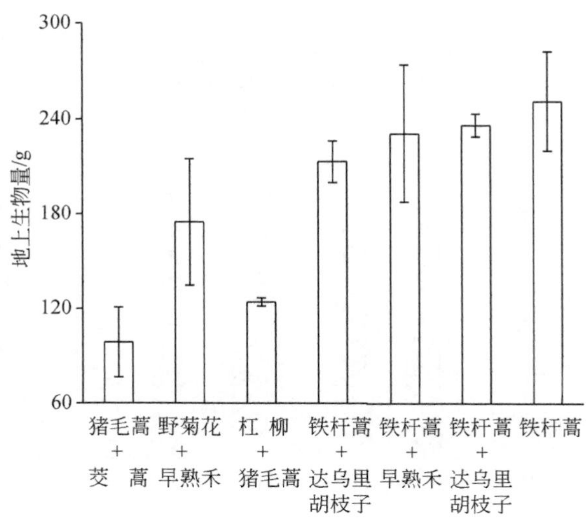

图 5-19　浅层滑坡体植物地上生物量随演替阶段变化

浅层滑坡体植物群落生长特征取决于其根系系统对水分和养分的供给情况，对于半干旱地区的黄土高原丘陵沟壑区而言，植物群落的地上生长状况与地下根系系统间的联系更为紧密。在滑坡体植物群落演替过程中，其根系系统也在不停发生变化。与其他立地条件的植物群落比较类似，浅层滑坡体上恢复的植被，其根系系统仍然分布在土壤表层，0～40 cm 土壤层内的根系生物量占不同群落总根系生物量的 64%～95%。除了演替初期的猪毛蒿+茭蒿群落以外，随着土壤深度的增大，其他植物群落的根系生物量呈明显的下降趋势，这种趋势随着植被恢复年限的延长越发明显。除杠柳+猪毛蒿群落外，其他各个群落的根系生物量，均随着演替年限的延长而增大，越靠近土壤表层，增大的幅度越大，如 0～10 cm 土层内的根系生物量，随着植被演替年限的延长，大体上呈线性函数增大（图 5-20）。

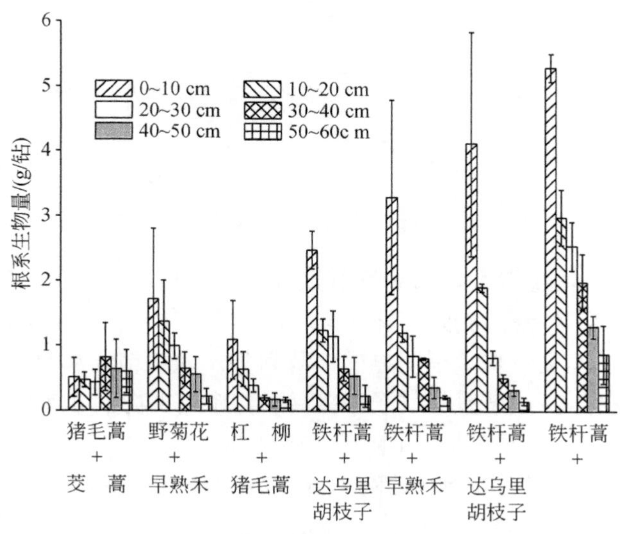

图 5-20　滑坡体植物根系生物量随演替年限的变化

植被根系具有强大的水土保持功能，无论是植被根系特征随着立地条件、群落类型、还是时间的变化，都会引起其水土保持功能的相应变化，因而需要在不同的条件下，系统研究植被根系系统对土壤侵蚀过程的影响，进一步分析其水土保持功能及其动力机制。

5.3　草地根系及其季节变化对土壤分离过程的影响

作为生态系统重要组成成分的根系系统，通过穿插、缠绕、捆绑等物理作用影响土壤结构和稳定性，同时也会通过其分泌物的吸附等化学作用影响土壤抗蚀性能。植被根系对土壤侵蚀的影响，可能与根系生物量有密切关系，而植物根系生长的季节变化，势必也会影响根系系统抑制土壤分离过程的功能，因此，需要开展不同根系密度及其季节变化条件的土壤分离过程控制试验，量化植被根系对土壤分离过程的影响及其动力机制，为全面、系统地评估植被的水土保持功能奠定理论基础。

5.3.1　试验材料与方法

试验在北京师范大学房山实验基地进行，土壤为典型的粗骨褐土，黏粒、粉粒和砂粒含量分别为 16.3%、46.9%和 36.8%，有机质含量为 0.8%，土壤容重为 1210 kg/m^3。在试验站建设 6 个 5 m 长、4 m 宽的小区，种植目前非常流行的水土保持牧草——柳枝稷。为了获得不同根系密度梯度，种植密度分别为 300 颗/m^2、550 颗/m^2、850 颗/m^2、1150 颗/m^{2}和 1500 颗/m^2，其中一个小区作为裸地对照处理。播种时将种子均匀地撒播在地表，然后覆盖 2 cm 的土壤，3 个月生长期内的降水量为 235 mm，为了确保柳枝稷的正常生长，给每个小区人工灌溉了 54 mm 的自来水。如有杂草生长，则人工清除，特别是裸地对照小区。

经过 3 个月的生长，小区内的柳枝稷已经长高（图 5-21），具备了进行植物根系对土壤分离过程影响研究的条件。将小区内的柳枝稷从地表剪掉，采集原状土样测定土壤分离能力。土壤分离能力在房山实验基地的人工模拟降雨大厅内进行，变坡实验水槽长 5 m、宽 0.4m（图 5-22），将采集的土样在室内进行饱和，然后进行排水，确保各个土壤样品在试验时的前期含水量相同，同时用烘干称重法测定土壤含水量，用于确定土壤初始干重，并计算土壤分离能力。试验水槽的坡度可在 0～60%范围内可调，流量由分水箱和阀门组控制，在水槽出口处收集并用量筒测量，当相对误差小于 0.2%时即可满足试验要求。试验时根据试验设计调节流量和坡度，当水流稳定后在距离水槽出口 0.6 m 的断面上，用数显水位计（SX40-A）测定径流深度，在每个流量和坡度组合条件下，都沿该断面测定 12 个径流深度。由于试验的径流深度很小，为了减小径流深度测定的随机误差，删除一个最大值和一个最小值，将剩余的 10 个径流深度平均，得到该流量和坡度组合下的径流深度，用于水流剪切力的计算。试验采用了 5 个单宽流量（1.32×10^{-3} m^2/s、2.63×10^{-3} m^2/s、3.95×10^{-3} m^2/s、5.26×10^{-3} m^2/s、6.58×10^{-3} m^2/s）、4 个坡度（17.4%、25.9%、34.2%、42.3%），共 20 个组合。

图 5-21　用于土壤分离能力测定的柳枝稷样地

图 5-22　用于土壤分离能力测定的变坡实验水槽

试验时将前期准备的土样安装在水槽底部的土样盒内进行冲刷，土壤冲刷时间用土样冲刷深度控制。土壤分离能力仍然定义为单位时间单位面积的土壤流失量［kg/（m^2·s）］。试验过程中在水槽出口处安装网眼为 1 mm 的网袋，收集试验过程中可能流失的根系。试验结束后将土样在 105℃条件下烘干 12 h，称重计算土壤分离能力。同时将土样用水洗法（过 1 mm 筛）收集土样内的根系，在 65℃条件下烘干 12 h，称重计算根系质量密度（RD，kg/m^3）。

对于裸地对照小区，每个流量和坡度组合条件下都冲刷 4 个土样，将其平均得到该流量和坡度组合条件下的土壤分离能力，对于有植被生长的小区，因根系密度可能存在差异，所以每个流量和坡度组合下也同样冲刷 4 个土样，但在数据处理时，全部作为单独的样品进行处理（Zhang et al.，2013）。共冲刷了 80 个裸地对照小区土样和 389 个草地土样（部分土样在试验过程中破坏）。

为了评价根系密度对土壤侵蚀阻力（细沟可蚀性和土壤临界剪切力）的影响，将实测的土壤分离能力根据根系密度大小分成 14 组，然后对水流剪切力和各组土壤分离能力均值进行线性拟合，拟合直线的斜率即为细沟可蚀性，而拟合直线在 X 轴上的截距即为土壤临界剪切力（Flanagan et al.，2007），为了分析根系密度对土壤分离过程的影响，同时还计算了相对土壤分离能力（RSD，无量纲），即有植被根系土样土壤分离能力与裸地对照土样土壤分离能力的比值，进一步分析相对土壤分离能力和根系密度的定量关系。

植被根系的生长具有典型的季节变化特征，为了分析植被根系季节动态变化对土壤分离过程的影响，选择种植在房山实验基地 1 年生的柳枝稷和无芒雀麦小区，种植密度分别为 1150 颗/m^2 和 600 颗/m^2，试验在 2011 年 4～10 月完成，期间降水量为 514 mm，属于房山地区的平水年（图 5-23），两种草长势良好。试验从 4 月 12 日开始，到 10 月 28 日结束，大概间隔 20 天采集一次土样，测定土壤分离能力。为了分析植被根系对土壤侵蚀阻力的影响，同时在附近的裸地对照小区采集土样，进行土壤分离能力测定。监测期共采集了 10 次土样，每次从每个小区采集 35 个土样，其中的 30 个用于土壤分离能力测定，另外 5 个用于确定土样初始含水量，共计采集 1050 个土样。坡面径流水动力学特性、土壤分离能力测定及根系密度的确定过程与前面的试验相同，这里不再赘述。

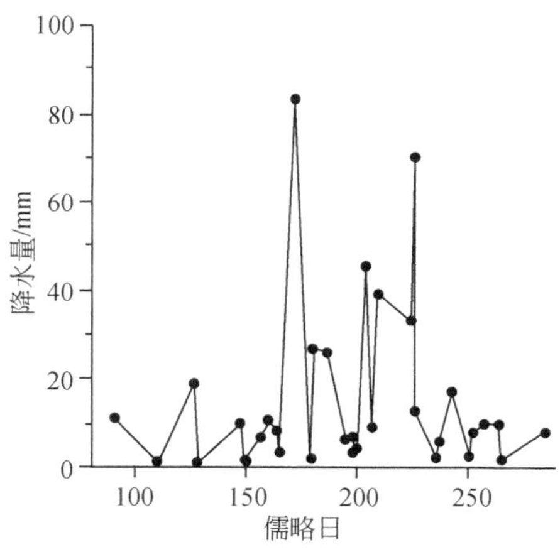

图 5-23 植被根系密度季节变化对土壤分离过程影响试验期降水量的分布

通过流量和坡度的不同组合，试验采用 6 个不同的水流剪切力（表 5-10），流量为（2.5～6.25）×10^{-3} m^2/s、坡度为 17.4%～42.3%，径流深度为 3.57～5.52 mm，水流剪切力为 6.5～23.4 Pa。

表 5-10 植被根系密度季节变化对土壤分离过程影响试验的水动力学特性

单宽流量 /（10^{-3} m^2/s）	2.50	5.00	5.00	2.50	3.75	6.25
坡度/%	17.4	17.4	25.9	42.3	42.3	42.3
径流深度/mm	3.78	5.52	5.47	3.57	4.23	5.12
水流剪切力/Pa	6.5	9.6	14.4	16.3	19.3	23.4

5.3.2 根系密度对土壤分离过程的影响

实测柳枝稷根系质量为 0.07～1.79 g，均值为 0.47 g，对应的根系质量密度为 0.25～17.98 kg/m^3，均值为 3.96 kg/m^3，根系直径为 0.10～0.96 mm，均值为 0.49 mm，根系长度

为 0.30～6.09 m，均值为 1.99 m（表 5-11）。根系质量和直径的标准差相对较小，而根系长度的标准差较大，当然这与实测数据的大小有关，并不完全表示实测数据的变化幅度就很大。

表 5-11　柳枝稷根系特性实测值统计特征

参数	最小值	最大值	均值	标准差	n
根系质量/g	0.07	1.79	0.47	0.42	47
根系直径/mm	0.10	0.96	0.49	0.14	807
根系长度/m	0.30	6.09	1.99	1.42	47

图 5-24 给出了不同流量和坡度条件下，土壤分离能力随根系密度的变化趋势，需要注意的是，图 5-24 中不同坡度条件下土壤分离能力随根系质量密度变化趋势图的纵坐标有明显差异，比较各个图可以明显地发现，随着坡度的增大，无论是裸地对照，还是有根系生长土样的土壤分离能力，均随着坡度的增大而增大。在不同坡度条件下，土壤分离能力均随着根系质量密度的增大而减小，裸地对照小区的土壤分离能力均值为 0.299 kg/（m^2 • s），而不同根系密度柳枝稷小区的土壤分离能力均值仅为 0.074 kg/（m^2 • s），也就是说柳枝稷小区的土壤分离能力仅为裸地对照的 24.7%（表 5-12）。仔细分析数据及图 5-24 中曲线的变化趋势可以发现，土壤分离能力随根系密度的快速下降，主要发生在根系密度在 0～4 kg/m^3 的范围内，当根系密度为 0～4 kg/m^3 时，土壤分离能力的平均值仅为裸地对照的 30%，当根系密度为 4～10 kg/m^3 时，虽然土壤分离能力仍然随着根系密度的增大而下降，但下降的幅度已经很小，当根系密度大于 10 kg/m^3 时，土壤分离能力基本上保持稳定状态，平均值为 0.058 kg/（m^2 • s）。土壤分离能力随植被根系密度变化的趋势，与比利时学者 De Baets 等（2006）在比利时黄土区得到的结果非常相似，说明植被根系密度对土壤分离能力的抑制作用，主要发生在根系密度在 0～4 kg/m^3 这样一个范围内，这一概念和水土保持上的植被有效盖度非常相似，换言之，植被根系要有效抑制土壤分离过程，其根系密度必须要大于 4 kg/m^3 这样一个临界值。从图 5-24 中同时可以发现，植被根系密度对土壤分离能力的影响，与水流剪切力的大小没有直接关系。

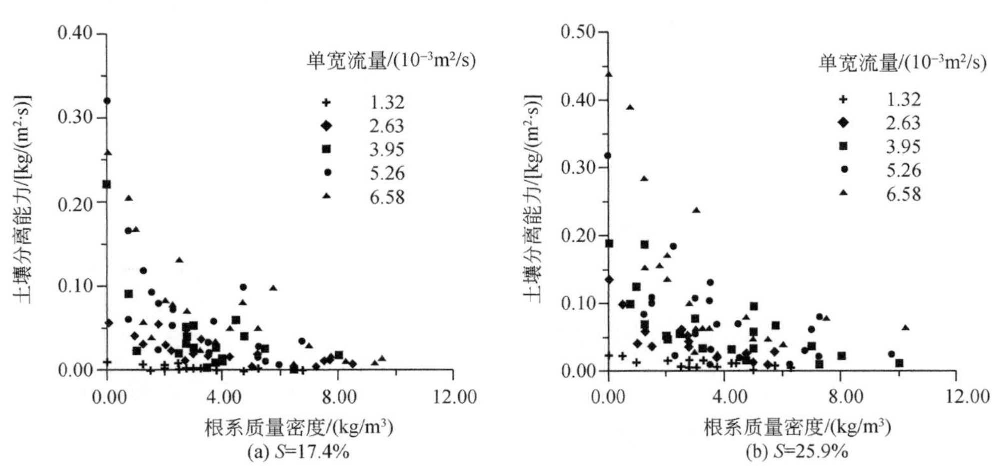

(a) S=17.4%　　(b) S=25.9%

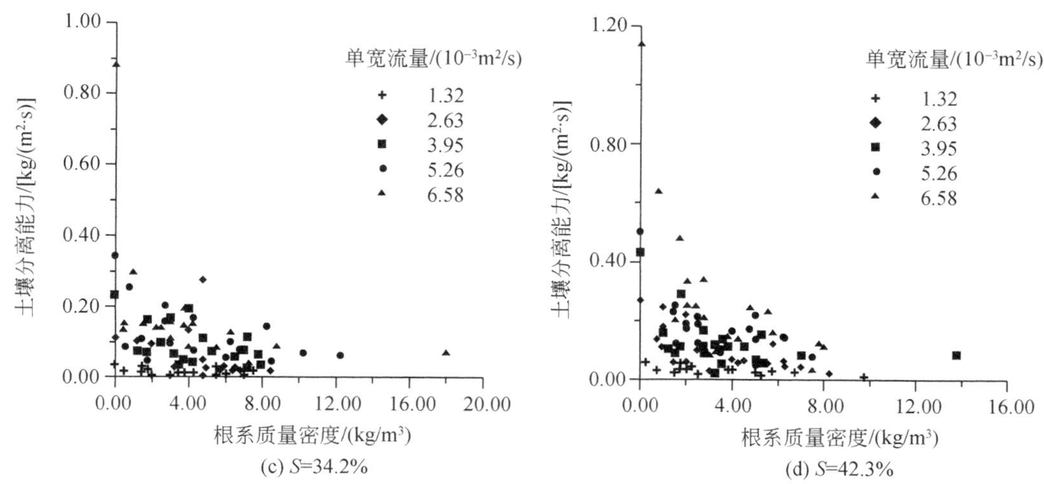

图 5-24　不同流量下土壤分离能力随根系质量密度的变化趋势（S 为坡度）

表 5-12　不同根系密度条件下实测土壤分离能力统计特征值　单位：[kg/（m^2・s)]

土样		最小值	最大值	平均值	标准差	n
裸地对照		0.011	1.137	0.299	0.286	20
草地	RD=0～4 kg/m^3	0.000	0.637	0.089	0.086	232
	RD=4～18 kg/m^3	0.000	0.242	0.051	0.048	157
草地全部数据		0.000	0.637	0.074	0.075	389

细沟可蚀性是表征土壤侵蚀阻力的常用参数，其大小与试验时水流剪切力的大小无关，因而可以更好地评价植被根系的水土保持功能。细沟可蚀性随着植被根系密度的增大而减小（表 5-13），特别是当根系密度小于 2.4 kg/m^3 时更为明显，当根系密度大于 2.4 kg/m^3 后，细沟可蚀性在 0.08 s/m 附近上下波动。根系密度显著降低细沟可蚀性，与裸地对照相比，不同根系密度柳枝稷样地细沟可蚀性的平均值，仅为裸地对照的 22%。分析结果表明，细沟可蚀性随着植被根系密度的增大呈显著的指数函数减小［图 5-25（a)]。

表 5-13　不同根系密度条件下的细沟可蚀性（K_r）和临界剪切力（τ_c）

根系密度/（kg/m^3）			K_r/（s/m）	τ_c/Pa	R^2	n
平均值	最小值	最大值				
0.000	0.000	0.000	0.044	6.451	0.65	20
0.767	0.250	0.999	0.029	6.116	0.47	29
1.393	1.249	1.499	0.009	3.408	0.47	33
1.895	1.748	1.998	0.016	6.827	0.62	34
2.399	2.248	2.498	0.009	4.266	0.70	28
2.855	2.747	2.997	0.010	5.109	0.61	44
3.391	3.247	3.497	0.007	5.881	0.62	33
3.835	3.746	3.996	0.009	6.641	0.68	31

续表

根系密度/（kg/m³）			K_r/（s/m）	τ_c/Pa	R^2	n
平均值	最小值	最大值				
4.340	4.246	4.496	0.008	6.593	0.68	24
4.879	4.745	4.995	0.010	6.923	0.68	28
5.550	5.245	5.994	0.009	7.349	0.63	36
6.605	6.244	6.993	0.007	7.239	0.74	27
7.536	7.243	7.993	0.005	4.600	0.45	23
10.109	8.242	17.982	0.007	8.268	0.64	19

$$K_r = 0.018e^{-0.410RD} \quad R^2 = 0.52 \tag{5-3}$$

式中，K_r为细沟可蚀性（s/m）；RD 为根系质量密度（kg/m³）。

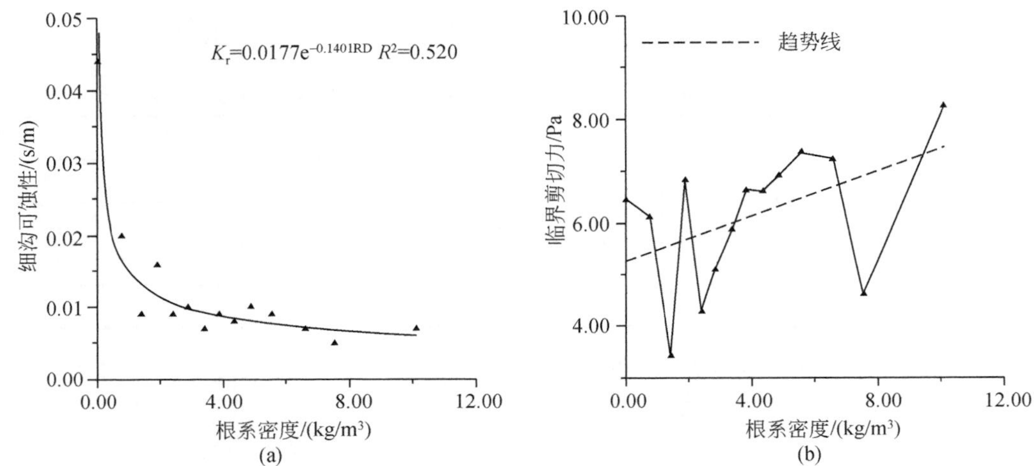

图 5-25　植被根系密度对细沟可蚀性和临界剪切力的影响

与细沟可蚀性类似，土壤临界剪切力也是表征土壤侵蚀阻力的常用参数，与试验时的水流剪切力无关。很显然，土壤临界剪切力随着根系密度的增大而增大［表 5-13、图 5-25（b）］，但回归结果发现，土壤临界剪切力与根系密度之间并没有显著的函数关系。虽然细沟可蚀性和临界剪切力都是表征土壤侵蚀阻力的特征参数，但土壤临界剪切力可能受表层土壤属性的影响更大（Mamo and Bubenzer，2001），因此，假设土壤临界剪切力为常数（平均值），非线性回归分析得（图 5-26）：

$$K_r = 0.032e^{-0.385RD}(\tau - 6.058) \quad R^2 = 0.60 \tag{5-4}$$

计算得到的相对土壤分离能力（RSD）随着根系密度的增大而减小（图 5-27），间接证明了植被根系抑制土壤分离过程的显著作用。根系密度与相对土壤分离能力间的最佳拟合关系为

$$RSD = e^{-0.409RD} \quad R^2 = 0.36 \tag{5-5}$$

式中，RSD 为相对土壤分离能力（无量纲）。式（5-5）中的回归指数-0.409 表征了相对土壤分离能力随着根系密度下降的快慢程度，与 Gyssele 等（2006）、De Baets 等（2006）、

De Baets 等（2010）等得到的−0.593、−2.50、−1.14 和−0.93 相比，式（5-5）中的−0.409 显著偏小。回归指数的大小代表了植被根系密度影响土壤分离能力的相对大小，对于上述欧洲的相关研究成果而言，当根系密度等于 4 kg/m^3 时，计算得到的相对土壤分离能力都接近 0，当根系密度大于 10 kg/m^3 时，不同参数计算的结果基本上一致（图 5-28）。

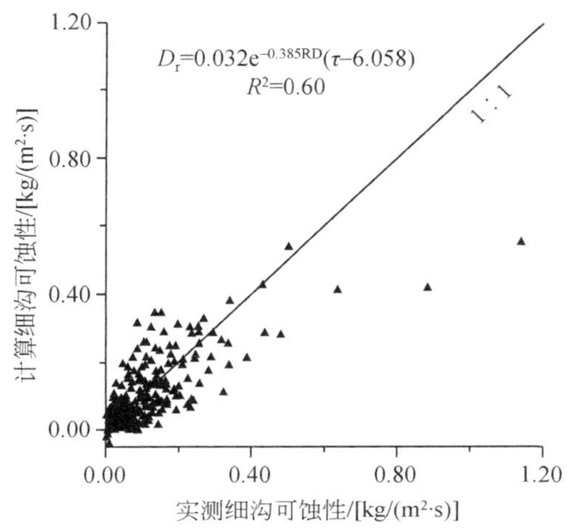

图 5-26　式（5-4）计算值与实测值比较

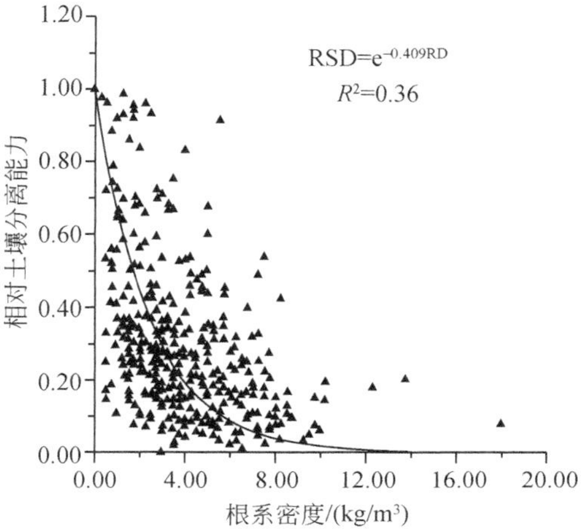

RSD=e$^{-0.409RD}$

R^2=0.36

相对土壤分离能力

根系密度/(kg/m^3)

图 5-27　相对土壤分离能力随根系密度的变化趋势

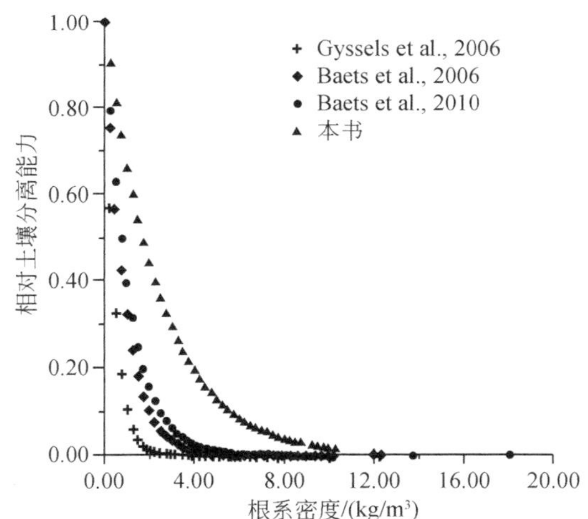

图 5-28　不同研究相对土壤分离能力随根系密度的变化

上述不同研究中，式（5-5）拟合指数的差异，可能主要和植物类型、土壤中死根系或残茬数量的大小、试验条件及过程等差异密切相关。植物类型的影响可能最大，因为无论是根系结构、形态特征、单位长度的质量，还是根系直径及其抗拉抗剪强度、根系的垂直分布，都随着植物类型的不同而不同。上述讨论、分析的相关研究中，土样采集于不同的土地利用类型，如冬大麦、春小麦、大豆、胡萝卜、燕麦等，根系比表面积、细根数量、根系结构等与抑制侵蚀作用相关的根系特性，都随着气候特征、地形条件、土壤属性及其深度、植物类型，以及生长发育阶段的不同而不同，从而导致根系对土壤分离能力抑制作用的差异。

土壤中死根系或残茬的存在，势必会强化土壤抗蚀性能，增大植被根系抑制土壤分离能力的功能。本书中，建设小区时将土壤过筛，同时柳枝稷仅生长了 3 个月，因而在土样中不可能有大量死根或残茬的分布，因此，相对土壤分离能力随着根系密度增大而下降的曲线比较靠上（图 5-28）是很容易理解的。众所周知，土壤性质在很大程度上决定着土壤侵蚀量的大小及其空间分布，自然也会直接影响各种水土保持措施的效益，土壤理化性质，如土壤类型、质地、容重、黏结力、有机质含量等，都会影响植被根系系统抑制土壤分离过程的大小。同时测定土壤分离能力的试验条件，特别是试验水槽的长度、宽度、长宽比、下垫面糙率、流量、坡度、流速测定方法及测流区的位置与长度、土样的长度及饱和程度等诸多方面，都会影响土壤分离能力测定结果（张光辉，2017），进而影响植被根系对土壤分离能力影响的大小。一般而言，随着坡度的增大，所有水土保持措施的效益都随之降低，当坡度达到一定程度后，水土保持措施失效，一旦失效便会引起土壤侵蚀的急剧增大，但在本书中，并没有发现相对土壤分离能力随坡度的增大而出现趋势性的变化规律（表 5-14）。

表 5-14　不同坡度条件下相对土壤分离能力（RSD）的统计特征值

坡度/%	最小值	最大值	平均值	标准差	n
17.4	0.000	0.942	0.239	0.207	95
25.9	0.001	0.986	0.302	0.226	98
34.2	0.045	0.931	0.317	0.228	96
42.3	0.025	0.977	0.281	0.192	100

5.3.3　根系的季节生长对土壤分离过程的影响

将实测土壤分离能力和水流剪切力进行线性拟合，即可得到柳枝稷、无芒雀麦及裸地对照小区的细沟可蚀性和土壤临界剪切力（图 5-29），以 10 月 1 日的测定结果为例，柳枝

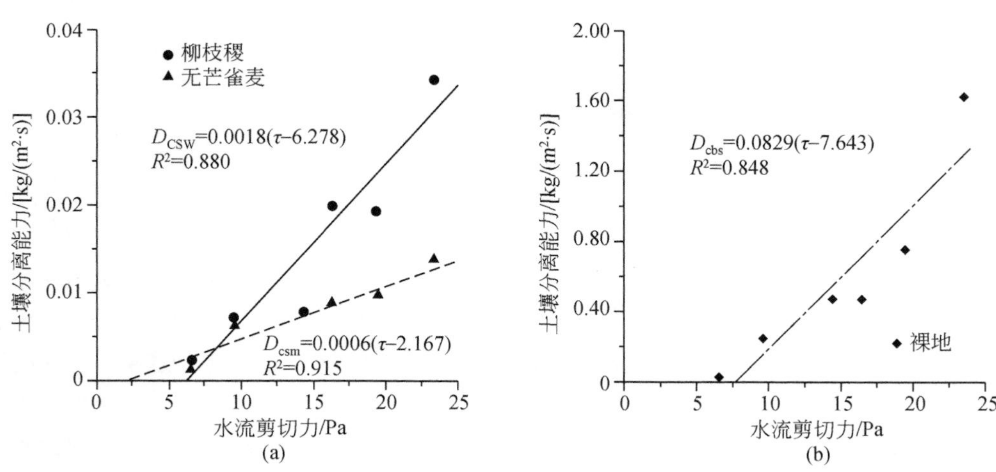

图 5-29　实测土壤分离能力拟合草地和裸地对照小区土壤侵蚀阻力示意图

稷、无芒雀麦和裸地对照的细沟可蚀性分别为 0.0018 s/m、0.0006 s/m 和 0.0829 s/m，而土壤剪切力分别为 6.28 Pa、2.17 Pa 和 7.64 Pa。图 5-30 给出了柳枝稷、无芒雀麦及裸地对照小区细沟可蚀性的季节变化，很显然，无论是草地小区，还是裸地对照小区，其细沟可蚀性都随着时间的变化而出现了明显的波动，表 5-15 给出了各个小区细沟可蚀性随时间变化的统计特征值。

表 5-15　草地及裸地对照细沟可蚀性季节变化的统计特征值　　（单位：s/m）

土地利用	最小值	最大值	平均值	标准差
柳枝稷	0.0014	0.0118	0.0052	0.0039
无芒雀麦	0.0005	0.0130	0.0035	0.0041
裸地对照	0.0156	0.1172	0.0685	0.0296

裸地对照的细沟可蚀性显著大于柳枝稷和无芒雀麦的细沟可蚀性，分别是柳枝稷和无芒雀麦的 13 倍和 20 倍，说明裸地的土壤抗蚀性能远远小于草地，在同等侵蚀动力条件下，裸地的侵蚀强度将远大于草地。对于柳枝稷和无芒雀麦两种草地而言，无芒雀麦的土壤侵蚀阻力明显大于柳枝稷，其平均细沟可蚀性为 0.0035 s/m，仅为柳枝稷细沟可蚀性平均值的 2/3。在 3 种处理中，无芒雀麦细沟可蚀性的季节波动最大，最大值和最小值的比值为 26，变异系数为 1.17。相对而言，裸地对照细沟可蚀性的季节变化最小，最大值和最小值的比值为 8，而变异系数仅为 0.43，说明对于没有翻耕等农事活动扰动的裸地而言，虽然其细沟可蚀性远大于草地，但在一年之内的季节变化并不大，小于同期草地细沟可蚀性的季节变化。

裸地对照和草地细沟可蚀性季节变化存在明显的差异（图 5-30），4 月中旬柳枝稷草地的细沟可蚀性相对较低，5 月迅速增大，6 月初达到了最大值。随着柳枝稷的生长发育，细沟可蚀性快速下降，到 9 月中旬达到最小值，随后出现了轻微的增大。4 月初无芒雀麦草地的细沟可蚀性最大，5 月迅速下降，6 月中旬快速增大，然后逐渐降低直到监测期结束。对于裸地对照，4 月中旬的细沟可蚀性相对较高，随后逐渐降低，持续到 7 月，到 8 月初达到最小值，然后增大，直到监测期结束（图 5-30）。很显然，细沟可蚀性的季节变化受到土地利用方式的显著影响，统计检验结果也表明，草地细沟可蚀性的季节变化与裸地对照间差异显著，而两种草地之间细沟可蚀性的季节变化并没有显著差异。细沟可蚀性的季节变化可能受植物根系生长、土壤水分时间变化、土壤物理结皮形成与发育，以及降水和重力引起的土壤固化过程等因素的综合影响（Knapen et al.，2007；Zhang et al.，2009；Nandintsetseg and Shinoda，2011）。草地和裸地细沟可蚀性季节变化的差异，可能与植物根系生长发育，以及土壤物理结皮的形成有关，受降水水滴击溅作用的影响，8 月初裸地对照小区地表发育有 3～5 mm 的土壤物理结皮，但受植被冠层、枝叶的保护，草地小区地表没有明显的土壤物理结皮发育，由于土壤物理结皮比较紧实、土壤抗蚀性能强，因而会导致细沟可蚀性偏小。

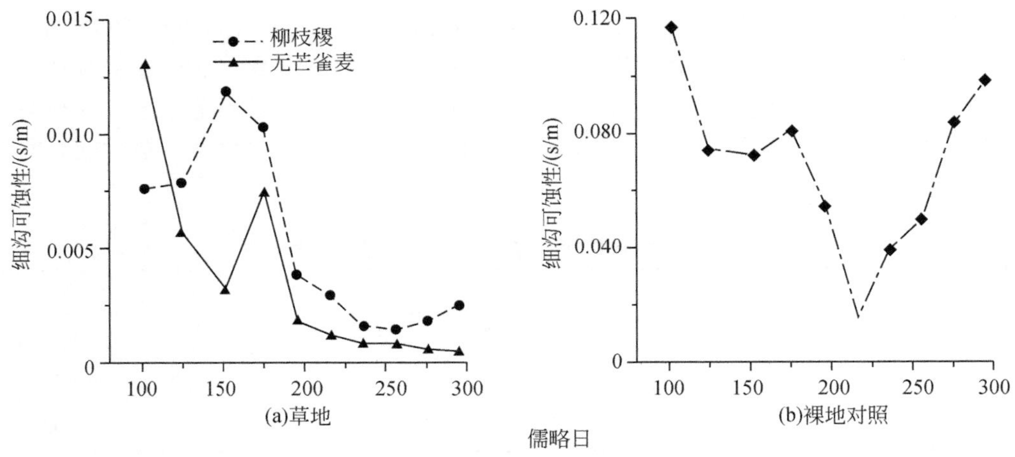

图 5-30 细沟可蚀性季节变化

土壤分离能力受根系生长的显著影响，随着根系密度的增大，土壤分离能力呈指数函数减小。土壤侵蚀阻力随着根系密度的增大而增大，特别是生长有须根系的草地更是如此，无论是柳枝稷，还是无芒雀麦，细沟可蚀性都随着根系密度的增大而减小（图 5-31）。对于柳枝稷草地：

$$K_{\mathrm{rsw}} = 0.020\mathrm{e}^{-0.255\mathrm{RD}} \quad R^2 = 0.82 \tag{5-6}$$

式中，K_{rsw} 为柳枝稷草地的细沟可蚀性（s/m）；RD 为根系质量密度（kg/m^3）。对于无芒雀麦草地：

$$K_{\mathrm{rsm}} = 0.057\mathrm{e}^{-0.998\mathrm{RD}} \quad R^2 = 0.83 \tag{5-7}$$

式中，K_{rsm} 为无芒雀麦草地的细沟可蚀性（s/m）。比较图 5-31 中的两条曲线可以发现，在同样根系密度条件下，无芒雀麦的细沟可蚀性明显小于柳枝稷，换言之，无芒雀麦根系提升土壤侵蚀阻力的功能明显大于柳枝稷，这一差异可能与两种草本的根系结构有关。一般而言，随着植物根系直径增大，根系对土壤分离能力及侵蚀阻力的影响减小（De Baets and

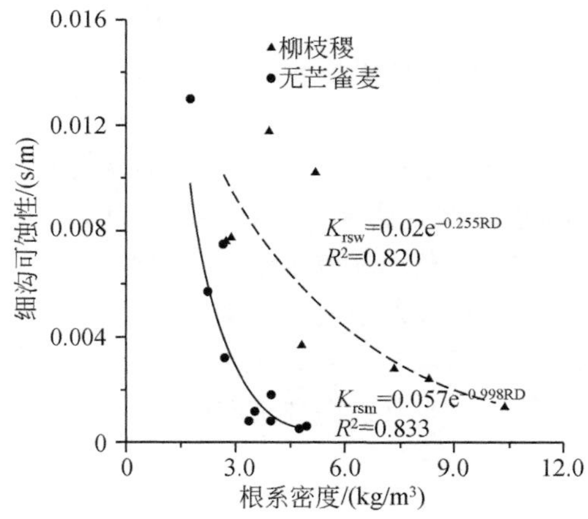

图 5-31 草地根系密度对细沟可蚀性影响

Poesen，2010），柳枝稷的根系直径均值（0.422 mm）明显大于无芒雀麦（0.103 mm），前者约为后者的 4 倍，因此，在同等根系密度条件下，无芒雀麦根系抑制侵蚀的功能就大于柳枝稷根系。这一结果说明，用植物根长密度模拟根系对土壤侵蚀的影响，可能效果更好，因为在同等质量密度条件下，根系的直径越细，则根系长度越长，根系长度密度越大。但问题是测定植物全部根系的长度非常困难，特别是对于那些根系细小的植物来说更是如此，因此，从实用角度而言，使用根系质量密度刻画根系对土壤侵蚀的影响，更加简单实用。

研究草地细沟可蚀性的目的是为了建立草地细沟可蚀性的调整系数，换言之是为了更好地理解为什么在同等侵蚀动力条件下，裸地或者坡耕地细沟侵蚀强烈，而草地没有细沟侵蚀，从模型模拟的角度而言，必须建立细沟可蚀性的调整系数，才可以有效地模拟草地土壤侵蚀过程。受植物根系生长发育、干湿交替，以及土壤物理结皮形成等多种因素的综合影响，草地与裸地对照细沟可蚀性的比值，在整个季节内也具有明显的时间变化，整个监测期柳枝稷草地和无芒雀麦草地，与裸地对照细沟可蚀性比值的均值分别为 0.083 和 0.048，无论是柳枝稷，还是无芒雀麦，其细沟可蚀性与裸地对照细沟可蚀性的比值，在整个监测期内呈现出显著的时间变异，且与植物根系密度间具有显著的相关关系，两种草地细沟可蚀性与裸地对照细沟可蚀性的比值随着根系密度的增大而减小（图 5-32）。对于柳枝稷草地：

$$K_{rsw} = K_{rbs}e^{-0.671RD} \quad R^2 = 0.92 \tag{5-8}$$

而对于无芒雀麦草地：

$$K_{rsm} = K_{rbs}e^{-1.030RD} \quad R^2 = 0.99 \tag{5-9}$$

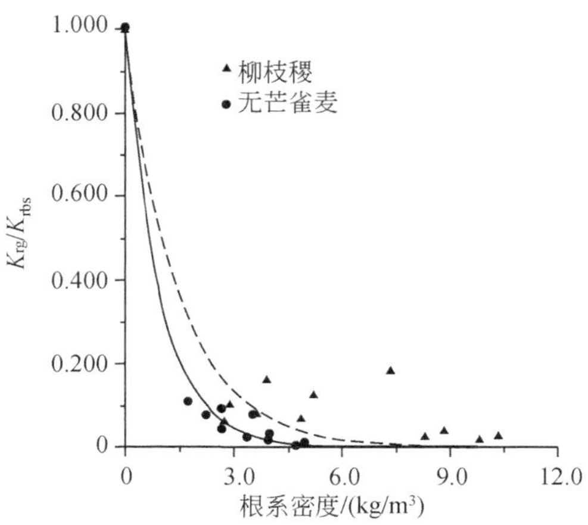

图 5-32　根系密度对细沟可蚀性比值影响

比较式（5-8）和式（5-9）就可以明显的发现，柳枝稷细沟可蚀性的调整系数为−0.671，而无芒雀麦细沟可蚀性的调整系数为−1.030，后者明显大于前者，再次说明无芒雀麦根系的水土保持功能明显大于柳枝稷根系。细沟可蚀性的调整系数可能与植物类型有关，植物类型决定了根系的质量、长度、直径，以及水平与垂直分布特征。当然，对于同一植物不同的生育期而言，其根系特征也存在明显的差异，也就是说在植物不同的生育期或者生长阶段，根系抑制土壤侵蚀的功能会存在明显的差异，其细沟可蚀性的调整系数也会明显不同。土壤侵蚀过程模型，如 WEPP（water erosion prediction project，Flanagan et al.，2007），细沟可蚀性调整系数是活根系的函数。对于牧草地：

$$K_{rr} = 0.0017 + 0.0024\text{CL} - 0.0088\text{OM} - 0.00088\rho_b/1000 - 0.00048\text{ROOT} \quad (5\text{-}10)$$

式中，K_{rr} 为 WEPP 模型中牧草地的细沟可侵蚀性（s/m）；CL 为土壤黏粒含量（0～1）；OM 为土壤有机质含量（0～1）；ρ_b 为土壤干容重（kg/m^3）；ROOT 为表层 10 cm 土壤层内总根系密度（kg/m^2）。利用不同时间点监测的根系密度及土壤属性计算牧草地的细沟可蚀性，然后除以裸地对照不同时间点的细沟可蚀性，并绘制其与根系密度的关系曲线（图 5-33）。对于农耕地：

$$K_{rc}/K_{rbs} = e^{-3.5\text{LRM}} \quad (5\text{-}11)$$

式中，K_{rc} 为 WEPP 模型中农耕地的细沟可蚀性（s/m）；LRM 为表土 15 cm 土壤层内活根系密度（kg/m^2）。同理利用裸地实测细沟可蚀性和根系密度，计算得到农地细沟可蚀性并除以裸地细沟可蚀性，绘制其与根系密度间的关系曲线（图 5-33）。比较两条曲线和柳枝稷与无芒雀麦实测点发现，WEPP 模型牧草地细沟可蚀性公式计算的结果远远小于柳枝稷和无芒雀麦的监测结果，而 WEPP 模型农耕地的细沟可蚀性公式计算的结果又远大于实测值（图 5-33），说明 WEPP 模型中牧草地细沟可蚀性的线性函数显著高估了植物根系对土壤侵蚀阻力的影响，而其农耕地细沟可蚀性的指数函数显著低估了作物根系对土壤侵蚀阻力的提升作用。

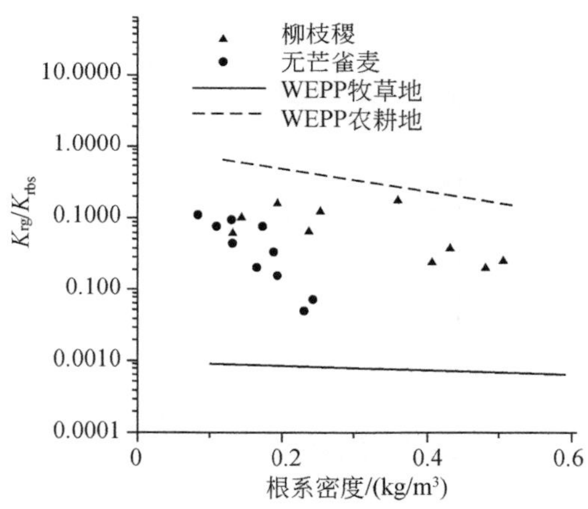

图 5-33　牧草地和裸地细沟可蚀性的比值与根系密度的关系

无论是裸地对照、农耕地，还是草地，其土壤侵蚀阻力的季节变化都比较复杂，受到多种自然和人为因素的综合影响，如对于坡耕地而言，土壤侵蚀阻力不但受到土壤属性的影响，也会受降水、冻融、重力、含水量、作物根系生长等自然因素的影响，同时也会受到耕作、播种、锄草、施肥、收获等农事活动的影响，无论是土壤属性，还是自然因素及农事活动等，都具有明显的地域变化特征，使得土壤侵蚀阻力时间变化的研究工作更为复杂，需要在不同条件下开展长期研究，才可以从动力学角度揭示土壤侵蚀阻力的时间变化规律。

5.4　黄土高原草本根系阻控土壤分离的功能

草本群落是黄土高原植被重要的组成成分，其根系系统具有强大的抑制土壤分离过程的功能。根系系统对土壤分离过程的影响，包括根系系统捆绑、缠绕、胶结土壤颗粒，以及化学分泌物的吸附等直接作用，也包括根系系统生长、死亡对土壤性质及其结构改善的间接作用。同时不同草本群落其根系生物量大小、垂直分布特性及根型等性状都存在明显的差异，导致其阻控土壤分离的功能大小不尽相同，因而需要对黄土高原常见的草本群落根系阻控土壤分离过程的功能进行深入系统研究，为比较不同植物群落水土保持功能的大小、揭示其机理提供理论基础。

5.4.1　试验材料与方法

试验在陕西省安塞区纸坊沟小流域进行，在系统流域调查的基础上，选择代表黄土高原不同演替阶段常见的 10 种草本群落，其中 5 种群落建群种的根系为直根系，它们分别是黄蒿、黄芪、艾蒿、铁杆蒿和达乌里胡枝子，而另外 5 种建群种的根系为须根系，分别为早熟禾、长芒草、赖草、隐子草和白羊草，所有草地都是经退耕逐渐演替而来，各样地的坡度、坡向和海拔尽量保持相似，减少地形因素对试验结果的影响。土壤质地为粉壤土，但机械组成稍有差异，黏粒、粉粒和砂粒含量分别为 9.%～14.5%、61.6%～72.6%和 12.9%～28.4%。

在每个样地上采集原状土样，保证每个样品中包含有建群种，每个样地采集 30 个原状土样测定土壤分离能力，共采集 300 个土样。同时测定土壤容重、团聚体含量、土壤黏结力、土壤有机质等土壤理化性质，每个样地重复测定 5 次，取其平均值（表 5-16）。土壤分离能力在变坡实验水槽内测定，通过流量和坡度的不同组合（17.5%、0.003 m^2/s；17.5%、0.006 m^2/s；26.2%、0.006 m^2/s；43.6%、0.004 m^2/s；43.6%、0.006 m^2/s 和 43.6%、0.007 m^2/s）获得 6 个不同的水流剪切力，分别为 4.98 Pa、7.58 Pa、10.01 Pa、11.19 Pa、15.24 Pa 和 16.37 Pa。实验过程中测定水流流速，计算得到水流功率和单位水流功率等综合性水动力学参数。土壤分离能力测定以土样冲刷深度控制，利用实测的土壤分离能力和水流剪切力，进行线性拟合得到细沟可蚀性和土壤临界剪切力，表征土壤侵蚀阻力特征（Wang et al.，2018）。

表 5-16　黄土高原常见草本群落样地土壤理化性质

草本群落	土壤容重/（kg/m^3）	团聚体（＞0.5 mm）	黏结力/kPa	中值直径/μm	有机质含量/（g/kg）
黄蒿（HH）	852	0.47	5.16	33.32	6.57
黄芪（HQ）	837	0.49	5.13	34.67	6.98
艾蒿（AH）	901	0.63	6.76	31.84	22.14
铁杆蒿（TGH）	1048	0.84	8.66	20.51	7.71
达乌里胡枝子（HZZ）	1272	0.72	6.83	33.60	18.12
早熟禾（ZSH）	1029	0.72	7.74	22.54	11.36

续表

草本群落	土壤容重/(kg/m³)	团聚体（>0.5 mm）	黏结力/kPa	中值直径/μm	有机质含量/（g/kg）
长芒草（CMC）	1102	0.72	6.73	33.55	13.29
赖草（LC）	1383	0.81	7.51	34.44	5.05
隐子草（YZC）	1152	0.72	7.55	34.88	8.35
白羊草（BYC）	1198	0.70	6.47	32.44	10.99

5.4.2 草本群落根系特征及其对土壤分离过程的影响

黄土高原常见草本群落的地上生物量和根系质量密度差异显著（图 5-34），不同草本群落单稞的地上生物量为 1.58～17.73 g，地上生物量最大的是黄芪，是生物量最小的隐子草的 11 倍以上。不同草本群落根系质量密度为 1.63～8.97 kg/m³，达乌里胡枝子的根系质量密度最大，黄蒿根系质量密度最小，前者是后者的 5.5 倍。表层土壤（0～5 cm）内根系生物量与地上生物量的比值为 0.08～1.14，达乌里胡枝子最大，黄芪最小，前者是后者的 14 倍以上。植被生物量和根系密度随着根型的不同而有所变化，对于直根系的草本群落而言，

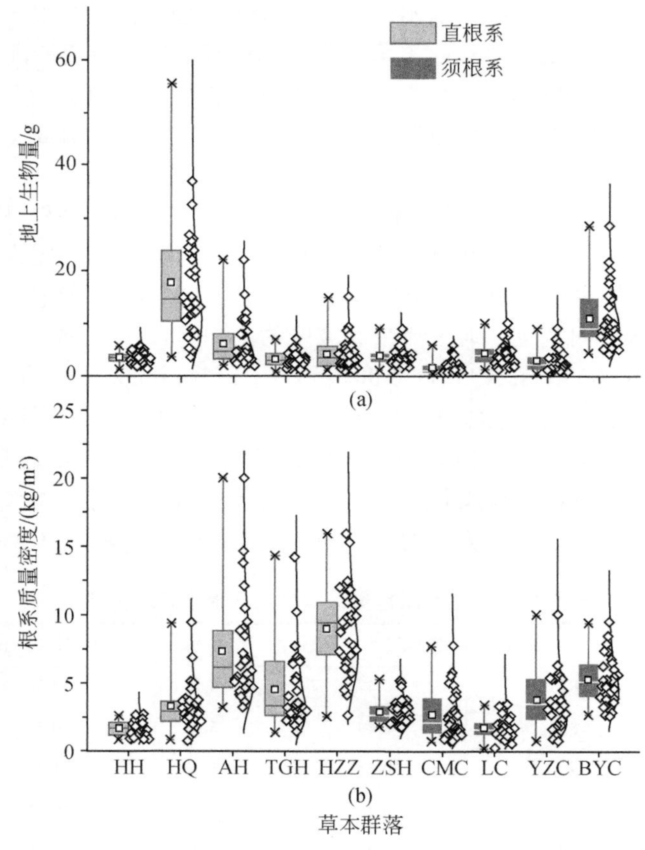

图 5-34 黄土高原常见十种草本群落地上生物量和根系质量密度比较

地上生物量、根系质量密度和根系密度与地上生物量比值的均值分别为 6.91 g、5.13 kg/m^3 和 0.52，分别是须根系草本群落的 1.5 倍、1.6 倍和 1.1 倍。

在干旱和半干旱的黄土高原地区，降水稀少，降水是植物生长的主要水分来源，而植物蒸腾需要的大量水分都通过根系系统从土壤中提取，因此，植物地上部分的生长和根系系统之间具有密切的相关关系，随着植物根系密度的增大，地上生物量呈对数函数增大。反过来，从实际测量的角度而言，草本的地上生物量很容易测定，而根系质量密度较难测定，因此，可以通过建立地上生物量与根系质量密度间的函数关系，估算根系生物量或密度的大小，常见的根冠比就是其中最常见的实例。对于黄土高原常见的须根系草本群落，随着地上生物量增大，根系质量密度呈对数函数增大（图 5-35），而直根系草本群落，因其根系分布较深，地上生物量与表层土壤根系质量密度间并没有很好的相关关系。

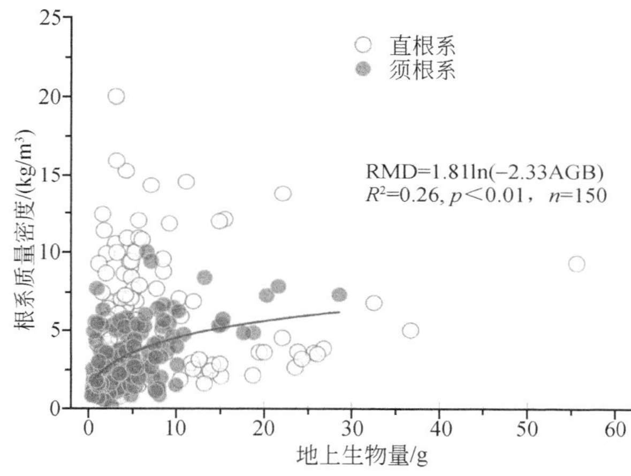

图 5-35　须根系草本群落地上生物量与根系质量密度的关系曲线

除最简单、最常用的根系质量密度外，根系特征还可以用根系长度密度、根系直径、根系表面积密度、根系体积比、比根长、根系组织密度等参数定量表达，表 5-17 给出了各参数的具体算法及各参数的含义。黄土高原常见草本群落的根系长度密度、直径、比表面积、体积比、比根长和根系组织密度差异显著（图 5-36）。

表 5-17　植物根系特征计算公式

根系参数	计算公式	注解
根系长度密度（RLD，km/m^3）	RLD = RL / V	RL 为根系长度（km）；V 为土样体积（m^3）
根系表面积密度（RSAD，m^2/m^3）	RSAD = RSA / V	RSAD 为根系表面积（m^2）
根系体积比（RVR，m^3/m^3）	RVR = RV / V	RV 为根系体积（m^3）
根系比根长（SRL，km/kg）	SRL = RL / RMD	RMD 为根系质量密度（kg/m^3）
根系组织密度（RTD，kg/m^3）	RTD = RM / RV	RM 为根系质量（kg）

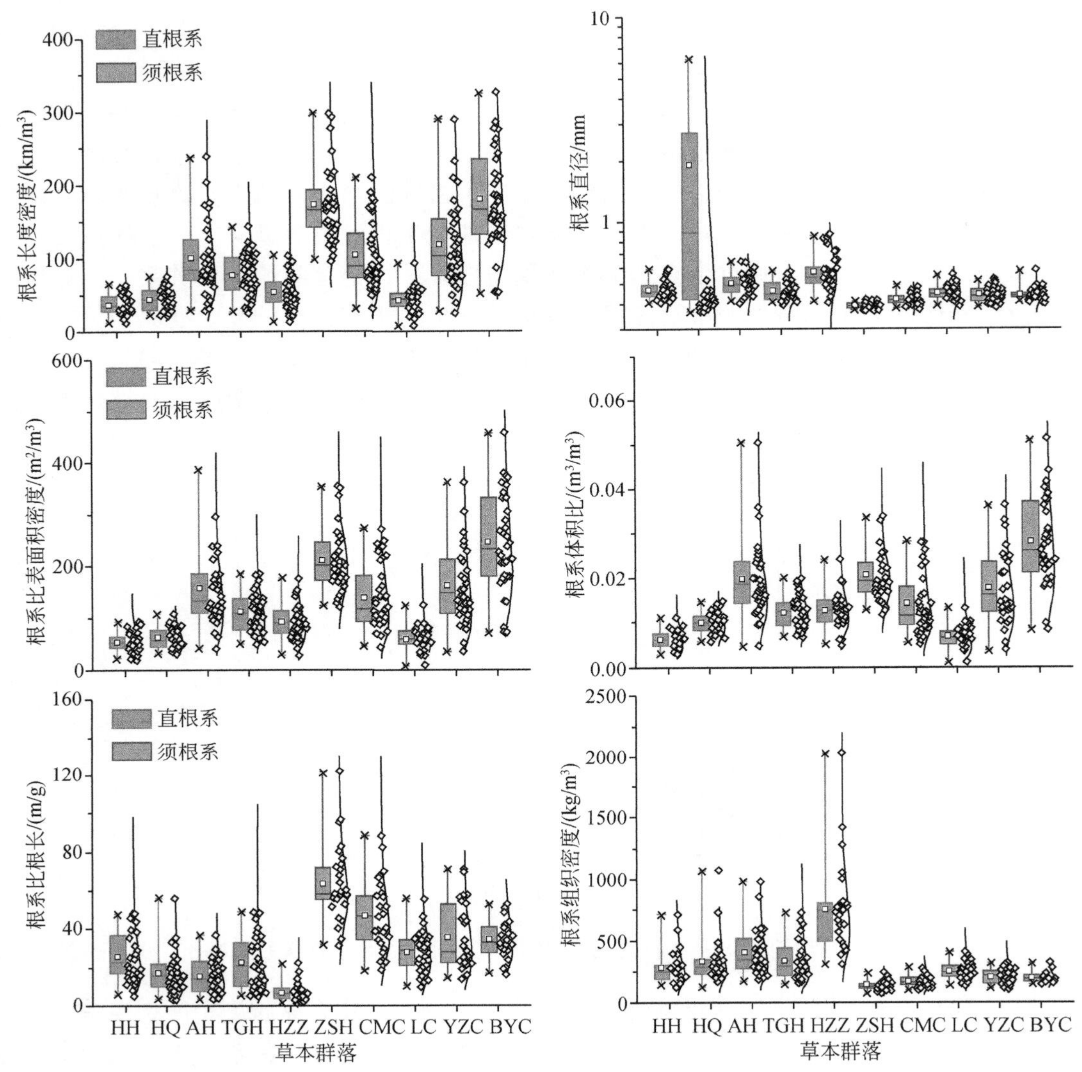

图 5-36　黄土高原常见草本群落根系特征

草本群落的根系长度密度为 37.5～179.6 km/m^3，白羊草根系长度密度最大，而黄蒿最小，前者是后者的 4.8 倍。与根系长度密度类似，根系表面积密度和根系体积比也是白羊草群落最大，分别为 247.0 m^2/m^3 和 0.027，分别是最小值黄蒿的 4.6 倍和 4.3 倍。白羊草是黄土高原丘陵沟壑区阳坡的顶级群落，土壤表层分布有大量须根系，因而它的长度密度等根系参数在 10 个研究的草本群落中最大。不同草本群落的比根长为 7.31～63.64 km/kg，早熟禾群落最大，达乌里胡枝子最小，前者是后者的 8.7 倍。与比根长相反，根系组织密度是达乌里胡枝子最大，达到 747 kg/m^3，是最小值早熟禾的 5.3 倍。比较不同根型的草本群落根系特征可以发现，直根系的草本根系直径、组织密度都比较大，分别是须根系草本群落的 1.8 倍和 2.2 倍，而直根系草本群落的根长密度、根表面积密度、体积比和比根长明显小于须根系的草本群落，分别仅为后者的 49%、42%、29%和 57%。植被根系特征的差异，自然会引起其阻控土壤分离功能的差异。

黄土高原 10 种常见草本群落的土壤分离能力均值为 0.030～3.297 kg/（m^2・s）（表 5-18），平均为 0.630 kg/（m^2・s），黄芪群落的土壤分离能力最大，是最小值早熟禾的 110 倍，说明不同草本群落抵抗土壤分离的功能差异非常悬殊。表征土壤侵蚀阻力特征的细沟可蚀性和土壤临界剪切力，也随着草本群落的不同而发生显著变化，细沟可蚀性为 0.004～0.447 s/m，黄芪群落最大，是最小值早熟禾群落的 112 倍。土壤临界剪切力为 1.13～4.73 Pa，整体来看都比较低，赖草群落的临界剪切力最大，而达乌里胡枝子群落的临界剪切力最小，前者是后者的 4.2 倍，与细沟可蚀性相比，不同群落间土壤临界剪切力的差异并不十分明显。比较不同根型的草本群落发现，须根系的草本群落抑制土壤分离的功能更为强大，5 种须根系草本群落的土壤分离能力、细沟可蚀性均值分别是 5 种直根系草本群落的 93.2% 和 93.4%，而前者的土壤临界剪切力均值是后者的 1.2 倍。细沟可蚀性的下降和土壤临界剪切力的增大，都表明须根系草本群落提升土壤抗蚀性能的作用，明显大于直根系草本群落。

表 5-18　常见草本群落的土壤分离能力、细沟可蚀性和临界剪切力

草本群落	土壤分离能力 /［kg/（m^2・s）］			细沟可蚀性/（s/m）	临界剪切力/Pa
	最小值	最大值	平均值		
黄蒿	0.319	7.767	2.412	0.352	3.91
黄芪	0.675	6.872	3.297	0.447	4.17
艾蒿	0.021	0.535	0.085	0.040	1.78
铁杆蒿	0.014	0.105	0.051	0.007	4.25
达乌里胡枝子	0.019	0.225	0.056	0.005	1.13
早熟禾	0.011	0.093	0.030	0.004	2.76
长芒草	0.024	0.330	0.121	0.017	4.34
赖草	0.034	0.327	0.132	0.020	4.73
隐子草	0.019	0.128	0.056	0.007	4.00
白羊草	0.026	0.170	0.062	0.006	1.71

不同草本群落土壤分离能力及土壤侵蚀阻力的差异，势必与根系特征密切相关。土壤分离能力与根系长度密度、根系直径和根系质量密度间呈显著的负相关关系，随着根系长度密度和质量密度的增大，更多的根系会缠绕、捆绑土壤颗粒，土壤结构变得更为稳定，土壤抗蚀性能更强大，土壤分离能力必然下降。随着植被根系直径的增大，根系系统对土壤的挤压作用越明显，土壤会变得更为紧实，土壤容重增大，则土壤抵抗侵蚀的能力增强。无论是直根系还是须根系的草本群落，随着根系长度密度和质量密度的增大，土壤分离能力均呈指数函数下降（图 5-37）。

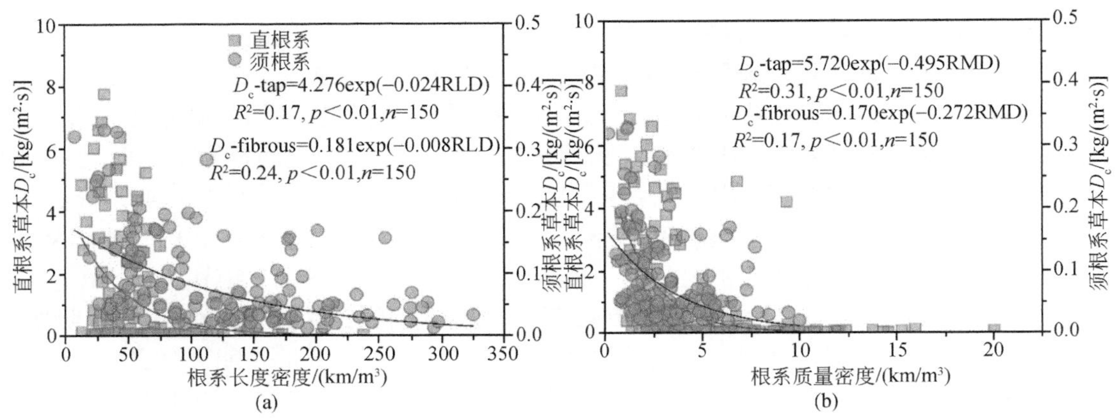

图 5-37　根系长度密度和质量密度对土壤分离能力（D_c）的影响

随着根系表面积密度或根系体积比的增大，根系与土壤间的接触面积增大，根系分泌物的化学吸附作用加强，根系网络结构对土壤的捆绑作用更明显，因此，土壤分离能力与根系表面积密度和体积比间呈显著的负相关关系。无论是直根系还是须根系草本群落，土壤分离能力均随着根系表面积密度和根系体积比增大而呈指数函数减小（图 5-38）。

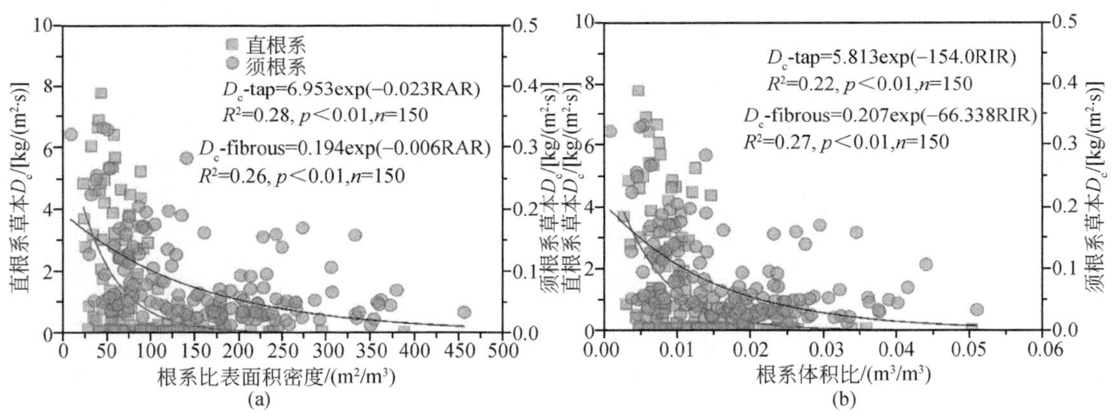

图 5-38　根系比表面积密度和体积比对土壤分离能力（D_c）的影响

根系比根长是表征植物根系系统的重要参数，反映了根系的质量与形态特征，当根系质量一定时，比根长越大意味着更长的根系穿插、缠绕在土壤中，强化土壤抗蚀性能，因此，随着根系比根长的增大，土壤分离能力下降，但关系并不显著，可能的原因是比根长与根系直径密切相关（图 5-39）。同时发现，根系组织密度与土壤分离能力间也没有显著的相关关系，说明根系组织密度并不适合模拟根系系统提升土壤抗蚀性能。

土壤侵蚀阻力同样受到植物根系特征的影响，细沟可蚀性随着根系长度密度和比表面积密度的增大呈指数函数下降（图 5-40），说明随着土壤中根系长度密度和根系比表面积密度的增大，土壤抗蚀性能增强，因而细沟可蚀性降低。土壤临界剪切力与根系参数间没有显著的相关关系，其原因与土壤临界剪切力的获取方法有关，前文已做分析，这里不再赘述。

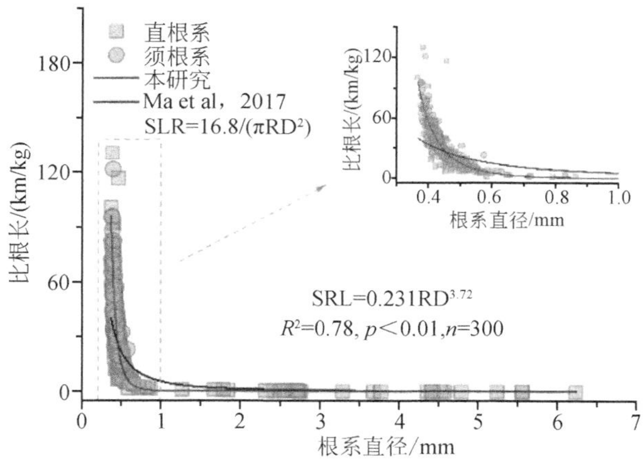

图 5-39　草本群落根系直径与比根长的关系

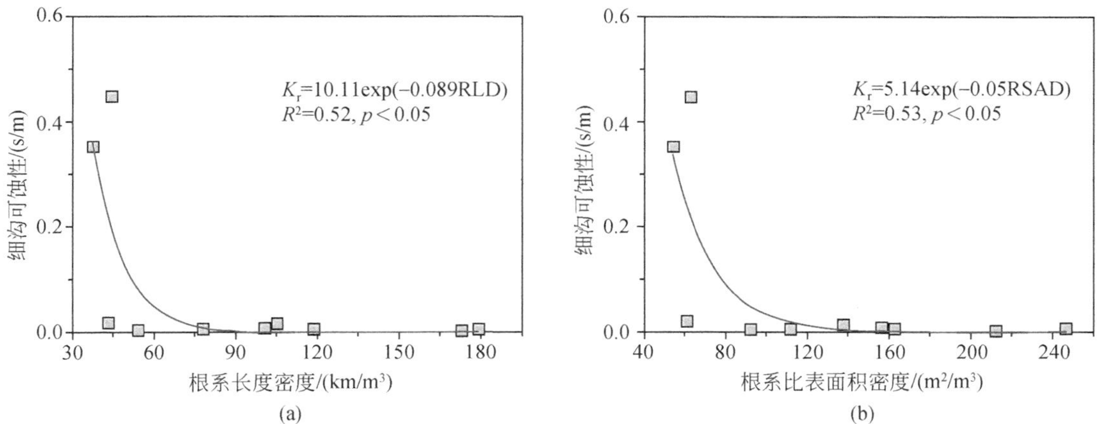

图 5-40　草本群落根系长度密度和比表面积密度对细沟可蚀性的影响

5.4.3　草本生长驱动的土壤性质变化对土壤分离过程的影响

在黄土高原丘陵沟壑区，草本群落的生长发育会显著影响土壤理化性质（表 5-16），土壤容重、团聚体含量及其稳定性、黏结力是定量表征土壤性质影响土壤侵蚀过程的常用参数。对于黄土高原 10 种常见的草本群落，其土壤容重均值为 837～1383 kg/m^3，长芒草群落的土壤容重最大，是土壤容重最小的黄蒿群落的 1.7 倍。各草本群落的团聚体为 0.47～0.84，而土壤黏结力为 5.13～8.66 kPa，铁杆蒿群落的团聚体含量及黏结力在 10 种草本群落中最大，黄蒿和黄芪群落最小，前者的团聚体含量和黏结力分别是后者的 1.8 倍和 1.7 倍。

土壤有机质是影响土壤侵蚀过程最重要的土壤化学性质，黄土高原常见草本群落的有机质含量为 5.05～22.14 g/kg，艾蒿群落的有机质含量最高，赖草群落的有机质含量最低，两者相差 3.4 倍。与其他土壤理化性质相比，土壤有机质含量最大值和最小值的比值最大，说明草本群落的生长发育，特别是其根系系统对土壤有机质的影响非常强烈，分析数据表明黄土高原草本群落的土壤有机质含量与根系质量密度之间具有显著的相关关系，随着植物根系质量密度的增大，土壤有机质含量呈幂函数增大（图 5-41）。

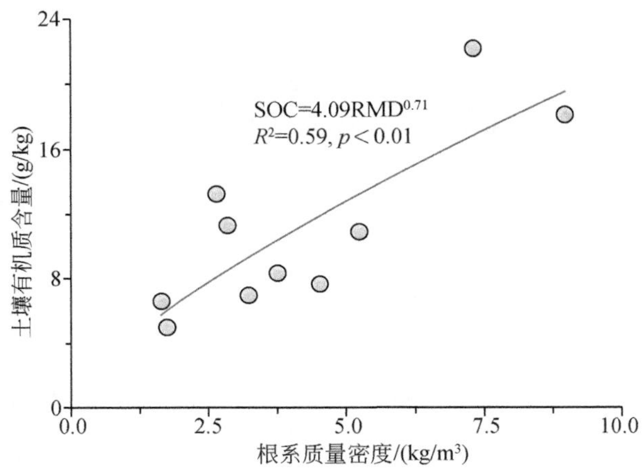

图 5-41　草本根系质量密度对土壤有机质含量的影响

植被生长对土壤理化性质的影响，与根系形态特征密切相关，5 种直根系的草本群落，其土壤容重、团聚体含量及黏结力的均值分别为 980 kg/m^3、63.3%和 6.51 kPa，分别比 5 种须根系草本群落低 16.3%、13.8%和 9.6%，而 5 种直根系草本群落的有机质含量均值为 12.3 g/kg，明显高于 5 种须根系草本群落的有机质含量，前者是后者的 1.3 倍。这一差异主要和草本群落根系的垂向分布有关系，须根系草本的根系分布比较浅，而直根系草本的根系分布比较深，植被对浅层土壤养分的吸收相对较少，因而其有机质含量相对较高。不同草本群落的土壤中值直径也有一定的差异，为 20.5～34.9 μm。虽然不同根型草本群落土壤中值直径存在差异，但差异并不显著，直根系草本群落的土壤中值直径仅比须根系草本群落小 2%。

土壤性质显著影响土壤分离过程，草本植被生长驱动的土壤性质变化自然会影响到土壤侵蚀及其时空分布特征。随着土壤容重、团聚体含量和黏结力的增大，土壤分离能力呈指数函数下降（图 5-42）。土壤容重是表征土壤紧实度的关键参数，土壤容重越大意味着土壤越紧实，土壤抗蚀性能越强，因而在同样水动力条件下土壤分离能力越小。土壤团聚体及其稳定性是影响土壤结构的重要因素，特别是水稳性团聚体的数量尤为重要，团聚体结构稳定、体积大，较难被径流分离或输移，因此，随着团聚体数量及其稳定性的提升，土壤分离能力下降。土壤黏结力是土壤结构稳定性的力学表征，土壤颗粒可以通过物理、化学和生物胶结作用形成复杂的有机体，是土壤区别与泥沙的关键特征，土壤黏结力越大，表明土壤颗粒之间的胶结作用越强，那么径流需要更多的能量才可以将土壤颗粒从土壤体上分离，因此，随着土壤黏结力增大，土壤分离能力降低。

土壤分离过程同样受到土壤机械组成的影响，但本书中土壤质地都为粉壤土，土壤机械组成变化幅度较小，但比较分析不同草本群落土壤机械组成与土壤分离能力间的关系，仍然可以发现土壤分离能力随着砂粒含量和中值直径的增大而增大，随着粉粒和黏粒含量的增大而减小。土壤砂粒较粗，当砂粒含量较多时，土壤颗粒间的黏结力较小，土壤结构比较松散，土壤抗蚀性能较弱，因而砂粒含量较高的土壤，其分离能力较大。黏粒是土壤中重要的黏合剂，它们之间相互作用可以形成土壤团聚体，团聚体本身具有更强的稳定性，可以有效提高土壤抗蚀能力，降低土壤分离能力。

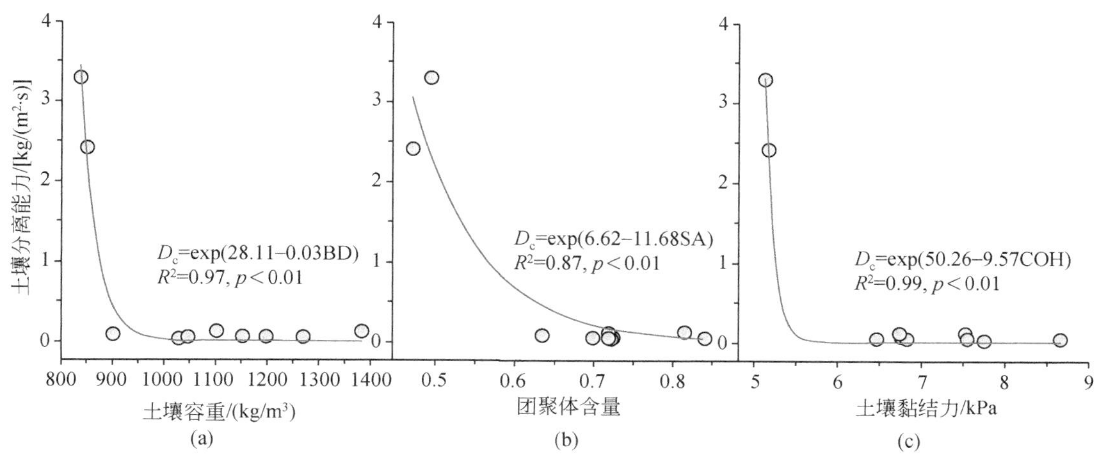

图 5-42　土壤容重、团聚体含量和黏结力对土壤分离能力的影响

土壤侵蚀阻力表征了土壤抵抗侵蚀的能力，是土壤属性的函数。植被生长驱动的土壤性质变化，势必会引起土壤侵蚀阻力特征的响应（Wang et al.，2018b）。表 5-18 给出了黄土高原 10 种常见草本群落的土壤侵蚀阻力特征——细沟可蚀性和土壤临界剪切力，从表中可以发现，不同草本群落的土壤侵蚀阻力差异显著，均值分别为 0.091 s/m 和 3.278 Pa。细沟可蚀性与土壤黏结力、黏粒含量及土壤中值直径密切相关，随着土壤黏结力、黏粒含量和中值直径的增大，细沟可蚀性分别呈指数函数、幂函数（图 5-43）和指数函数下降（图 5-44）。

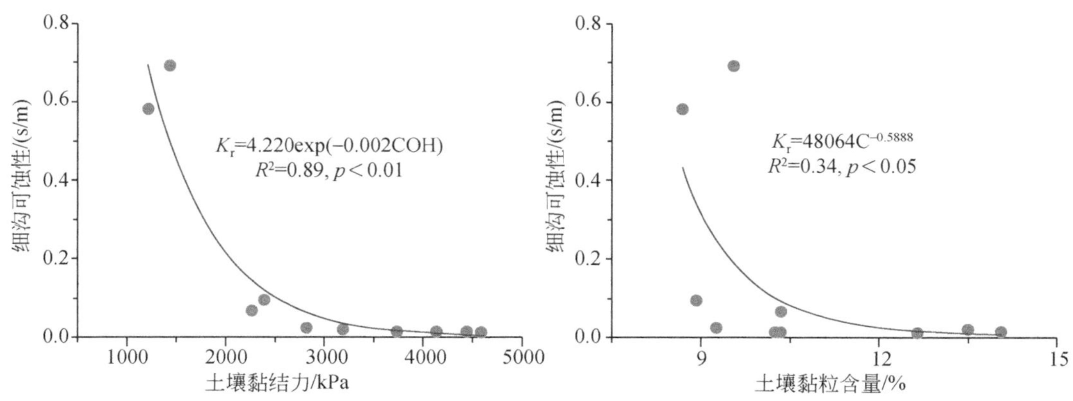

图 5-43　土壤黏结力和黏粒含量对细沟可蚀性的影响

土壤黏结力、黏粒含量及中值直径对细沟可蚀性影响的机理，与其对土壤分离能力影响的机理一致，这里不再重述。数据分析结果表明，土壤临界剪切力与土壤属性间的关系并不显著，可能的原因是 10 种草本群落的土壤全为粉壤土，土壤性质的变化幅度较小，所以无法定量得到土壤属性与土壤临界剪切力间的函数关系。不同根型的草本群落，其土壤侵蚀阻力也存在一定的差异，与 5 种直根系草本群落相比，5 种须根系草本群落的细沟可蚀性降低 84.3%，而土壤临界剪切力增大 15.2%，表明须根系草本提升土壤抗蚀性能的功

能，明显大于直根系草本群落。因此，仅从抗径流冲刷的角度而言，在黄土高原丘陵沟壑区，种植（或自然恢复）须根系的草本群落，是比较合理的选择。

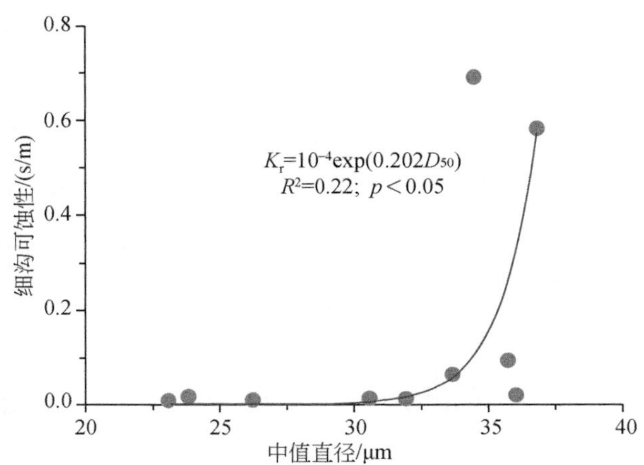

图 5-44　土壤中值直径对细沟可蚀性的影响

参 考 文 献

耿韧，张光辉，李振炜，等. 2014. 黄土丘陵区浅沟表层土壤容重的空间变异特征. 水土保持学报，28（4）：254-262

蒋德麒，赵诚信，陈章霖. 1966. 黄河中游小流域径流泥沙来源初步分析. 地理学报，32（1）：22-38

李宁宁，张光辉，王浩，等. 2018. 黄土丘陵沟壑区浅层滑坡堆积体植被演替特征及土壤养分响应. 山地学报，36（5）：669-678

李振炜，张光辉，耿韧，等. 2015. 黄土丘陵区浅沟表层土壤粘结力的状态空间模拟. 农业机械学报，46（6）：175-182

师阳阳. 2013. 黄土丘陵区不同退耕年限及模式下植被生长特性研究. 咸阳：西北农林科技大学硕士学位论文.

师阳阳，张光辉，陈云明，等. 2012. 黄土丘陵区不同退耕模式林下草本变化特征. 中国水土保持科学，10（5）：64-70

唐克丽. 2004. 中国水土保持. 北京：科学出版社

杨寒月. 2019. 黄土高原丘陵沟壑区沟坡植被生长特性及其水土保持效益. 北京：北京师范大学硕士学位论文.

杨寒月，张光辉，张宝军. 2019. 黄土丘陵沟壑区沟坡典型植物群落生长特征. 水土保持研究，26（2）：62-67

杨丽霞，陈少锋，安娟娟，等. 2014. 陕北黄土丘陵区不同植被类型群落多样性与土壤有机质、全氮关系研究. 草地学报，22（2）：291-298

张光辉. 2017. 土壤分离能力测定的不确定性分析. 水土保持学报，31（2）：1-6

张光辉，梁一民. 1995. 黄土丘陵区人工草地盖度季动态及其水保效益. 水土保持通报，15（2）：38-43

张光辉，梁一民. 1996. 植被盖度对草地水土保持功效影响的研究综述. 水土保持研究，3（2）：104-110

张光辉，刘国彬. 2001. 黄土丘陵区小流域土壤表面特性变化规律研究. 地理科学，21（2）：118-121

De Baets S D，Poesen J. 2010. Empirical models for predicting the erosion-reducing effects of roots during concentrated flow erosion. Geomorphology，118（3-4）：425-432

De Baets S D，Poesen J，Gyssels G，et al. 2006. Effects of grass roots on the erodibility of topsoil during concentrated flow. Geomorphology，76（1-2）：54-67

Flanagan D C，Gilley J E，Franti T G. 2007. Water Erosion Prediction Project （WEPP）: Development history，model capabilities，and future enhancements. Transactions of the American Society of Agricultural and Biological Engineers，50（5）：1603-1612

Gyssels G，Poesen J，Bochet E，et al. 2005. Impact of plant roots on the resistance of soils to erosion by water: A review. Progress in Physical Geography，29（2）：189-217

Gyssels G，Poesen J，Liu G，et al. 2006. Effects of cereal roots on detachment rates of single- and double-drilled topsoils during concentrated flow. European Soil Science，57（3）：381-391

Knapen A，Poesen J，Govers G，et al. 2007. Resistance of soils to concentrated flow erosion: A review. Earth-Science Reviews，80：75-109

Mamo M，Bubenzer G D. 2001. Detachment rate，soil erodibility，and soil strength as influenced by living plant roots: Part I. Laboratory study. Transactions of American Society of Agricultural Engineers，44(5): 1167-1174

Nandintsetseg B，Shinoda M. 2011. Seasonal change of soil moisture in Mongolia: its climatology and modeling. International Journal of Climatology，31：1143-1152

Wang B，Zhang G H，Yang Y F，et al. 2018a. Response of soil detachment capacity to plant root and soil properties in typical grasslands on the Loess Plateau. Agriculture，Ecosystems and Environment，266：68-75

Wang B，Zhang G H，Yang Y F，et al. 2018b. The effects of varied soil properties induced by natural grassland succession on the process of soil detachment. Catena，166：192-199

Zhang G H，Tang K M，Zhang X C. 2009. Temporal variation in soil detachment under different land uses in the Loess Plateau of China. Earth Surface Processes and Landforms，34：1302-1309

Zhang G H，Tang K M，Ren Z P，et al. 2013. Impact of grass root mass density on soil detachment capacity by concentrated flow on steep slopes. Transactions of the American Society of Agricultural and Biological Engineers，56（3）：927-934

Zhang G H，Tang K M，Sun Z L，et al. 2014. Temporal variation in rill erodibility for two types of grasslands. Soil Research，52（8）：781-788

第 6 章　近地表特性影响土壤分离过程的相对贡献

在自然生态系统中，近地表特性诸如枯落物、生物结皮、植物根系、土壤性质等是相互影响的有机整体，均可显著影响坡面径流驱动的土壤分离过程。黄土高原自 1999 年实施“退耕还林还草”工程以来，通过人工造林和坡耕地自然撂荒等植被恢复措施使得近地表特性发生了显著变化，受植被恢复模式和退耕年限的影响，近地表特性差异显著，对土壤分离过程的影响也存在显著差异。因此，系统研究不同植被恢复模式和撂荒自然演替条件下近地表特性差异对土壤分离过程的影响，量化近地表特性抑制土壤分离过程的相对贡献，对揭示植被影响土壤侵蚀过程的机理，定量评价植被的水土保持功能、优化植被措施配置等方面，具有重要的意义。

6.1　退耕年限对土壤分离过程的影响

坡耕地作为黄土高原主要的土地利用类型，是该区侵蚀泥沙的主要来源地。受频繁农事活动扰动的坡耕地，其平均土壤分离能力是草地、荒地、灌木地和林地的 2.1～13.3 倍（Zhang et al.，2008）。自 20 世纪 70 年代以来，黄土高原实施了一系列生态修复工程，黄土高原的土地利用类型随之发生了巨大变化，尤其是 1999 年“退耕还林还草”工程的有效实施，大于 25°的坡耕地均被撂荒并开始了植被的自然演替。在此过程中，植被覆盖度得到显著提高、枯落物大量蓄积、生物结皮发育良好、土壤理化性状得以改良，上述变化势必会对土壤分离过程产生了重大影响。此外，受植被恢复模式和演替年限的影响，近地表特性在不同演替阶段存在较大差异，从而导致其对土壤分离过程的影响也有所不同。因此，有必要系统研究黄土高原地区植被演替对土壤分离过程的影响，探讨自然演替条件下土壤分离能力对恢复年限的响应机制，量化近地表特性与土壤分离能力及土壤侵蚀阻力间的相互关系，为深入理解自然演替过程中土壤侵蚀机理提供借鉴。

6.1.1　试验材料与方法

试验在陕西省安塞区纸坊沟小流域进行。选择具有相同或相似坡向、坡度、海拔和土壤类型（黄绵土）的 5 个不同自然恢复年限撂荒草地（3 年、10 年、18 年、28 年和 37 年）。所选样地，撂荒前均为坡耕地，耕作措施相同。同时选取坡耕地（大豆）作为对照，各样地的土地利用和植被信息见表 6-1。在各样地依据“S”形取样法，采集地表 0～20 cm 原状土样用以测定土壤容重，采集土壤混合样用于测定土壤机械组成和有机质含量，同时在相应位置测定土壤黏结力、生物结皮厚度和土壤入渗速率（CSIRO 圆盘渗透仪）。

使用环刀（直径 9.8 cm、高 5 cm）采集原状土壤样品测定土壤分离能力（采样前去除地表杂草及枯落物），将土样置于变坡水槽内的土样盒中（长×宽=4.0 m×0.35 m），按照预设的 6 组坡度和流量组合（对应水流剪切力分别为 5.83 Pa、8.69 Pa、11.31 Pa、13.67 Pa、15.73 Pa 和 18.15 Pa）进行冲刷至一定深度（2 cm），烘干称重后计算土壤分离能力。为了消除初始含水量对土壤分离能力的影响，冲刷前将土样湿润 8 h（分 5 次逐渐升高水位、最终水位低于环刀顶部 1 cm），阴干 12 h。冲刷结束后，通过水洗法测定植物根系，烘干（65℃、24 h）、称重后计算得到根系质量密度（kg/m^3）。根据 WEPP 模型估算土壤侵蚀阻力（细沟可蚀性和土壤临界剪切力）的方法，将测定的土壤分离能力和水流剪切力进行线性回归，拟合直线的斜率即为细沟可蚀性，而拟合直线在 X 轴上的截距即为土壤临界剪切力。

表 6-1　不同撂荒年限样地基本信息

样地	年限/年	坡度/%	海拔/m	植被盖度/%	优势物种
坡耕地	0	8.7	1194	38.9	大豆
撂荒 3 年	3	14.0	1184	42.3	茵陈蒿
撂荒 10 年	10	12.2	1089	40.9	茵陈蒿+铁杆蒿
撂荒 18 年	18	14.0	1342	56.1	铁杆蒿+长芒草
撂荒 28 年	28	17.5	1167	60.0	铁杆蒿+长芒草
撂荒 37 年	37	10.5	1213	60.7	长芒草+铁杆蒿

6.1.2　土壤性质及植被生长特征随退耕年限的变化

植被恢复年限显著影响土壤理化性质。随着退耕年限的增加，土壤容重、黏结力、黏粒含量和生物结皮厚度呈显著的线性函数减小（$R^2>0.52$、$p<0.05$，表 6-2）。所有样地中，撂荒 10 年样地的土壤容重最大（1267 kg/m^3），较其他样地增大了 1.4%～6.8%。撂荒 3 年样地的土壤黏结力（11.05 kPa）、黏粒含量（15.96%）和生物结皮厚度（2.99 mm）均最大，分别比其他撂荒草地高 7.2%～25.8%、0.2%～60.1%和 51.8%～121.5%。随着撂荒年限的增加，植被盖度呈增加趋势。同时，土壤砂粒含量、根系质量密度、土壤初始入渗率和稳定入渗率均随着退耕年限的增大而呈显著的线性函数增大（$R^2>0.41$、$p<0.05$）。撂荒 18 年样地的土壤砂粒含量最大（28.4%），较其他撂荒草地增大了 3.2%～40.6%。撂荒 37 年样地的根系质量密度最大，是坡耕地的 21 倍，是其他撂荒草地的 1.5～5.7 倍。撂荒初期，受土壤固结作用的影响，土壤入渗速率波动较大。当撂荒年限大于 10 年时，撂荒草地的入渗速率（初始入渗率和稳定入渗率）随着植被恢复年限的增加而增大（表 6-3）。当撂荒年限达到 37 年时，撂荒草地的初始和稳定入渗率分别比对照坡耕地大了 1.3 倍和 1.8 倍。土壤入渗速率随退耕年限的增大，是植被恢复驱动土壤性质变化的必然结果，随着植被根系密度的增大而增大（Wang et al.，2013）。

表 6-2　不同退耕年限样地土壤理化性质和生物特性

样地	容重 /（kg/m^3）	黏结力 / Pa	土壤质地/%			土壤有机碳 /（g/kg）	生物结皮厚度 /mm	根系质量密度 /（kg/m^3）
			黏粒	粉粒	砂粒			
坡耕地	1250	10257	15.96	63.83	20.21	4.63	—	0.29
撂荒 3 年	1247	11050	15.96	57.85	26.19	3.24	2.99	1.12

续表

样地	容重/（kg/m^3）	黏结力/Pa	土壤质地/%			土壤有机碳/（g/kg）	生物结皮厚度/mm	根系质量密度/（kg/m^3）
			黏粒	粉粒	砂粒			
撂荒 10 年	1267	10290	15.93	61.73	22.34	5.09	1.95	4.35
撂荒 18 年	1239	9839	11.93	59.65	28.42	4.14	1.56	2.82
撂荒 28 年	1188	10310	9.97	63.83	26.19	4.56	1.97	4.18
撂荒 37 年	1186	8781	11.95	59.73	28.33	6.12	1.35	6.35

表 6-3　不同退耕年限样地土壤入渗性能

样地	初始入渗率/（mm/min）	稳定入渗率/（mm/min）
坡耕地	1.25	0.43
撂荒 3 年	1.41	0.62
撂荒 10 年	1.21	0.50
撂荒 18 年	1.28	0.74
撂荒 28 年	1.42	0.77
撂荒 37 年	1.67	0.78

6.1.3　土壤分离能力随退耕年限的变化

退耕年限显著影响土壤分离能力（图 6-1）。坡耕地的土壤分离能力显著大于不同退耕年限的撂荒草地，其土壤分离能力均值是不同退耕年限撂荒草地（自然恢复）的 24.1～35.4 倍（表 6-4）。坡耕地与撂荒草地土壤分离能力间的这种差异主要是由于农事活动的差异引起，坡耕地受到耕作、播种、锄草、施肥、收获等一系列农事活动的频繁扰动，导致表层土壤经常处于比较松散的状态，使得土壤抗蚀性能较低，测定的土壤分离能力必然最大。坡耕地弃耕后，所有的农事活动均被停止，在重力和降雨击溅作用下，土壤逐渐固化，且植物的逐渐生长发育，土壤有机质含量逐渐增大，促进土壤团聚体的形成，土壤抗蚀能力

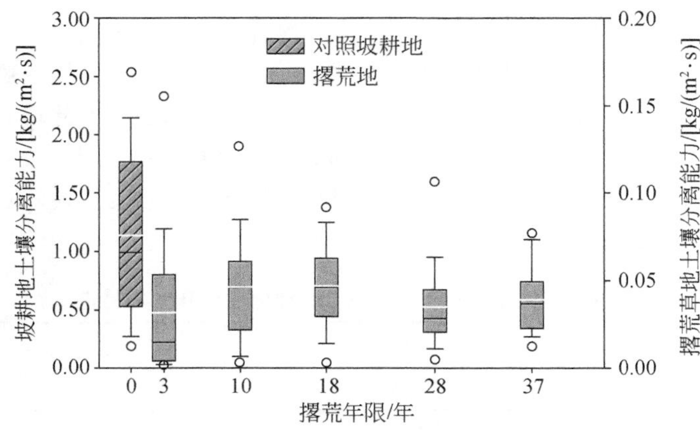

图 6-1　土壤分离能力随退耕年限的变化趋势

逐渐增强，土壤分离能力降低。对于不同退耕年限的撂荒草地，土壤分离能力存在显著差异。总体而言，当退耕年限小于 18 年时，撂荒草地的土壤分离能力呈增加趋势，其平均土壤分离能力从撂荒初期的 0.032 kg/（m^2 • s）逐渐增加至 0.047 kg/（m^2 • s），随后有所降低并趋于平稳，当退耕年限达到 37 年时，撂荒草地的平均土壤分离能力降至 0.039 kg/（m^2 • s）。

表 6-4 不同退耕年限样地土壤分离能力（D_c）的统计参数

样地	样本量	平均值 /［kg/（m^2 • s）］	最小值 /［kg/（m^2 • s）］	最大值 /［kg/（m^2 • s）］	标准差	变异系数
坡耕地	30	1.132[a]	0.187	2.627	0.132	0.638
撂荒 3 年	30	0.032[b]	0.001	0.228	0.008	1.438
撂荒 10 年	30	0.046[b]	0.002	0.170	0.006	0.752
撂荒 18 年	30	0.047[b]	0.001	0.094	0.004	0.513
撂荒 28 年	30	0.035[b]	0.004	0.107	0.004	0.679
撂荒 37 年	30	0.039[b]	0.006	0.080	0.003	0.481

注：相同字母表示没有差异性（$p>0.05$）。

6.1.4 植被特征及土壤性质对土壤分离能力的影响

坡耕地撂荒后，植被的恢复导致植被特征及土壤理化性质发生了显著改变，势必会对土壤分离能力产生影响。研究结果表明土壤黏结力、土壤黏粒含量及土壤有机质含量与土壤分离能力间没有显著相关（$p>0.05$，表 6-5），说明退耕年限对土壤分离过程的影响十分复杂。一方面，除上述指标外，土壤其他物理性质（如土壤容重）和植被特性（如生物结皮和根系系统）可能显著影响土壤分离能力。另一方面，虽然一般认为随着土壤容重和黏粒含量的增大，土壤变得更紧实、结构更稳定，必然会导致土壤分离能力下降，但在本书中土壤容重和黏粒含量与土壤分离能力间存在显著正相关，这一结果主要由不同退耕年限草地的土壤容重和黏粒含量变化范围较小所致。此外，虽然在天然条件下，土壤稳定入渗速率随退耕年限的增大而增大，必然会导致坡面径流减少，坡面径流分离土壤的能力及输移泥沙的能力都会下降，结果使土壤分离能力降低，但本书采用的是径流冲刷试验测定土壤分离能力，土样环面积很小，径流流过土样所用的时间很短，所以土壤分离能力与土壤入渗性能间没有直接关系，因此，表 6-5 中土壤分离能力与土壤入渗性能间的相关关系属于假相关。

表 6-5 不同退耕年限样地土壤分离能力及入渗性能与土壤性质和植被特征的相关性

参数	容重	黏结力	黏粒含量	生物结皮厚度	土壤有机质	根系重量密度	初始入渗速率	稳定入渗速率
土壤分离能力	0.371*	0.094	0.384*	0.733**	0.004	0.517**	0.324	0.617**
初始入渗率	0.809**	0.592**	0.393*	0.235	0.474**	0.531**	—	—
稳定入渗率	0.635**	0.548**	-0.893**	0.475**	0.221	0.533**	—	—
土壤黏结力	0.066	—	0.496**	0.897**	0.862**	0.733**	—	—

* $p<0.05$，** $p<0.01$。

表 6-5 中同时给出了土壤初始入渗率和稳定入渗率与土壤理化性质、生物结皮厚度及根系质量密度间的相关关系，虽然土壤初始入渗速率与许多土壤理化性质显著相关，但整体的关系还是比较凌乱，如土壤入渗速率与土壤容重、黏结力、黏粒含量间的显著正相关也属于典型的假相关，与退耕年限样点的整体个数偏少有关，同时也与各监测样点土壤容重、黏结力、黏粒含量的变化幅度偏小有关。随着有机质含量的增大，土壤初始入渗速率增大，随着根系质量密度的增大，土壤初始入渗速率及稳定入渗速率均呈增大趋势，说明植被恢复驱动的植被根系系统的发育，会改善土壤结构，提升土壤的渗透性能，在野外条件下，植被根系发育驱动的土壤入渗性能提升，自然会强化降水就地入渗性能，减少坡面径流，减少侵蚀动力，降低土壤分离能力。黏粒含量、生物结皮厚度、有机质含量及根系质量密度与土壤黏结力间呈显著的正相关关系，随着退耕年限的延长，土壤黏粒含量、有机质含量和根系质量密度都呈增大趋势，而生物结皮厚度呈减小趋势，换言之，随着退耕年限的延长，土壤黏结力既具有增大的趋势，又具有减小的趋势，比较表 6-2 中的数据可以发现，生物结皮厚度随退耕年限的变化趋势，是影响土壤黏结力随退耕年限变化的主要因素。

生物结皮是黄土高原植物群落重要的近地表组成成分，生物结皮的生长发育显著影响退耕草地的土壤分离能力，随着生物结皮厚度的增大，土壤分离能力呈显著的指数函数降低（R^2=0.79，图 6-2）。在植物恢复初期，植被覆盖度较低，枯落物蓄积量较小，随着生境条件的改善，生物结皮迅速发育，会通过地表覆盖和假根、菌丝的物理捆绑与化学吸附作用，强烈影响土壤分离过程，导致土壤分离能力显著下降。生物结皮对土壤分离过程的影响，也可以从生物结皮与土壤黏结力的关系加以说明，生物结皮的生长发育，会显著提升土壤黏结力，土壤黏结力随着生物结皮厚度的增大呈对数函数增大（图 6-3），从而显著提高土壤抗蚀能力。

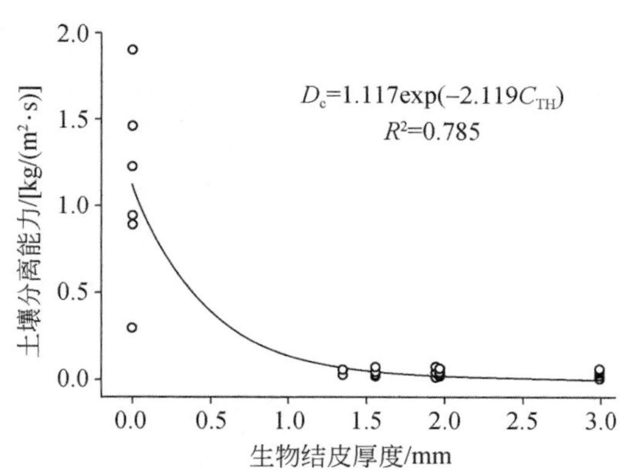

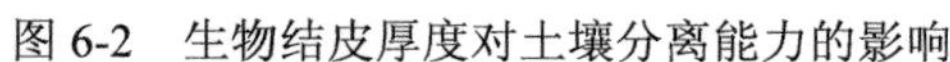
图 6-2　生物结皮厚度对土壤分离能力的影响

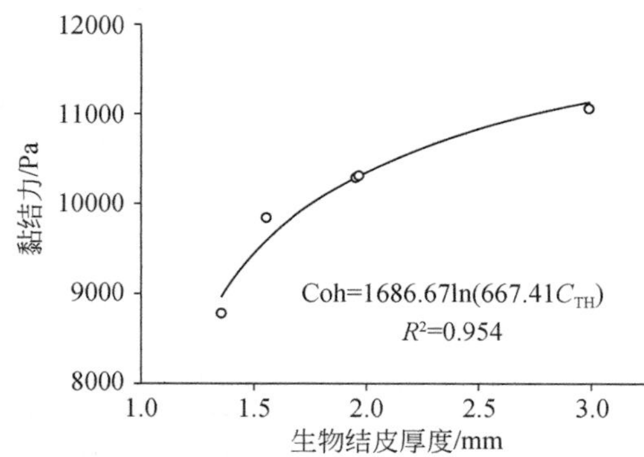

图 6-3　生物结皮厚度对黏结力的影响

植物根系的生长发育，会通过其物理捆绑作用和化学吸附作用显著影响土壤分离过程，对于不同年限的退耕草地而言，土壤分离能力随着根系质量密度的增大呈显著的指数函数下降（R^2=0.90，图 6-4），其影响机理已经在前文中做了充分的论述，这里不再赘述。

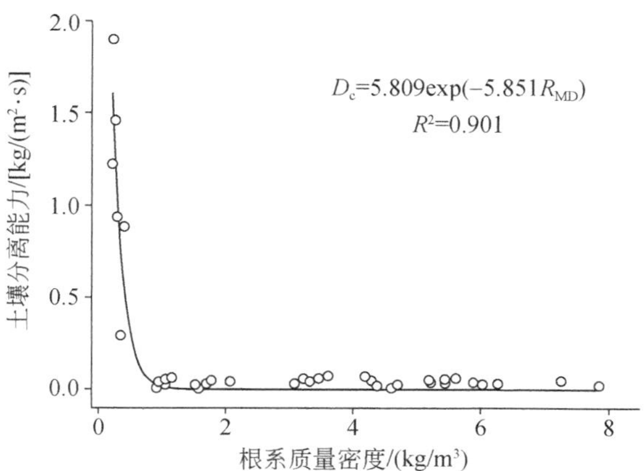

图 6-4 根系质量密度对土壤分离能力的影响

土壤分离能力随着水流剪切力的增大呈幂函数增大，不同退耕年限下方程的决定系数大于 0.90，而模型效率系数大于 0.91（表 6-6）。水力剪切力表征了坡面径流侵蚀动力的大小，侵蚀动力越大，土壤被分离的速率越大，则土壤分离能力越大。回归分析发现：

$$D_c = 0.001\tau^{1.330} \quad R^2 = 0.84 \tag{6-1}$$

式中，D_c 为土壤分离能力［kg/（m^2·s)]；τ 为水流剪切力（Pa）。

表 6-6 不同退耕年限土壤分离能力与水流剪切力关系拟合结果

样地	拟合方程	R^2	NSE	n
坡耕地	$D_c = 0.028\tau^{1.460}$	0.926	0.953	30
撂荒 3 年	$D_c = 0.0001\tau^{2.484}$	0.947	0.965	30
撂荒 10 年	$D_c = 0.0001\tau^{1.479}$	0.902	0.930	30
撂荒 18 年	$D_c = 0.005\tau^{0.953}$	0.974	0.941	30
撂荒 28 年	$D_c = 0.004\tau^{0.870}$	0.927	0.915	30
撂荒 37 年	$D_c = 0.001\tau^{1.330}$	0.924	0.935	30

对于不同退耕年限的草地，土壤分离能力可以用表征径流侵蚀动力的水流剪切力和表征植物近地表特性的生物结皮厚度的幂函数进行模拟（图 6-5）：

$$D_c = 0.002\tau^{1.224}C_{TH}^{-0.195} \quad R^2 = 0.85 \tag{6-2}$$

式中，C_{TH} 为生物结皮厚度（mm）。从整体效果来看，式（6-2）对不同退耕年限下草地的土壤分离能力模拟效果较好，用实测值和预测值绘制的数据点比较均匀的分布在 1∶1 直线的两侧，方程的决定系数为 0.85，模型效率系数也为 0.85。

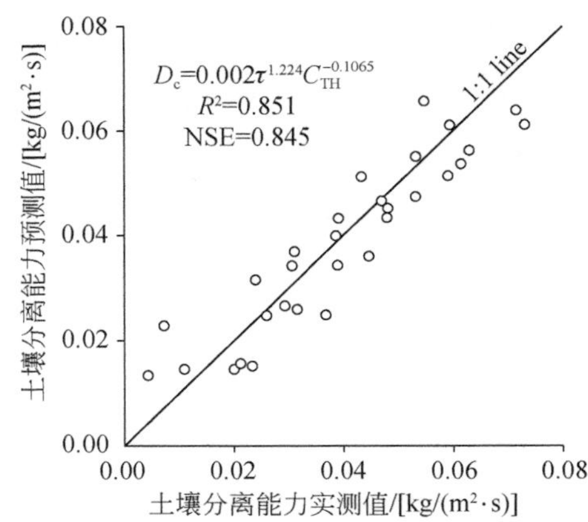

图 6-5　式（6-2）土壤分离能力预测值与实测值比较

6.1.5　土壤侵蚀阻力对退耕年限的响应

土壤可蚀性和临界剪切力是反映土壤侵蚀阻力特征的重要参数。当水流剪切力大于土壤的临界剪切力、输沙率小于径流挟沙力时，才会发生土壤分离过程。研究表明坡耕地与不同退耕年限撂荒草地的细沟可蚀性间差异显著（表 6-7）。坡耕地细沟可蚀性显著大于撂荒草地，是不同退耕年限撂荒草地细沟可蚀性的 23～40 倍。撂荒草地由于没有农事活动的扰动，加上生物结皮与根系系统的生长发育，土壤结构及其稳定性随着植被的恢复而快速提升，因而，细沟可蚀性迅速下降，与坡耕地相比，撂荒 3 年草地的细沟可蚀性降低了 95.6%。随着植被恢复年限的延长及物种多样性的增加，撂荒草地的细沟可蚀性随着植被恢复年限的延长而进一步降低，28 年后趋于稳定（图 6-6），与撂荒 3 年草地的细沟可蚀性相比，降低了 41.2%。

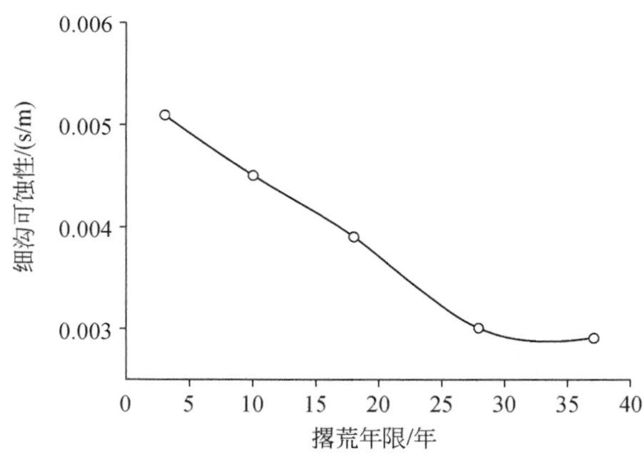

图 6-6　细沟可蚀性随撂荒年限的变化

不同退耕年限下撂荒草地的细沟可蚀性为 0.003～0.005 s/m，分别比 Zhang 等（2009）和 Nearing 等（1999）的研究结果偏低了 37.7%～62.9%和 35.7%～59.5%，而明显高于 Laflen 等（1991）的研究结果。上述差异可能由土地利用类型、植被组成与结构、土壤性质和近地表特性的差异引起。Zhang 等（2009）和 Nearing 等（1999）的土壤样品分别取自大豆地和石质山坡，而本书中的土壤样品则取自不同退耕年限的撂荒草地，生物结皮广泛分布。而 Laflen 等（1991）报道的细沟可蚀性，是利用人工模拟降雨通过径流小区侵蚀泥沙测定计算得到的，受径流输沙耗能、泥沙输移与土壤分离间耦合关系的综合影响，用径流小区监测的细沟可蚀性会明显偏低，因而其结果小于本书的结果是很好理解的。

不同退耕年限撂荒草地的土壤临界剪切力为 0.051～5.980 Pa（表 6-7）。在撂荒初期，土壤临界剪切力随着植被恢复年限的延长呈现出明显的下降趋势，当退耕年限达到 18 年时达到了最小值，此时的土壤临界剪切力，较 Zhang 等（2002，2003）和 Nearing 等（1999）的研究结果分别高出了 2.3%～273.1%、1.3%～149.9%和 1.0%～119.6%。随着退耕年限的进一步增大，土壤临界剪切力呈现明显的上升趋势（图 6-7）。总体而言，退耕 3 年草地的土壤临界剪切力最大，是坡耕地的 2.3 倍，是其他不同退耕年限草地的 2.6～116.6 倍。土壤临界剪切力随退耕年限的上述变化，与期望值存在一定偏差，从理论上来讲，随着退耕年限的延长，土壤临界剪切力应该是逐渐增大并趋向稳定的单一函数，这一差异可能是由土壤样品之间或采样点土壤性质和植被特征的空间异质性引起。

表 6-7　不同退耕年限撂荒草地的土壤侵蚀阻力

样地	拟合方程	细沟可蚀性/（s/m）	临界剪切力/Pa	R^2
坡耕地	$D_c = 0.116\tau - 0.301$	0.116	2.588	0.952
撂荒 3 年	$D_c = 0.005\tau - 0.031$	0.005	5.980	0.954
撂荒 10 年	$D_c = 0.005\tau - 0.010$	0.005	2.289	0.947
撂荒 18 年	$D_c = 0.004\tau - 0.0002$	0.004	0.051	0.954
撂荒 28 年	$D_c = 0.003\tau - 0.0005$	0.003	0.167	0.954
撂荒 37 年	$D_c = 0.003\tau - 0.004$	0.003	1.241	0.954

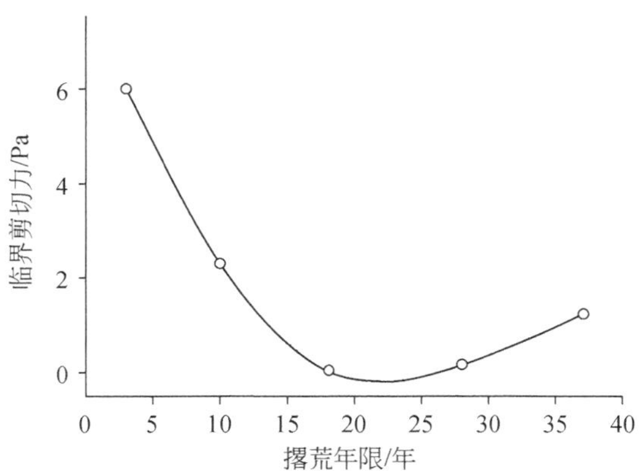

图 6-7　土壤临界剪切力随撂荒年限的变化

进一步分析表明土壤临界剪切力随着生物结皮厚度的增大呈显著的幂函数减小：

$$\tau_c = 0.109 C_{TH}^{-3.651} \quad R^2 = 0.81 \tag{6-3}$$

式中，τ_c为土壤临界剪切力（Pa）。上述关系再次表明，退耕年限对土壤分离过程、土壤侵蚀阻力的影响比较复杂，受到很多变量的影响，从理论上来讲，生物结皮具有强大的抑制土壤分离的功能，土壤分离能力随着生物结皮厚度的增大而显著减小，那么依次推理即可得到随着生物结皮厚度的增大，土壤临界剪切力应呈增大趋势，与式（6-3）表达的意思刚好相反，所以不能单独用某一个变量或近地表层特性准确模拟土壤侵蚀阻力随退耕年限的变化趋势，各个近地表特性间存在着显著的交互作用。当然土壤临界剪切力与退耕年限的复杂关系，也与前文多次提到的临界剪切力估算方法有关，这里不再赘述。

6.2 植被恢复模式对土壤分离过程的影响

黄土高原土壤侵蚀严重，受降雨、地形、土壤、植被及人类活动的综合影响，年均土壤流失强度在 5000～10000 t/km^2（Zhang and Liu，2005）。在过去的几十年里，黄土高原实施了一系列植被恢复措施用以控制强烈的水土流失，使得原本脆弱的生态环境得以恢复。在此过程中，大量坡耕地通过种植刺槐、油松、柠条等乔灌植物，逐渐转变为乔木林地或灌木林地（增加了 36%）。随着植被的恢复，不同植物群落的植被生长特征和土壤性质都会发生显著改变（诸如植被覆盖度、枯落物蓄积量、根系密度、土壤容重、黏结力、孔隙度、有机质含量等），从而影响土壤侵蚀过程。植被恢复有不同的退耕模式，可以是自然撂荒，也可以是人工种植，同时在植物类型上可以选择乔木林、灌木林或草本，而不同退耕模式条件下，植被生长特征及土壤理化性质的变化肯定存在差异，进而对土壤侵蚀过程产生不同的影响，因此，需要系统研究退耕模式对土壤分离过程的影响，揭示其机理，为黄土高原水土保持型植被恢复模式的优化与选择提供理论基础。

6.2.1 试验材料与方法

试验在陕西省安塞区纸坊沟小流域进行（流域面积为 8.27 km^2）。在黄土高原常见的退耕模式中，选取退耕 37 年的撂荒草地、柠条林地、刺槐林地、油松林地、紫穗槐与油松混交林地，研究植被退耕模式对土壤分离过程的影响，所选样地的坡向、坡度、海拔、土壤类型和耕作历史相似，样地基本信息见表 6-8。同时选取坡耕地（大豆）作为对照。依照“S”形采样法采集土壤样品，测定土壤机械组成、容重、毛管孔隙度、总孔隙度、土壤黏结力、水稳性团聚体及有机质含量，同时布设样方调查植被特征，样方的大小随着植物类型的不同有所区别。

表 6-8　不同退耕模式样地基本信息

样地	年限/年	坡度/%	海拔/m	林下植被	
				盖度/%	优势群落
坡耕地	0	8.7	1194	38.9	大豆 *Giycine max* （L） Merrill
撂荒草地	37	10.5	1213	60.7	长芒草+铁杆蒿 *Stipa bungeana*+*Artemisia sacrorum*
柠条林地	37	14.8	1210	51.0	铁杆蒿+甘青针茅 *Artemisia sacrorum*+ *Stipa przewalskyi*

续表

样地	年限/年	坡度/%	海拔/m	林下植被	
				盖度/%	优势群落
刺槐林地	37	15.6	1204	55.5	铁杆蒿+甘青针茅 *Artemisia sacrorum*+*Stipa przewalskyi*
油松林地	37	19.1	1163	48.2	铁杆蒿+披针苔草 *Artemisia sacrorum*+*Carex lanceolata*
紫穗槐+油松混交林地	37	20.8	1136	47.3	铁杆蒿+茭蒿 *Artemisia sacrorum*+*Artemisia giraldii*

采用环刀法（直径 9.8 cm、高度 5 cm）采集测定土壤分离能力的原状土样。采样前去除地表杂草及枯落物，将环刀垂直压入土壤的同时，将其周围的土壤和根系用剖面刀切开，环刀填满土样后将其挖出，消去底部多余的土样，密封运回试验站，进行后续处理和试验。每个样地采集 33 个土壤样品，6 个样地共计采集 198 个土壤样品。土壤分离能力的测定同样在安塞站的变坡实验水槽内进行，设置 6 个坡度和流量组合，对应的水流剪切力依次为 5.83 Pa、8.69 Pa、11.31 Pa、13.67 Pa、15.73 Pa 和 18.15 Pa。对于采集的用于测定土壤分离能力的土壤样品，试验前将其进行饱和、排水，消除前期土壤含水量对土壤分离能力的影响。对于每个样地，每个水流剪切力下都冲刷 5 个土样，冲刷时间以土样冲刷 2 cm 来控制。冲刷试验结束后，利用水洗法测定植物根系，烘干（65℃，24 h）、称重后计算根系质量密度（kg/m^3）。利用实测的土壤分离能力与水流剪切力，估算土壤侵蚀阻力-细沟可蚀性和土壤临界剪切力。

6.2.2　土壤性质及植被生长特征随恢复模式的变化

退耕模式显著影响植物群落的组成结构与生长特征，黄土高原典型退耕模式下的植被群落生长状况和物种构成差异明显，引起土壤理化性质的显著差异（表 6-8、表 6-9、图 6-8、图 6-9）。与坡耕地对照相比，经过 37 年的植被恢复，不同植被恢复模式下的土壤容重减少了 3%～7%，土壤黏结力、毛管孔隙度和总孔隙度显著增大（$p<0.05$），分别是坡耕地的 1.03～1.06 倍、1.05～1.10 倍和 1.10～1.15 倍。植被恢复也在一定程度上影响到土壤机械组成（图 6-8），不同植被恢复模式下的砂粒含量明显增大，是坡耕地对照的 1.53～1.93 倍，而粉粒和黏粒含量则分别减少了 2.6%～11.4%和 10.7%～33.2%。除柠条林地以外，其他不同植被恢复模式下的土壤有机质含量均显著大于坡耕地。不同植被恢复模式下的土壤黏结力和毛管孔隙度均无显著差异（$p>0.05$），总孔隙度仅撂荒草地与紫穗槐+油松混交林地间存在显著差异（$p<0.05$）。水稳性团聚体是反映土壤抗蚀性能的常用指标之一，不同植被恢复模式下，除油松林地水稳性团聚体（>0.25 mm）较坡耕地对照减少了 16.4%外，其他样地的水稳性团聚体均显著大于坡耕地，这种结果可能是植被恢复显著增加了大于 2 mm 的团聚体含量、减少了 0.5～1.0 mm 的团聚体结果（图 6-9）。不同植被恢复模式下的根系质量密度显著大于坡耕地，撂荒草地、刺槐林地、柠条林地、油松林地及油松+紫穗槐混交林地的根系质量密度，分别是坡耕地的 12.46 倍、15.03 倍、15.70 倍、18.40 倍和 25.93 倍。受坡耕地频繁农事活动的影响，坡耕地没有生物结皮的生长发育，而不同植被恢复模式下的生物结皮发育明显，其厚度为 0.2～2.57 mm（表 6-9）。

表 6-9　不同退耕模式样地土壤理化性质和植物生长特性

样地	容重 /（kg/m³）	黏结力 /Pa	毛管孔隙度 /%	总孔隙度 /%	有机质 /（g/kg）	生物结皮厚度 /mm	根系重量密度 /（kg/m³）
坡耕地	1275±5	8310±1432	44.30±0.15	46.10±0.83	4.17±0.02	—	0.51±0.07
撂荒草地	1187±19	8781±825	47.74±0.25	53.21±0.45	6.12±0.15	1.49±0.45	6.35±0.44
柠条林地	1227±17	9016±1313	47.63±0.13	52.29 ±0.58	4.56±0.13	0.20±0.04	8.00±0.78
刺槐林地	1213±9	8585±1299	46.73±0.31	52.37 ±0.35	5.79±0.23	1.82±0.59	7.66±0.70
油松林地	1230±68	9741±795	48.93±0.79	51.43 ±0.29	6.69±0.23	2.57±0.76	9.37±0.70
紫穗槐+油松混交林地	1233±7	11309±1194	47.63±0.57	50.94±0.24	4.82±0.03	1.09±0.25	13.21±1.67

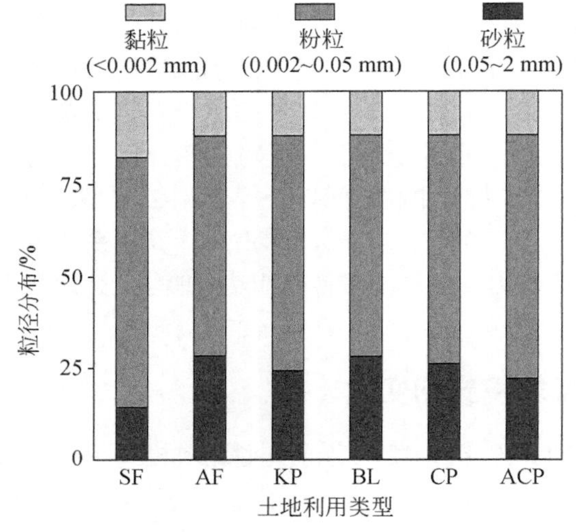

图 6-8　不同退耕模式下的土壤粒径公布组成

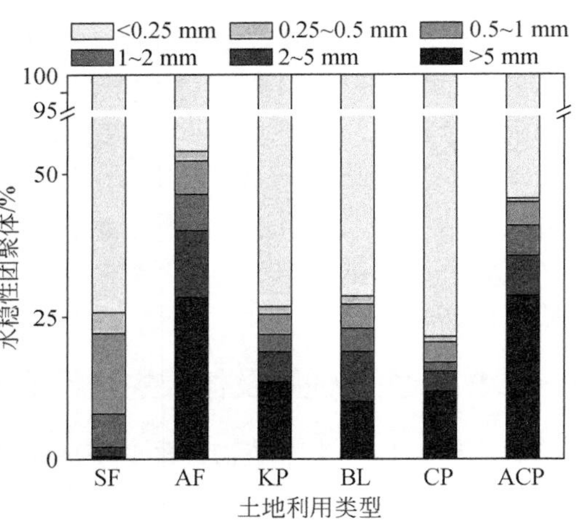

图 6-9　不同退耕模式下的团聚体含量

6.2.3　退耕模式对土壤分离能力的影响

植被退耕模式显著影响土壤分离能力（表 6-10，$p<0.05$）。坡耕地由于表层土壤受到频繁的高强度的耕作措施扰动，土壤松散，抗侵蚀性能较弱，很容易被坡面径流分离，其土壤分离能力较大，平均为 0.915 kg/（m^2·s）。与坡耕地相比，不同退耕模式下的各样地，其土壤分离能力显著降低，小了一个数量级，为 0.017～0.039 kg/（m^2·s），再次印证了坡耕地是黄土高原小流域侵蚀泥沙的主要策源地，而植被恢复是控制水土流失的有效措施。对于 5 种不同的退耕模式，仅撂荒草地和紫穗槐+油松混交林地的土壤分离能力差异显著（$p<0.05$），其中紫穗槐+油松混交林的土壤分离能力均值最低，和其他退耕模式相比减少了 21.2%～58.0%。尽管众多研究成果表明植被覆盖度或盖度与土壤侵蚀量间呈显著的负相关关系，土壤侵蚀量随着植被盖度的增大呈指数函数减小，但本书中在土样采集过程中，消除了植被地上部分和枯枝落叶，因此，不同退耕模式间土壤分离能力的差异，并不是由

植被覆盖的差异引起。Gyssels 等（2005）认为植被覆盖是控制水滴击溅和细沟间侵蚀的关键因子，而对于细沟侵蚀，植被覆盖可能并不重要甚至没有影响，当然这里所说的植被覆盖仅指植物的地上部分，并不包括植被的根系系统。不同退耕模式下土壤分离能力的差异，可能与植物群落内生物结皮的生长发育、植被根系生长与空间分布特征，以及植被恢复驱动的土壤黏结力、容重和总孔隙度等土壤物理性质的变化有关（表 6-11）。统计结果表明，不同退耕模式下的土壤分离能力，与土壤容重、黏结力和根系质量密度间呈显著负相关关系，而与总孔隙度、黏粒含量间呈显著的正相关关系。当然土壤性质间存在着明显的交互作用，会导致相关分析的结果出现假相关，如表 6-11 中土壤分离能力与黏粒含量间的关系，即为典型的假相关，土壤黏粒含量的增大，自然导致土壤结构稳定性增强，土壤抗蚀性能提升，土壤分离能力下降，当然出现这种统计结果的原因，也与各样地土壤黏粒含量差异较小（11.95%～11.97%）有关。

表 6-10　不同退耕模式下土壤分离能力统计特征　　［单位：kg/（m^2·s）］

样地	最小值	最大值	平均值	变异系数
坡耕地	0.159	4.167	0.915	0.928
撂荒草地	0.006	0.080	0.039	0.480
柠条林地	0.002	0.067	0.022	0.746
刺槐林地	0.003	0.083	0.038	0.640
油松林地	0.000	0.039	0.021	0.558
紫穗槐+油松混交林地	0.001	0.050	0.017	0.745

表 6-11　不同退耕模式下土壤分离能力与土壤物理性质和植被特征的相关性

	容重	黏结力	毛管孔隙度	总孔隙度	水稳性团聚体（>0.25mm）
D_c	−0.589**	−0.519**	−0.322	0.569**	0.204

	机械组成			有机质	根重密度	结皮厚度
	黏粒	粉粒	砂粒			
D_c	0.428*	−0.339	−0.001	0.269	−0.388*	0.137

**为在 0.01 水平上显著相关；*为在 0.05 水平上显著相关。

在 LISEM（limburg soil erosion model）土壤侵蚀过程模型中（De Roo et al.，1996），土壤黏结力是计算由地表径流驱动土壤侵蚀的一个重要参数，反映了土壤抵抗侵蚀性能的强弱。本书中，土壤分离能力随土壤黏结力的增大呈幂函数降低（图 6-10），土壤黏结力越大，意味着土壤结构越稳定，土壤抗蚀性能越好，土壤更不容易被径流侵蚀，因此土壤分离能力下降。土壤容重反映了土壤的紧实程度，随着土壤容重的增大土壤分离能力呈幂函数降低（图 6-11）。土壤容重越大，土壤越紧实，因而随着土壤容重增大，坡面径流分离土壤越发困难，土壤分离能力随之降低。土壤总孔隙度与土壤容重呈负相关关系（图 6-12），随着总孔隙度的增大土壤分离能力呈幂函数增大（图 6-13）。土壤孔隙度表征了土壤中孔隙占土壤体积的比例，孔隙度越大，意味着土壤越疏松，在同样的径流冲刷作用下，则土壤分离能力越大。检验结果表明，在本实验条件下，土壤分离能力与毛管孔隙度、水稳性团聚体（>0.25 mm）和有机质含量之间没有显著的相关关系，这一结果与不同退耕模式样地间上述因子的差异相对较小有关（Wang et al.，2014a）。

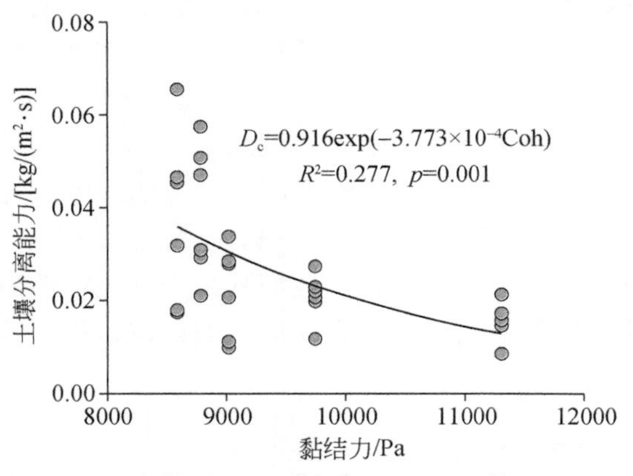

图 6-10　土壤分离能力随黏结力变化

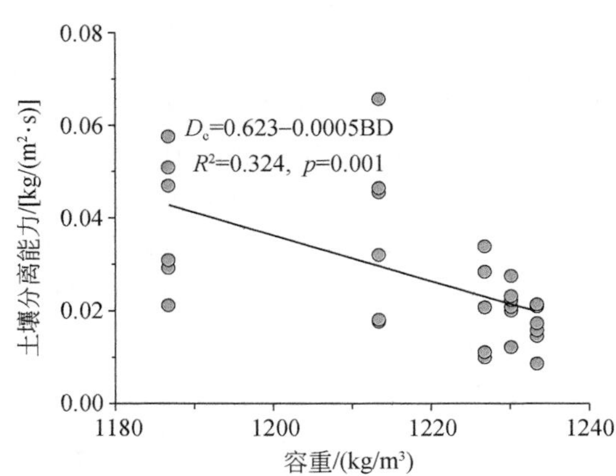

图 6-11　土壤分离能力随土壤容重变化

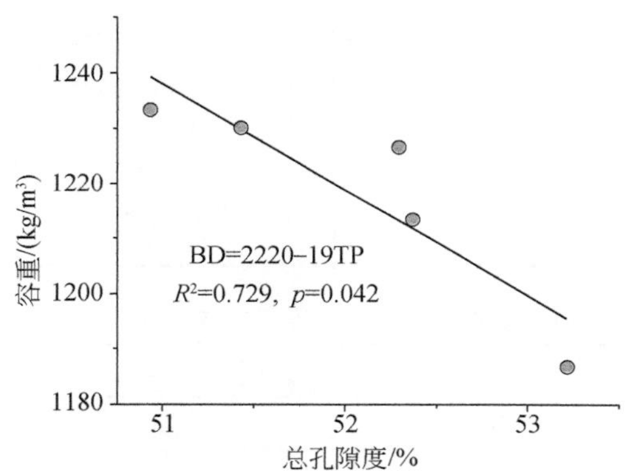

图 6-12　土壤容重随总孔隙度变化

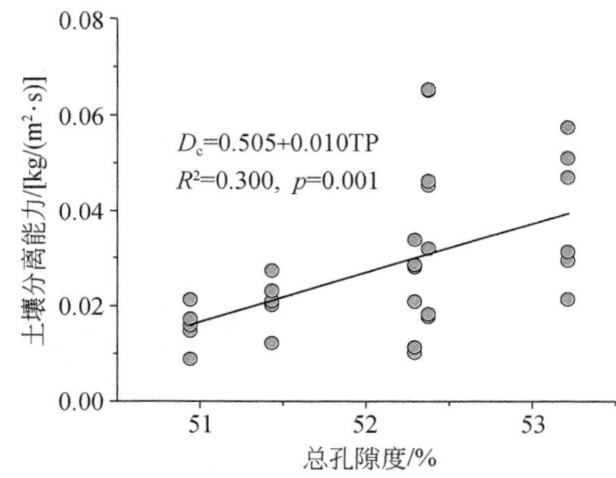

图 6-13　土壤分离能力随总孔隙度变化

植物根系系统显著影响土壤分离能力，随着根系质量密度的增大，土壤分离能力呈指数函数下降（图 6-14）。植物根系可以通过串联、缠绕、捆绑、吸附土壤颗粒等多种途径，加固土壤、增强土壤稳定性、增大土壤黏结力（图 6-15），从而保护土壤、降低土壤分离能力。植物根系系统的生长发育，特别是分布在表土中的须根系，可以有效改善土壤渗透性能、强化降水就地入渗能力，减少坡面产流，降低坡面径流的侵蚀能量，从而降低土壤侵蚀速率。同时，在侵蚀过程中，尤其是细沟侵蚀的出现与发展，部分表土中的植物根系会逐渐出露地表，显著提高地表糙度、增大坡面径流阻力、降低坡面径流的连通性，降低土壤侵蚀。植物的根系系统总是处在不断生长、死亡的动态平衡过程中，对于一年生的植物，春夏季植物根系以生长为主，到了秋冬以死亡为主。而对于多年生的植物，幼林的根系以生长为主，而成林后期的根系则以死亡为主。死亡后的根系系统，在微生物作用下，开始分解腐烂，逐渐变成腐殖质，从而增加土壤有机质含量，促进土壤团聚体发育，提高土壤结构稳定性，降低土壤分离能力。这也是根系系统提升边坡稳定性的根本原因。

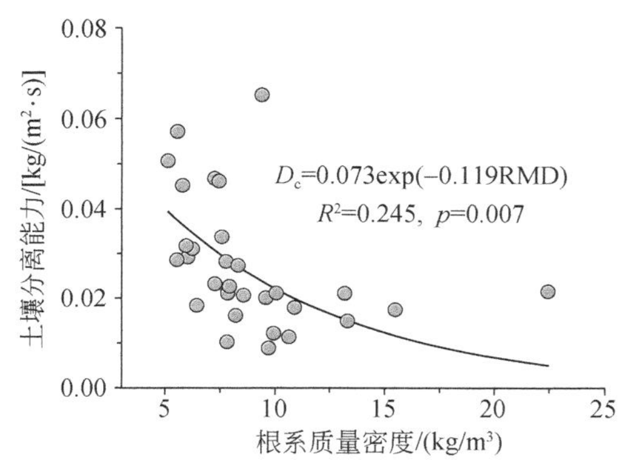

图 6-14　土壤分离能力随根系质量密度变化

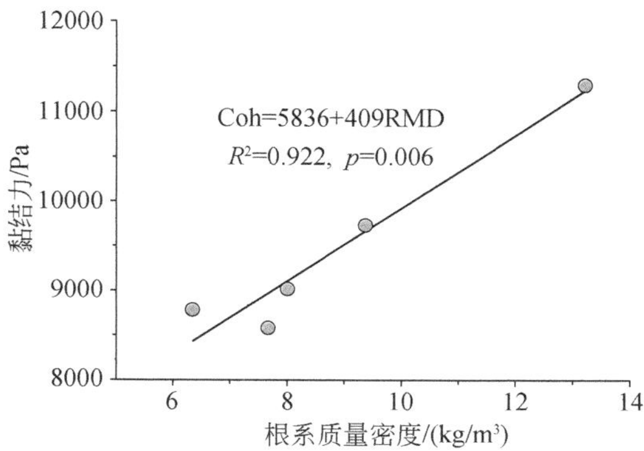

图 6-15　黏结力随根系质量密度变化

当然根系系统对土壤侵蚀的影响，与根系的类型有关，前文已经进行了充分论述，一般而言，须根系抑制土壤分离过程的功能远大于直根系植物，但从防治边坡稳定的角度而言，须根系的作用较浅，通常称为锚固效应，而直根系的作用较深，常称为加筋效应，随着植物群落的演替阶段不同，锚固效应和加筋效应的相对大小会发生变化，加筋效应的作用会逐渐增加，无论是锚固效应还是加筋效应，都会提升边坡的稳定性，抑制土壤侵蚀，特别是重力侵蚀（如崩塌、浅层滑坡等）发育。但根系的生长发育，特别是较粗的直根系对土壤的挤压、穿插作用及死亡，会导致土壤中裂隙、大孔隙和空洞的发育，促进土壤优势流或优先流发育，更多的降水进入土体。土壤含水量的增大，特别是干旱和半干旱区，会极大地促进植物的生长，促进植物根系系统的发育，提升边坡稳定性，降低崩塌、浅层滑坡发生的概率，但土壤含水量的增大，又会增加边坡土体的质量，降低土壤内摩擦力，增大崩塌、浅层滑坡等重力侵蚀的可能性，因此，在植被根系提升土壤抗蚀性能、抑制坡面侵蚀的同时，可能具有促进重力侵蚀发育的可能性，究竟在什么含水量条件下，植物根系既可以有效抑制坡面土壤侵蚀，又可以有效阻控崩塌、浅层滑坡等重力侵蚀，明确上述情况发生的土壤含水量阈值，是提升植物群落阻控小流域土壤侵蚀效益最大化的基础，需要开展大量深入系统的研究。

生物结皮是植物群落重要的近地表组成，具有重要的生态水文及水土保持功能，尤其在干旱和半干旱地区更为明显。生物结皮的生长发育，以及其遇水膨胀性能，会增加地表糙度（Wang et al.，2017b），增大径流阻力，降低坡面径流流速。同时生物结皮的生长发育，会通过其地表覆盖与物理捆绑、化学吸附作用抑制土壤分离过程，其作用的大小与生物结皮的类型和盖度有关，一般而言，发育后期的高等级生物结皮（如苔藓），抑制土壤分离过程的作用显著大于发育初期的低等级生物结皮（如藻类），随着生物结皮盖度的增大，生物结皮抑制土壤分离过程的作用会加强（Liu et al.，2016，2017）。然而，本书中不同退耕模式样地的生物结皮厚度或盖度对土壤分离能力没有显著影响，这可能与不同退耕模式样地的退耕年限有关，本实验中使用的样地均退耕 37 年，地表积累了大量的枯枝落叶，而生物结皮的生长发育和枯落物积累间存在着一定的竞争关系，在退耕初期，植物生长状况比较差，枯落物积累少，林下空白地很多，便于生物结皮的生长发育，而随着退耕年限的延长，枯落物积累量不断增大，地表被枯落物覆盖的区域也不断增加，导致生物结皮生长发育的空间受到限制，因此，随着退耕年限的延长，特别是像本书中退耕 37 年后，生物结皮并不是非常发育，与 Wang 等（2013）研究退耕年限对土壤分离过程影响的样地相比，本书中的生物结皮厚度相对较小，且盖度相对较低（低 20%左右）。Xiao 等（2011）在黄土高原的研究结果也充分表明，只有当生物结皮盖度大于 29%时，其对地表径流和土壤侵蚀的影响才会显著。

坡面径流是土壤分离的动力，不同退耕模式下的土壤分离能力，均随着水流剪切力的增大呈显著的线性函数增大，拟合方程的决定系数大于 0.91。为了综合分析坡面径流水动力学、土壤属性及植被特性对不同退耕模式条件下的土壤分离能力影响，逐步多元回归分析表明：

$$D_c = 0.868\tau^{1.051}\mathrm{Coh}^{-0.623}\,\mathrm{e}^{-0.031\mathrm{RMD}} \quad R^2 = 0.65 \tag{6-4}$$

式中，D_c 为土壤分离能力［kg/（m^2·s）］；τ 为水流剪切力（Pa）；Coh 为土壤黏结力（Pa）；式（6-4）表明，在黄土高原典型的退耕模式条件下，土壤分离能力主要受水流剪切力、土壤黏结力和根系质量密度的影响，土壤分离能力随着水流剪切力的增大而增大，随着土壤黏结力和根系质量密度的增大而减小。

植被恢复是控制黄土高原严重水土流失的重要手段，随着植被恢复年限的延长，不同退耕模式条件下的植物生长特性得以改善，冠层覆盖增大、茎秆密度增加、枯落物蓄积量增多，降水截留量增加（张光辉和梁一民，1995）、枯落物蓄水功能提升（栾莉莉等，2015）、植被茎秆对径流流速的影响增大（曹颖等，2011）、土壤入渗速率增加（任宗萍等，2012），结果是坡面径流侵蚀动力-水流剪切力的迅速下降。同时随着退耕年限的延长，土壤性质得到改善，土壤团聚体及其稳定性得到提升、土壤黏结力增大，土壤抗蚀性能增强（Wang et al.，2019）。不同退耕模式条件下，植物根系密度都会随着退耕年限的延长而增大，植被根系密度的增大，自然会通过其物理捆绑和化学吸附作用，导致土壤侵蚀阻力的迅速增大（Zhang et al.，2013）。上述变化，无论是坡面水文过程变化引起径流侵蚀动力的下降，还是土壤性质改善及植物根系系统生长发育、导致土壤抗蚀性能的加强，都会导致土壤分离能力下降。当然，退耕模式显著影响水流剪切力、土壤黏结力和根系质量密度，从而使得不同退耕模式的土壤分离能力存在差异，就本书中研究的黄土高原常见的退耕模式中，紫穗槐+油松是抑制土壤分离过程的最佳模式。

6.2.4 土壤侵蚀阻力对植被恢复模式的响应

土壤侵蚀阻力表征了细沟侵蚀条件下土体抵抗水流冲刷能力的大小，通常用细沟可蚀性（K_r）和土壤临界剪应力（τ_c）表示（Nearing et al.，1989）。坡耕地细沟可蚀性（0.1164 s/m）显著大于不同退耕模式下的细沟可蚀性，比不同植被退耕模式条件下细沟可蚀性大了两个数量级，不同退耕模式下的 K_r 为 0.0013～0.0039 s/m（表 6-12）。退耕驱动的土壤性质和植被特性变化及其交互作用，是导致不同退耕模式下细沟可蚀性下降的主要因素（张光辉，2017）。不同植被恢复模式条件下，细沟可蚀性（K_r）随土壤黏结力的增加呈显著的指数函数下降（图 6-16）。细沟可蚀性与总孔隙度呈显著的正相关关系，与土壤黏结力和根系质量密度呈显著的负相关关系，逐步多元回归得：

$$K_r = 0.217e^{-0.0004Coh+0.034TP-0.031RMD} \quad R^2 = 0.78 \tag{6-5}$$

式中，K_r 为细沟可蚀性（s/m）；Coh 为土壤黏结力（Pa）；TP 为总孔隙度（%）；RMD 为根系质量密度（kg/m^3）。

表 6-12　不同退耕模式下的土壤侵蚀阻力

样地	细沟可蚀性/（s/m）	临界剪切力/Pa
坡耕地	0.1164	2.59
撂荒草地	0.0032	0.05
柠条林地	0.0021	1.42
刺槐林地	0.0039	2.48
油松林地	0.0017	0.06
紫穗槐+油松混交林地	0.0013	0.11

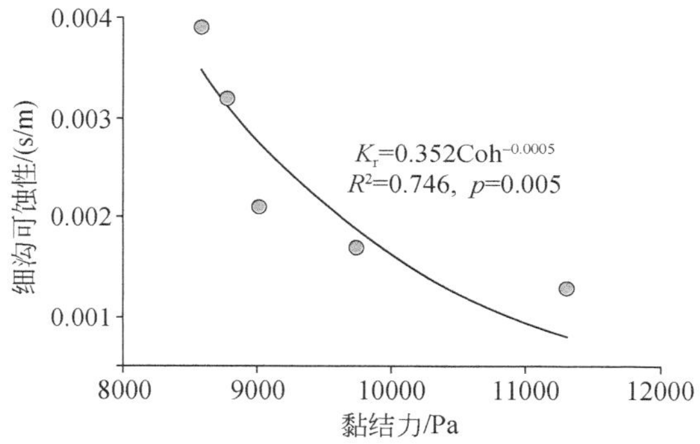

图 6-16　细沟可蚀性随土壤黏结力的变化

细沟可蚀性是表征土壤抗侵蚀性能的基本参数，尽管很多学者认为，土壤可蚀性或细沟可蚀性仅为土壤性质（如土壤质地、渗透性、结构等级及有机质含量）的函数，且相对稳定，没有明显的时间变化特性。但这种观点存在一定的局限性，受土壤可蚀性监测方法的影响较大，传统上土壤可蚀性是在标准小区条件下进行监测，而标准小区无论是小区的大小和坡度如何，小区内的处理必须是清耕、连续休闲处理，植被的盖度小于 5%（刘宝元等，2001）。在标准小区条件下，不存在植被的生长发育，同时是经过多年次降雨监测的平均才可以获得土壤可蚀性，因此土壤可蚀性自然是土壤性质的单一函数。

从研究土壤侵蚀过程或动力机制的角度而言，土壤侵蚀阻力特征或细沟可蚀性、甚至细沟间可蚀性，都会具有强烈的时间变异特征，这是一个典型的时间尺度问题，在不同时间尺度上对土壤侵蚀阻力特征的认识截然不同，如受农事活动频繁扰动的坡耕地，除机械压实以外，绝大部分农事活动都会引起表层土壤的扰动，使得土壤变得疏松，土壤抗蚀性能降低，对应的细沟间可蚀性和细沟可蚀性增大，降雨特别是强度较大的暴雨雨滴的击溅作用导致的土壤团聚体的破摔，以及物理结皮的形成，加之在重力作用下表层疏松土壤的整体下沉，使得土壤抗蚀性能增强，细沟间和细沟可蚀性降低。随着作物根系系统的生长发育，根系系统对土壤性质，特别是对土壤力学性质的影响逐渐加强，导致细沟间、尤其是细沟可蚀性迅速降低。土壤抗蚀性能的季节变化，是不同土地利用条件下土壤分离能力季节波动（Zhang et al.，2009）、土壤侵蚀阻力季节变化（Zhang et al.，2014）的主要原因。

研究不同条件下，如不同的退耕年限、典型的退耕模式及土地利用类型等，细沟可蚀性的时空变化特征及其影响因素，是揭示土壤侵蚀特别是细沟侵蚀时空变异动力机制的基础，也是建立不同条件下细沟可蚀性修正关系的前提，换言之，在同等降雨条件下，坡耕地发生了明显的细沟侵蚀，而在退耕条件下为什么不会发生细沟侵蚀，如何将坡耕地或裸地上建立的细沟可蚀性方程，调整到退耕地或其他土地利用类型，是开展类似研究的核心目的，这是构建小流域土壤侵蚀过程模型的必经之路。

土地利用类型显著影响土壤临界剪切力，与坡耕地相比，植被覆盖样地的土壤临界剪切力更大（Zhang et al.，2008），土壤侵蚀阻力更大，更不容易被径流分离。但在本书中，坡耕地的临界剪切应力明显大于不同植被退耕模式下的临界剪切力。而在不同退耕模式中，刺槐和柠条的临界剪切力显著大于其他 3 种退耕模式的临界剪切力（表 6-12）。虽然土壤临界剪切力被广泛用于土壤侵蚀过程模型，用于表征土壤侵蚀阻力，但如前文所述，它可能主要受表层土壤性质的控制，而地表土壤性质又具有强烈的时空变异特征，从而导致土壤临界剪切力的研究结果，并不能真实地反映土壤侵蚀阻力随退耕模式的变化情况，在土壤剪切力估算方法没有得到更新、完善之前，需要更多地借助于细沟可蚀性的变化情况，直观判断、分析退耕模式对土壤侵蚀阻力的影响。

不同退耕模式条件下的细沟可蚀性和土壤临界剪切力与 Nearing 等（1999）和 Zhang 等（2002）的研究结果在同一个数量级，但细沟可蚀性远大于 WEPP 模型的细沟可蚀性（Laflen et al.，1991），这一差异与 WEPP 模型细沟可蚀性的获取方法有关，前文已经论述，这里不再赘述。在黄土高原典型的退耕模式中，紫穗槐+油松的土壤侵蚀阻力最大，更能有效地抑制土壤分离过程，单从阻控坡面径流分离土壤的角度而言，紫穗槐+油松是黄土高原，特别是丘陵沟壑区最佳的退耕模式，值得在黄土高原丘陵沟壑区推广。

6.3 不同演替阶段植物群落近地表特性影响土壤分离过程相对贡献

为有效控制黄土高原地区强烈的水土流失，国家实施了一系列生态修复工程，植被得以显著恢复，林草植被覆盖显著提高。坡耕地退耕以后，植被会逐渐演替，在不同演替阶段其近地表特性会发生显著变化。由坡面径流冲刷引起的土壤分离过程，与植物群落近地表层特征密切相关，不同演替阶段植物群落近地表特性的差异，自然会引起土壤分离过程的不同。而在不同演替阶段，各近地表特性对土壤分离过程影响的相对大小，也可能出现明显的变化。因此，系统探究不同植物演替阶段近地表特性对土壤分离能力影响的相对贡献，对于明确植被恢复的水土保持效应、揭示植被覆盖条件下土壤侵蚀过程的动力学机理，以及修订土壤侵蚀过程模型中植物效应模块等诸多方面，具有重要的理论和实践意义。

6.3.1　试验材料与方法

试验在中国科学院水利部安塞水土保持综合试验站进行。试验样地为 3 个典型撂荒草地，撂荒年限分别为 1 年、7 年和 24 年，代表了不同的植物演替阶段。为了消除样地立地条件对研究结果的影响，各样地的坡向、坡度和海拔比较相似，同时各样地的地表糙度、植被盖度、近地表特性比较均匀（表 6-13）。其中撂荒 1 年草地的优势种为黄花蒿（*Artemisia annua* Linn.），撂荒 7 年草地的优势种为多年生茵陈蒿（*Artemisia Capillaris*），撂荒 24 年草地的优势种为多年生黄芪（*Astragalus melilotoides* Pall.）。各样地植被生长特性如表 6-13 和图 6-17 所示，土壤物理性质如表 6-14 所示。

表 6-13　不同演替阶段植物样地基本信息表

撂荒年限/年	地理位置	海拔/m	坡度/%	植被特征	
				优势种	盖度/%
1	36°51′22.14″N，109°19′18.34″E	1128	26.2	黄花蒿	55
7	36°85′21.48″N，109°31′37.26″E	1292	24.4	茵陈蒿	60
24	36°51′17.96″N，109°19′31.83″E	1147	26.2	黄芪	75

表 6-14　不同演替阶段植物样地土壤物理性质

样地撂荒年限/年	黏结力/kPa	土壤容重/（kg/m^3）	机械组成/%			水稳性团聚体（>0.25mm）/%
			黏粒	粉粒	砂粒	
1	5.23	1200	10.7	56.7	32.6	32.2
7	7.23	1100	15.9	61.7	22.4	29.6
24	6.34	1111	12.2	60.7	27.1	44.1

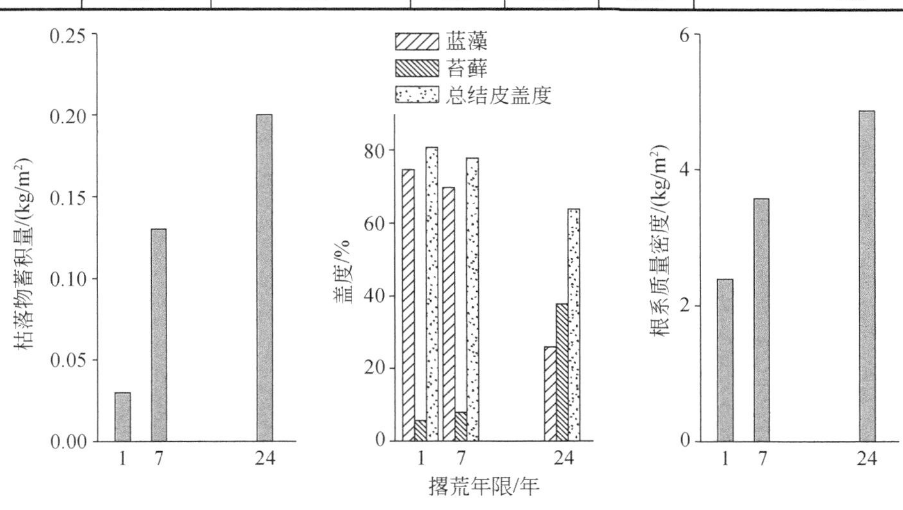

图 6-17　不同演替阶段植物群落枯落物蓄积量、盖度和植物根系质量密度情况

为了量化不同演替阶段草地近地表特性对坡面土壤分离能力影响的相对贡献，实验共设计 4 个处理（T_1、T_2、T_3和 T_4）模式以及裸地对照（T_0）。处理 1（T_1）：在样地内选取一定区域，于正午时分（农药可以被植物充分吸收）喷洒农药-草甘膦+百草枯（浓度为 30%，

由美国孟山都公司生产)，数日后草本将全部枯死，搁置一个月，确保植物根系不再分泌分泌物，但并没有分解。实验开始前，轻轻地剪除植物地上部分、刷去枯落物、铲除生物结皮，此时虽然植物根系已经死亡但并未腐烂，具有一定的物理捆绑作用。处理 2（T_2）：剪除植物地上部分、刷去枯落物、铲除生物结皮，土壤中仅包括了植物活根系，具有一定的物理捆绑作用，同时根系会分泌一定的化学物质，将土壤颗粒吸附在根系周围，因而同时具有物理捆绑作用和化学吸附作用。处理 3（T_3）：剪除植物地上部分、刷去枯落物，近地表同时包括有植物活根系和生物结皮，则同时包含了根系的物理捆绑作用和化学吸附作用，以及生物结皮对土壤分离影响。处理 4（T_4）：维持样地原始状态，即不采取任何措施及扰动，那么草地对土壤分离的影响，既包括了根系，也包括了生物结皮和茎秆-枯落物的影响。处理 0（T_0）：原状黄土母质（去除 0～40 cm 的表层土壤），视为没有受植物生长影响的土壤分离能力，作为与其他处理比较的基础，不同处理下对应的物理含义见表 6-15。

表 6-15　不同处理下影响土壤分离过程的近地表特性因子

处理	近地表特性	影响土壤分离过程的效应
T_0	原状黄土母质	土壤分离能力对照
T_1	植物死根系	根系捆绑作用、生物反馈作用
T_2	植物活根系	根系吸附作用、根系捆绑作用、生物反馈作用
T_3	生物结皮和植物根系	生物结皮效应、根系效应
T_4	无扰动的撂荒草地	植被整体效应：枯落物效应、生物结皮效应、根系效应

实验设备主要包括 5 个部分：储水系统、流量调节系统、水槽装置、冲刷区域和径流泥沙收集系统（图 6-18）。储水系统主要提供试验所需清水，经过流量调节系统，按照设计的流量进入水槽装置，经过稳流和加速后，进入冲刷区，携带泥沙的浑水被径流桶收集。

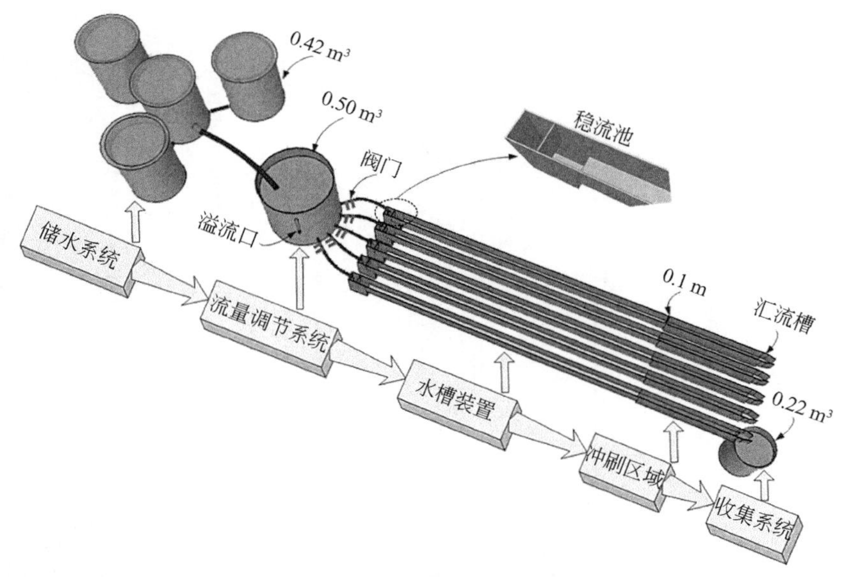

图 6-18　不同植物演替阶段对土壤分离能力影响的实验装置示意图

（1）储水系统：由 4 个相互连通的铁皮桶（直径 0.6 m、高 1.5 m）组成，用于储存清水（自来水），可以通过阀门组调节流量。

（2）流量调节系统：流量调节系统主要由水平放置的恒定水位桶（直径 0.8 m、高 1.2 m、钢板厚度 1.5 mm）控制，多余的水从溢流口流出，保证实验过程中水位恒定。在恒定水位桶底部安装了 5 个直径为 0.033 m 的出水口，其上分别安装了两个阀门，通过开关两个阀门即可实现流量的调节。流量依次设定为：0.2 L/s、0.3 L/s、0.4 L/s、0.5 L/s 和 0.6 L/s，实验过程中对流量进行多次测定（重复 5 次），取其平均值作为实际流量。

（3）水槽装置：水槽装置由稳流箱和引流槽组成，引流槽内侧底部用油漆粘有黄绵土颗粒（过 0.5 mm 筛），保证引流槽内的糙率与冲刷区的糙率比较接近且试验过程中保持稳定。水流在引流槽内充分加速后进入冲刷区域。试验时，沿水流方向，在引流槽下端 2 m 范围内采用染色剂法（高锰酸钾）测定坡面径流流速，重复 10 次，取其平均值，同时测定径流温度，用于径流雷诺数的计算及径流流态的判断。

（4）冲刷区域：冲刷区长度和宽度分别为 1 m 和 0.1 m，由钢板紧贴引流槽外侧切入土壤形成。实验开始之前，将土壤表面用喷壶喷至饱和，为了消除设备安装对地面的潜在扰动，冲刷试验开始后的前 3～6 s 不收集径流和泥沙，当冲刷区内任意区域被冲 0.02 m 深时停止径流冲刷试验，记录冲刷时间。

（5）径流泥沙收集系统：流经冲刷区的径流和泥沙，经由汇流槽进入径流桶进行收集，冲刷结束后，测定径流深度计算径流体积，同时采集泥沙样装入径流瓶带回试验站，采用烘干（105℃，24 h）称重法测定含沙量。用径流体积乘以含沙量得到本次试验的侵蚀泥沙。将侵蚀泥沙除以冲刷区面积及冲刷时间，得到土壤分离能力。

不同演替阶段植物群落各近地表特性（植物根系、生物结皮、枯落物及植被整体）抑制土壤分离能力的计算如下：

$$\mathrm{RD}_{\mathrm{cRoot-binding}} = D_{\mathrm{c}-T_0} - D_{\mathrm{c}-T_1} \tag{6-6}$$

$$\mathrm{RD}_{\mathrm{cRoot-bonding}} = D_{\mathrm{c}-T_1} - D_{\mathrm{c}-T_2} \tag{6-7}$$

$$\mathrm{RD}_{\mathrm{cTotal-root}} = D_{\mathrm{c}-T_0} - D_{\mathrm{c}-T_2} \tag{6-8}$$

$$\mathrm{RD}_{\mathrm{cBSCs}} = D_{\mathrm{c}-T_2} - D_{\mathrm{c}-T_3} \tag{6-9}$$

$$\mathrm{RD}_{\mathrm{cLitter-stem}} = D_{\mathrm{c}-T_3} - D_{\mathrm{c}-T_4} \tag{6-10}$$

$$\mathrm{RD}_{\mathrm{cGrassland}} = D_{\mathrm{c}-T_0} - D_{\mathrm{c}-T_4} \tag{6-11}$$

式中，$\mathrm{RD}_{\mathrm{cRoot-binding}}$、$\mathrm{RD}_{\mathrm{cRoot-bonding}}$、$\mathrm{RD}_{\mathrm{cTotal-root}}$、$\mathrm{RD}_{\mathrm{cBSCs}}$、$\mathrm{RD}_{\mathrm{cLitter-stem}}$ 和 $\mathrm{RD}_{\mathrm{cGrassland}}$ 分别为死根、活根分泌物与活根、根系系统、生物结皮、植物茎秆-枯落物和草地的土壤分离能力减少量［kg/（m^2·s）］；$D_{\mathrm{c}-T_0}$、$D_{\mathrm{c}-T_1}$、$D_{\mathrm{c}-T_2}$、$D_{\mathrm{c}-T_3}$ 和 $D_{\mathrm{c}-T_4}$ 分别是 T_0、T_1、T_2、T_3 和 T_4 处理下的土壤分离能力。

而植物群落各近地表特性对土壤分离能力影响的相对贡献分别为

$$\mathrm{CR}_i = \frac{E_i}{\sum E_i} \times E_{\mathrm{Grassland}} \tag{6-12}$$

式中，CR_i 为各个因子（枯落物-茎秆、生物结皮、根系化学键合作用、根系物理捆绑作用）减少土壤分离能力的贡献率（%）；$E_{\mathrm{Grassland}}$ 为草地减少土壤分离能力的效应［%，由式（6-13）

计算]；E_i为各个因子 i 减少土壤分离能力的效应（%），分别由式（6-13）～式（6-17）计算。$CR_{Root\text{-}bnding}+CR_{Root\text{-}binding}=CR_{Total\text{-}root}$ 和 $CR_{Litter\text{-}stem}+CR_{BSCs}+CR_{Total\text{-}root}=E_{Grassland}$

$$E_{\text{Grassland}}=\frac{\text{RD}_{\text{cGrassland}}}{D_{\text{c}-T_0}}\times 100\% \tag{6-13}$$

$$E_{\text{Litter-stem}}=\frac{\text{RD}_{\text{cLitter-stem}}}{D_{\text{c}-T_3}}\times 100\% \tag{6-14}$$

$$E_{\text{BSCs}}=\frac{\text{RD}_{\text{cBSCs}}}{D_{\text{c}-T_2}}\times 100\% \tag{6-15}$$

$$E_{\text{Root-bonding}}=\frac{\text{RD}_{\text{cRoot-bonding}}}{D_{\text{c}-T_1}}\times 100\% \tag{6-16}$$

$$E_{\text{Root-binding}}=\frac{\text{RD}_{\text{cRoot-binding}}}{D_{\text{c}-T_1}}\times 100\% \tag{6-17}$$

其中：

$$\text{RD}_{\text{cRoot-binding}}+\text{RD}_{\text{cRoot-bongding}}=\text{RD}_{\text{cTotal-root}} \tag{6-18}$$

$$\text{RD}_{\text{cLitter-stem}}+\text{RD}_{\text{cBSCs}}+\text{RD}_{\text{cTotal-root}}=\text{RD}_{\text{cGrassland}} \tag{6-19}$$

对于同一草地，因为土壤临界剪切力变化幅度很小，所以假定所有处理的临界剪切力相同，且与对照处理（T_0）相同，则每种草地的土壤分离能力（$D_{\text{c-Grassland}}$）可通过下式估算：

$$D_{\text{c-Grasssland}}=C_{T_1}C_{T_2}C_{T_3}C_{T_4}K_{r-T_0}(\tau-\tau_{c-T_0}) \tag{6-20}$$

式中，$C_{T_1}(C_{T_1}=K_{r-T_1}/K_{r-T_0})$、$C_{T_2}(C_{T_2}=K_{r-T_2}/K_{r-T_1})$、$C_{T_3}(C_{T_3}=K_{r-T_3}/K_{r-T_2})$和$C_{T_4}(C_{T_4}=K_{r-T_4}/K_{r-T_3})$分别为根系物理捆绑作用、根系化学吸附作用、生物结皮和植物茎秆-枯落物作用的细沟可蚀性修正系数，K_{r-T_1}、K_{r-T_2}、K_{r-T_3}和K_{r-T_4}分别是 T_1、T_2、T_3和 T_4处理的细沟可蚀性。

6.3.2 不同演替阶段撂荒草地的土壤分离能力

植物群落近地表特性显著影响土壤分离过程。撂荒 1 年、7 年和 24 年草地各处理的土壤分离能力变化范围分别为 0.0004～0.0097 kg/（m^2·s)、0.002～0.232 kg/（m^2·s）和 0.0003～0.0071 kg/（m^2·s)。草地群落的演替势必会驱动近地表特性发生变化，进而影响土壤分离能力，其中撂荒 1 年、7 年和 24 年草地的平均土壤分离能力分别较裸地［0.0983 kg/（m^2·s)］降低了 98.1%、98.9%和 99.0%。植物根系、生物结皮、枯落物（包括分解或半分解的残积物）和植物茎秆等近地表特性能够有效抑制坡面径流对表土的冲刷，从而降低土壤分离能力。恢复 1 年草地 T_1（死根）和 T_2（活根）处理的平均土壤分离能力分别比裸土减小了 95.2%和 95.5%，随着生物结皮和枯落物等近地表特性的依次叠加，对应 T_3和 T_4处理的平均土壤分离能力分别比裸地降低了 97.8%和 98.1%。同时，随着植被自然演替，近地表特性对草地土壤分离能力的影响逐渐增大。撂荒 7 年草地 T_1—T_4处理下平均土壤分离能力较裸地分别减少了 90.62%、94.16%、95.87%和 98.94%，撂荒 24 年草地则分别减少了 96.31%、97.34%、98.59%和 98.96%（图 6-19）。

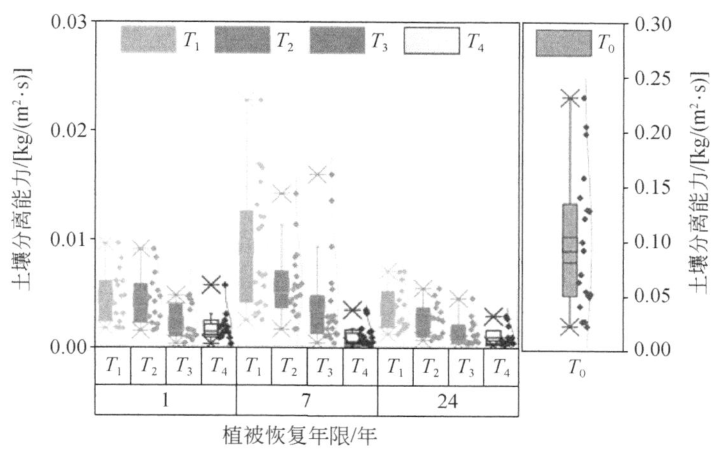

图 6-19　不同恢复年限和处理下土壤分离能力变化情况

枯落物、生物结皮和植物根系等近地表特性对土壤分离过程的影响不尽相同，且在演替的不同阶段也会有所差异，总体表现为近地表特性显著增强了土壤侵蚀阻力，降低了土壤分离能力。与裸土相比，撂荒 1 年、7 年和 24 年草地枯落物、生物结皮、根系物理捆绑作用和化学吸附作用分别减少的土壤分离能力为 0.0003～0.0935 kg/（m^2·s）、0.0017～0.0925 kg/（m^2·s）和 0.0004～0.0947 kg/（m^2·s）（表 6-16）。枯落物及其分解残体主要通过增加土壤表面粗糙度、减小坡面径流流速而降低土壤分离能力。在土壤分离过程中，枯落物的局地堆积可以形成一系列栅栏，大大降低了径流流速，从而减弱地表径流的动能和水流剪切力。生物结皮是主要的近地表特性之一，在黄土高原其盖度可高达 70%以上，能够有效防止表土被坡面径流分离。生物结皮的菌丝能够通过化学黏合和物理捆绑作用有效固结土壤颗粒，完整地贴合地表，难以被径流分离，从而起到降低土壤侵蚀的效果。同时，生物结皮能够增加地表糙度，从而减小水流侵蚀动力。根系分泌物通过分子间键合力与根际土壤颗粒紧密结合（化学键合效应），也可以通过物理作用缠绕、捆绑土壤颗粒，使土壤结构更加稳定（物理捆绑作用）。对于不同演替阶段的撂荒草地，撂荒 1 年草地其枯落物减少土壤分离能力的量，比撂荒 7 年和 24 年草地分别减少了 90.3%和 20.2%，而生物结皮抑制土壤分离能力的作用则分别增加了 32.7%和 83.1%，根系捆绑作用无显著差异，根系化学吸附作用分别增加了 90.2%和 66.4%（表 6-16）。

表 6-16　不同退耕年限草地各近地表特性相对于裸地对照的土壤分离能力减少量

近地表特性	土壤分离能力减少量/［kg/（m^2·s）］		
	撂荒 1 年	撂荒 7 年	撂荒 24 年
枯落物	0.0003	0.0030	0.0004
生物结皮	0.0022	0.0017	0.0012
根系物理捆绑	0.0935	0.0925	0.0947
根系化学吸附	0.0003	0.0035	0.0010
根系系统	0.0939	0.0925	0.0957
植物群落	0.0964	0.0972	0.0973

6.3.3 近地表特性影响土壤分离能力的相对贡献

在黄土高原草地群落演替序列中，由于枯落物的积累和分解、植物根系的生长发育、物种演替（包括生物结皮）等近地表特性的变化，导致各个近地表特性降低土壤分离能力的贡献率也存在较大差异（表 6-17）。与裸土相比，撂荒 1 年、7 年和 24 年草地的土壤分离能力总体分别降低了 98.1%、98.9%和 99.0%，其中，撂荒 1 年草地枯落物、生物结皮和植物根系的贡献率分别为 7.9%、30.0%和 60.2%；撂荒 7 年草地分别为 30.3%、14.9%和 53.7%；撂荒 24 年草地分别为 13.2%、23.5%和 62.3%。对于根系系统对土壤分离能力的影响，撂荒 1 年、7 年和 24 年草地化学吸附作用和物理捆绑作用分别依次为 4.2%和 56.0%、14.7%和 39.0%、14.0%和 48.3%。此外，撂荒 1 年草地根系系统抑制土壤分离能力的贡献率分别是枯落物和生物结皮的 7.6 倍和 2.0 倍，撂荒 7 年草地为 1.8 倍和 3.6 倍，撂荒 24 年草地为 4.7 倍和 2.7 倍（表 6-17）。可见，植被恢复可显著影响土壤分离过程，很难想象在没有植被恢复的情况下，黄土高原的水土流失将会多么严重。

表 6-17　不同退耕年限草地近地表特性减小土壤分离能力的贡献率

近地表特性	土壤分离能力减少贡献率/%		
	撂荒 1 年	撂荒 7 年	撂荒 24 年
枯落物	7.9	30.3	13.2
生物结皮	30.0	14.9	23.5
根系物理捆绑	4.2	14.7	14.0
根系化学吸附	56.0	39.0	48.3
根系系统	60.2	53.7	62.3
植物群落	98.1	98.9	99.0

枯落物蓄积量随恢复年限的延长有所增加，到撂荒 24 年，草地枯落物蓄积量分别是撂荒 1 年和 7 年草地的 6.7 倍和 1.5 倍（图 6-17）。然而，撂荒 7 年草地枯落物贡献率最大，分别是撂荒 1 年和 24 年草地的 3.8 倍和 2.3 倍。这在一定程度上说明单纯使用枯落物蓄积量并不能完全表征枯落物对土壤分离过程的影响，还应综合考虑枯落物的其他形态特征（如枯落物类型、覆盖度、凋落量和分解速率等）。此外，枯落物的局地堆积可显著影响地表径流路径和流态，进而影响坡面径流的水深和流速。撂荒 7 年草地优势种为茵陈蒿，其枯落物主要由粗枝组成，其分解速率明显比叶片慢，未分解的枯落物枝和茎与较小的枯落物及植物茎杆一起，往往形成一系列“微型水坝”，极大地增强了枯落物降低流速、消耗水流能量的作用（Wang et al.，2014b）。

随着撂荒年限的增大，生物结皮盖度呈逐渐减小趋势。生物结皮盖度与枯落物蓄积量呈明显的负相关关系，随着植被冠层盖度的增大，生物结皮盖度逐渐降低。撂荒 24 年草地生物结皮盖度显著小于撂荒 1 年和 7 年的草地，分别降低了 17.9%和 21.0%（图 6-17）。对于撂荒 7 年的草地，生物结皮对土壤分离能力的影响最小，分别比撂荒 1 年和 24 年草地降低了 50.4%和 36.8%。主要原因是当水流剪切力大于 11 Pa 时，撂荒 7 年草地的生物结皮会被整片揭开甚至被水流冲走，使裸露的表土更容易被地表径流冲刷甚至淘蚀，加剧了土壤侵蚀（Wang et al.，2014b）。而对于撂荒 1 年或 24 年的草地，并没有发生这种现象。对于撂荒 1 年的草地，生物结皮主要为蓝藻，相对较薄且光滑，能够紧密地附着于地表，一般随着土壤颗粒一起被冲走（Chamizo et al.，2015）。对于撂荒 24 年的草地，生物结皮主要由苔藓组成，其假根和菌丝较为发达，可以很好地与表土结合，几乎不会被水流冲走。此外，近地表特性抑制土壤分离过程的贡献率为相对值，是多因子交互作用的结果，某个特性的贡献率往往依赖于其他特性。因此，在一定程度上，对于撂荒 7 年的草地，其较低的生物结皮贡献率主要受制于相对较高的枯落物贡献率，这也从另一个角度解释了随着枯落物蓄积量的增大，生物结皮抑制土壤分离能力的作用逐渐减弱的现象。

随着撂荒年限的增大，植物根系生物量呈明显的增大趋势。撂荒 24 年草地根系质量密度分别是撂荒 1 年和 7 年草地的 2.0 倍和 1.4 倍（图 6-17）。植物根系能显著影响土壤分离能力，且随着撂荒年限的延长而有所增强。植物根系抑制土壤分离能力的贡献率显著大于其他近地表特性，占植被总影响的一半甚至 2/3，而植物根系的物理捆绑作用则至少占根系总影响的 72.6%以上。植物根系在保护表层土壤免受侵蚀方面发挥着重要作用，尤其在细沟侵蚀过程中，植物根系抑制土壤侵蚀的作用甚至和植被冠层覆盖同样重要（Gyssels et al.，2005）。与坡耕地相比，有根系存在的土壤其土壤分离能力减少了 50%（野外试验）和 64%（室内试验），充分表明植物根系系统对于提高土壤侵蚀阻力具有显著作用。值得注意的是，在植被恢复后期，根系系统的吸附作用抑制土壤分离能力的贡献率甚至大于枯落物。

总体而言，枯落物的蓄积增强了土壤抵抗径流冲刷的能力，其降低土壤分离能力的贡献率随着植被恢复年限的增大而逐渐增强，枯落物的种类和组成也是影响其抑制土壤分离过程的重要因素。生物结皮的种类、盖度和生长状况显著影响着土壤分离过程。在植被恢复初期，生物结皮降低土壤分离能力的贡献率大于枯落物，但随着植被的逐渐演替，生物结皮生长发育受到植被冠层和枯落物覆盖的抑制，其影响土壤分离过程的贡献率逐渐降低。此外，植物根系会显著降低土壤分离能力，其抑制土壤分离能力的贡献率始终显著大于其他近地表特性。

6.3.4 土壤侵蚀阻力对近地表特性的响应

枯落物、生物结皮和植物根系等近地表特性对土壤侵蚀阻力也存在较大影响。随着死根、活根、生物结皮和枯落物作用的先后叠加，细沟可蚀性逐渐降低（图 6-20）。对于撂荒 1 年的草地，根系捆绑作用导致细沟可蚀性降低了 96.0%；叠加根系吸附作用后，细沟可蚀性较单独的根系捆绑作用降低了 12.8%；生物结皮也可显著提高土壤侵蚀阻力，考虑生物结皮作用后，细沟可蚀性进一步降低了 48.0%；当枯落物作用被纳入其中后，细沟可蚀性再次降低了 12.8%。对于撂荒 7 年和 24 年的草地，根系捆绑作用导致细沟可蚀性降低了 91.5%和 97.0%，当考虑了根系化学吸附作用后，细沟可蚀性降低了 36.1%和 25.4%，当考虑了生物结皮影响后，细沟可蚀性降低了 28.7%和 46.8%，最后，当考虑了枯落物后，细沟可蚀性降低了 74.4%和 32.0%。

对于不同撂荒年限的草地，撂荒 1 年草地的细沟可蚀性较高，分别是撂荒 7 年和 24 年草地的 1.70 倍和 2.00 倍，表明在植被撂荒初期，近地表特性对土壤侵蚀阻力的影响相对较小。随着植被恢复年限的增加，近地表特性对土壤侵蚀阻力的影响逐渐增强。此外，对于撂荒 1 年的草地，生物结皮和根系捆绑影响下的细沟可蚀性比值（1.9）大于枯落物和生物结皮影响的细沟可蚀性比值（1.1）、根系捆绑作用和吸附作用影响下的细沟可蚀性比值（1.1），说明在植被恢复初期，生物结皮抑制土壤分离过程的作用较大（图 6-20）。基于细沟可蚀性调整式（6-14）～式（6-16）计算得到不同撂荒年限各近地表特性的细沟可蚀性修正系数（表 6-18）。近地表特性的修正系数越大，说明土壤越容易被侵蚀。在植被恢复初期，生物结皮对土壤侵蚀阻力的影响一般大于枯落物，而随着植被的逐渐演替这种情况会发生逆转。计算的校正系数也表明，与其他近地表特性相比，植物根系提高土壤抗蚀能力的作用最强，从而显著降低土壤分离能力（表 6-18）。此外，上述校正系数可很好地的解释植被演替过程近地表特性对土壤分离过程的影响（NSE 系数变化范围为 0.24～0.77；图 6-21），该结果可为基于 WEPP 模型研究植被演替阶段对土壤分离过程的影响提供数据和理论支持。

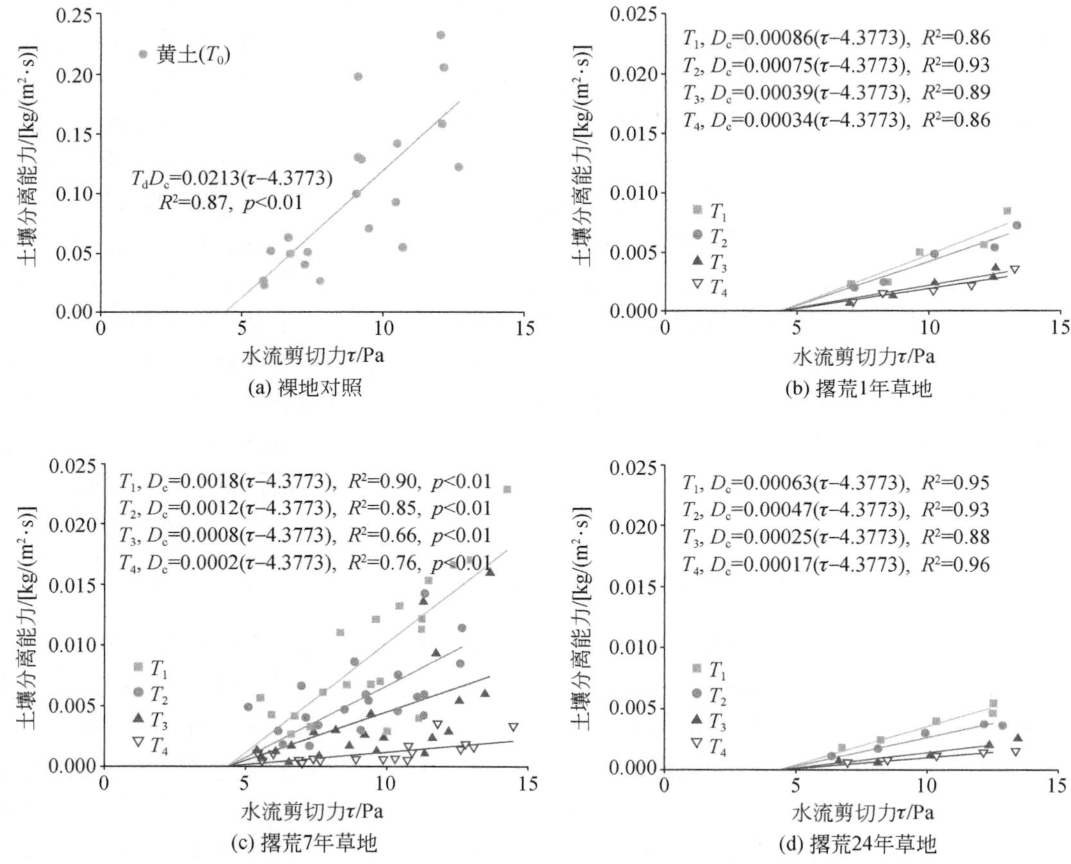

图 6-20　不同撂荒年限草地土壤分离能力与水流剪切力的函数关系

$$\begin{aligned} D_{c撂荒1年草地} &= C_{根系捆绑} C_{根系吸附} C_{生物结皮} \times C_{枯落物} K_{r裸地}(\tau - \tau_{c裸地}) \\ &= 0.0034(\tau - 4.3773) \end{aligned} \tag{6-21}$$

$$D_{c撂荒7年草地} = C_{根系捆绑} C_{根系吸附} C_{生物结皮} \times C_{枯落物} K_{r裸地}(\tau - \tau_{c裸地}) = 0.0002(\tau - 4.3773) \quad (6\text{-}22)$$

$$D_{c撂荒24年草地} = C_{根系捆绑} C_{根系吸附} C_{生物结皮} \times C_{枯落物} K_{r裸地}(\tau - \tau_{c裸地}) = 0.0017(\tau - 4.3773) \quad (6\text{-}23)$$

式中，D_c 为土壤分离能力［kg/（m • s）］；C 为近地表特性因子细沟可蚀性修正系数；K_r 为细沟可蚀性指数（s/m）；τ 为水流剪切力（Pa）；τ_c 为土壤临界剪切力（Pa）。

表 6-18　不同退耕年限草地各近地表特性的细沟可蚀性修正系数

近地表特性	相关系数		
	撂荒 1 年	撂荒 7 年	撂荒 24 年
枯落物	0.8718	0.2517	0.6800
生物结皮	0.5200	0.7130	0.5319
根系物理捆绑	0.8721	0.6389	0.7460
根系化学吸附	0.0404	0.0845	0.0296
根系系统	0.0352	0.0540	0.0221
植物群落	0.0160	0.0097	0.0080

近地表特性的修正系数越大，说明土壤侵蚀阻力越低。在植被恢复初期，生物结皮对土壤侵蚀阻力的影响一般大于枯落物。然而，随着植被演替年限的增大，这种情况发生了逆转。这一结果进一步说明，与其他近地表特性相比，植物根系系统提高土壤侵蚀阻力的作用最大（表 6-18）。近地表特性的影响可以被修正方程很好地解释，其 NSE 系数的变化范围为 0.24～0.77（图 6-21）。

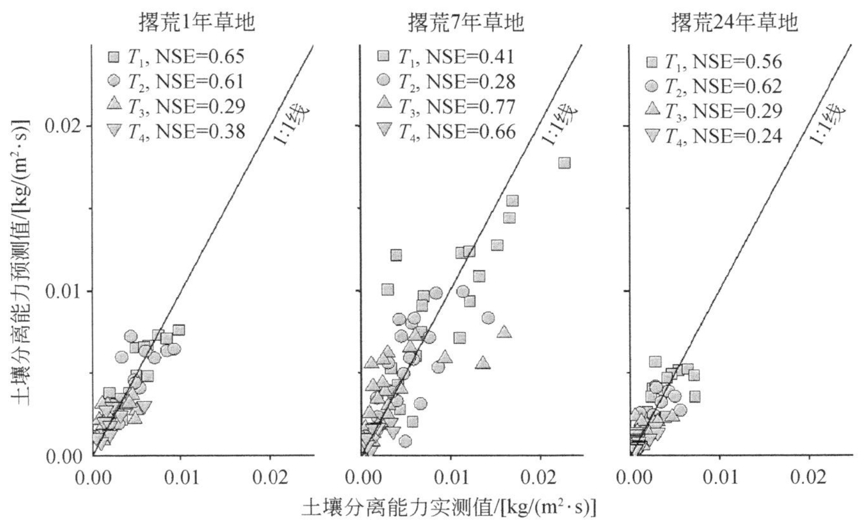

图 6-21　不同撂荒年限土壤分离能力实测值与预测值的比较

6.4 典型草本群落根系系统抑制土壤分离过程的相对贡献

植物根系系统可显著影响土壤侵蚀过程，一般认为植物根系对土壤侵蚀过程的影响主要包括根系的物理捆绑作用和化学吸附作用。一方面，植物根系在生长过程中会穿插、挤压土壤形成的网状结构可以有效固结土壤，从而增强土壤抵抗径流冲刷的能力，即根系的物理捆绑作用；另一方面，根系分泌物通过范德华力和分子键力可以有效吸附根际周边的土壤颗粒，并促进土壤团聚体的形成和发育，从而增强土壤稳定性，即为根系的化学吸附作用。同时，根系类型（如直根系和须根系）对土壤侵蚀过程的影响也存在差异，须根系抑制土壤分离过程的效果往往优于直根系。黄土高原自实施退耕还林还草工程以来，截至 2010 年，草地已成为黄土高原主要的土地利用类型，约占到 41.7%（2.6×10^5 km^2），其中直根系的菊科草本植物和须根系的禾本科草本植物占 85%以上。因此，系统研究黄土高原典型草地根系类型对土壤侵蚀过程的影响，量化植物根系不同作用机制抑制土壤侵蚀的相对贡献，对于深入理解植物根系影响土壤侵蚀过程的机理、评估黄土高原植被恢复的水土保持效益具有积极意义。

6.4.1 试验材料与方法

试验在陕西省安塞区纸坊沟小流域进行。依据黄土高原植物的不同演替阶段和根系类型，选取 10 种典型草本群落。其中直根系草本群落分别为黄蒿、黄芪、艾蒿、铁杆蒿和达乌里胡枝子，须根系草本群落分别为早熟禾、长芒草、赖草、隐子草和白羊草。所有草地均为撂荒草地，其土壤类型、海拔、坡度、坡向及撂荒前耕作措施均相似，样地基本信息、植被特征和土壤性质见表 6-19 和表 6-20。

表 6-19 黄土高原典型草本群落样点基本信息表

优势种	地理位置	坡面特征			根系重量密度/（kg/m^3）	根系类型
		海拔/m	坡度/%	植被盖度/%		
黄蒿	36°44′36.31″N 109°19′15.11″E	1245	31.4	70	1.63	直根系
黄芪	36°44′37.24″N 109°19′11.71″E	1236	34.9	50	3.23	直根系
艾蒿	36°44′47.01″N 109°15′01.08″E	1257	36.7	65	7.3	直根系
铁杆蒿	36°44′36.76″N 109°15′47.58″E	1269	31.4	60	4.52	直根系
达乌里胡枝子	36°44′44.47″N 109°15′03.89″E	1226	27.9	60	8.97	直根系
早熟禾	36°44′36.77″N 109°14′48.13″E	1275	31.4	60	2.86	须根系

续表

优势种	地理位置	坡面特征			根系重量密度/（kg/m³）	根系类型
		海拔/m	坡度/%	植被盖度/%		
长芒草	36°45′08.92″N 109°15′14.42″E	1220	34.9	65	2.65	须根系
赖草	36°45′16.67″N 109°15′36.69″E	1096	31.4	60	1.74	须根系
隐子草	36°45′13.15″N 109°15′16.60″E	1193	34.9	65	3.76	须根系
白羊草	36°50′49.75″N 109°20′07.36″E	1180	38.4	60	5.25	须根系

表 6-20　黄土高原典型草本群落样地土壤理化性质

草本群落	土壤容重/（kg/m³）	土壤团聚体＞0.25 mm	水稳性团聚体＞0.5 mm	黏结力/Pa	颗粒组成分布/%			有机质含量/（g/kg）
		/%			砂粒	粉粒	黏粒	
黄蒿	852	47.16	57.46	5161	26.81	63.33	9.86	6.57
黄芪	837	49.41	53.01	5129	27.40	63.01	9.6	6.98
艾蒿	901	63.42	64.59	6762	26.57	63.5	9.93	22.14
铁杆蒿	1048	84.14	48.16	8657	12.87	72.58	14.55	7.71
达乌里胡枝子	1272	72.41	68.9	6827	25.24	65.21	9.55	18.12
早熟禾	1029	72.26	56.51	7742	15.40	70.07	14.53	11.36
长芒草	1102	71.85	52.47	6729	27.80	62.76	9.44	13.29
赖草	1383	81.44	54.01	7513	27.75	61.56	10.69	5.05
隐子草	1152	71.79	46.47	7546	28.36	62.34	9.30	8.35
白羊草	1198	69.89	80.54	6468	26.81	63.25	9.94	10.99

试验设置裸地、死根和活根 3 个处理，量化草本根系对土壤分离能力的影响。其中原状裸地处理作为对照，用以反映土壤性质对土壤分离能力的影响。死根处理表征根系物理捆绑作用，活根处理用以表征根系物理捆绑和化学吸附共同作用对土壤分离过程的影响（表 6-21）。

表 6-21　黄土高原典型草本群落样地处理及影响土壤分离过程的因子

处理	处理要素	处理方式	有无根系	影响土壤分离过程的因子
T_0	裸地	—	无	土壤自身属性
T_1	死根	地上部分喷施雾化农药，间接杀死根系	有	物理捆绑作用
T_2	活根	—	有	物理捆绑和化学吸附作用

原状土壤样品采用环刀进行采集（直径 9.8 cm、高 5 cm），每种草本群落采集 30 个原状土样，共计采集 900 个土样。土壤分离能力采用变坡实验水槽测定，设置 6 组流量和坡度组合（17.5%、0.003 m^2/s；17.5%、0.006 m^2/s；26.2%、0.006 m^2/s；43.6%、0.004 m^2/s；43.6%、0.006 m^2/s 和 43.6%、0.007 m^2/s），对应的水流剪切力分别为 4.98 Pa、7.58 Pa、10.01 Pa、11.19 Pa、15.24 Pa、16.37 Pa。冲刷前对土壤样品进行土壤含水量标定，具体操作同 6.1 节。试验过程中当环刀内任意冲刷深度达到 2 cm 时，冲刷结束。基于环刀内的土壤干重变化量、冲刷时间和环刀横截面积计算土壤分离能力，对测得的土壤分离能力和水流剪切力进行线性拟合，得到细沟可蚀性和土壤临界剪切力，用以表征土壤侵蚀阻力。

植物根系抑制土壤分离能力的贡献率（CR，%）通过下列公式计算：

$$\mathrm{CR}_{\mathrm{binding}}=\mathrm{CR}_{\mathrm{roots}}\frac{E_{\mathrm{binding}}}{(E_{\mathrm{binding}}+E_{\mathrm{bonding}})} \tag{6-24}$$

$$\mathrm{CR}_{\mathrm{bonding}}=\mathrm{CR}_{\mathrm{roots}}\frac{E_{\mathrm{bonding}}}{(E_{\mathrm{binding}}+E_{\mathrm{bonding}})} \tag{6-25}$$

$$\mathrm{CR}_{\mathrm{roots}}=\frac{D_{\mathrm{c}-T_0}-D_{\mathrm{c}-T_2}}{D_{\mathrm{c}-T_0}}\times 100\% \tag{6-26}$$

$$E_{\mathrm{binding}}=\frac{D_{\mathrm{c}-T_0}-D_{\mathrm{c}-T_1}}{D_{\mathrm{c}-T_0}}\times 100\% \tag{6-27}$$

$$E_{\mathrm{bonding}}=\frac{D_{\mathrm{c}-T_1}-D_{\mathrm{c}-T_2}}{D_{\mathrm{c}-T_1}}\times 100\% \tag{6-28}$$

式中，$\mathrm{CR}_{\mathrm{roots}}$、$\mathrm{CR}_{\mathrm{binding}}$ 和 $\mathrm{CR}_{\mathrm{bonding}}$ 分别为总根系、根系物理捆绑作用和根系化学吸附作用抑制土壤分离能力的贡献率（%）；E_{binding} 和 E_{bonding} 分别为根系物理捆绑作用和根系化学吸附作用减少土壤分离能力的比率；$D_{\mathrm{c}-T_0}$、$D_{\mathrm{c}-T_1}$ 和 $D_{\mathrm{c}-T_2}$ 分别为裸地、死根和活根处理的土壤分离能力［kg/（m^2 • s）］。考虑到土壤临界剪切力主要表征土壤性质对土壤分离过程的影响，对于同一种草本群落，假定其死根和活根处理下的土壤临界剪切力等于对应的裸地。因而根系物理捆绑作用和化学吸附作用对土壤分离过程的影响可通过校正细沟可蚀性来反应，即土壤分离能力［$D_{\mathrm{c\text{-}grassland}}$，kg/（$m^2$ • s）］可表征为细沟可蚀性的校正方程：

$$D_{\mathrm{c\text{-}grassland}}=C_{\mathrm{binding}}C_{\mathrm{bonding}}K_{\mathrm{r}-T_0}(\tau-\tau_{\mathrm{c}-T_0}) \tag{6-29}$$

式中，$C_{\mathrm{binding}}(C_{\mathrm{binding}}=K_{\mathrm{r}-T_1}/K_{\mathrm{r}-T_0})$ 和 $C_{\mathrm{bonding}}(C_{\mathrm{bonding}}=K_{\mathrm{r}-T_2}/K_{\mathrm{r}-T_1})$ 分别为根系物理捆绑作用和根系化学吸附作用的细沟可蚀性校正系数；$K_{\mathrm{r}-T_0}$、$K_{\mathrm{r}-T_1}$ 和 $K_{\mathrm{r}-T_2}$ 为裸地、死根和活根处理的细沟可蚀性（s/m）；$\tau_{\mathrm{c}-T_0}$ 为裸地处理的临界剪切力（Pa）。

6.4.2 典型草本群落根系类型对土壤分离能力的影响

对于所选 10 种典型植物群落，土壤分离能力平均值变化范围为 0.004～14.209 kg/（m^2 • s）（图 6-22）。裸地处理土壤分离能力的差异主要由植被群落样地土壤性质的空间异质性所致，不同群落样地裸地处理土壤分离能力均值变化范围为 0.097～4.636 kg/（m^2 • s），其中艾蒿和黄芪样地裸土分离能力相对较高，为 4.053 kg/（m^2 • s）和 4.636 kg/（m^2 • s），分别是其他 8 个群落样地的 6.6～41.7 倍和 7.5～47.7 倍。土壤理化性质的空间差异在一定程度上是植物群落演替的结果，经改良后的土壤更适合演替后期植物生长时，现有群落的优势种将可能被替代，植被自然演替发生。对于所选的不同演替阶段的 10 种典型草本群落，其土壤性质存在显著差异。除水稳性团聚体和土壤粒径分布基本相同外，直根系草本群落的平均容重、土壤团聚体和土壤黏结力均偏低，分别较须根系草本群落减少了 16.3%、13.8%和 9.6%，而直根系草本群落的土壤有机质含量显著大于须根系草本群落，是后者的 1.3 倍。相关研究表明土壤性质（如质地、容重、水稳性团聚体、黏结力和有机质）可显著影响土壤分离过程。黄蒿和黄芪样地的土壤容重、团聚体和黏结力均较低，相应地，其土壤分离能力也显著大于其他 8 种草地。这主要是土壤容重、团聚体、黏结力、有机质含量的增加使得土壤结构趋于稳定，进而增强土壤侵蚀阻力。

植物根系的存在显著降低了土壤分离能力，且随着根系物理捆绑作用和化学吸附作用的依次叠加，土壤分离能力逐渐减小（对应 T_1 和 T_2 处理）。对于所选的 10 种典型草地群落，T_1（死根）和 T_2（活根）处理的土壤分离能力均值变化范围为 0.049～3.222 kg/（m^2 • s）和 0.030～3.297 kg/（m^2 • s），分别较无根系裸地分别降低了 14.7%～79.1%和 28.7%～80.3%。植物根系类型也显著影响土壤分离能力（图 6-22）。对于直根系的草本群落，T_1 和 T_2 处理的平均土壤分离能力分别为 1.192 kg/（m^2 •s）和 1.180 kg/（m^2 •s），分别较裸地［1.810 kg/（m^2 •s）］降低了 34.8%和 34.2%。对于须根系草本群落，T_1 和 T_2 处理的平均土壤分离能力分别为 0.096 kg/（m^2 • s）和 0.080 kg/（m^2 • s），分别较其裸地［0.279 kg/（m^2 • s）］降低了 65.4% 和 71.1%。以上结果表明，须根系草本群落比直根系草本群落更能有效地减少土壤分离能力。总体而言，直根系草本群落（T_0、T_1、T_2 处理）的土壤分离能力相对较高，分别是须根草本群落的 6.5 倍、12.4 倍和 14.7 倍。

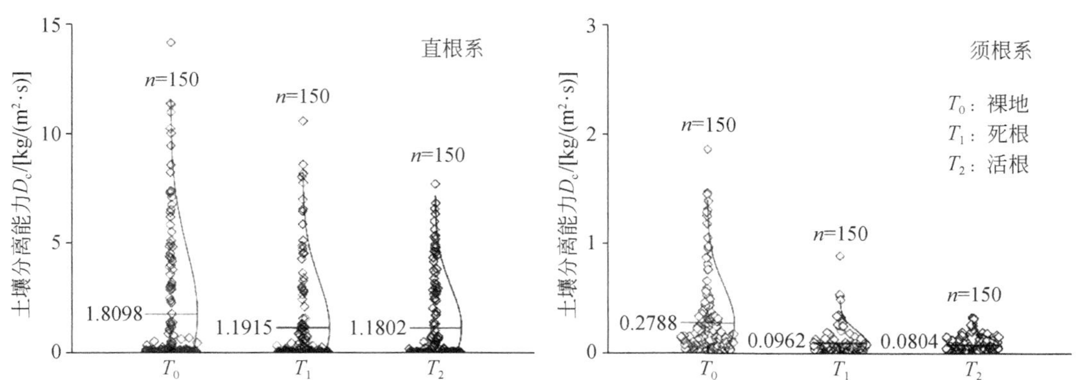

图 6-22　不同处理的土壤分离能力变化特征

根系物理捆绑作用和化学吸附作用引起的土壤分离能力减少量（RDC）也不尽相同（表 6-22）。根系分泌物由于分子间范德华力可吸附/黏结邻近的土壤颗粒，从而可以抑制径流对土壤的冲刷作用。黄芪样地根系吸附作用导致的土壤分离能力减少量为负值［-0.076 kg/（m^2 •s)］，仅占死根处理土壤分离能力的 2.3%（绝对值），二者无显著差异。这可能是由于黄芪样地表层土壤（0～5 cm）根系大都为粗根（直径＞1.5 cm），根系分泌物很少所致

（Reubens et al.，2007）。因此可以认为在表土中黄芪根系吸附作用抑制土壤分离能力的贡献率几乎为零。与之相反，白羊草根系吸附作用导致的土壤分离能力减少量较高，是其根系物理捆绑作用的 2.2 倍，这可能是由于白羊草的不定根在表层土壤中发育良好，根系分泌物较多，从而导致其根系吸附作用较强。其余 8 种植物群落根系捆绑作用导致的土壤分离能力减少量变化范围为 0.030～1.547 kg/（m^2 • s），均高于其根系吸附作用引起的土壤分离能力减少量，前者是后者的 2.5～85.7 倍。总体而言，10 种草本植物群落根系捆绑作用引起的总土壤分离能力减少量为 4.002 kg/（m^2 • s），是根系吸附作用的 19.0 倍。不同根系类型土壤分离能力减少量也存在显著差异（表 6-22）。直根系草本群落总的土壤分离能力减少量为 3.148 kg/（m^2 • s），是须根草本群落的 3.2 倍。直根系和须根系草本群落根系捆绑作用和吸附作用引起的土壤分离能力减少量也存在很大差异，对于直根系而言，根系捆绑和吸附作用土壤分离能力减少量分别为 3.092 kg/（m^2 • s）和 0.132 kg/（m^2 • s），分别是须根系土壤分离能力减少量的 3.4 倍和 1.7 倍。

表 6-22　不同草本群落植物根系减少的土壤分离能力（与裸土相比）

直根系	土壤分离能力减少量/［kg/（m^2 • s）］			须根系	土壤分离能力减少量/［kg/（m^2 • s）］		
	总根系	物理捆绑作用	化学吸附作用		总根系	物理捆绑作用	化学吸附作用
黄蒿	1.6408	1.5469	0.0939	早熟禾	0.0668	0.0479	0.0189
黄芪	1.3392	1.4147	0（−0.0755）	长芒草	0.4939	0.4868	0.0071
艾蒿	0.0341	0.0301	0.0040	赖草	0.2696	0.2566	0.013
铁杆蒿	0.0810	0.0487	0.0323	隐子草	0.1023	0.1011	0.0012
达乌里胡枝子	0.0529	0.0513	0.0016	白羊草	0.0563	0.0174	0.0389
总量	3.1480	3.0916	0.1319	总量	0.9889	0.9099	0.0790

6.4.3　典型草本群落根系类型抑制土壤分离能力的相对贡献

对于所选的 10 种草本群落，其根系系统减少土壤分离能力的贡献率也存在很大差异（变化范围为 28.7%～80.3%；表 6-23）。白羊草根系吸附作用抑制土壤分离能力的贡献率较高，占其总根系贡献率的 72.3%，是其根系物理捆绑作用的 2.6 倍。对于铁杆蒿和早熟禾，根系物理捆绑和化学吸附作用基本相当。对于其余 7 个草本群落，根系物理捆绑作用引起的土壤分离能力降低占主导，至少占其根系系统抑制土壤分离能力总贡献率的 84.9%以上（平均为 92.6%）。不同类型（直根系和须根系）根系系统物理捆绑和化学吸附作用抑制土壤分离能力的贡献率也存在显著差异。直根系草本抑制土壤分离能力的平均贡献率为 41.6%，其中根系物理捆绑作用占 33.2%，根系化学吸附作用占 8.4%。而对于须根系草本群落，根系系统抑制土壤分离能力的平均贡献率为 65.7%，其中根系物理捆绑和化学吸附作用分别占 49.7%和 16.0%。须根系草本抑制土壤分离能力的贡献率显著大于直根系草本群落，其总根系、根系物理捆绑和化学吸附作用抑制土壤分离能力的贡献率分别是直根系草本的 1.6 倍、1.4 倍和 1.7 倍。

表 6-23　不同草本群落根系减少土壤分离能力的相对贡献率

直根系	贡献率/%			须根系	贡献率/%		
	总根系	物理捆绑作用	化学吸附作用		总根系	物理捆绑作用	化学吸附作用
黄蒿	40.5	36.9	3.6	早熟禾	68.8	38.7	30.1
黄芪	28.9	28.9	0.0	长芒草	80.3	75.0	5.2
艾蒿	28.7	24.3	4.3	赖草	67.1	58.8	8.3
铁杆蒿	61.3	29.9	31.4	隐子草	64.8	62.8	2.0
达乌里胡枝子	48.6	45.9	2.8	白羊草	47.5	13.1	34.3
均值	41.6	33.2	8.4	均值	65.7	49.7	16.0

植物根系在抑制土壤侵蚀过程中起着至关重要的作用，根系类型的差异可显著影响土壤抗蚀性能。一般而言，直根系对土壤侵蚀的抑制作用小于须根系，这主要是由于在土壤侵蚀过程中，相较于直根系，须根系存在大量的细根，能更有效地固结土壤（Gyssels et al.，2005；De Baets et al.，2007）。对于本书的 10 种典型草本群落，直根系和须根系群落的土壤分离能力分别较裸地减少了 41.6%和 65.7%，充分证明了须根系草本能更有效地降低坡面径流对土壤的分离能力。尽管已有研究发现根系质量密度能够反映根系对土壤分离能力的影响，且随着根系质量密度的增大土壤分离能力呈指数函数降低。然而对于本书的 10 种草本群落，须根系群落的根系质量密度（平均为 3.25 kg/m^3）反而较直根系群落（平均为 5.13 kg/m^3）减少了 36.6%。这在一定程度上说明根系质量密度可能并不能完全反映根系系统对土壤侵蚀过程的影响，根长密度、根表面积密度等根系形态特征也需要有所考虑。

植物根系的物理捆绑和化学吸附作用抑制土壤分离过程的贡献率也受根系类型的影响。一方面，根系通过形成致密的根系网络固结土体，增强土壤稳定性。另一方面，根系分泌物可以通过分子键力将土壤颗粒吸附在根际周边，从而固结土体。对于所选的 10 种草本群落，根系物理捆绑和化学吸附作用存在很大差异。根系的物理捆绑作用抑制土壤分离能力的贡献率为 13.1%～75.0%，而根系化学吸附作用抑制土壤分离能力的贡献率为 0%～34.3%；直根系草本的物理捆绑作用和化学吸附作用抑制土壤分离能力的贡献率分别较须根系减少了 33.2%和 47.5%。此外，与裸土相比，植物根系减少土壤分离能力的总量为 4.137 kg/（m^2·s），平均贡献率为 53.6%，其中根系物理捆绑和化学吸附作用的贡献率分别为 41.4%和 12.2%。整体看来，植物根系具有很强的抑制土壤侵蚀的能力，存在根系分布的土壤其分离能力较没有根系的裸土降低了一半甚至 2/3。因此，草本群落在提高土壤抗蚀性能方面具有显著的作用，为了有效控制黄土高原严重的水土流失，须根系草本可能是一种比较理想的选择。

6.4.4　土壤侵蚀阻力对植物根系类型的响应

不同草本群落其根系系统对土壤侵蚀阻力的影响，主要表征在细沟可蚀性的差异。死根处理的细沟可蚀性为 0.006～0.506 s/m，较裸土处理（裸土）减少了 10.5%～78.3%（图 6-23、图 6-24、表 6-24）。与死根处理相比，活根处理的细沟可蚀性进一步降低了 1.2%～44.2%。黄芪裸地、死根和活根处理的细沟可蚀性最高，分别是其他 9 种草本群落的 1.2～

62.0 倍、1.4～88.0 倍和 1.3～125.6 倍。直根系和须根系草本的细沟可蚀性也存在很大差异。裸地、死根和活根处理下，直根系草本群落的平均细沟可蚀性为 0.263 s/m、0.182 s/m 和 0.164 s/m，分别是须根系草本群落的 6.4 倍、13.0 倍和 15.2 倍。不同草本群落的土壤临界剪切力为 1.130～4.731 Pa，其中，直根系草本群落的平均临界剪切力为 3.047 Pa，较须根系草本群落减少了 13.2%。再次表明须根系草本群落具有更强大的土壤侵蚀阻力，可以更有效地保护土壤免受径流冲刷，起到更强的抑制土壤分离过程的作用。

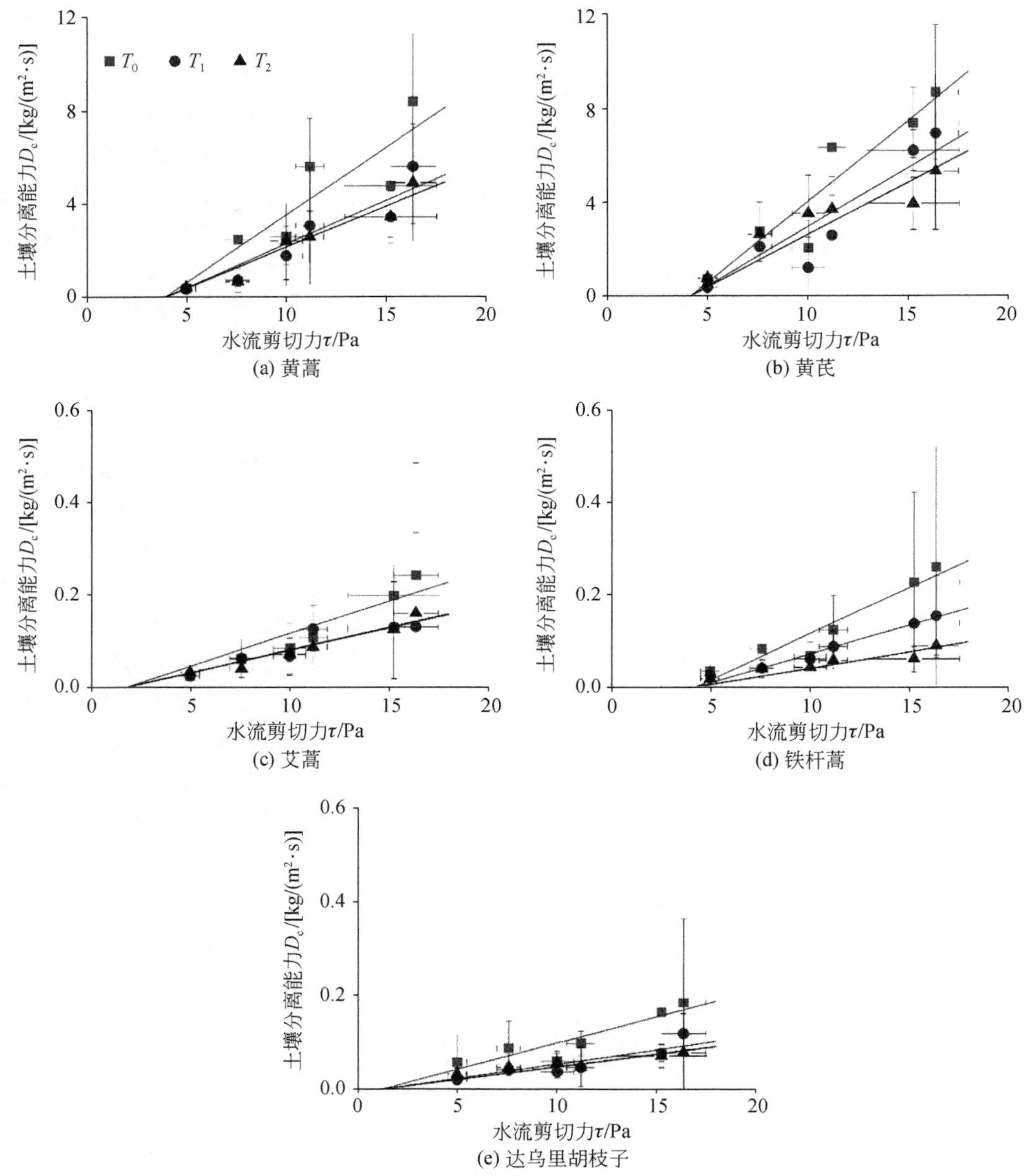

图 6-23 直根系草本群落土壤分离能力与水流剪切力的关系

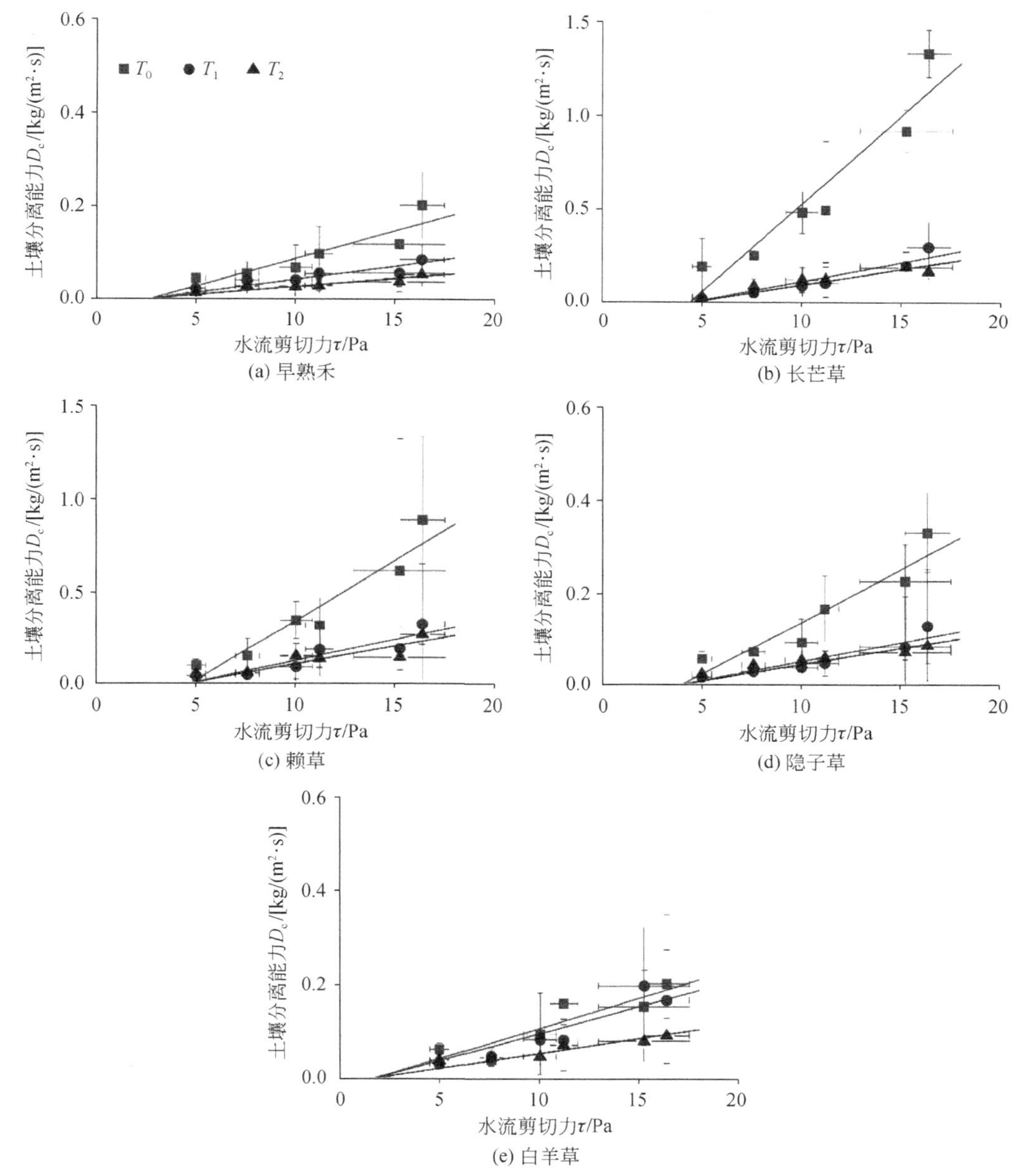

图 6-24　须根系草本群落土壤分离能力与水流剪切力的关系

表 6-24　典型草本群落的细沟可蚀性（K_r）与临界剪切力（τ_c）

直根系	$D_c=K_r(\tau-\tau_c)$	R^2	须根系	$D_c=K_r(\tau-\tau_c)$	R^2
黄蒿	$D_{c-T_0}=0.5806(\tau-3.9061)$	0.81	早熟禾	$D_{c-T_0}=0.0120(\tau-2.7635)$	0.81
	$D_{c-T_1}=0.3746(\tau-3.9061)$	0.88		$D_{c-T_1}=0.0058(\tau-2.7635)$	0.76
	$D_{c-T_2}=0.3522(\tau-3.9061)$	0.93		$D_{c-T_2}=0.0036(\tau-2.7635)$	0.79

续表

直根系	$D_c=K_r(\tau-\tau_c)$	R^2	须根系	$D_c=K_r(\tau-\tau_c)$	R^2
黄芪	$D_{c\text{-}T_0}=0.6906(\tau-4.1720)$	0.88	长芒草	$D_{c\text{-}T_0}=0.0940(\tau-4.3420)$	0.90
	$D_{c\text{-}T_1}=0.5058(\tau-4.1720)$	0.86		$D_{c\text{-}T_1}=0.0204(\tau-4.3420)$	0.90
	$D_{c\text{-}T_2}=0.4471(\tau-4.1720)$	0.70		$D_{c\text{-}T_2}=0.0169(\tau-4.3420)$	0.77
艾蒿	$D_{c\text{-}T_0}=0.0140(\tau-1.7769)$	0.89	赖草	$D_{c\text{-}T_0}=0.0654(\tau-4.7313)$	0.91
	$D_{c\text{-}T_1}=0.0097(\tau-1.7769)$	0.85		$D_{c\text{-}T_1}=0.0235(\tau-4.7313)$	0.84
	$D_{c\text{-}T_2}=0.0096(\tau-1.7769)$	0.94		$D_{c\text{-}T_2}=0.0199(\tau-4.7313)$	0.70
铁杆蒿	$D_{c\text{-}T_0}=0.0199(\tau-4.2471)$	0.91	隐子草	$D_{c\text{-}T_0}=0.0229(\tau-3.9985)$	0.89
	$D_{c\text{-}T_1}=0.0123(\tau-4.2471)$	0.97		$D_{c\text{-}T_1}=0.0085(\tau-3.9985)$	0.86
	$D_{c\text{-}T_2}=0.0170(\tau-4.2471)$	0.72		$D_{c\text{-}T_2}=0.0073(\tau-3.9985)$	0.69
达乌里胡枝子	$D_{c\text{-}T_0}=0.5806(\tau-1.1303)$	0.83	白羊草	$D_{c\text{-}T_0}=0.0129(\tau-1.7109)$	0.80
	$D_{c\text{-}T_1}=0.0111(\tau-1.1303)$	0.80		$D_{c\text{-}T_1}=0.0116(\tau-1.7109)$	0.86
	$D_{c\text{-}T_2}=0.0061(\tau-1.1303)$	0.70		$D_{c\text{-}T_2}=0.0065(\tau-1.7109)$	0.75

基于式（6-22），计算得到了黄土高原 10 种典型草本群落根系抑制土壤分离过程的细沟可蚀性调整系数，其中根系物理捆绑作用的细沟可蚀性调整系数为 0.558～0.988，根系化学吸附作用的调整系数为 0.217～0.895（表 6-25）。直根系和须根系草本群落的细沟可蚀性调整系数也存在差异，直根系草本群落总根系、根系物理捆绑和化学吸附作用的细沟可蚀性调整系数平均值分别为 0.556、0.647 和 0.855，分别是须根系草本群落的 1.7 倍、1.4 倍和 1.2 倍。虽然基于上述细沟可蚀性调整系数预测的土壤分离能力存在部分低估现象［尤其当土壤分离能力＜0.1 kg/（m^2・s）时］，但整体结果比较满意（NSE 变化范围为 0.48～0.58，R^2 范围为 0.69～0.97；图 6-25）。该结果可为土壤侵蚀过程模型中考虑草本群落根系抑制土壤分离过程的细沟可蚀性校正提供数据和理论支持。

表 6-25　根系物理捆绑和化学吸附作用细沟可蚀性因子的调整系数

直根系	调整系数			须根系	调整系数		
	总根系	物理捆绑作用	化学吸附作用		总根系	物理捆绑作用	化学吸附作用
黄蒿	0.6067	0.9403	0.6453	早熟禾	0.2979	0.6191	0.4812
黄芪	0.6475	0.884	0.7325	长芒草	0.1799	0.8286	0.2171
艾蒿	0.6848	0.9876	0.6934	赖草	0.304	0.8448	0.3598
铁杆蒿	0.3521	0.5695	0.6183	隐子草	0.3176	0.8615	0.3687
达乌里胡枝子	0.4883	0.8918	0.5476	白羊草	0.4996	0.558	0.8954

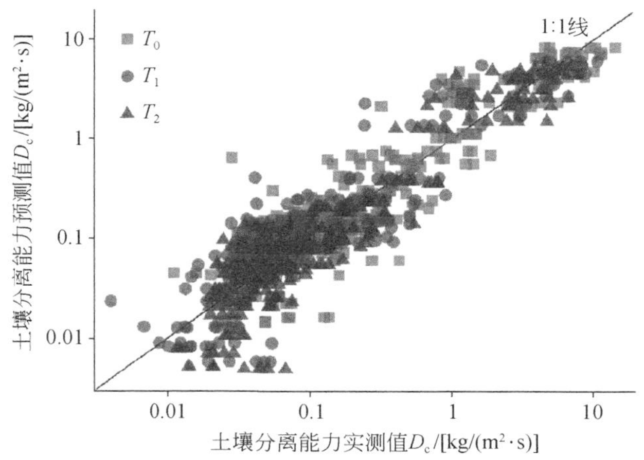

图 6-25　实测值与通过表 6-24 中拟合方程计算的土壤分离能力比较

参 考 文 献

曹颖，张光辉，唐科明，等. 2010. 地表模拟覆盖率对坡面流阻力的影响. 水土保持学报，24（4）：86-89

曹颖，张光辉，唐科明，等. 2011. 地表覆盖对坡面流流速影响的模拟试验. 山地学报，29（6）：654-659

刘宝元，谢云，张科利. 2001. 土壤侵蚀预报模型. 北京：中国科学技术出版社

栾莉莉，张光辉，孙龙，等. 2015. 黄土丘陵区典型植被枯落物持水性能空间变化特征. 水土保持学报，29（3）：225-230

任宗萍，张光辉，王兵，等. 2012. 双环直径对土壤入渗速率的影响. 水土保持学报，26（4）：94-97，103

张光辉. 2017. 退耕驱动的近地表特性变化对土壤侵蚀的潜在影响. 中国水土保持科学，15（4）：143-154

张光辉，梁一民. 1995. 黄土丘陵区沙打旺草地截留试验研究. 水土保持通报，15（3）：28-32

Chamizo S，Rodríguez-Caballero E，Cantón Y，et al. 2015. Penetration resistance of biological soil crusts and its dynamics after crust removal：Relationships with runoff and soil detachment. CATENA，126：164-172

De Baets S，Poesen J，Knapen A ，et al. 2007. Impact of root architecture on the erosion-reducing potential of roots during concentrated flow. Earth Surface Processes and Landforms，32（9）：1323-1345

De Roo P J，Wesselling C G，Ritsema C J. 1996. LISEM：a single-event physically based hydrological and soil erosion model for drainage basins. I：theory，input and output. Hydrological Processes，10：1107-1117

Gyssels G，Poesen J，Bochet E，et al. 2005. Impact of plant roots on the resistance of soils to erosion by water：A review. Progress in Physical Geography，29（2）：189-217

Laflen J M，Elliot W J，Simanton J R，et al. 1991. WEPP-soil erodibility experiments for rangeland and cropland soils. Journal of Soil and Water Conservation，46（1）：39-44

Liu F，Zhang G H，Wang H. 2016. Effects of biological soil crusts on soil detachment process by overland flow in the Loess Plateau of China. Earth Surface Processes and Landforms，41：875-883

Liu F，Zhang G H，Sun F B，et al. 2017. Quantifying the surface covering，binding and bonding effects of biological soil crusts on soil detachment by overland flow. Earth Surface Processes and Landforms，42（15）：2640-2648

Nearing M A，Foster G R，Lane L J，et al. 1989. A process-based soil-erosion model for USDA-water erosion prediction project technology. Transactions of the American Society of Agricultural Engineers，32（5）：1587-1593

Nearing M A，Simanton J R，Norton L D，et al. 1999. Soil erosion by surface water flow on a stony，semiarid hillslope. Earth Surface Processes and Landforms，24（8）：677-686

Reubens B，Poesen J，Danjon F，et al. 2007. The role of fine and coarse roots in shallow slope stability and soil erosion control with a focus on root system architecture：A review. Trees-Structure and Function，21（4）：385-402

Wang B，Zhang G H. 2017. Quantifying the binding and bonding effects of plant roots on soil detachment by overland flow in 10 typical grasslands on the Loess Plateau. Soil Science Society of America Journal，81（6）：1567-1576

Wang B，Zhang G H，Shi Y Y，et al. 2013. Effect of natural restoration time of abandoned farmland on soil detachment by overland flow in the Loess Plateau of China. Earth Surface Processes and Landforms，38（14）：1725-1734

Wang B，Zhang G H，Shi Y Y，et al. 2014a. Soil detachment by overland flow under different vegetation restoration models in the Loess Plateau of China. Catena，116：51-59

Wang B，Zhang G H，Zhang X C，et al. 2014b. Effects of near soil surface characteristics on soil detachment by overland flow in a natural succession grassland. Soil Science Society of America Journal，78（2）：589-597

Wang B，Zhang G H，Shi Y Y，et al. 2015. Effects of near soil surface characteristics on soil detachment process with a chronological series of vegetation restoration. Soil Science Society of America Journal，79：1213-1222

Wang B，Zhang G H，Yang Y F，et al. 2018a. Response of soil detachment capacity to plant root and soil properties in typical grasslands on the Loess Plateau. Agriculture，Ecosystems & Environment，266：68-75

Wang B，Zhang G H，Yang Y F，et al. 2018b. The effects of varied soil properties induced by natural grassland succession on the process of soil detachment. Catena，166：192-199

Wang H，Zhang G H，Li N N，et al. 2019. Variation in soil erodibility under five typical land uses in a small watershed on the Loess Plateau，China. Catena，174：24-35

Wang L J，Zhang G H，Zhu L J，et al. 2017. Biocrust wetting induced change in soil surface roughness as influenced by biocrust type，coverage and wetting patterns. Geoderma，306：1-9

Xiao B，Wang Q H，Zhao，Y G，et al. 2011. Artificial culture of biological soil crusts and its effects on overland flow and infiltration under simulated rainfall. Applied Soil Ecology，48（1）：11-17

Zhang X C，Liu W Z. 2005. Simulating potential response of hydrology，soil erosion，and crop productivity to climate change in Changwu tableland region on the Loess Plateau of China. Agricultural and Forest Meteorology，131（3-4）：127-142

Zhang G H，Liu B Y，Nearing M A，et al. 2002. Soil detachment by shallow flow. Transactions of the American Society of Agricultural Engineers，45（2）：351-357

Zhang G H，Liu B Y，Liu G B，et al. 2003. Detachment of undisturbed soil by shallow flow. Soil Science Society of America Journal，67（3）：713-719

Zhang G H，Liu G B，Tang K M，et al. 2008. Flow detachment of soils under different land uses in the Loess

Plateau of China. Transactions of the American Society of Agricultural and Biological Engineers，51（3）：883-890

Zhang G H，Tang M K，Zhang X C. 2009. Temporal variation in soil detachment under different land uses in the Loess Plateau of China. Earth Surface Processes and Landforms，34：1302-1309

Zhang G H，Tang K M，Ren Z P，et al. 2013. Impact of grass root mass density on soil detachment capacity by concentrated flow on steep slopes. Transactions of the American Society of Agricultural and Biological Engineers，56（3）：927-934

Zhang G H，Tang K M，Sun Z L，et al. 2014. Temporal variation in rill erodibility for two types of grasslands. Soil Research，52（8）：781-788